航天科技图书出版基金资助项目

定向原理与方位角的传递

孙方金　王姜婷　张玉龙　张俊杰　张新远
李永刚　刘为任　周玉堂　王兴岭　张忠武　著
缪寅宵　王俊勤　审定

中国宇航出版社
·北京·

图书在版编目（CIP）数据

定向原理与方位角的传递 / 孙方金等著. -- 北京 ：
中国宇航出版社，2014.6

ISBN 978-7-5159-0683-6

Ⅰ. ①定… Ⅱ. ①孙… Ⅲ. ①定向测量 ②方位角测量
Ⅳ. ①P204　②P212

中国版本图书馆 CIP 数据核字（2014）第 106813 号

责任编辑　马　航　　　装帧设计　文道思

出版发行　中国宇航出版社

社　址　北京市阜成路 8 号　邮　编　100830
(010)68768548

网　址　www.caphbook.com

发行部　(010)68371900　(010)88530478(传真)
(010)68768541　(010)68767294(传真)

零售店　读者服务部　北京宇航文苑
(010)68371105　(010)62529336

承　印　北京画中画印刷有限公司

版　次　2014 年 6 月第 1 版
2014 年 6 月第 1 次印刷

规　格　787 × 1092

开　本　1/16

印　张　22.25

字　数　487 千字

书　号　ISBN 978-7-5159-0683-6

定　价　188.00 元

序

导弹、火箭发射时，需进行射向初始对准，射向初始对准包括定向和传递两部分。定向是指获得标准方位角操作过程，通常采用三种定向方法：大地测量法定向、惯性技术定向和GNSS卫星导航系统定位法定向。传递是指把标准方位角传递至弹上或箭上瞄准基面的过程。在传递过程中，需适应各种复杂的环境条件，如：动基座条件下的传递、具高度差时的传递和在狭小空间中的传递等。有时传递需构成一个分系统。

定向和传递涉及三大专业：大地测量专业、惯性技术专业和测试计量技术与仪器专业。由于专业特点不同，为了保证本书的质量，三个专业的专家们分别负责撰写、校对和审定各自专业的内容。中国人民解放军卫星定位总站和六一三六五部队负责第3章大地测量法定向和第5章卫星导航系统定位法定向的撰写；天津航海仪器研究所负责第4章惯性技术定向的撰写；北京航天计量测试技术研究所负责第1，2，6，7章的撰写及全书的统一构思与审定。在老专家把关的前提下，一些青年科技人员也参加了撰写工作。

本书力求既能适合本专业读者的特点，又能适合非本专业读者的需要，在他们获得定向与传递的基础知识和基本概念的同时，能按工作需求选用内容，因此书中重点介绍了定向与传递的工作原理、基本方法、性能特点与实用公式，并尽量从物理概念上阐述清楚。对一些新研究的方法，不仅说清其原理、特点，还写明了尚存在的不足之处及改进意见。即使对一些已列入规范、比较经典的方法，也尽量从分析的角度，指出其优缺点，说明其演变、发展过程。

本书是一本计量科学和型号实践相结合的专著。计量工作保障了型号任务的完成，型号任务促进了计量技术的发展。本书介绍的方法和设备，基本都经过了型号任务的考验，行之有效。由于是计量行业的专著，因此采用了计量行业的名词、术语，如：有关部门常用“中误差”表达的误差，本书用“标准偏差”表达，而将“精度”以“准确度”表达等。

本书的出版得到了航天科技图书出版基金和北京航天计量测试技术研究所的资助。书中有关工程光学的内容，得到了长春理工大学王志坚教授的帮助。北京航天计量测试技术研究所周谦、李廷元同志为本书的撰写和出版，做了大量的工作，特此一并表示感谢。

作　者

2014年5月

目 录

第1章　概　论

惯性制导系统不仅用于控制弹道式导弹主动段飞行的全过程，还用于控制飞航式导弹保持发射初期的稳定飞行，直至导引头捕获目标。惯性制导的特点之一是需进行初始对准操作，即将发射状态的三向初始角位置信息提供给弹上控制系统。这些信息包括：导弹的射向，双向水平度或对大地水平面的双向姿态角。确定初始射向也称为瞄准，而确定双向水平度或姿态角，早期曾采用调整弹体垂直度的方法确定，当前则大都用弹上的加速度计进行“自主式”对准。

实现射向初始对准的必要条件有：

1）导弹弹体或火箭箭体上需设有瞄准基面；

2）具有已知方位角，即进行定向，该方位角是初始对准的依据，因此一般应具有较高的准确度；

3）把已知方位角传递至瞄准基面，进行方位角的传递，在传递过程中，需适应各种复杂的条件，如：具高度差时的传递、狭小空间中的传递和动态环境条件的传递等。在船舶上的传递往往需组成一个传递系统。

这三个条件中，瞄准基面是在导弹结构设计时设置完成的，因此初始对准是分为定向和传递两大步完成的。

从计量观点看，初始对准属于几何量计量的角度量。在航天工业中，角度量主要用于四个方面：惯性器件及其测试设备，定位、定向设备，遥测跟踪设备和专用工艺装备。

1.1　瞄准基面

瞄准基面是导弹设计时为进行射向初始对准而设置的。和瞄准基面在方位方向垂直、并指向瞄准基面的方向线就是导弹的射向。由于瞄准基面是引出基面，它必须和惯性平台台体上的六面体或惯性组合的侧基面等主基面严格平行，才能代表主基面，因此，两者的平行度是重要的检测项目。在结构设计时，瞄准基面应尽量靠近主基面，连接两基面的结构件要有足够的刚性。当两基面的距离较远时，结构件的变形会增大平行度误差，这种现象称为“杆臂效应”。瞄准基面和主基面平行度的测量，称为“基面转换”。两基面距离较近时的测量，一般属部件测量；两基面距离较远时，如：从弹体的仪器舱至尾翼上部，则属于全弹体测量；当弹体在垂直状态进行测量时，称为“垂直基面转换”；在水平状态进行测量时，称为“水平基面转换”。垂直转换符合使用状态，但操作复杂；水平转换便于实施，但易受弹体挠度影响。

常用的瞄准基面是三棱镜。这种三棱镜的两直角面是反射面，两反射面的相交线称为

"棱线"，棱线是表达三棱镜性能的基准线。斜面是透光面，由于具有两个反射面，因而属偶数面反射。当入射光是平行光，且三棱镜为棱线水平状态安装时，则在俯仰方向上，无论光束水平入射，或成斜角入射，入射光都能原路返回。即俯仰方向对三棱镜的转动及入射角的变化都是不敏感的，只要入射光打在三棱镜上，就能原路返回，获得返回像。而方位方向却保留了平面反光镜的性能，三棱镜在方位方向有微小角位移时，返回光以二倍关系偏离，因此这种三棱镜是单向敏感式反光器件，一般称为180°反射式三棱镜。

180°反射式三棱镜的单向敏感特性是非常有用的。三棱镜一般安装在弹体仪器舱处，距地面较高；而三棱镜的对准和测量仪器距地面的高度要低得多。正是由于三棱镜的单向敏感特点，使得具有较大高度差时的对准、测量成为可能，这时测出的是三棱镜棱线法线的水平角。

180°反射式三棱镜的特殊问题是"棱线水平度"。当棱线水平时，测量仪器的望远镜光轴无论是成水平状态"平瞄"，还是对水平面成俯仰角"斜瞄"，水平角的读数值都是相同的，不引起误差。当棱线不水平时，平瞄仍不引起误差；但斜瞄时水平角的读数值将发生变化，产生水平角的测量误差。因此三棱镜在装调和使用时，都应注意棱线水平度问题，使用时常采用测出棱线水平度，再予以修正的方法。

180°反射式三棱镜不仅用作弹上的瞄准基面，还常用于各种测试工装。例如，惯性组合的侧基面是主基面，当在花岗岩平板上用"多位置法"测试时，需进行定向。惯组的定位采用其侧基面和平板上的两定位销靠住的方法，因此平板上两定位销连线是测试设备的基面，定向时需制造测试工装，工装上制有同样尺寸的侧基面，并装一块180°反射式三棱镜，将三棱镜的棱线和侧基面调至严格平行，这样的工装即可用于测试平板的定向。

有关180°反射式三棱镜的工作原理、性能特点和测试方法等详见第2章。

常用三棱镜作为瞄准基面，但瞄准基面并非只能用三棱镜。具有较好平面度和粗糙度的平面，都可用作瞄准基面，所需的反光等功能，可采用制造测试工装方法解决。

1.2　方位角

空间角常用水平角和垂直角两个分量表达：水平角是空间角在大地水平面上的投影角；垂直角是在铅垂面上的投影角。导弹的射向是指在大地水平面上的投影角。但是水平角不能确定方向，多个水平角之间是没有任何相互联系的，要使水平角能确定方向，并把不同的水平角联系起来，就需建立一个统一的基准，这个基准就是"北"。把对准北时的方向作为角度的起始边，即角度的零度位置，以顺时针转动的角度值表达，这样就能确定方向，并把不同的水平角联系起来，这就是"方位角"的含义。方位角就是从北起始，顺时针转动的水平角，方位角是没有负值的，例如，从北起始，反时针转动1°，不能表达为−1°，而应表达为359°。

方位角从北起始，但在不同的坐标系中，北有不同的定义，相互间也不重合。北共有五种：天文北、真北、大地北、坐标北和磁北。

1）天文北。在天文坐标系中，以地球的平均自转轴（国际习用原点CIO）确定的北称为平天文北，简称天文北。从天文北起始的方位角称为天文方位角。在天文坐标系中，测站点的位置以测站点的大地铅垂线为依据。

2）真北。真北也属天文坐标系的范畴，从真北起始的方位角称真方位角。真北是指地球的瞬时自转轴，和平均自转轴的差别在半径为0.3″左右的范围内变化，因此工程上常用真北来代替平天文北，用真方位角代替天文方位角。如：用陀螺经纬仪找出的是真北，但不再换算至平天文北。

3）大地北。大地坐标系的特征是采用参考椭球，椭球的中心和地球的质心重合，参考椭球的自转轴为大地北，它位于椭球的短轴处。从大地北起始的方位角称为大地方位角，测站点的位置以测站点至参考椭球的法线为依据。参考椭球的参数经历了多次修改。当前我国CGC2000中国大地坐标系的2000参考椭球[1]共有4个定义常数：长半轴（6 378 137 m）、地球（包括大气）引力常数、地球动力形状因子和地球旋转速度（地球旋转速度为$7.292\ 115\times10^{-5}$ rad/s）。按定义常数及相关公式，可以得到导出参数，如：椭球的扁率为1∶298.257 223 563。2000参考椭球和WGS-84协议地球坐标系的参考椭球是一致的。

4）坐标北。从坐标北起始的方位角称为坐标方位角。高斯坐标系是平面坐标系，用于绘制地图、交通和施工等。

5）磁北。地球磁场的北称为磁北，从磁北起始的方位角称为磁方位角。地球磁场是不均匀的一片，磁极是在大量测试数据的基础上，用数学解析的方法计算出来的，和地球自转轴的交角约为11.5°[2]。

航天工业主要应用大地坐标系和天文坐标系，导弹的弹道计算用大地坐标系，因而射向的初始对准以大地方位角表达；而惯性器件测试设备的定向则采用天文方位角，这是因为数据处理时，要消除地球自转角速度的影响。

1.3 定向方法

确定测站点在地心空间直角坐标系中x，y，z的值，或在大地地理坐标系中的经度、纬度和高程称为定位；确定测站点至目标点两点连线的方位角称为定向。定向共有三种方法：大地测量法定向；惯性技术定向；GNSS卫星导航系统定位法定向。

1.3.1 大地测量法定向

大地测量法定向是应用广泛、历史悠久、准确度高、具有基础性和权威性的定向方法。

采用大地测量法定向，需事先埋设好瓷质“标石”，或建造好“标墩”或“观测墩”，水泥干透后才能进行测量。在导弹的发射场坪，为了不影响车辆通行，常采用埋设标石的办法。如图1-1所示，A为测站点，使用时在此架设瞄准或校准用的经纬仪类仪器（均需有自准直功能）；B 为目标点，使用时在此架设标杆仪。经纬仪和标杆仪均需将仪器上的光学对中器和 A，B 点标石上端面的十字线中心或加粗的中心点对准。$A \to B$ 方位角 A_0 要在使用前测好，因此当经纬仪望远镜目镜分划板竖丝和标杆对准时，望远镜光轴的方位角即为 A_0，把经纬仪转 θ_1 角，A_0 和 θ_1 之和，等于要求的射向方位角。转动发射台，直至弹上三棱镜和经纬仪自准直，此时指向棱线的三棱镜法线即处于要求的射向方位角上。由于只有一个传递角 θ_1，因此属一次传递。一次传递虽然简单，但布点时需进行“放样”，以保证经纬仪转到射向位置不能再转时，仅转动发射台就能够准直。一旦布点完成后，一次传递只能用于预定射向。如果射向改变，就需重新布点，更不能绕过地下井或船舶上的结构障碍物。A、B 两点的距离应该适当，不能太近，以减小定向测量与使用时“对中”误差的影响。

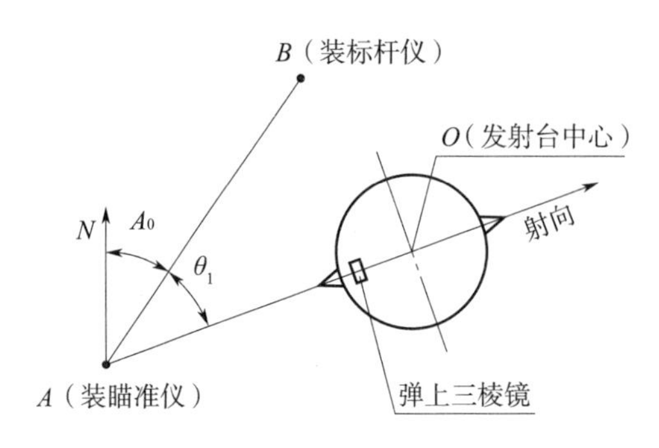

图 1-1　一次传递法原理图

惯性技术实验室中的定向，不可能设置像场坪那样有足够远距离的两点，一般距离都很近，因此常采用建造“标墩”的方法。墩上固定平面反光镜，因其像质比三棱镜好，常用大地测量法测出箭头指向反光面的法线的方位角。惯性技术一般用天文方位角。在大地测量建点时，为了保持稳定性与观测的方便，也常采用建墩的方法。此时在墩中埋设一个连接螺栓，螺纹的中心为测站点或目标点，为和经纬仪及卫星系统定位接收机天线的连接相适应，螺纹单位为英制单位，直径为 5/8 in，螺距为每吋 11 牙。经纬仪连接上后即进行了定心，不再需要进行对中操作，因此称为“强制对中”。强制对中不仅操作方便，而且具有更高的对中准确度，螺纹付的间隙一般为 0.1 mm，而光学对中器和主机竖轴同心度指标为 0.5 mm。为保证使用中的稳定性，标墩和观测墩建造时需有地基，地基深度需挖至冻土层以下。

大地测量法定向，测前需埋设标石或建墩，因此适用于“有准备阵地”；定向成果是两固定点连线的方位角，因此属“静态测量”范畴。

有关大地测量法定向的测量原理、测量方法、技术指标，详见本书第 3 章。

1.3.2　惯性技术定向

惯性技术定向是一种重要的定向方法，在特定条件下，有时既不能采用大地测量法定向，也不能采用 GNSS 卫星系统定位法定向，唯一可行的是惯性技术定向。例如：为适应水下的环境条件，潜艇在水下用艇上安装的惯性导航平台，进行动态定向，输出实时方位角。在船舶工业中称方位角为航向角；又如：矿井等地下作业，也需用惯性技术定向，由于是静态定向，因此常用陀螺经纬仪。

惯性定向设备的核心元件是陀螺仪。传统框架陀螺仪装有高速旋转的转子，当没有外力矩作用时，自转轴的指向相对惯性空间保持不变，即具有“定轴性”；当陀螺仪受到外力矩作用时，自转轴的指向向外力矩矢量方向进动，即具有“进动性”。近年来，出现了激光陀螺仪、光纤陀螺仪、原子陀螺仪等新型陀螺仪，这些陀螺仪没有高速旋转的转子，不具有定轴性和进动性，在工程上主要应用其“能测量出相对惯性空间旋转角速度或角位移”这一特性。

应用惯性技术的定向设备很多，按其基本工作原理，主要有两类：摆式原理和罗经原理。摆式原理利用了陀螺仪的定轴性和进动性，主要代表设备有陀螺经纬仪等；罗经原理利用陀螺仪的能测量出相对惯性空间旋转角速度或角位移的特性。

1.3.2.1　摆式原理定向

摆式原理定向是指利用地球自转引起的陀螺轴绕真北的往复摆动轨迹进行定向。产生摆动有两个条件：陀螺主轴具有水平方向和垂直方向作双向摆动的自由度（即具有两个完全的自由度）；装有陀螺的灵敏部重心在陀螺仪中心之下，并和支点有一段距离。支点是指灵敏部和悬挂带（又称吊丝）的连接点。摆动法采用的典型仪器是陀螺经纬仪，陀螺经纬仪是陀螺仪和经纬仪的组合，陀螺仪用于寻北，经纬仪用于测角。按陀螺经纬仪寻北原理可知，其寻出的是地球瞬时自转轴的真北，测出的是真方位角，近似为天文方位角。陀螺经纬仪具有较好的机动性，不需要事先设置大地测量点，因此可用于无准备阵地的定向。由于不需接收卫星等外界信号，因此可用于地下作业时的定向。准确度最高的陀螺经纬仪是瑞士的吊丝式陀螺经纬仪，其标准偏差为3.2″，但对震动敏感；在寻北的摆动周期内又需保持方位不变，因此可用于地下作业时的定向，不能用于动态寻北。

根据经纬仪和陀螺仪的结合方式，可分为上架式和下挂式两类。几乎所有的精密级仪器和自动化程度较高的仪器，均采用下挂式结构。吊丝式陀螺经纬仪[3]属于下挂式结构，吊丝材料一般选用高弹性合金材料，截面多为矩形，寻北依靠的是陀螺仪敏感地球自转引起的大地水平面的变化。由于地球自转，某一时刻测站点的大地水平面和前一时刻的大地水平面都不平行。随着地球的自转在惯性空间作连续的转动，装在灵敏部内的陀螺仪，由于定轴性要保持其主轴在惯性空间的稳定，因此使得陀螺仪主轴和下一时刻大地水平面产生了夹角，从而引起支点和该时刻的大地铅垂线不重合，产生偏离距 a，如图1-2所示。该偏离距和灵敏部的重力 G 形成外力矩 $G\times a$（重力矩），该力矩作用在陀螺仪主轴上，使陀螺仪产生进动。假设陀螺仪主轴的正端偏离子午面以东，则进动使陀螺主轴回到子午面，此时，陀螺仪主轴和测站点大地水平面的夹角达到最大值，重力矩 $G\times a$ 和进动角速度也达到最大值，陀螺仪主轴继续进动，直到陀螺仪主轴和大地水平面重合；此时，重力矩 $G\times a$ 消失，但由于大地水平面继续转动，子午面以西不断升起，此时陀螺仪主轴正端低于水平面，重力矩出现负值，主轴又开始向东进动，从而加速了向子午面方向的运动，出现了上述现象的逆过程。以角度表达的陀螺轴摆动轨迹是一个椭圆，椭圆两端是改变方向的两“反回点”，两反回点的中间位置，即是摆式定向仪器寻找的真北。

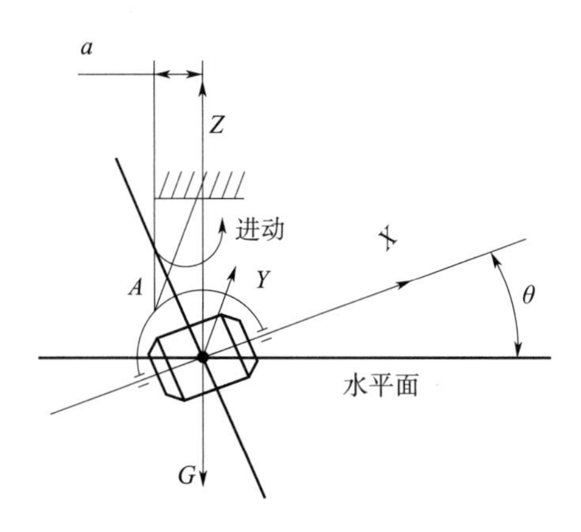

图 1－2　力矩形成原理图

陀螺的摆动周期越长，则定向所需的时间也越长。为了缩短摆动周期，常用的办法是增大灵敏部的质量，采用温升较小的直流陀螺马达，并把供电电池装于灵敏部内。这种方法能有效减小摆动周期，但电池寿命到期更换时，易破坏悬挂灵敏部的平衡，需专业部门完成，维修不便。

按陀螺摆动轨迹寻北，有人工测法和自动测法两种途径可以完成，一般来说，上架式陀螺经纬仪多采用人工测法，主要有跟踪逆转折点法、中天时间法和记时摆幅法等。自动测法主要有自动跟踪法、多点光电记时法、光电积分法、光电时差法等。另外，还有能使陀螺主轴稳定在指北方向的方法如脉冲阻尼法和连续阻尼法等，这些方法也都只适应于静态定向。

陀螺轴水平方向的摆动中心，原理上应是北；但由于仪器制造、装调误差的影响，实际对北往往有个常值夹角，称为“仪器常数”。该常数可用一等天文点作为标准测出，并在使用时予以修正。

吊丝式陀螺是摆式原理定向的一种方案，但不是惟一方案。图 1－3 是液浮式陀螺寻北仪原理图，宝石环 4 和支轴 5 组成径向约束点，灵敏部绕该点可作双向摆动；灵敏部质心 C 在浮力中心 D 之下，两点之间的距离为 L，并应符合摆动的二个条件。陀螺稳速后，能产生绕北的摆动，其寻北原理和吊丝式陀螺是一样的，由于液体有减震和阻尼作用，因此能提高仪器的抗震性和摆动的稳定性，但液体对摆动的阻力比空气大，会影响灵敏度。

1.3.2.2　*罗经原理定向*

采用罗经原理定向的典型且重要的设备是船舶上的惯性导航设备[4]，在动态环境条件下，它能输出实时的方位角（航向角），其寻北原理是敏感地球自转角速度的东向分量、北向分量和垂直分量，并解算出船舶首向与北的夹角，见图 1－4 所示。把地球自转轴平移至通过测站点，则地球自转的角速度矢量可分解为垂直分量（又称方位分量）、北向分量（又称水平分量）和东向分量（与 z，y 轴垂直并指东的为 x 轴，x 轴上的分量为东向分量）。三个分量的关系式如下：

$$\left.\begin{array}{l}\text{东向分量：}\omega_{ex}=0\ \text{（因和地球自转轴垂直）}\\ \text{北向分量（水平分量）：}\omega_{ey}=\omega_e\times\cos\varphi\\ \text{垂直分量（方位分量）：}\omega_{ez}=\omega_e\times\sin\varphi\end{array}\right\}\qquad(1-1)$$

式中　ω_e——地球自转角速度；

φ——测站点的大地纬度。

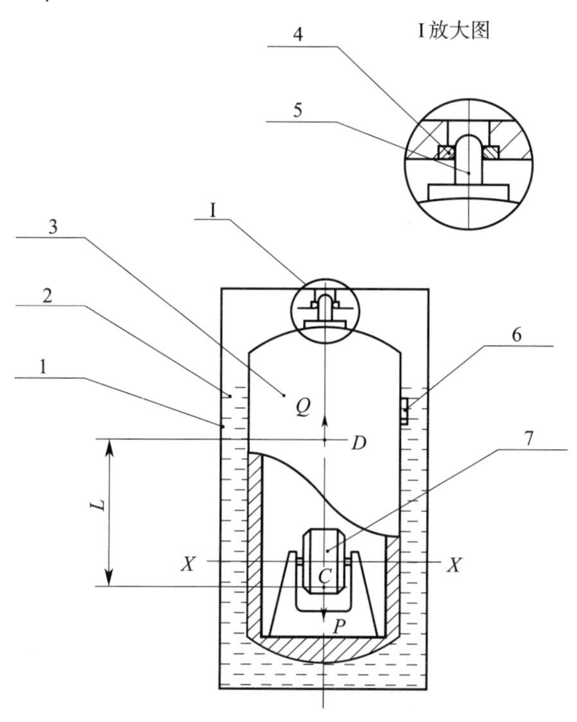

图 1-3　液浮陀螺寻北仪原理图

1—容器；2—液体；3—灵敏部；4—宝石环；5—支轴；6—反光镜；7—陀螺马达

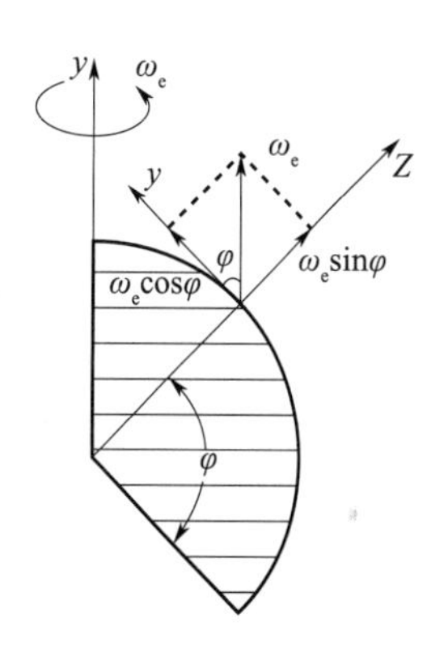

图 1-4　地球自转的角速度分量图

测量地球自转角速度的三个分量，需采用敏感轴相互垂直的三个速率陀螺进行。速率陀螺的敏感轴和坐标转轴平行时，速率陀螺敏感到的地球自转角速度分量如式（1-1）所示，其中敏感轴指东的称为东向陀螺，敏感轴指北的称为北向陀螺，敏感轴垂直向上的称为方位陀螺。当北向陀螺的敏感轴对指北的坐标轴具 θ 角时，北向陀螺和东向陀螺的输出发生改变，如下式所示：

$$\left.\begin{array}{l}\text{北向陀螺的输出：}\omega_{ey}=\omega_e\times\cos\varphi\times\cos\theta\\ \text{东向陀螺的输出：}\omega_{ex}=\omega_e\times\cos\varphi\times\sin\theta\\ \text{方位角 }\theta\text{ 为：}\theta=\arctan[\omega_{ex}/\omega_{ey}]\end{array}\right\}\qquad(1-2)$$

在原理上，利用罗经法静态寻北需要两个单自由度陀螺仪，但也可利用一个单自由度陀螺仪通过旋转等效实现。如需动态寻北，则需要三个单自由度陀螺仪，构成伺服回路，隔离载体运动，或采用捷联算法，建立数学平台，实时解算载体运动。

船用平台式惯性导航系统通常采用三轴框架式结构，惯性平台上安装三个陀螺仪作为角运动敏感元件，三个加速度计作为线运动敏感元件，系统利用罗经法完成初始对准，实现寻北。此后在稳定回路和修正回路的共同作用下，使惯性平台的三个轴跟踪地理坐标系，实现方位保持。为适应动态环境，消减线加速度影响，根据“舒拉调谐原理”，设计系统的自摆周期为 84.4 分钟。

由式（1-2）可知，罗经法寻北的准确度和测站点的纬度有关。赤道上的纬度为零，其余弦值为 1，信号最大，因此定向灵敏度最高。随着纬度的增大，灵敏度逐渐下降。到南、北极上时，纬度的余弦值为零，信号消失，不能进行定向，这个特性和用摆式原理定向是一样的。

罗经原理定向，不仅用于平台式惯性导航仪系统，还常用于捷联式惯性导航系统、寻北仪等惯性设备。

有关惯性技术定向的定向方法、工作原理、性能特点等详见本书第 4 章。

1.3.3 卫星导航系统定位法定向

全球卫星导航系统（GNSS）是根据多个空间观测目标（卫星）的瞬时位置、空间观测目标与地面测站的瞬间距离，以“后方交会”的方法，确定地面测站的三维坐标。当前全球有四大卫星导航系统：美国的 GPS 导航卫星系统，俄罗斯的 GLONASS 导航卫星系统，中国的北斗（BeiDou）卫星导航系统，欧盟的伽俐略（Galileo）卫星导航系统[5]。

GNSS 的基本功能是定位，地面上相距数千米的两点用 GNSS 测出的定位数据是非常接近的，仅有微小的差别；定向又是按两点各自的定位数据，计算得到方位角。两点的定位数据差别越小，定向误差就会增大。为了能测出微小差别，定位和定向在测量时和计量检定时，都需采用“差分技术”，消减公共误差源的影响，以提高测量准确度。如：卫星的星历误差（星历表的卫星轨道和实际轨道不一致时）、卫星钟误差（卫星晶体振荡器的频率稳定性）和电磁波传播时的电离层延时、对流层折射及人为干扰（如 SA 频率抖动）等。

在 RTK 实时动态测量时，设置一个固定站，一个运动站，两测站点之间，用接收机配套提供的专用电台进行数据自动传输。专用电台的发射机和接收机之间，不得有影响电磁波传播的障碍物。由于专用电台的功率较小，因此两站间距离一般不超过 30 千米。

卫星导航系统定位测得的是两接收机天线中心点在地心空间直角坐标系中的 x，y，z 值，再计算得到两天线中心点连线的方位角，因此接收机天线是重要的设备，是测量的依据，必须具有良好的性能和质量。天线除了按光程最小的途径，直接接收卫星信号外，还会接收到天线附近的地面、水面，建筑物等反射体反射的卫星信号。这些反射信号具有时间延迟，因此是一种干扰信号，叠加在有用信号上后，会引起周跳和误差，严重时甚至会导致卫星信号失锁。由于反射信号是通过多种途径到达天线的，因而称之为“多途径效应”。因此在定位、定向时，应使用“扼流圈天线”，以抑制多途径效应。

定向得到方位角后，往后续环节传递时，为了操作方便，常常使用天线的机械中心。如：天线的连接螺和连接螺同心的外圆等，但在定位、定向过程中，有效的是天线的电气中心，称之为“相位中心”，因此需保证相位中心和机械中心重合，以及相位中心的稳定性。有关的误差数据，可通过计量检定得到。

GNSS接收机在新购时和使用中，均需进行计量检定，并处在检定证书有效期内，以保证测量数据准确可靠。国内已建成GPS综合检定装置，经主管部门批准可以开展检定工作。在接收机经计量检定合格的基础上，可以按需要进行相关的试验工作。例如：由于接收机的计量检定是静态定位性能检定，不包括定向，如需验证定向准确度，可用一等天文点进行试验。

卫星导航系统定位法定向的性能特点如下：

1）直接得到大地方位角。由于卫星轨道是以大地坐标系计算的，因此用卫星系统定位、定向得到的是WGS－84协议地球坐标系的大地经度、大地纬度和大地方位角，这和导弹初始对准的要求一致，不需再进行坐标转换。

2）能进行远距离定向，但近距离时定向准确度下降。由于采用定位法定向，距离越远，两点的经、纬度的差别越大，定向准确度较高；近距离时，两点经、纬度的差别太小，难以分辨，因此定向误差增大，准确度下降。曾经以一等天文点为标准，进行定向准确度的初步试验，结果为：当两测站点距离2 918 m、运动站的线位移速度为363 mm/s时，动态定向的标准偏差为2.5″。静态定向的准确度，同样用一等天文点试验结果，标准偏差：在距离797 m时为2.5″，距离240 m时为6″。

近距离时，为了尽量提高定向准确度，可采用的方法为：增设一个远距离的固定站，两近距离的测站点分别和远距离固定站差分定位，以提高定位数据准确度；再按近距离两测站点的定位数据计算方位角，这种方法称为“三点式卫星系统定位法定向”。试验结果为：远距离固定站距离为14.2～20.5 km，两短距离测站点距离为70 m时，定向的标准偏差σ为6.4″。

按相关的试验和分析结果，当两测点距离为0.8～3 km时，此法具有较高的定向准确度；远于3 km时，会造成后续环节传递时光学对准困难，且提高了对“能见度”的要求，定向准确度继续提高的作用不明显。当两测站点为近距离时，即使采用了三点法，准确度的下降既明显又剧烈；当超短距离时，距离的缩短和定向误差的增大基本成1∶1的关系。例如：美国550H和551型GPS接收机组成的定向系统，当距离为96 m时σ（指标值）为0.006°，距离为48 m时为0.012°；SPS550 GPS罗经系统距离10 m时为0.03°，距离5 m时为0.08°。因此卫星系统定位法定向要注意两测站间距离不能太短。

3）对气象条件、环境条件的适应能力强，但雷电天气时不能开机。卫星信号、专用电台传输数据信号不能被阻挡、受干扰。

卫星系统定位法定向能用于白天、黑夜、烈日、冰雪和雾雨等多种气象条件；能承受一般的振动，对气象与环境条件的适应能力强。但在有雷电时不能开机，以免天线接收雷电的强信号后损伤甚至烧毁接收机。卫星和专用电台信号不能被阻挡，因此不能用于地下、水下和室内，测站要远离大功率铁塔，以免受干扰。

4）具有较好的动态性能，能用于动态定向，但动态性能的试验方法尚需进一步研究。

卫星系统定位法定向既能用于静态，也能用于动态，而且具有较好的动态性能。但动态性能的试验方法，当前仅进行了一些探索，还不完善，试验时天线的运动速度也还不高，尚需进一步研究、完善。

5）携带、使用方便。

有关卫星导航系统定位法定向的工作原理、性能特点、测量方法和基本公式等详见本书第 5 章。

各种定向方法如果要进行“量值溯源”的话，从技术角度，应当溯源至大地测量中的一等天文测量点，理由如下：

1）准确度高。一等天文点的定位标准偏差：经度 0.02s（把时间“秒”算成角度为 0.3″）；纬度 0.3″；定向：方位角标准偏差 0.5″。其他定向方法至今尚不能达到此准确度、且具有较大的差距。例如：惯性技术定向中，准确度最高的是瑞士的吊丝式陀螺经纬仪，其静态定向标准偏差达 3.2″，但比一等天文点仍低得多。一等天文点完全可以作为测量标准检定陀螺经纬仪。

2）关键参数得到了国际公认。在一等天文点建设时，有二项关键参数：地球的平均自转轴（国际习用原点 CIO）；起始大地子午面（通过英国格林尼治天文台的子午面，是经度的起始面，向东为东经，向西为西经），这二项参数都应用了多个国家的测量成果，取其权中数，得到了国际公认，这和国家计量基准的国际比对具有等效的作用。

3）便于量值传递。应用一等天文点可以方便、有效地进行各种定向方法的量值传递。例如：卫星系统定位法定向，在编制定向的计算软件后，往往需验证软件的正确性，并掌握定向的准确度。只要把两接收机天线，拧在两天文点的观测墩上，按已知的两天文点连线的方位角，即可得到定向误差，而要按定位误差来计算定向误差是很困难的，由于定位转化为定向的公式复杂，且包含了坐标转换和象限判别，因此至今还没有误差转换公式，即使日后有了转换公式，实验验证仍是必要的。

1.4 方位角的传递方法

定向得到标准方位角后，需要传递至弹上的瞄准基面，针对传递过程中的不同情况，需要采用不同的传递方法。传递时又往往需进行测量仪器、反光器件与目标间的相互对准，常用的传递方法及传递时的对准方法介绍如下。

1.4.1 传递时的对准——重合法与准直法

在方位角的传递过程中，对准是最常用、最基本的操作，如：测量仪器和反光器件的对准，测量仪器和目标的对准、测量仪器之间的对准（常称为对瞄）等。对准的方法很多，但按对准的性质，可分为重合法和准直法两种。重合法对准是指经纬仪类仪器望远镜目镜分划板的竖丝和目标中心线或中心点重合的对准方法。由于传递的是方位角，因此当对准的目标是点或铅垂线时，应用重合法。准直法对准是指测量仪器的光学轴线和反光器件的基面或基线垂直，或两测量仪器的光学轴线之间相互平行。当对准目标是面或水平线、或两条光学轴线间的相互对准时，应用准直法。准直法只保证对目标或目标间的垂直或平行，不保证重合。因此当需重合对准的场合，如需对准角锥棱镜顶点时，不能用准直法。对准时所用的光束有：平行光、准平行光和发散光等。其中准平行光是指具较小发散角的发散光，其发散角为 mrad（毫弧度）级，即角分级。发射角较小、工艺难度又不太大的发散角值为 0.5 mrad，即在 100 m 距离时的光斑直径为 50 mm。以角度表达时，发散角为 1′43″，接近平行光但又非平行光，比发散角为“度”级或“十度”级的一般发散光要小得多。较小的发散角是为了远距离测量时，反回光有足够的能量驱动光电元件或进行目视。

重合法对准的典型例子是：经纬仪类仪器和标杆仪的标杆对准，是通过望远镜观察到的标杆像和成铅垂状态的标杆中心线对准；当距离较远时，常用标灯代替标杆，对准的是标灯的发光点像，所用的光线都是发散光。除了用大地测量法设置标石，用标杆对准外，用 GNSS 定向、传递方位角时，需和天线对准。由于天线中心是铅垂线，因此也需用重合法对准。除了用天线上与连接螺纹同心的外圆对准外，也可安装标灯或角锥棱镜。在方位方向，标灯发光点需和天线的中心同心，用于十米级至千米级距离；角锥棱镜的顶点需和天线的中心同心，用于 1 km 左右及以远的距离。用角锥棱镜作为反光器件时，敏感的是角锥棱镜顶点的线位移，用测量仪器的双向角度转动进行跟踪、对准。远距离时用标灯或角锥棱镜可以有效地减小目标的体积，避免目标需建成大型的固定设备，减少了投资，方便了使用。

重合法对准，一般用目视观察、手动对准，但也可用光电方法对准。例如：用 CCD 成像以对准标杆或标灯。远距离用准平行光及角锥棱镜时，由于目视对准困难，采用光电对准更为必要。常用的光电元件是 PSD 光电位置探测器，其光电灵敏度比 CCD 低，但在野外环境条件，反而具有不易受环境光影响而饱和的优点。CCD 和 PSD 都需注意防止环境光的干扰，特别是在野外使用时，需采取有效的挡光措施，才能保证正常工作。光电对准时，需保证光电零位和光学零位重合，当目视对准目镜分划板竖丝时，光电输出应为零。

准直法对准常用于以下情况：准直经纬仪和平面反光镜自准直时，对准目标是面；当和三棱镜自准直时，是对准三棱镜的棱线，对准目标是水平线；两台准直经纬仪对瞄时，是两条光学轴线。准直法一般是指用平行光进行自准直或准直，实际准直法可用平行光、准平行光及发散光进行。平行光仅是其中的一种方法。

平行光自准直法是用同一台仪器发出平行光并接收由反光器件反回的该束平行光的准直方法。常见的自准直仪、准直经纬仪和平面反光镜、三棱镜准直，都是采用这种方法。当反回光形成的自准直像和自准直仪或准直经纬仪的目镜分划板竖丝对准或光电输出为零时，测量仪器的光学轴线即和平面镜的平面或三棱镜的棱线在方位方向垂直。采用平行光的最大优点是能用于近距离测量，且不增大误差，从而能用于实验室中、地下井内和船舶上等狭小空间处的测量。尽管测量仪器与反光器件挨得很近，但由于使用了平行光，相当于对准“无穷远”的目标，因此能获得高准确度。但由于测量仪器的平行光具有平行度误差，一般为角秒级，因此仍会产生残余误差，为了便于误差分析，常把测得的出射光平行度，换算成“等效距离”，即出射光的平行度和等效距离的发散光，在有效直径内的发散角相当，该距离往往具较大的数值，一般为千米级。

平行光准直法是指一台测量仪器接收另一台测量仪器发出的平行光或二台测量仪器互相对瞄，各自接收对方仪器发出的平行光并进行对准，以保持两测量仪器的光学轴线相互平行的方法。平行光准直法和平行光自准直法的工作原理、性能特点基本是一样的。不同点为：自准直法是接收反光器件的反射光，反回光的转角是反光器件转角的二倍；而准直法是直接接收对方仪器发出的平行光，不存在二倍关系。因此自准直法的灵敏度较高，是准直法的二倍。但自准直法的光程是实际距离的二倍；而准直法和实际距离相等，因此当仪器参数相同时，最远工作距离，准直法是自准直法的二倍。

平行光自准直法的工作距离为 0～15 m，最短距离可以是零，即测量仪器和反光器件可以靠住，最远距离受“视场切割”现象的限制。测量仪器的内部结构限制了部分成斜角的反回光进入，因此反回光的光斑直径减小，不能充满视场，距离越远则光斑直径越小，直至不能分辨。光斑直径减小并不意味反回光形成的自准直像的刻线变细，按自准直原理，刻线的粗细是始终不变的，因此只要能捕获光斑，即使光斑很小，仍可进行测量，不会增大误差。但光斑过小时难以捕获反回光，测量就不能进行，要增大工作距离，就需增大测量仪器物镜的通光口径，从而测量仪器的体积、重量增大，投资增加却又使用不便，因此工作距离较远时，宜改用投射法。

当距离远于十五米左右时，用投射法可以不增大测量仪器的物镜通光口径，和平面反光镜或三棱镜进行准直；也可与角锥棱镜进行重合法对准，投射法分为发散光投射和准平行光投射两种。当距离为数十米时，用发光二极管进行发散光投射，为数百米时用半导体激光器进行准平行光投射，两者的工作原理是相同的，投射法的原理见图 1－5。

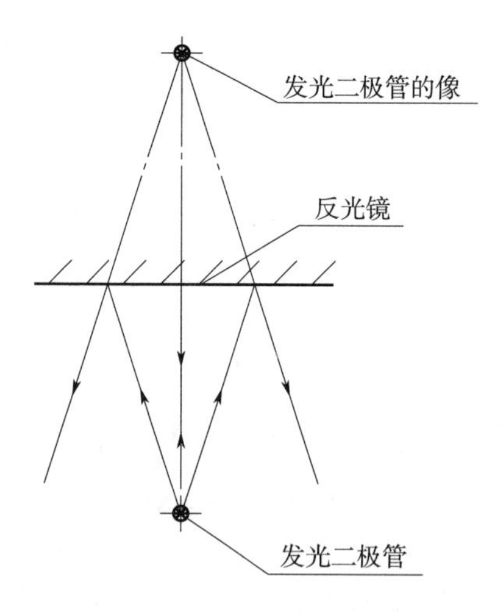

图 1－5　投射法原理图

在经纬仪望远镜的物镜中心，固定一个小型发光二极管，并调至发光二极管的发光面和经纬仪望远镜的光学轴线重合，发光二极管发出的发散光经反光镜反回，由望远镜接收，当望远镜调焦至发光二极管至反光镜距离的两倍时，就能看到发光二极管的光点像，即可按光点像进行对准，光点像是反光镜形成的，因此投射法又称镜像法，由于发光二极管装在望远镜结构之外，其光束可以全部发射出去，不受视场切割的影响。因为发光二极管的发光面和望远镜的光学轴线同心，因此可进行方位和俯仰的双向对准。由于发光二极管装于望远镜中心，因此望远镜观察、对准的反光器件像位置，就是出射光的中心位置。这些特点改善了性能，方便了使用。但是发光二极管装在物镜中心，会挡住一部分物镜的通光口径，从而使望远镜的亮度有所降低，因此要尽量减小挡光面积。由于发光二极管光点像的位移量和距离成正比，而且发光二极管常采用“附件化”的结构，不使用时可以拆下这种结构，机械接口的间隙对近距离测量会引起不可忽视的误差，因此不宜用于近距离测量。

依据不同的反光器件，可决定投射法的对准性质。当反光器件为平面反光镜时，双向都是准直；当是棱线水平安装的三棱镜时，方位方向是和三棱镜的棱线准直，俯仰方向是和三棱镜的棱线重合；当三棱镜的棱线垂直安装时，俯仰方向是和三棱镜的棱线准直，方位方向是和三棱镜的棱线重合；当是角锥棱镜时，则双向都是与角锥棱镜的顶点重合；当是两台经纬仪对瞄时，则是两测量仪器的光学轴线重合。因此平行光只能用于准直，而发散光投射按不同的反光器件，可用于准直或重合。如果把自准直的定义只限于“自行发光与接收”，不限于“平行、垂直、重合”时，则可不按重合和准直分类，而应分为平行光自准直法、平行光准直法、发散光自准直法和发散光准直法等四种，其中发散光含准平行光。

1.4.2　方位角导引法

方位角导引法是方位角传递时最常用、最基本的方法，该法是依据已知方位角的某条测量线，经过多次测量仪器间的对瞄与测角，导出所求线的方位角。已知线的方位角可按不同情况由大地测量法、惯性技术法和 GNSS 卫星导航系统定位法等不同的定向方法得到；所求线的方位角是测量对象，如导弹的射向方位角，传递过程中的多次对瞄与测角则是为了适应不同的环境条件，以绕开障碍物。方位角导引法的计算公式如下：

$$A_j = A_0 + \sum_{i=1}^{n} \beta_i - (n-1) \times 180^\circ \tag{1-3}$$

式中　A_j——所求线的方位角，单位为（°）；

A_0——已知线的方位角，单位为（°）；

β_i——第 i 个传递角的实测值，单位为（°）；

i——传递角的序号，从 1 至 n，共 n 个传递角。

方位角导引法把一系列地面控制点连成折线形式，测量各转折角，根据起算边方位角，推算被测的两点连线的方位角。工业部门应用的“方位角导引法”中有关方位角传递的基本原理和方法，虽然是从测绘部门的“导线测量法”移植过来的，但两者有质的区别。方位角导引法只传递方位角，不测各点的坐标，并按使用情况的不同，作了相应的修改和补充。如：测绘部门导线测量的两点距离一般选得较远，如一等导线环周长一般为1 000～2 000 km；而工业部门导线测量时两点距离都很近，往往只有数米、数十米，最远为1 km左右。因此需采用平行光准直、自准直和投射法等适应较近距离的对准方法。又如：工业部门在进行大型试验时，由于是多个单位协同工作，需服从试验组织单位的统一安排，往往对测量所需的时间有严格的限制，也不能选择最佳的气象条件，有时还需适应动态环境条件，从而不能采用经纬仪正、倒镜平均等常用的消减误差方法。

1.4.3 折转光管平移法

折转光管由两块相互严格平行，并成45°安装的全反射平面反光镜组成，见图1-6。

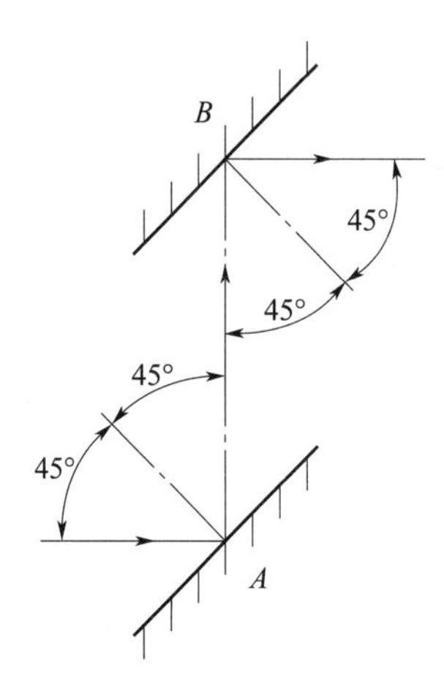

图1-6 折转光管原理图

折转光管的特点是能保持出射光与入射光平行，即出射光的方位角等于入射光的方位角，因此通过折转光管可把光束平移一段距离，该距离等于折转光管的结构长度，当折转光管垂直安装时，平移的是垂直距离，称为垂直折转光管；当折转光管水平安装时，平移的是水平距离，称为水平折转光管。通过折转光管平移，可以方便地绕开障碍物。与用准直经纬仪对瞄法相比，可以减少传递环节，减少传递的误差源，提高传递准确度。折转光管安装要求较低，只要和通光口径大致对准，就能正常工作，而且能适应摇摆等动态环境条件，不引起附加的动态误差。折转光管的缺点是对距离变化的适应能力差，原则上一种结构长度的折转光管，只有一个最佳的平移距离，该距离允许的变化量很小，平移距离又需按实际情况决定，难以系列化。当平移距离增大时，为保持折转光管的刚性，避免由于壳体变形而影响两平面反光镜的平行度，从而需要增大折转光管的体积与质量，造成制造、运输和使用的不便，因此折转光管不宜平移较大的距离，一般不大于3 m。

1.4.4 五棱镜折转定角法

五棱镜能把光束准确折转90°或折成其他固定的角度，而且五棱镜绕垂直轴（五棱镜两反射面延长后的交线，即棱线为垂直轴）摆动时，折转角不变。因此当方位角传递中需折转90°等定角时，用一块五棱镜可以代替一台经纬仪，而且误差小，操作方便。但是五棱镜使用时，其基面需保持水平，否则将引入附加误差。五棱镜一般采用光学玻璃制造的整体式结构，工作中起主要作用的是两反射面。反射面要满足平面度、两反射面夹角、两反射面垂直于同一基面等三项要求，工艺上是非常困难的，这限制了五棱镜性能的提高。解决办法是采用分体式结构，把三项要求分别由三道工序完成，互不影响，这样提高了五棱镜的准确度，而且工作介质全为空气，消除了玻璃中长光程的光能损耗，从而可制成大通光口径。空心分体式结构只有两个反射面，实质是定角反射器，不应再称为五棱镜，因为已不存在五条棱边。

1.4.5　垂直传递法

在方位角传递时，往往会遇到有垂直距离差的情况，当垂直距离差较小时，可用改变准直经纬仪俯仰角的方法传递。但经纬仪的俯仰角不能太大，以免增大误差，而且由于时间限制或动态条件限制，往往不能使用正、倒镜平均消减俯仰偏差的方法，因此垂直距离差较大时，宜用折转光管平移法。但当垂直距离差达3～20 m时，难以用折转光管，需采用特殊的垂直传递方法。

垂直传递主要采用分离式结构方案，装置制成上、下两大部件，两部件之间为光学传递。国内外的光学垂直传递有两种方法：偏振光法和线状激光投射、差动输出法。

偏振光法应用偏振光光强原理，当起偏器和检偏器的透光轴重合时，输出的光强最大；当两透光轴成90°时输出光强为零。因此当光轴垂直安装，转动起偏器或检偏器至光强为零或最大时，原理上就可进行垂直传递。但工程上这样简单的传递，其准确度是很低的，偏振器件往往是不理想的，通过起偏器后不是完全的线偏振光，而是部分偏振光。因此当两透光轴成90°时输出光强不为零，而且光电接收器件的漂移和放大电路的误差都会影响准确度。解决办法是采用磁光调制器进行调制，用选频放大器进行放大与检测。当选频放大器检测不到频率等于调制频率信号时，检偏器的方位角即和起偏器的方位角相等，从而使偏振光垂直传递法达到实用的性能[6]。

线状激光投射、差动输出法[7]的原理为：装于上部件的半导体激光器发出的光束，经聚光镜聚成一点，由柱面镜扩散成一条激光亮线，投射至下部件，由下部件转臂上的两PSD光电位置探测器把光信号转变为电信号，经差分后输出，当差动输出为零时，上、下部件上的测量器件平行，其方位角相等，从而实现了垂直传递。采用差动方法，可消减激光器漂移等多项误差。

偏振光法和线状激光投射、差动输出法采用了完全不同的工作原理，都能实现方位角的垂直传递，传递准确度都能达到角秒级，传递距离都能达到十米以上，传递方案都是只传递零位、不测角，从而可避免动态时的投影误差。偏振光法设备的体积较小，适用传递空间比较狭小的场合；线状激光投射、差动输出法设备的体积较大，但结构简单、可靠，继续增大传递距离、提高传递准确度的发展潜力大，适用于具较大传递空间的场合。

1.4.6 自动补偿技术

180°反射式三棱镜、五棱镜、折转光管都具有双反射面互补性的结构，从而能达到特定的性能，圆光栅、光电编码器，安装均布的两个或两个以上读数头时，可以消减测角元件安装偏心影响，垂直传递的差动输出可以消减多项误差，采用液体自动补偿技术的垂准仪，当仪器的安装座倾斜时，通过液体的自动补偿，能保持所发出的激光束仍保持铅垂，这些都属测量器具或设备本身常用的自动补偿结构。

除仪器的自动补偿结构外，还有一种测量系统的自动补偿技术，又称为自校准技术或自校准系统，同样可以达到优良的性能。补偿的目标应是急需解决的性能关键，例如仪器漂移、安装件结构变形等稳定性问题。无论测量器具有或设备本身配有的自动补偿结构，或测量系统含有的自动补偿环节，对于提高准确度、改善稳定性等目标，都会取得良好的效果，都具有较丰富的高技术和创新含量。因此研究结构和系统的自动补偿方法，是提高准确度和稳定性的重要途径。差动反光镜补偿法是一种测量系统的自动补偿方法，补偿目标是保持测量系统的长期稳定性。方法是用两块反光镜，其中一块是固定反光镜，作为参考镜；另一块是工作反光镜。同一自准直仪发出的平行光照在两块反光镜上，两镜各反射回一束平行光，由同一台 CCD 自准直仪接收并进行差分。由于对两块反光镜而言，自准直仪漂移的影响基本相同，因此差分后能获得较好的消差效果；而气流引起自准直仪跳字的影响是相近的，因此差分后能得到一定的消减。

有关方位角的传递方法详见第 6 章。

1.5 方位角的传递设备

1.5.1 经纬仪类仪器

经纬仪是大地测量的基本仪器，因其主要功能是测量水平角与垂直角，与经度和纬度相对应而得名。经纬仪以双向测角和用望远镜观察、对准相结合的结构设计，能适应野外条件的工作特点，形成了优良的测量功能。当前经纬仪已不仅用于大地测量，而且在测绘、地震监测、机械工业等三大行业中，都获得了广泛的应用。经纬仪的性能也在不断改进：如双向测角的数字化、测量数据的通信运算和误差补偿等技术的采用，形成了新一代的经纬仪——电子经纬仪。经纬仪的望远镜加装上自准直装置，就成为准直经纬仪。电子经纬仪采用旋转光栅式测角系统，有效地消减了分度元件的刻划误差，使经纬仪的测角准确度提高，标准偏差达到 0.5″。

经纬仪的性能有很多优点，但由于是按大地测量需要而设计与发展的，因此是静态测量仪器。如需用于动态测量，则应采取相应的改造措施。应用经纬仪的结构、原理进行动态测量仪器设计时，也需做相应改进，详见本书本章第 6 节。

以经纬仪为基础，发展了多种通用和专用测量仪器。通用仪器如：在经纬仪基础上，增加望远镜光轴方向的测距功能，成为全站仪；全站仪增加双向角度跟踪功能，成为自动式全站仪：用激光光束代替望远镜，并增加双向角度跟踪功能，成为多种激光跟踪仪。专用仪器如：望远镜改为平行光自准直仪，并增加各种光电接收装置，成为多种瞄准设备；增大望远镜的通光口径，并增加摄影装置，成为电影经纬仪；各种雷达也往往装有双向测角及角度跟踪装置，这些仪器同样具有双向测角功能；同样具以大地水平为基准、三轴垂直并相交的设计准则，有相类似的技术条件和检定方法，同样属于角度测量仪器，因此可称为经纬仪类仪器。

1.5.2 附件化的测量器具

附件化的测量器具分为装于经纬仪上的测量器具和与经纬仪配套使用的测量器具两种。

1.5.2.1 装于经纬仪上的测量器具

作为正式装备，为了使用方便，往往将其设计成专用仪器，如标杆仪就是标杆和光学对中器的组合。但作为计量保障的校准设备，则希望具有通用性。在经纬仪上加装简单的工具作为测量器具，就可有效地扩展使用范围，满足多种测量需求，用毕后可以拆下，保持原仪器的状态和功能不变。但是采用附件化的办法，使用前要调整好测量器具的几何位置，以保证测量准确度。

常用的装于经纬仪上的附件化的方法有：在经纬仪望远镜物镜端、装防尘盖的外圆处，装中心为发光二极管的投射套，就可进行发散光投射测量；装带聚光镜的半导体激光器，就可进行准平行光投射测量，当装上不带聚光镜、发散角较大的半导体激光器时，可进行数百米距离范围的两经纬仪的对瞄。

在经纬仪照准部的支架上端、装“提手”的两平面处装“标杆”，就可把地面的大地测量点通过经纬仪的光学对中器，引至便于观察与对准的标杆上；随着距离的增大，标杆的直径需相应增大，这时就成为“标柱”；当距离达千米级时，为避免标柱直径过大，无法装于经纬仪上，因此采用“标灯”，即以灯代标。当在该处装上 GPS 天线时，就成为 GPS 经纬仪，可以实现与天线对准、两经纬仪对瞄及用经纬仪望远镜观察、捕捉目标等多种功能。当装上半导体激光光源的小型自准直仪时，可作为远距离测量的目标。

在经纬仪望远镜目镜端，拆下目镜，装上面阵 CCD，就可用显示屏进行离线的观察与对准，这个功能适用于当经纬仪的目镜端不允许站立操作手的特殊场合。当装上附件化准直目镜时，就可进行近距离的平行光自准直测量，适用于普通经纬仪、全站仪等不具自准直功能的测量仪器，使其能和平面镜、三棱镜准直。这两种目镜的共同特点是：装有 1∶1 的转像物镜，从而使 CCD 不仅能观察到自准直像，还能观察到经纬仪的目镜分划板刻线，进行两者的对准，解决了因不改装仪器、CCD 和分划板不能装于同一面上从而导致不能同时观察的问题。附件化准直目镜采用转像物镜后，有足够空间安装自准直测量用的分光棱镜及照明光源，不必增长目镜焦距，从而保持了原望远镜的高倍率。

1.5.2.2　和经纬仪配套使用的测量器具

除了装于经纬仪上的测量器具外，还有一些配套使用的测量器具，采用这些测量器具，可以减少方位角的传递环节，提高传递准确度，方便使用，常用的配套测量器具如下。

反光器件包括：平面反光镜、180°反射式三棱镜、角锥棱镜。角锥棱镜一般用作测距仪和激光跟踪仪的反光器件。由于具有能使光束双向原路反回的特点，因此在千米级远距离测量时能捕获目标，并以重合法对准。其工作原理是互成90°的三个反射面反射，分六个入、反射区完成，主要技术指标是出射光和入射光的平行度。和五棱镜类似，角锥棱镜也有整体式和空心分体式两种结构。

五棱镜和折转光管有类似的工作原理，都是互补式的结构。五棱镜是使光束折转定角，折转光管是使光束平移一段距离，都可简化传递环节，减小传递误差，方便使用。五棱镜使用时，需保证基面的水平度，折转光管设计时，需保证壳体有足够的刚性，以便保证使用时两反射面的平行度不变。

按照不同的需求，可以采用不同的组合，形成测量器具。如：GPS天线和灯标组合，成为GPS灯标，当经纬仪望远镜对准灯标发光点时，就对准了GPS天线。当距离远达十余千米时，灯标需增大光源功率，并加装抛物面反射灯罩。当距离为1～2 km、但需动态测量时，为解决目视、手动对准的困难，可采用GPS天线和角锥棱镜组合。角锥棱镜的顶点调至和天线中心在同一铅垂线上，用准平行光投射法测量，并用PSD等光电元件测出“偏零量”。

垂直传递是比较特殊的传递问题，当垂直距离差达1～20 km、而且传递时的可操作空间有限时，很难用一般的方法解决。垂直传递装置有整体式和分离式两种。当传递的垂直距离较大时，整体式结构的体积和质量增大，造成制造、运输及使用不便，而且对传递距离变化的适应能力差。当传递距离改变时，就需制造新的设备，因此宜采用分离式结构，以减小体积与质量，便于制造、运输与使用，而且对距离变化的适应能力强。传递方案宜采用只传递零位、不测角的方案，以简化结构，减少环节，并可避免动基座状态使用时产生的动态误差（有关动态误差的形成机理同五棱镜，见本书第6.5.2节水平度对角度的影响）。分离式的传递方法有偏振光法和线状激光投射、PSD差动输出法两种。由于垂直传递只是方位角传递中的一个环节，需要和前、后环节相衔接，因此垂直传递装置除进行垂直传递的机构外，还需有和前、后环节相衔接的结构，常用的是平面镜和三棱镜，也可用平行光管、准直望远镜等。衔接结构需和传递机构保持几何关系的协调一致，如垂直传递装置的上、下部件都采用平面反光镜和前、后环节衔接，则当垂直传递机构指零时，应保证上、下部件的两平面反光镜平行。

1.5.3　自准直仪

自准直仪是常用的小角度测量仪器，经历了目视式、光电指零式和数字式等三个发展阶段，已成为高分辨力、高准确度的测量设备。由于以平行光工作，从而能应用于近距离测量而不增大误差，常用作角度标准器或用于测量三棱镜等角度标准器；作为检测设备或检测配套设备、检测五棱镜等高准确度测量器具或经纬仪类测量仪器，在应用于近距离高准确度工程测量场合下，可依据定向和方位角传递的特殊需求，形成具有侧面反光镜、能适应动基座试验时角位移和线位移混淆在一起、能消减线位移影响的大口径自准直仪，也能形成测量动态误差的动态自准直仪等特种设备。

1.5.4　自调平工作台

经纬仪类仪器以大地水平面作为工作基准。在动基座条件下，因为难以找出与保持大地水平面的工作基准面，从而使经纬仪类仪器的应用产生困难。解决的办法是采用自调平工作台。其原理是：用对线加速度不敏感的光纤陀螺敏感工作台台面的摆动，通过伺服电路和驱动电机，使工作台作反向摆动，进行伺服跟踪；用台面上安装的加速度计输出信号，经滤波电路，作为校零信号进行定时自动校零，使工作台台面保持预定的动态水平度，使经纬仪类仪器在动基座条件下能正常工作。

自调平工作台从功能上可分为双向自调平和单向自调平两种。双向自调平工作台用于经纬仪类仪器，保持双向动态水平度；单向自调平工作台用于三棱镜，以保持其动态棱线水平度。自调平工作台从结构上可分为转台式和杠杆式两种：转台式是双轴转台结构，能适应动基座较大的摆动量，但其上装的测量仪器的型号不能随意改动，以免破坏对轴系的平衡，从而影响调平准确度；杠杆式自调平工作台是工作台由滚珠丝杆的升降控制，绕单边轴系摆动，承载能力大，对负载的变化不敏感，但允许动基座的摆动幅值较小，如需增大摆动量，往往会降低对动态水平度的调节分辨力。

自调平工作台的发展方向是采用“舒拉周期”，使系统的自摆周期为 84.4 min，原理上可不受任何线加速度的影响，能适应舰船（动基座）调头、变向和加速等多种状态。

方位角的传递设备详见本书第 7 章。

1.6　动态测量

1.6.1　基本概念

动态测量分为三种：动参数测量、动基准测量和动态误差测量。这三种动态测量形成的机理不同，采用的解决办法也不同，动态测量也可是这三种方式中的相互组合。

动参数测量是指被测的是随时间变化的参数。例如：岸上设 GPS 固定站，船上设 GPS 运动站，当船航行时，差分 GPS 定向得到的两站连线的方位角是不断变化的，因此是“动参数”。又如：作等速转动的单轴转台，如果被测参数是角位置，则是动参数测量；如果被测参数是角速率，则是静态测量。因为角速率是不变的，由此可以看出动参数测量是指被测参数在“变”，而不是被测工件在“动”。

动基准测量是指测量器具的工作基准在不断变化，动基准往往是由于动基座而产生。

例如：船在海上有纵摇、横摇和航向变化等三维角运动；同时具有航行、纵摇和横摇等三维线加速度。船体就是“动基座”，船上安装的测量器具就是在动基座条件下工作，当动基座使测量器具不具有固定不变的工作基准时，就称为动基准测量。例如：经纬仪类仪器是以大地水平面作为工作基准的，动基座破坏了工作基准，从而使测量工作难以正常进行。但是动基座并不必然造成动基准。例如：一台数字式自准直仪和一块三棱镜都刚性固定在船体结构件上，当自准直仪以平瞄状态和三棱镜准直时，则无论船体如何摇晃，自准直仪的输出都不会跳动。因为此时不以大地水平面作为工作基准，而是以自准直仪的光轴作为工作基准，自准直仪和三棱镜一起摇晃，不会破坏工作基准。

动态误差测量包括：测量被测工件或系统的动态误差，也包括测量器具、测量仪器或测量系统本身的动态测量误差的试验或校准。当前测量器具（又名计量器具）的国家计量检定规程都是静态检定。当把测量器具改进动态性能后，首要的问题是试验和验证其本身的动态测量误差后，才能用于测量被测工件或系统的动态误差。

动参数测量、动基准测量和动态误差测量都属动态测量的范畴。还有一种静态角的动态测量系统，目的是提高测量工作效率或提高测量准确度，不属于动态测量的范畴。如：经纬仪采用的旋转光栅装置，输出的角度读数值，不是光栅某个位置的读数值，而是旋转一周中多点读数的平均值；按照圆分度误差闭合原理，一周中的全部连续角的误差之和为零，从而可有效地提高测角准确度。但真正需测的被测角是静态角，而且是在光栅旋转一周中不允许变化的静态角，因此所加的旋转光栅装置只是一种手段，目的是提高测角准确度，而且这种提高是以牺牲动态响应能力为代价的，所以这种经纬仪响应速度是较低的，明显低于不用旋转光栅的普通经纬仪，以其实际使用的被测参数而言，仍然是静态测量。

1.6.2 基本方法

动基准测量的基本方法有两种：自调平法和补偿法。自调平法是采用自调平工作台，其原理见本章 1.5.4 节及第 7 章。采用自调平法，使用比较方便，能形成独立的测量系统，但需添置设备。补偿法是用船上惯性导航系统提供的实时姿态角，对经纬仪类仪器的测量数据进行计算、修正，实施比较复杂，且需艇上惯导的配合，但不需添置设备。

用于动参数测量的主要仪器是经纬仪类仪器，但是经纬仪是按大地测量需要而设计的静态测量仪器，如以经纬仪为基础进行技术改造，或设计具动态功能的经纬仪类仪器，需注意以下问题。

（1）关于经纬仪本身结构和性能的注意事项

1）采用无间隙式轴系。经纬仪的轴系一般为半运动式轴系，径向为微米级间隙的精密轴、孔配合，轴的上端有斜面付止推，斜面付中间装一圈钢球，以照准部的自重压紧。但照准部的向上运动没有定位机构，这种轴系在静态测量时不影响工作，但在动态环境下，特别是有震动时，照准部会产生向上的串动，因此应采用交叉滚柱轴承、角接触轴承等具过盈的轴承，或在半运动式轴系的基础上，轴的下端再增加一个防止向上串动的定位轴承。

2）选用动态性能良好的经纬仪。

3）经纬仪的自动补偿功能应全部关闭，因为这些补偿都是基于静态测量的，在动态环境条件下不仅不会减小误差，往往还会增大误差。

4）经纬仪水平角和垂直角的信号处理、细分和显示，应采用相互分开的并行方法，而一般经纬仪往往是串行方案，顺序处理完水平角和垂直角后一并显示，从而降低了响应速度。

5）不能使用经纬仪上的水准器，因为在动态条件下，水准器会受线加速度影响，产生气泡晃动、失准，经纬仪的水平应由自调平工作台保证，水准器仅用于静态调试，以检查自调平工作台与经纬仪水平的一致性；当需测量垂直角时，同样不能使用垂直角水准器，而应选用垂直角为零位光栅结构的经纬仪。

6）经纬仪装于自调平工作台上时，应拆卸经纬仪的调水平底座，直接用经纬仪上的三个安装柱定位。

（2）经纬仪望远镜的加装或改装项目

1）经纬仪望远镜加装的自准直装置包括：分光棱镜、准直分划板、光源和线阵 CCD 或单向 PSD，使其具有平行光自准直功能和光电测量功能。采用线阵 CCD 是由于其响应速度比面阵 CCD 高得多，这样只要反回光形成的自准直像在 CCD 上的移动量不超出 CCD 的敏感区，就可进行动参数测量。一旦将要超出时，只要用手稍转动经纬仪的照准部，使自准直像接近 CCD 敏区的中心，即可继续测量。取数时用统一的采样脉冲，同时采集被测对像的读数值和测量系统的读数值，后者包括经纬仪水平角读数值（静态值）和 CCD 测量值（动态值），并以两者的代数和作为测量值。

2）平行光自准直只能用于近距离测量，当距离较远时，需用投射法测量。在望远镜物镜端装发散光或准平行光投射套，望远镜上则需装分光棱镜及双向 PSD 或面阵 CCD，因反回光形成的像是个光点（平行光自准直是条垂直线），用线阵 CCD 或单向 PSD 难以保证狭长形的光敏面和光点在俯仰方向正好重合，采样脉冲同样是采集经纬仪的静态水平角和 PSD 或 CCD 的动态测量值，并取两者的代数和。

3）当动参数的变化范围较大、测量距离又较远时，最佳测量方案是研制跟踪经纬仪，测量原理同上，但需增加水平角和垂直角的伺服跟踪机构。

动态误差测量的关键是测量器具、仪器或系统本身动态误差的试验或校准，这是尚需研究的课题，需研究方法，研制设备，但又不能像静态测量那样，逐级建立计量标准，花费过大的人力和财力，为此提出两种方法：动、静态比较法和陪检工具验证法。

1.6.3 动静态比较法

静态的测量标准已经历了长期的建设，具有相当的基础，如能用于动态试验，可以节省大量的投资和时间。思路是：把需试验的测量器具以一定的动态条件通过测量标准，并采集其动态测量值，再和测量标准的静态标准值比较，就可得到测量器具的动态误差，因此称为动静态比较法。

差分 GPS 定向的动态准确度试验采用了该方法，用一等天文测量点作为标准，两天文点连线的方位角为已知的静态标准值。一个天文点上安装 GPS 天线作为固定站，另一天文点上安装电动导轨，导轨的运动滑板上装另一 GPS 天线作为运动站。滑板作往复直线运动，当运动至通过天文点连接螺丝中心时，装于连接螺丝上的霍耳开关感受装于运动滑板上的永久磁铁的磁场，产生电平跳变，跳变沿由单稳态电路变成采样脉冲，得到该时刻差分 GPS 定向的实时值，它与标准值之差就是 GPS 的动态定向误差，详见本书第 5 章。该方法充分应用了高准确度的静态标准，能得到该试验距离动态定向的总误差。但当前导轨滑板、即运动站 GPS 天线的运动线速度还较低，只能模拟一定的角速度，因此今后需继续研究提高试验时 GPS 天线运动速度的方法。

动静态比较法也可不在静态标准上试验，而采用静态准确度和动态附加误差分别试验、再合成的方法。仍以 GPS 动态定向准确度为例，先用一等天文点校准，得到要求距离的静态定向误差，再在合适的场地，用工装安装电动导轨，中心固定霍耳开关脉冲发生器；先以手缓慢转动丝杠、使滑板逐渐移动至发出采样脉冲，所得到的 GPS 定向值为静态值，再使导轨滑板快速移动，得到动态实时值，它与静态值之差即为动态附加误差，再与静态误差合成，得到定向总误差，这样可以少占用测量标准，试验动态附加误差时不受测量标准的距离限制，使方法的应用更为机动、灵活。

1.6.4　陪检工具验证法

对经纬仪类仪器所装的 CCD 或 PSD 光电测量装置、用于动态测量的光电自准直仪和光电跟踪设备等，往往需试验或校准在规定角速度时的动态误差。解决办法是研制一台动态角校准装置，以解决多种动态校准需求，这样关键问题就转化为动态角校准装置本身动态准确度的校准。

动态角校准装置是一台响应速度较快，并具角位置、角速率和角振动等功能的单轴转台，由于可作 360°转动，因此可以应用圆分度中的误差分离技术——排列互比法进行检测，该法又称全组合法，陪检工具为正多面棱体，经改变起点的多圈测量后，从同一套测量数据，可以分离出消除校准装置分度误差后的棱体分度误差，以及消除棱体分度误差后的校准装置分度误差。由于需测动态误差，因此测量时校准装置需以一定角速度转动，而且需有动态指零器。当转至指零器光轴和棱体反光面垂直时，指零器发出采样脉冲，采集校准装置的实时角度值。由于棱体是整体式刚体，不存在静态角和动态角的区别，而且其分度误差又可用多齿分度台等计量器具以静态测量的方法准确测得，因此与校准装置动态测量得到的棱体分度误差和静态测量结果一致，或者差别在允许范围内时，说明动态测量得到的校准装置测量结果是可靠的，因为棱体和装置的测量结果是用同一套测量数据得到的，而且脉冲采集的是校准装置的读数值。正多面棱体不是测量标准，而是陪检工具，因此称为陪检工具验证法，详见本书第 7 章。

陪检工具验证法可用于多种用误差分离技术的测量工作，如高速轴系旋转轴线的径向漂移测量，用电容测微仪及钢球进行，钢球是陪检工具，钢球的圆度就可验证动态测量数据的准确性。

1.7 计量校准

(1) 校准的定义

校准是指在规定条件下，为确定测量器具或测量系统所指示的量值，与对应的由测量标准所复现的量值之间关系的一组操作[8]。由此可得出校准的特点如下。

1) 校准必需符合规定条件，规定条件包括一般的实验室条件。也包括应满足的特殊条件，如：野外条件、准全天候气象条件、发射条件和动态环境条件等。

2) 校准的对像是测量器具或测量系统。初始对准系统的功能是要测出三维初始角位置数据，因此是一种特殊的测量系统；其组成包含了弹上和地面或船上的相关设备。如：弹上的惯性平台、控制系统的相关单元、地面或船上的瞄准设备、方位基准的传递设备等。

3) 校准是标准值和被测值的比较，因此属于计量保障范畴，计量保障是指为保证装备性能参数的量值准确一致，实现测量溯源性和检测过程受控，确保装备始终处于良好技术状态，具备随时准确执行预定任务能力而进行的一系列管理和技术活动[8]。

(2) 校准通用性的指导文件

国军标 GJB 5109－2004 装备计量保障通用要求—检测和校准是校准的通用性文件，由此有关校准的通用要求如下：

1) “装备的检测或校准应符合测量溯源性要求”[8]，“……溯源到军队计量技术机构或者军方认可的计量技术机构保存的测量标准”[8]；“自动测试设备的‘自校准’不能代替溯源性证明”[8]。

2) “检测设备和校准设备应比被测设备或被校设备具有更高的准确度”[8]，校准设备或校准系统的准确度指标按专用规范规定。

3) 对测量系统的校准结果，通常由评审会评审，校准只提供实测数据，不做合格与否的结论，“当需要对测量器具做出合格或不合格的判定时，所做的工作称为检定”[8]。检定只限于测量器具（计量器具），需有经批准的检定规程，并保证“被测设备与其检测设备、检测设备与其校准设备的测试不确定度比一般不得低于 4∶1”[8]。

(3) 校准的专用性指导文件

装备承制方设计师系统的《校准设计任务书》是校准的专用性文件。校准工作在装备承制方总指挥、总设计师统一领导下进行。

(4) 校准的设计思想

采用独立的量值传递途径，除末环（被校环）外，采用和装备无共用的传递环节的办法，因为如有共用环节，则该环节一旦发生问题，将成为校准不能发现的盲区。如初始对准系统的校准，从定向开始就需采用和装备不同的定向方法，以和装备完全不同的设备和传递方法，把方位角传递至共用的末环—瞄准基面，得到实测的射向方位角。装备和校准两种不同的传递方法，如果得到的结果一致，可以提高校准结果的可信度，如果发生差异，也可及早发现问题，寻找原因，采取措施。

（5）校准的主要协作关系

“订购方……在提出装备研制总要求和签订装备采购合同时，明确提出装备的计量保障要求”[9]。

“承制方应……论证和确定装备需要检测或校准的项目或参数”[8]。

“承制方在研制的装备中，对影响装备功能和性能的主要测量参数设置检测接口”[9]。接口包括电气接口和机械接口，这对开展装备使用中的校准极为重要。

（6）校准的发展趋势

校准的发展趋势是日益重要。初始对准系统由引入式向自主式发展，用弹上设备自主完成初始对准，以减少操作项目，缩短发射准备时间。而任一种新方法的采用，都需用不同方法进行验证和比对，即需进行校准。

初始对准系统校准在技术上的发展趋势为：自调平、自准直、自寻北和自跟踪。其中自调平是指自动调整工作台台面的水平度，从而使以大地水平面为基准的经纬仪类仪器，能用于动态环境条件；自准直是指用同一台仪器，实现发出光束并接收反回光，以进行对准与测量，有高准确度、动态、大通光口径和远距离等不同要求；自寻北是指在静态或动态条件下，自动找出真北或大地北，并测出方位角；自跟踪是指自动进行角度跟踪，有远距离、动态等不同需求。

参考文献

[1] 王俊勤，申慧群．航天靶场大地工程测量［M］．北京：解放军出版社，2007.

[2] 杨晓东，王炜．地磁导航原理［M］．北京：国防工业出版社，2009.

[3] 煤炭科学研究院唐山分院．陀螺经纬仪［M］．北京：煤炭工业出版社，1982.

[4] 惯性导航系统编著小组．惯性导航系统［M］．北京：国防工业出版社，1983.

[5] 总参谋部测绘导航局．大地与工程测量［M］．北京：解放军出版社，2012.

[6] 中国科学院西安光学精密机械研究所．实现方位角垂直传递的方法：中国，00135479.5［P］. 2002-07-31.

[7] 北京航天计量测试技术研究所．分离式方位角垂直传递装置：中国，200810126367.2［P］.2011-05-04.

[8] GJB 5109-2004 装备计量保障通用要求，检测和校准［S］.

第 2 章　180°反射式三棱镜

把一块截面为等腰直角三角形的三棱镜的斜面作为透光面，朝入射光方向安装，两直角面镀全反射膜作为全反射面，就成为 180°反射式三棱镜，见图 2-1。入射光线 a 经两直角面反射后，成为出射光线 b；而入射光线 b，经两直角面反射后，成为出射光线 a。当入射光束 a，b 是一束平行光时，则出射光束 b，a 也是一束平行光，两者的方向为 180°，因此称为 180°反射式三棱镜。

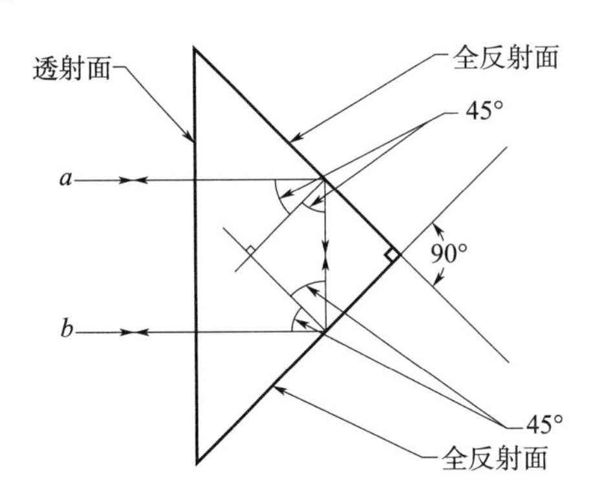

图 2-1　180°反射式三棱镜

180°反射式三棱镜的工作基面是两反射面的相交线，称为棱线。平行光对 180°反射式三棱镜的准直，是指入射的平行光或发散光的光轴对三棱镜的棱线垂直。即使三棱镜两反射面的相交线上有倒角，棱线依然存在，性能不变；其差别仅在于棱线是两反射面延长后的虚交线。

180°反射式三棱镜主要用作弹上或箭上的瞄准基面，也常用作惯性器件测试设备定向时的测试工装。为正确使用三棱镜，避免产生不应发生的附加误差，需了解 180°反射式三棱镜的工作原理、性能特点、检测方法等相关知识。

2.1　性能特点

180°反射式三棱镜的基本性能特点包括：对角度的单向敏感特性、多像特性和对水平度的函数敏感特性。

2.1.1　对角度的单向敏感特性

当入射平行光与镜面垂直时，平面镜同样能进行 180°反射，见图 2-2（a）所示，当入射光与镜面的垂直度具 α 角偏差时，则成 2α 角反射，见图 2-2（b）所示。当 α 角较大或反光镜与自准直仪的距离较远时，反射光不能进入自准直仪物镜，无法接收到反射光。由于平面镜是双向敏感反光器件，因此双向都不能具有较大的 α 角与较远的距离。自准直仪或经纬仪需要架设至与平面镜等高的位置，在俯仰方向和方位方向都要保持仪器光轴的延长线位于平面镜的大致中心位置，并与反光镜的垂直偏差在小角度范围内。在航天工业的试验现场，这是很难实现的，因此平面镜一般不宜作为初始对准的反光器件。

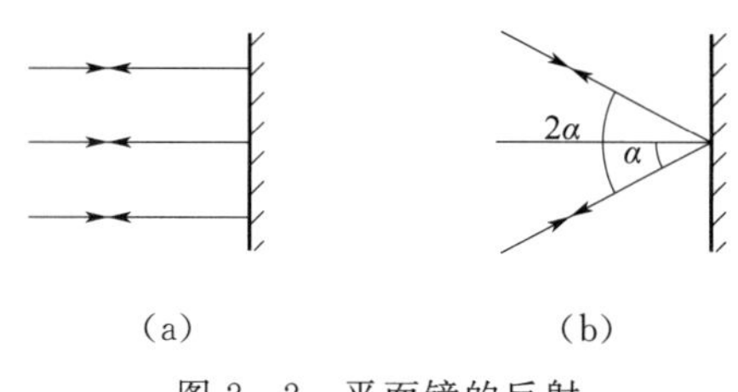

图 2－2　平面镜的反射

180°反射式三棱镜对角度具有单向敏感特性，如果三棱镜的棱线成水平状态安装，则俯仰方向对角度的变化是不敏感的，见图 2－3 所示。

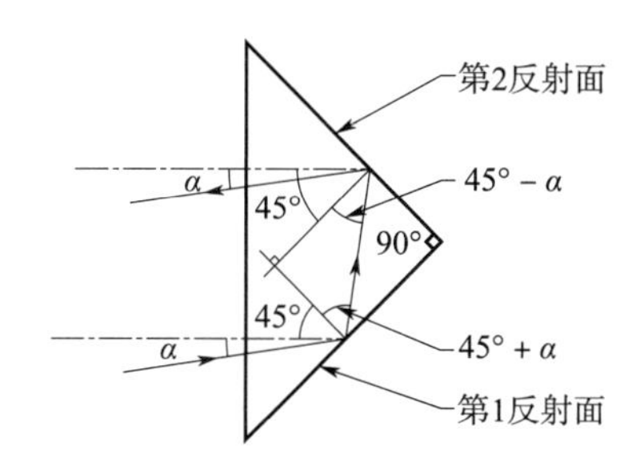

图 2－3　三棱镜具俯仰角时的反射

当入射光以仰角 α 入射时，相对于第一反射面的法线，入射角与反射角均为 $45°+\alpha$，而对第 2 反射面，则入射角与反射角均为 $45°-\alpha$。因此当具有较大入射角时，在俯仰方向仍能保持出射光与入射光平行。因此使用时俯仰方向只需大致对准，使入射光照在三棱镜上，返回光就能进入自准直仪物镜，从而捕获目标、正常工作。原理上 α 角只需小于 45°，即能工作。但 α 角过大时，会引起反射像的像质变坏，因此一般不超过 30°，而方位方向则和平面镜一样，保持了对角度敏感的特性，当入射光和三棱镜的棱线具 α 角垂直偏差时，光线成 2α 角返回。

180°反射式三棱镜对角度的单向敏感特性是非常有用的，因为瞄准基面一般设置在弹体或箭体的仪器舱处，距地面的高度较高。而与之准直的仪器设备则装在三脚架或导轨上，两者具有很大的高度差。180°反射式三棱镜对角度的单向敏感特性，使具高度差的方位准直成为可能。

180°反射式三棱镜对角度的单向敏感特性，不仅适用于平行光路，还能用于发散光路，原理如下。

采用发散光时，由于是有限距离测量，因此测量仪器不能用平行光自准直仪，而应用经纬仪。发散光源装于望远镜物镜前的光轴上，出射的发散光束在棱镜处形成一个光斑，只要三棱镜位于光斑范围内，返回光就能进入望远镜物镜，见图 2-4 所示。如棱镜在位置 1，进入三棱镜通光口径光束的边缘光为光线 a 和 b，按三棱镜在非敏感方向的反射原理，入射光线 a 的反射光线为 a'，a'与 a 平行；入射光线 b 的反射光线为 b'，b'与 b 平行。但反射光 a'与 b'并不平行，把 a'与 b'延长后，在光源至棱镜距离的两倍处，得到一个虚交点，即位置 1 的光源像。接受三棱镜的返回光，等于接受该光源像发出的发散光，把望远镜调焦至该距离，就能观察到此光源像。当三棱镜由位置 1 移动到位置 2 时，只要不越出光斑范围，同样能接收到返回光，同样能获得该位置的光源虚像，仅进入三棱镜通光口径光束的光轴发生了变化，光源虚像产生了位移，因此用 180°反射式三棱镜反射发散光，同样具有在非敏感方向上容易捕捉目标的特点。但由于光源虚像的位移，因此当经纬仪望远镜作俯仰微动时，在平行光路中反射的自准直像是不动的。在发散光路中，自准直像是随望远镜的俯仰微动而移动的，当微动至自准直像和望远镜目镜分划板的横丝对准时，望远镜的光轴和三棱镜的棱线重合。因此在发散光路中，光斑越大，允许三棱镜的移动范围也越大，越容易捕捉目标。但返回光的能量越小，当后续电路具光电接收功能时，会造成光电信号过小，因此光束的发散角也不能太大，需按工作距离、光源功率、光电元件灵敏度等参数，选择合理的光源发散角。采用发散光路时，在方位方向同样具有对角度敏感的特性，同样能用于和三棱镜的准直，但经纬仪与三棱镜的距离不能太近，否则会增大对准误差，详见本书第 6 章。

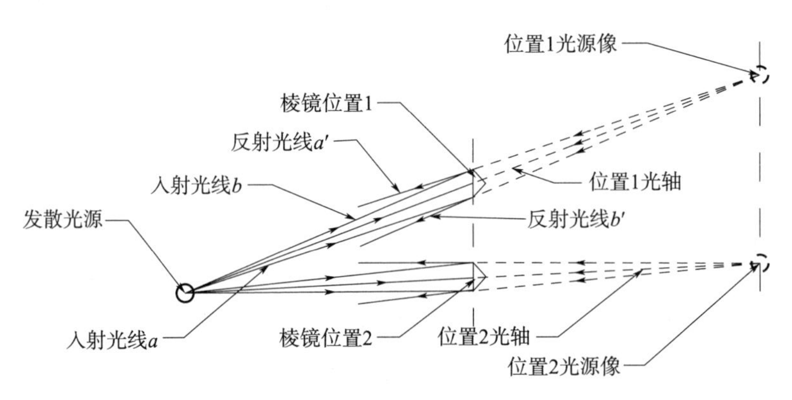

图 2-4　棱镜对发散光的反射

用 180°反射式三棱镜测量方位角时，需棱线水平状态安装，俯仰方向为非敏感方向，方位方向为敏感方向，即测量方向。但也可以用于测量垂直角，此时需棱线垂直状态安装，方位方向为非敏感方向，垂直角或俯仰角方向为敏感方向，即测量方向。在初始对准中，由于测量的是方位角，因此采用棱线水平安装的状态，以下的讨论都为这种状态。

2.1.2　多像特性

平面镜只能形成一个反射像，而 180°反射式三棱镜对同一目标，可以形成多个反射像，这种现象称为多像特性。多像是由于 180°反射式三棱镜的结构特点与工艺误差引起的。主要反射像有三个，其中经两直角反射面反射的像亮度最大，是用于测量的主像，代表了三棱镜的基准——棱线，而其余像则需消减，不能用于测量。

三个主要反射像的形成见图 2－5 所示。

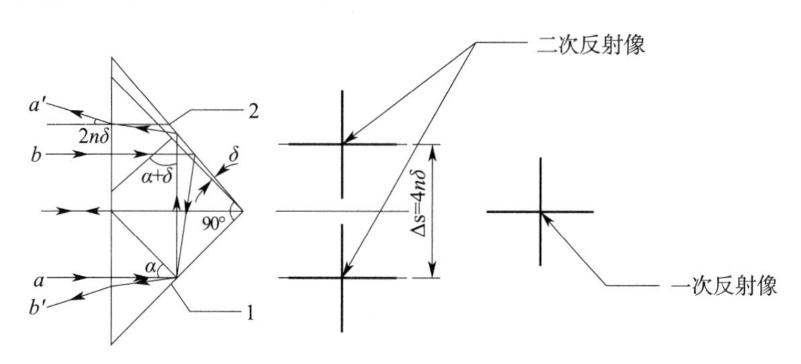

图 2－5　三个主要反射像的形成

由斜面（透光面）直接反射形成一次反射像。由于斜面的角度和平面度要求都较低，因此其反射像在俯仰方向和方位方向对主像都具有较大的偏离。这个像不能用于测量，如果误用，将会产生角分级的误差，形成测量错误。由于未镀膜的抛光玻璃的反射率约为 5%，像的亮度较低，且系一次反射，具有平面镜双向敏感特性，因此在野外环境条件、距离较远或具俯仰角斜瞄时，这个像一般是看不到的。但是在实验室内，近距离且水平对准时会看到这个像，从而具有错用的可能性。而只凭像的亮、暗程度又难以判别。因此可靠的判别方法是：将经纬仪望远镜作俯仰微动。由于近距离测量需用平行光自准直法，因此不动的像是主像，随之移动的像是斜面反射像。为进一步减弱斜面的反射像，斜面需镀增透膜，以增加透射率，减少反射。增透膜的增透效果与光波的波长有关，因此最好镀与使用波长相适应的增透膜。

二次反射像是三棱镜的主像，但由于 90°屋脊角的加工偏差，在俯仰方向会形成两个像，见图 2－5 所示。当屋脊角具加工偏差 δ 且为 $90°+\delta$ 时，若光线 a 垂直入射，对反射面 1 法线的入射角与反射角均为 45°。但对反射面 2 的入射角与反射角均为 $45°+\delta$，反射光偏差为 2δ，出射时产生折射后，出射光 a' 产生 $2n\delta$ 偏离角，n 为玻璃折射率。同理垂直入射的光线 b，其出射光 b' 也成 $2n\delta$ 角出射，即一束平行光入射时，成两束出射光，而且两出射光 a' 与 b' 偏差角的方向相反，从而形成俯仰方向的双像，两像的偏离角为

$$\Delta s = 4 \times n \times \delta \tag{2-1}$$

式中　Δs——两像的偏离角，单位为角秒；

n——玻璃折射率；

δ——棱镜 90°角的加工偏差，单位为角秒。

玻璃的 n 取 1.5，则偏离角为 6δ，是屋脊角偏差的 6 倍。当 δ 较大时，两像会完全分开，当 δ 值较小时，也会使两像局部错开，从而使自准直像的线条变粗。只有当屋脊角偏差为零时，两像才完全重合，只有一个主像。一般以不能观察出双像、自准直像的刻线不显著变粗为限。人眼的分辨力约为 30″，使用光学仪器观察时，如光学仪器的放大倍数为 Γ，则分辨力可提高至 $30''/\Gamma$，如果放大率为 10 倍，则偏离角不宜大于 3″，即屋脊角误差

不宜大于 0.5″，这是很难达到的。由于少量的偏离只造成反射像的线条变粗，而且是处在非测量的俯仰方向，因此可适当放宽，一般允许的屋脊角的加工偏差为±1.5″左右。

屋脊角偏差又称为第一光学平行差，依据三棱镜经各反射面的成像过程，光轴遇到反射面后，求反射面对棱镜成的像，再以下一个反射面对前一个棱镜像再成像，即可把三棱镜展开成等效平板。平板在三角形截面方向的平行度称为第一光学平行差，是由屋脊角的加工偏差引起的，其影响的结果是形成俯仰方向的双像。等效平板在三角形截面垂直方向的平行度称为第二光学平行差，是由两反射面不垂直于公共平面引起的，常称为塔差。因为三棱镜的每两个面相交成一条棱线，由于三个面不垂直于公共平面，棱与其所对应的面不平行，把三条棱线延长后就形成尖塔形，所以称为棱差或塔差，见图 2-6。对 180°反射式三棱镜，主要受两反射面垂直度的影响，平面的偏转必然引起光线的偏折，因此原理上也会引起方位偏差。但对同一块棱镜，其影响是常数，在装调、检测和使用时，可以相消，不会引起附加误差，所以 180°反射式三棱镜对此一般不作特殊要求。

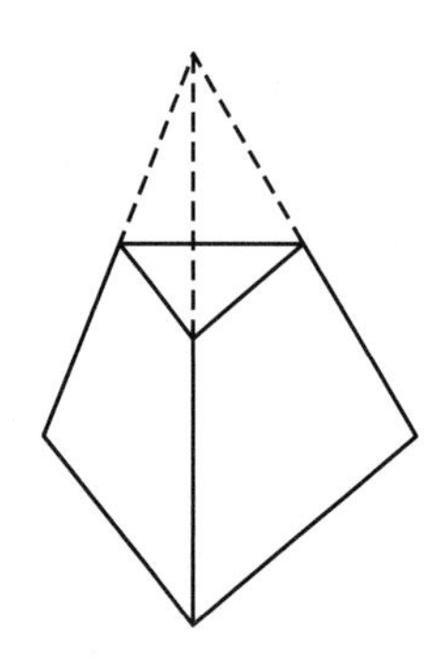

图 2-6　三棱镜的塔差

180°反射式三棱镜除了三个主要反射像外，还会产生经多次反射产生的高次像，如图 2-7 所示。

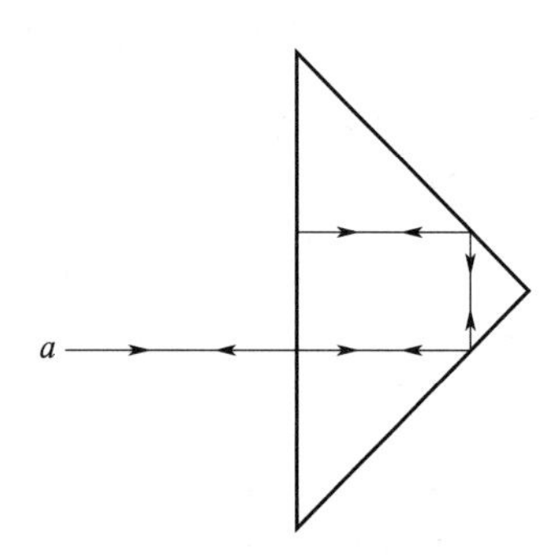

图 2-7　多次反射产生的高次像

入射光线 a 经两直角面反射，在透过斜面出射时，有一部分光线被斜面反射回来，再次经两直角面反射，经斜面出射。由于斜面对直角反射面的角度误差较大，因此该高次反射像对主像的偏离较大。由于经多次反射，高次像的亮度很低，一般不易觉察到。但在特殊的条件下，如斜面的反射率较高、光源的功率很大且在实验室内，仍具有观察到的可能性。高次像也是不能用于测量、应予以消除的干扰像，斜面镀增透膜同样有助于消减高次像。

2.1.3　对水平度的函数敏感特性

180°反射式三棱镜的工作基准是棱线，三棱镜的水平度是指其棱线的水平度，棱线水平度对测角的影响成正切函数关系，如式（2－2）所示

$$\delta = \beta \tan\alpha \tag{2-2}$$

式中　δ——棱线水平度引起的方位角误差，单位为角秒；

α——与三棱镜准直时测量仪器的俯仰角，单位为度；

β——三棱镜的棱线水平度，单位为角秒。

方位角误差 δ 是由棱线水平度引起的测量误差，需予消减。从式（2－2）可以看出，棱线水平度引起的方位误差 δ，不仅与三棱镜的棱线水平度 β 有关，还与测量仪器的俯仰角 α 有关，当 $\beta=0$，或 $\alpha=0$ 时，都可使 $\delta=0$。即要使方位误差为零，一种方法是使棱线水平度等于零，此时测量仪器即使以俯仰角进行斜瞄，也不会引起方位误差；另一种方法是使测量仪器的俯仰角等于零，即其望远镜或准直光管的光轴成水平状态，进行平瞄，此时即使存在棱线水平度，同样也不会引起方位误差。当棱线水平度和俯仰角都不等于零时，引起的方位误差与俯仰角成正切函数关系。俯仰角越小，则同样的棱线水平度引起的方位测量误差越小；当俯仰角增大至接近 45°时，方位误差接近与棱线水平度相等，即棱线水平度接近 1∶1地转化为方位误差。因此用减小俯仰角的方法来减小棱线水平度引起的方位误差，是一种实用、有效的方法。

在实际工作中，常用式（2－2）对棱线水平度的影响进行修正，因此需特别注意“极性”，以免产生修正错误，相关的极性规定如下：

1）棱线水平度 β 的极性。操作手面对棱镜（棱镜中能看到操作手的人像），当棱线为操作手的左手端高时，β 为“＋”，反之，当右手端高时为“－”；

2）俯仰角 α 的极性。仰角为“＋”，俯角为“－”，即以大地水平面为零度，经纬仪的望远镜成仰角与三棱镜准直时为“＋”；

3）方位角误差 δ 的极性。按经纬仪及大地测量的极性规定，顺时针转动时为角度递增方向，为“＋”，即当 β 与 α 均为“＋”时，算出的 δ 为“＋”，这意味着斜瞄时，经纬仪顺时针多转了个小角度，产生了“＋”误差。

以上的极性规定，和航天制导中有的极性规定是相反的，俯仰角的极性和经纬仪垂直度盘的刻度也不一致，很容易弄错。但经纬仪和大地测量“顺时针为正”是国际、国内统一的极性规定，无法更改，因此修正时，需特别注意有关的极性。

有的棱镜安装结构设计，依据测量仪器预定的仰角，把棱镜设计成以相等的俯角安装，使光束垂直于棱镜的斜面入射。这种设计能改善棱镜反射像的像质。虽然是垂直入射，测量仪器的望远镜或准直光管仍具仰角对准，因此仍属斜瞄，公式（2－2）仍然适用。因为统一的基准是大地水平面，无论是否垂直入射，只要对大地水平面具有俯仰角，就符合棱线水平度对方位影响的基本公式。

平瞄可以消减棱线水平度对方位的影响，但即使平瞄，棱线水平度仍不能过大，否则反射光形成的自准直像，其刻线将产生扭转，见图 2 - 8 所示。产生扭转的原因是：在准直分划板的照明光斑中，只有位于望远镜或准直光管光轴上的中心点 O 是平瞄，偏离光轴的点 A 与 B 都不是平瞄，而是具一定倾斜角的斜瞄。倾斜角为 $\arctan R/f'$ 及 $\arctan r/f'$，其中 f' 为望远镜或准直光管的焦距。尽管这个倾斜角很小，但如果棱线水平度不加控制，误差很大，加上测量仪器目镜的放大作用，仍能观察到偏离。偏离的性质是边缘点 A 偏离最大，B 点由于距光轴较近，偏离减小，至中心点 O 时偏离为零。刻线下半部倾斜角及偏离的方向相反，从而形成自准直像的刻线扭转，这对光电接收是有害的，因此平瞄对棱线水平度的要求可以大幅度放宽，但不能不要求，当发现自准直像刻线扭转时，其原因就是棱线水平度过大。

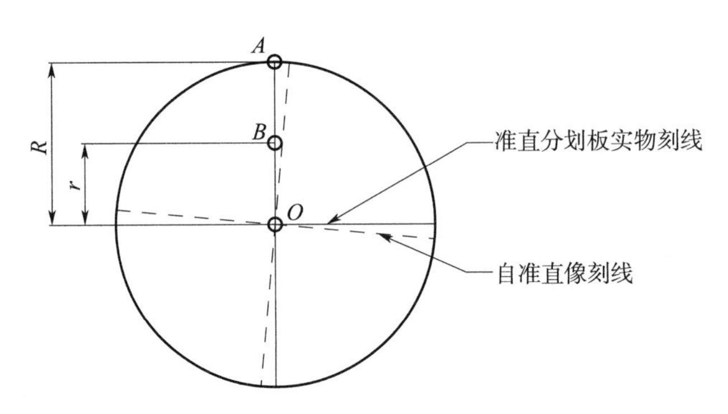

图 2 - 8 棱线水平度引起自准直像的刻线扭转

2.2 棱线水平度

棱线水平度是 180°反射式三棱镜的重要性能特点，是正确使用的关键。式（2 - 2）列出了棱线水平度对方位角的影响，现进行公式的推导、公式正确性的实验验证、以及棱线水平度检测方法的阐述。

2.2.1 公式推导[1]

180°反射式三棱镜表达棱线水平度的光路见图 2 - 9 所示。

图中虚线表示棱镜处于理想位置，棱线为水平状态，当棱线绕 z 轴转过 β 角时，棱镜位于图中实线所示位置，产生棱线不水平，对于棱镜上坐标为（x，y，z）的点，由几何关系可求得转过 β 角后的坐标为

$$(x\cos\beta + y\sin\beta, y\cos\beta - x\sin\beta, z) \qquad (2-3)$$

棱镜具 A_1 和 A_2 两个反射面，棱镜处于理想位置时，平面 A_1 与 xoz 平面成 45°，与 yoz 平面的交线位于 yoz 平面的第二象限，其法线在第一象限，法矢量为 $n_{01}=(0,1,1)$；平面 A_2 与 xoz 平面成 45°，与 yoz 平面的交线位于 yoz 平面的第一象限，其法线在第二象限，法矢量为 $n_{02}=(0,-1,1)$；代入式（2 - 3），可得棱线绕 z 轴转过 β 角后平面 A_1 的

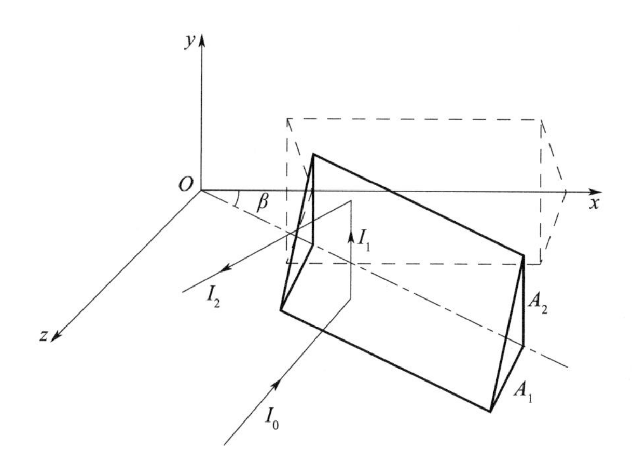

图 2-9　180°反射式三棱镜棱线水平度光路图

法矢量 $n_1=(\sin\beta, \cos\beta, 1)$ 和平面 A_2 的法矢量 $n_2=(-\sin\beta, -\cos\beta, 1)$。

设入射光线的矢量为 $\boldsymbol{I}_0=(a, b, c)$，由 A_1 平面反射后的反射光线矢量为

$$\boldsymbol{I}_1=-\left(\frac{2\boldsymbol{I}_0\cdot n_1}{n_1\cdot n_2}\cdot n_1-\boldsymbol{I}_0\right) \tag{2-4}$$

计算可得

$$\boldsymbol{I}_1=\begin{bmatrix}a\cos^2\beta-b\sin\beta\cos\beta-c\sin\beta\\-a\sin\beta\cos\beta+b\sin^2\beta-c\cos\beta\\-a\sin\beta-b\cos\beta\end{bmatrix}^{\mathrm{T}} \tag{2-5}$$

同理，经由 A_2 平面反射后的出射光线矢量为

$$\boldsymbol{I}_2=\begin{bmatrix}a\cos2\beta-b\sin2\beta\\-a\sin2\beta+b\cos2\beta\\-c\end{bmatrix}^{\mathrm{T}} \tag{2-6}$$

入射光 $\boldsymbol{I}_0$ 与出射光 $\boldsymbol{I}_2$ 存在一定的夹角，该夹角投影在 xoz 平面所成的角为χ，其余弦值为

$$\cos\chi=\frac{|\boldsymbol{I}_0\cdot\boldsymbol{I}_2|}{|\boldsymbol{I}_0|\cdot|\boldsymbol{I}_2|}=\frac{|a^2\cos2\beta-ab\sin2\beta-c^2|}{\sqrt{(a^2+c^2)[(a\cos2\beta-b\sin2\beta)^2+c^2]}} \tag{2-7}$$

当入射光线在俯仰方向以俯仰角 α 入射时，入射光线矢量可表示为 $\boldsymbol{I}_0=(0, \sin\alpha, -\cos\alpha)$，代入式（2-7），可得 χ 角余弦值为

$$\cos\chi=\frac{\cos\alpha}{\sqrt{\sin^2\alpha\sin^2 2\beta+\cos^2\alpha}} \tag{2-8}$$

该式可化简为

$$\tan\chi=\sin2\beta\tan\alpha \tag{2-9}$$

由式（2-9）可知，当光线水平入射时，$\alpha=0$，代入后得 $\chi=0$，出射光线在方位方向将平行返回，尽管有棱线不水平角 β，但不引起方位偏差；当斜入射时，$\alpha\neq0$，具 β 角时，$\chi\neq0$，出射光线与入射光线在方位方向将存在一定的夹角，引起方位偏差。

用δ表示方位角偏差，依据自准直原理，方位角偏差是入射光、出射光平行度的1/2，且棱线水平度β和方位角偏差δ的值都较小，式（2-9）可近似为

$$\delta = \beta\tan\alpha \tag{2-10}$$

式中　δ——方位角的偏差，单位为角秒；

α——俯仰角，单位为度；

β——棱线水平度，单位为角秒。

式（2-10）与式（2-2）相同。

2.2.2　等效法推导

用数学方法推导三棱镜棱线水平度对方位角的影响公式，尽管理论上严格，但较为复杂，不易建立物理概念。为此再用等效法推导[2]，其结果和数学推导方法完全一样，等效法的原理如图2-10所示。

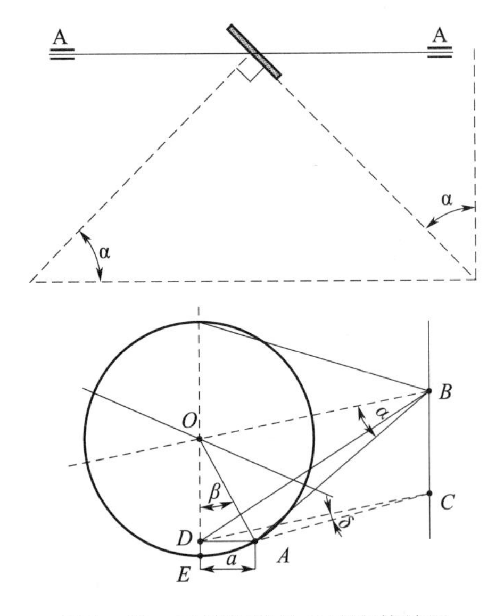

图2-10　三棱镜棱线水平度等效图

当自准直经纬仪以仰角α和三棱镜准直时，相当于自准直经纬仪和具俯角的平面镜准直。经纬仪望远镜的光学轴线和平面镜双向垂直，即望远镜光轴和平面镜的法线平行。三棱镜的棱线水平度是以垂直于棱线的剖面三角形中心线为轴，三棱镜绕之转了个小角度。因此可以假想具俯角的平面镜中心，也有一根处于水平状态的回转轴$A-A$，如果平面镜绕$A-A$轴旋转360°，则平面镜的法线将在空间绘出一个圆锥体，实际棱线不水平且只是小角度，相当于平面镜绕$A-A$轴旋转了小角度β，平面镜的法线亦绕$A-A$轴转动了β角，$\angle DBO$是仰角α，转动β角后，$\angle DBO=\angle ABO=\alpha$，$\beta=a/OA$，而$\angle ABD$在水平面的投影角为$\delta$，即方位变化量。采用经纬仪类仪器测量时，由于以大地水平作基准，测出的方位角是在水平面上的投影角，$\delta=a/DC$，$OB//DC$且$OB=DC$，$\delta=a/DC=a/OB=\beta\cdot OA/OB=\beta\cdot\tan\alpha$。

$$\delta = \beta \cdot \tan\alpha$$

式中　δ——由于棱线水平度引起的方位角变动量；

β——棱线水平度；

α——俯仰角。

2.2.3　实验验证

为了验证棱线水平度公式的正确性，进行了以下实验[1]，实验装置见图 2-11。

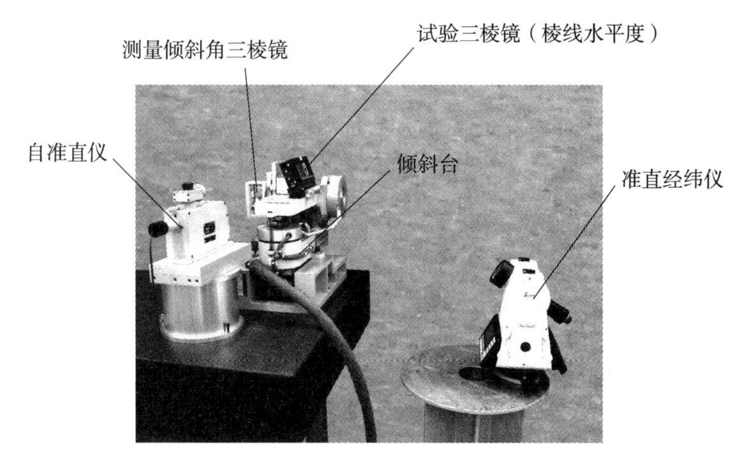

图 2-11　实验装置

试验棱镜以棱镜水平状态安装在倾斜台上，其棱线水平度可通过倾斜台改变。测量倾斜角三棱镜以棱线垂直状态安装在倾斜台台面上，用自准直仪测量该棱镜的俯仰角变化量。用电子经纬仪与试验棱镜自准直，经纬仪的仰角为 17.179 32°，当棱线水平度为零时，经纬仪方位角读数值为初始值。用倾斜台改变棱线水平度，并用自准直仪和棱线垂直安装三棱镜测出棱线水平度的实际值。棱线水平度改变后，经纬仪对准的返回像将产生位移，重新对准后读出的方位角与初始值相减，得到方位角变化的实测值，再与计算值相比较，得到差值，实验数据如表 2-1 所示。

表 2-1　实验数据

棱线水平度 β (″)	方位变化量的实测值 δ (°)	方位变化量的计算值 δ (°)	差值 (″)
0	0	0	0
20.6	0.001 615	0.001 769	−0.5
41.2	0.003 615	0.003 538	0.3
61.8	0.005 470	0.005 307	0.6
123.6	0.010 585	0.010 614	−0.1
185.4	0.015 830	0.015 922	−0.3
247.2	0.021 000	0.021 228	−0.8
309.0	0.026 320	0.026 536	−0.8

实验结果：当棱线水平度达 309″、经纬仪仰角为 17.179 32°时，实验结果与计算结果差值<1″。

2.2.4 检测方法

180°反射式三棱镜棱线水平度的检测，不是直接测量棱线水平度 β，而是通过测量方位角变化量 δ 和俯仰角 α 计算得到棱线水平度 β。按式（2-2）计算时，是以平瞄作为零位，因此测量时需测量平瞄时的方位读数值。以斜瞄读数值减去平瞄读数值，即为该俯仰角的方位变化量。但是有时因产品结构挡光，不可能进行平瞄，这种情况下，可用两种不同俯仰角的斜瞄，求得棱线水平度，按式（2-2）可导出以不同仰角 α_1 与 α_2 进行测量时，棱线水平度的计算公式

$$\delta = \beta \cdot (\tan\alpha_2 - \tan\alpha_1)$$

或

$$\beta = \frac{\delta}{\tan\alpha_2 - \tan\alpha_1}, \alpha_2 > \alpha_1 \tag{2-11}$$

式中 α——望远镜光轴对水平面的夹角，即俯仰角，单位为（°）。两个俯仰角 α_2 与 α_1 中，必需 $\alpha_2 > \alpha_1$；

δ——以 α_2 与 α_1 斜瞄时，方位角的变化量，大小等于以 α_2 的方位角读数值减去 α_1 的方位角读数值，单位为角秒；

β——棱线水平度，单位为角秒。

式（2-2）和式（2-11）都是进行两种俯仰角时的方位比较，式（2-2）是斜瞄和平瞄（俯仰角为零度）比较，式（2-11）是两种不同俯仰角的斜瞄比较。由于棱线水平度是按方位角的差值计算得到的，以式（2-2）为例，当 α 较小时，$\beta > \delta$，即测得的 δ 小，算出的 β 大，从而 δ 的测量误差也被放大，使 β 的测量误差大于 δ 的测量误差。当 $\alpha = 45°$ 时，两者的测量误差相等，方位变化量的测量误差等于棱线水平度的测量误差，虽然两俯仰角差值不可能达到 45°，但无论用哪种方法，都应尽量增大两种俯仰角的差值，以提高棱线水平度的测量准确度。

棱线水平度的具体测量方法应按被测产品的结构情况确定，常用的检测方法有平板法、准直经纬仪法和专用测试设备法等三种。

2.2.4.1 平板法

平板法是一种采用通用设备的测量方法。测量时以花岗岩测量平板作为基准，以平板的平面度作为测量准确度的基本保证。一般采用 00 级花岗岩平板，这种平板不会生锈，经过了极长时间的自然时效，稳定性好，表面硬度高。大理石不能用于制造平板，因其硬度低，易磨损。花岗岩是黑色基体中嵌夹有白色小点，大理石平板表面常有花纹，区分容易。测量仪器宜用平面度测量仪，这是一种目视、手动式自准直仪，其特点是仪器的底面是铲花基面，可以贴住平板移动，适用于平板测量。如有具底基面的光电自准直仪，则可以减小自准直仪的测量误差，效果更好。采用平板法测量棱线水平度的必要条件是：被测产品结构允许把三棱镜处于棱线垂直状态。例如："惯性组合"以底基面安放在平板上时，

是棱线水平的使用状态。但组合上一般有侧基面，把侧基面贴住平板安放，三棱镜就成为棱线垂直状态，就可以用平板法测量三棱镜的棱线水平度。在棱线垂直状态，自准直仪的方位方向是三棱镜使用时的俯仰方向，自准直仪的俯仰方向是三棱镜使用时的方位方向。棱线水平度是要测方位变化量，因此自准直仪需处于俯仰状态，即垂直角的测量方向。测量的实例见图 2－12，被测工件以其侧基面贴住平板安放，三棱镜处于棱线垂直状态。

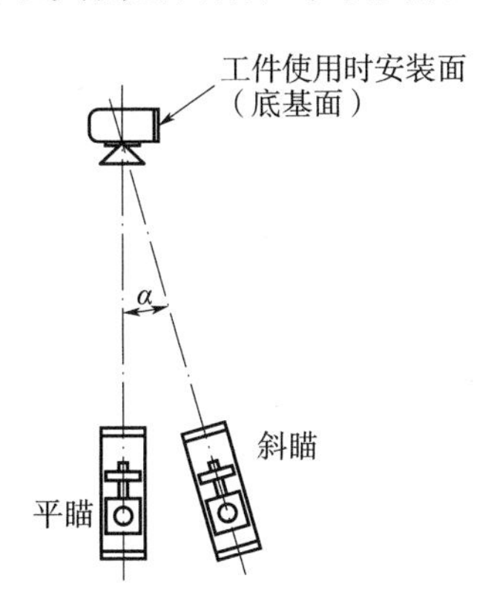

图 2－12　在平板上测量棱线水平度

平板法采用平瞄与斜瞄比较的方法，以式（2－2）进行数据处理。为此需找出平瞄位置，方法是找出三棱镜斜面的直接反射像，作为定位依据。斜面对反射面 45°角的误差为角分级，用于俯仰角定位的准确度足够。当三棱镜成零俯角安装时，摆动自准直仪，找出一次反射像，即为平瞄位置。当三棱镜成一定俯角安装时，可先找出一次反射像，然后用角度尺把自准直仪转过三棱镜的安装角，即为平瞄位置。自准直仪斜瞄读数值减去平瞄读数值为方位角变化量。斜瞄角 α 用角度尺测量，按 δ 及 α 算出棱线水平度 β。以一块六面体作为标准，和三棱镜的平瞄读数值比较，还可同时测出三棱镜棱线对侧基面的垂直度。

测出棱线水平度后，还需进行极性判断，其影响因素为平面度检查仪的刻度方向以及工件安装底面的位置。对于一般平面度检查仪，当棱镜顶部向前倾斜，即向平面度检查仪方向倾斜时，读数为正值。若工件的安装底面如图在右边，当测量结果为正值时，如果将工件安装成使用状态，即棱镜成水平位置时，棱镜正好沿顺时针转动，因此测量结果棱线与水平状态所测结果正负相同。如果平面检查仪刻度方向相反，或者工件安装底面在操作者左面时，则计算结果需要改变符号。

平板法测量时，自准直仪可具有较大的摆动角，从而具有较高的测量准确度。但测量时三棱镜棱线必需处于垂直状态，否则不能用此法测量，或者不能发挥此法的优越性，从而限制了其使用范围。对三棱镜组件，可用制造工装的方法，使棱线成垂直状态。例如图 2－13 是测量磁性座三棱镜的例子。磁性座三棱镜本身也不具有使三棱镜棱线垂直的功能，但是用一块标准六面体作为测量器具就可以实现。先如图 2－13（a）把磁性座三棱镜以磁力吸在六面体的一个面上，用轻敲磁性座的方法把水准器调平，然后如图 2－13（b），把六面体翻转 90°，即处于棱线垂直状态。用平瞄和斜瞄比较可以测出棱线水平度。对磁性座三棱镜而言，是棱线和水准器的平行度。当水准器居中时，棱线应为水平状态，同时，以棱镜与六面体的反射像比较，还可测出三棱镜棱线和磁性座磁性面的平行度。

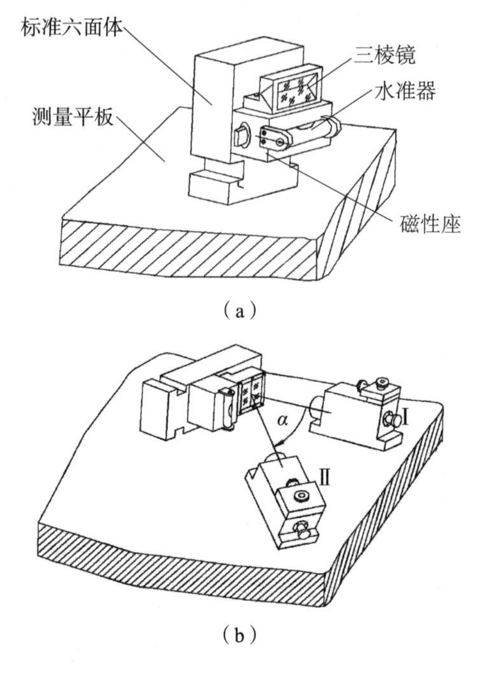

图 2-13　测量磁性座三棱镜

2.2.4.2　准直经纬仪法

准直经纬仪法也是一种采用通用仪器设备的测量方法，以大地水平面作为测量基准，被测工件可以保持棱线水平的使用状态，适用于大型工件的测量。如惯性平台，测量时尽量采用式（2-2）平瞄和斜瞄比较的方法。当工件结构挡光不能平瞄时，也可采用式（2-11）两种不同俯仰角比较的方法。在工件结构允许的条件下，两俯仰角的差值应尽量大，以减小测量误差，测量的实例见图 2-14，例中采用两种不同仰角比较法。

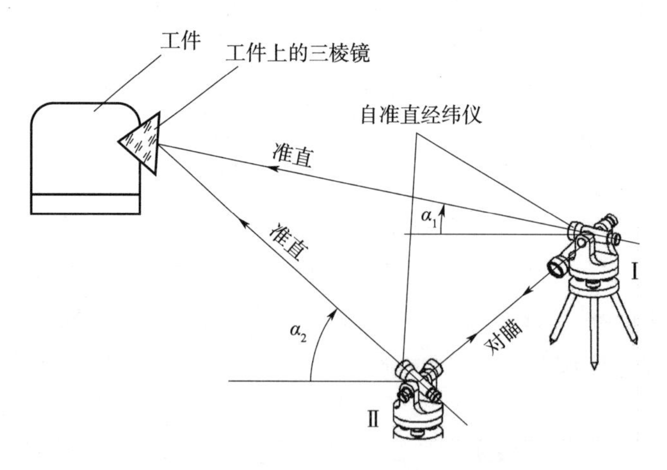

图 2-14　准直经纬仪法测量棱线水平度

（1）安装方法

两台准直经纬仪以不同距离和不同高度架设于位置Ⅰ和Ⅱ，位置Ⅱ的准直经纬仪以尽量大的仰角 α_2 和三棱镜自准直，位置Ⅰ的准直经纬仪则以尽量小的仰角 α_1 和三棱镜自准直。两台经纬仪都调好和三棱镜自准直后，再调对瞄。当调焦至“无穷远”对准对方经纬仪准直分划板竖丝后，还要向近距离调焦，观察对方经纬仪望远镜物镜的实物像，也要基本对准，否则要平移其中一台经纬仪，直至都符合要求。

（2）测量方法

经纬仪Ⅰ是小仰角与三棱镜自准直，接近平瞄，因此测量时该经纬仪与三棱镜准直好后，只动俯仰进行传递，不动方位，不读数。经纬仪Ⅱ转动方位与俯仰与经纬仪Ⅰ对瞄，接受小仰角方位，读出水平角，该读数值是小仰角的水平角值。然后纵转望远镜，以俯仰与方位的转动与微动，与三棱镜自准直，该水平角读数值是大仰角的水平角值，减去对瞄时代表小仰角的水平角读数值，即为方位角变化量 δ。

再读取两经纬仪与三棱镜自准直时得到的仰角 α_1 与 α_2，即可按式（2－11）算出棱线水平度 β。为了提高测量准确度，每步操作均需采用正、倒镜（也称盘左、盘右）平均的方法。因为经纬仪的很多误差，例如：横轴与竖轴不垂直形成的俯仰误差、视准轴与横轴不垂直形成的照准差（$2c$）、目镜分划板与自准直分划板两分划板的不重合误差、经纬仪竖轴铅垂误差等，都具有正、倒镜时极性相反的特点。因此在静态测量时，都可以通过正、倒镜测量平均的方法予以消减。具体操作方法为：如两台经纬仪都以正镜与三棱镜准直，对瞄时经纬仪Ⅰ正镜不变，经纬仪Ⅱ分别以正镜和倒镜与之对瞄并读数，然后两经纬仪均转至倒镜位置与三棱镜自准直；再次对瞄时，经纬仪Ⅰ倒镜不变，经纬仪Ⅱ再以正、倒镜与 I 对瞄并读数。因此经纬仪Ⅱ在对瞄位置，共有四个数据取平均值，其余位置则都为二个数据取平均值。算出的棱线水平度为一个测回的测量结果，重复三个测回取平均值作为一次测量的测量结果，按需要进行多次测量。

准直经纬仪法通用性较强，能用于惯性平台或组合。通电与不通电状态、测量状态和使用状态一致。但准直经纬仪需目视对线，对准误差较大，为此需多次测量取平均值。架设经纬仪又较麻烦，因此测量工作效率较低，对操作手的熟练程度要求较高。

2.2.4.3　专用测试设备法

专用测试设备法也可称为双自准直仪法，用两台光电自准直仪与被测三棱镜自准直，一台平瞄，另一台斜瞄。以两台自准直仪的水平角读数值求差，按式（2－2）求得棱线水平度。当工件结构挡光时，可将一台自准直仪以小仰角自准直，另一台以大仰角自准直，按式（2－11）求得棱线水平度。此法的优点是有效地提高了仪器的测量准确度。目前市面上准确度最高的电子经纬仪，当置信因子取 1 时，其测角标准偏差 1σ 为 0.5″；如置信因子取 3，则极限误差为 1.5″；而当前 CCD 自准直仪，全量程的极限误差可达±0.2″，分辨力 0.01″。由于两自准直仪的光轴夹角小于 45°，因此棱线水平度的测量误差是方位角差测量误差的放大值。例如：夹角为 25°，则 $1/\tan 25° = 2.14$，即方位角差的测量误差，放大 2.14 倍后，才等于棱线水平度的测量误差。如夹角减小至 15°，则放大倍数提高至 3.73

倍，因此减小测量仪器的测量误差，对提高棱线水平度的测量准确度具有重要作用。

要用通用的方法架设这两台自准直仪是非常困难的。在被测工件的结构和尺寸相差悬殊的情况下，其中一台或二台自准直仪都要架设成预定的仰角，两台自准直仪光轴的交点要与三棱镜的棱线大致重合，要校至两台自准直仪的光学轴线严格平行且零位一致。这些条件都难以临时在现场实现，因此双自准直仪法需针对某一工件的结构与尺寸，设计成专用测试设备，制成后不仅可以有效地提高测量准确度，同时还可大幅度地提高测量工作效率，缩短测量所需的时间，降低对操作手熟练程度的要求。

有关经纬仪、自准直仪的工作原理、性能特点和结构简介见本书第 7 章。

2.2.5 自调平三棱镜

180°反射式三棱镜，如果不是安装在具自动调平功能的惯性平台上，而是采用捷联式安装，或是用于一般的测试设备上，则在动基座条件下，基座（载体）摇摆的水平度变化会引起三棱镜棱线水平度的变化，从而造成斜瞄时方位误差的变化。方便的解决办法是采用自调平三棱镜。这是一种单向自调平机构，因为三棱镜的俯仰方向是对角度的非敏感方向，不会因摇摆而引起误差，因此只需单向自调平，保证三棱镜的棱线水平度，自调平三棱镜见图 2－15。

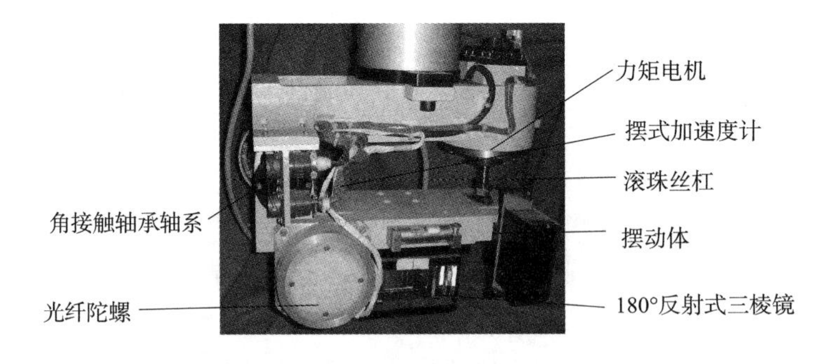

图 2－15　自调平三棱镜

自调平三棱镜的机械结构采用杠杆式结构。用一对无活动间隙的角接触轴承作为轴系，以力矩电机驱动无活动间隙的滚珠丝杠升降，使装有 180°反射式三棱镜的摆动体绕轴系摆动。敏感元件为对线加速度不敏感的光纤陀螺，敏感量是摆动体的摆动，其输出信号经电路处理后，驱动力矩电机，对动基座引起的三棱镜摆动进行伺服跟踪。校准元件为摆式加速度计，其输出信号中线加速度信号和水平度信号混淆在一起，用滤波、积分电路消减线加速度成份，其余的水平度信号，用于进行自动、定时校零，以保证三棱镜的棱线水平度。自调平三棱镜除功能为单向自调平外，其杠杆式的机械结构、工作原理、性能特点和控制电路等和具双向调平功能的自调平工作台是一样的，见本书第 7 章。

2.3 安装要点

180°反射式三棱镜的安装要点包括：防止三棱镜变形、三棱镜棱线与惯性器件主基面的几何关系等。

2.3.1　平面度与安装变形

三棱镜反射面的平面度直接影响返回像的成像清晰度，也是保证三棱镜返回光方位准确性的必要条件。平面度误差来源于制造误差和安装变形两个方面，180°反射式三棱镜的两个反射面，需有严格的平面度加工要求，一般不大于 0.1μm。在光学加工中，平面度常以光圈数 N 表达，一个光圈等于红光半波长 0.3μm，平面度一般不大于 1/3 光圈，即 $N=0.3$，这个要求能基本保证自准直仪观察到的返回像边缘成像清晰。平面度是指平面比较均匀的误差变化，而平面度的局部误差 ΔN 影响更大，因此除了平面度要求外，还应有平面度局部误差要求，而且要求应更高。平面度的局部误差一般不大于 1/10 光圈，即 $\Delta N=0.1$。

三棱镜的安装变形是平面度误差的重要来源，是三棱镜往壳体上安装时，受到了不应有的外力而引起的变形。安装变形往往比加工误差要大得多，玻璃是一种脆性材料，也是一种容易产生微变形的材料。脆性只是说明材料的延伸率很低，判断材料是否容易变形，主要取决于材料的弹性模量，弹性模量越大，则在同样受力情况下，变形量越小。玻璃的杨氏模量为 72 GPa 左右，而合金钢的杨氏模量为 190～210 GPa，因此玻璃比钢材更容易产生变形。安装变形的特点是即使外力消失，变形要经过很长时间才能缓慢恢复。当超过材料的弹性极限时，会遗留下永远不能恢复的残余变形，造成三棱镜的彻底损坏。安装变形会严重破坏反射面的平面度，不仅会引起成像模糊，还会造成三棱镜的棱线弯曲，使棱线成为一条高次曲线，而曲线上的不同线段，具有不同的曲率，也具有指向不同的法线，从而产生一种严重的现象：当瞄准三棱镜全长上的不同部位时，具有不同的方位角。

采用加光栏的自准直仪，以测量三棱镜棱线不同部位方位角变化量的方法，检测三棱镜的棱线弯曲度。光栏的作用是减小自准直仪的通光口径，因为测量得到的方位，是通光口径内的平均值，通光口径越大，则平均作用越显著。为能测出棱线的弯曲度，光栏的通光直径在能获得清晰反射像的前提下，尽量减小，检测装置见图 2-16。

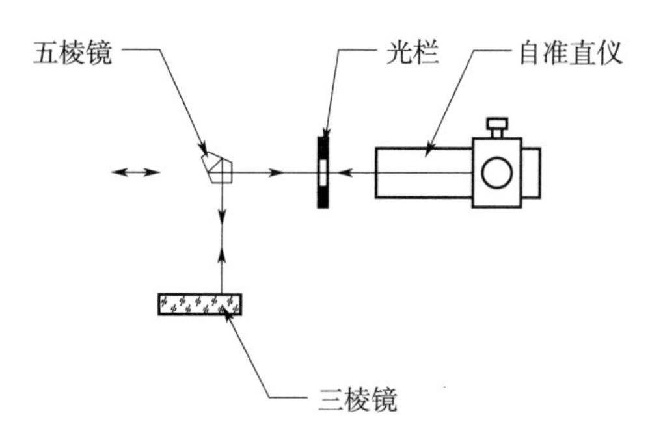

图 2-16　检测三棱镜的棱线弯曲度

检测时，移动五棱镜，使自准直仪与三棱镜棱线的不同部位自准直，自准直仪方位方向读数值的变化量，就是三棱镜的棱线弯曲度。移动五棱镜时，为防止五棱镜扭转而产生附加误差，可把五棱镜壳体的侧基面贴住一根平尺移动。这个方法既可用于检测三棱镜零件，以测量三棱镜的加工误差；也可用于检测装好壳体的三棱镜组件，以测量三棱镜的安装变形；还可以不用五棱镜，把三棱镜零件或组件直接装于万能工具显微镜或三坐标测量机的精密导轨上，自准直仪通过光栏与三棱镜自准直，以移动导轨的方法直接移动三棱镜，但需先检测导轨本身的直线性。

三棱镜安装时，既要防止产生安装变形而破坏反射面的平面度，又要保证安装牢靠、三棱镜在使用时不会产生角位移而破坏其位置准确度。在三棱镜的安装结构设计时，建议注意以下事项：

1）用三棱镜两端面胶合的固定方法，只适用于长度很短的小三棱镜，不宜用于较长的三棱镜，三棱镜两端面处不能有固定力，以免三棱镜产生弯曲。

2）三棱镜以斜面或两直角面作为定位面时，都不能将整个面积都用作定位。大面积的定位容易引起三棱镜的安装变形，合理的定位面应是两条狭面，宽度需与三棱镜的截面尺寸相适应，一般约 5 mm 左右。两定位面的中心距离应选择直线度变化最小的合理距离，即取三棱镜端面至定位面（支点）中心的距离为三棱镜全长的 0.223 2 倍（数据推导见本章 2.3.2 节），或两定位面中心的距离为三棱镜全长的 0.553 6 倍。

3）可用三棱镜的斜面定位，两直角面成 V 形压紧；也可用两直角面成 V 形定位，斜面压紧。用直角面定位时，两直角面上往往涂有保护漆，漆层厚度的不均匀度会影响定位效果。用斜面定位时，会产生挡光面积，因此定位面长度较短，只能取棱镜宽度方向两端的较短尺寸，不宜和棱镜等宽，以免增大挡光面积。

4）和三棱镜定位面接触的金属结构件，其接触面必需经精密研磨，用于定位的金属件接触面，除与棱镜接触定位狭面外，其余部分应制成下陷。当用三棱镜两直角面定位时，金属件两直角面的棱线部位应制有空刀槽，以防止三棱镜的棱线与金属件相接触。金属结构件的 V 形定位面需用直角形研磨工具研磨。

5）三棱镜用金属压紧件压紧时，最好能填一层稍有弹性的材料后再压紧，以吸收部份变形力。所填的材料既不能太软，也不能太硬，更不能老化。合适的材料是光学仪器上常用的软木板，即制造酒瓶瓶塞的材料；如果不填，则压紧面也需经精密研磨。

6）三棱镜装调完毕后宜点胶加固，因此结构设计时应确定点胶的位置。

按以上要求设计的三棱镜安装结构举例见图 2-17 所示，采用三棱镜的斜面定位，基板用 9Cr18 马氏体不锈钢制造，淬火至 HRc58-62，经液氮低温处理及人工时效，以减少金属组织中的残余奥氏体，改善使用中的稳定性。基板的定位面上，制有共面的四个定位面和四个安装面，并经精密研磨，具有良好的平面度与粗糙度，定位面的中心距为 0.553 6 L（棱镜全长），该面的其余部分则制成下陷。三棱镜以其斜面和基板定位面贴合，以压紧座压紧，压紧座用硬铝制造，压紧面也是两条凸出的狭面。尺寸、中心距离、位置都和定位面相同。用四个螺钉把压紧座压紧、固定在基板上。螺钉固紧后，压紧座的端面和基板平面间需有大于 0.2 mm 的间隙，以保证能把三棱镜可靠地压紧。压紧面与棱镜间未填弹性材料，但压紧座的 V 形压紧面须经过精密研磨。棱镜、基板和压紧座组成三棱镜组件，以基板上的四个安装面和安装孔，把三棱镜组件装于相关结构件上，其安装面也需经精密研磨。

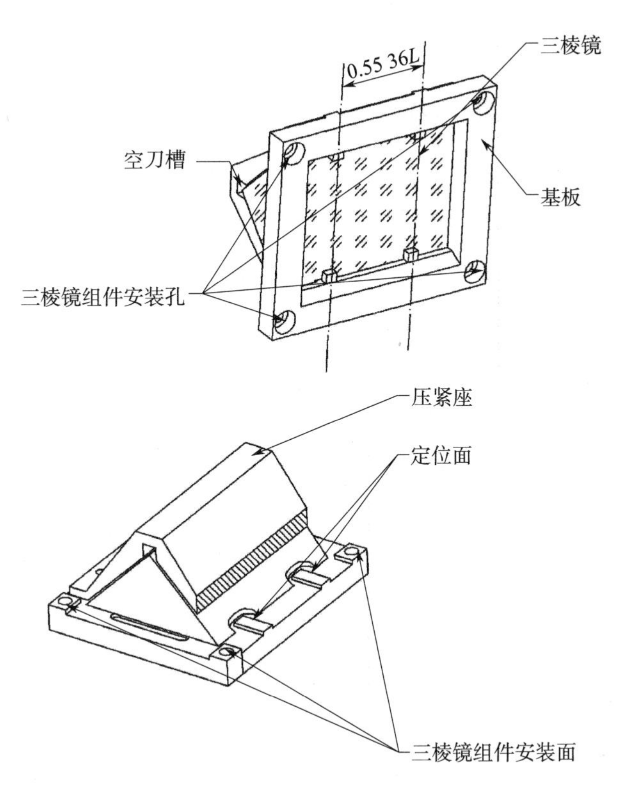

图 2－17　三棱镜安装结构举例

图示的结构，经试验未发现三棱镜安装变形。

2.3.2　支点距离

对均布载荷的双支点“梁”，为了使直线度的变化量最小，选择合理的支点距离具有重要的作用，长度越长，支点距离的影响越显著。对长度为米级的平尺或直尺，检定、使用和贮存时，必须以规定的支点距离架设。三棱镜由于长度较短，支点距离的影响并不显著，但既已用双定位面固定，则选用合理的支点距离，对减小变形和改善受力状态都是有益的。在《飞机坚固性设计手册》[3] 中，对图 2－18 所示的均布载荷双支点梁，列出的角变形和线变形的计算公式如下。

$$\theta_A = \frac{ql}{24EJ}(l^2 - 6a^2) = -\theta_B \tag{2-12}$$

$$f_0 = \frac{qa}{24EJ}(l^3 - 6a^2 l - 3a^3) \tag{2-13}$$

$$f_{\max} = \frac{ql^2}{24EJ}\left(-3a^2 + \frac{5}{8}l^2\right) \tag{2-14}$$

式中 θ_A——支点 A 处梁的角变形；

θ_B——支点 B 处梁的角变形；

f_0——梁端点处的挠度；

$f_{\max}$——梁中心处的最大挠度；

q——梁所受单位均布载荷；

E——梁材料的弹性模量；

J——梁横截面对中性轴的惯性矩；

l——梁两支点间距离；

a——梁支点到端点的距离，梁全长 $L=l+2a$。

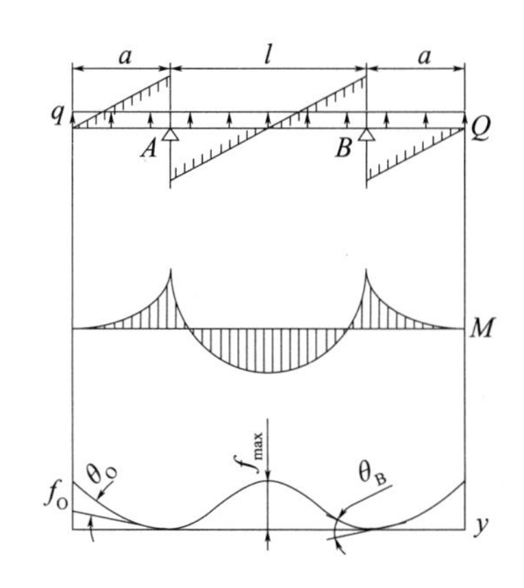

图 2-18　均布载荷双支点梁变形曲线

判断梁的直线度变化最小，有二种方法：梁中心挠度与端点处挠度相等，支点处的角变形最小。

2.3.2.1　按挠度求支点距离

按挠度求支点距离的观点认为：梁中心挠度与端点处挠度相等时，梁的直线度变化最小，并按之求支点距离。

梁中心挠度与端点挠度相等时，$f_O=-f_{\max}$，按式（2-13）与式（2-14）

$$\frac{qa}{24EJ}(l^3-6a^2l-3a^3)=-\frac{ql^2}{24EJ}\left(-3a^2+\frac{5}{8}l^2\right)$$

上式可化简为

$$48\left(\frac{a}{l}\right)^4+96\left(\frac{a}{l}\right)^3+24\left(\frac{a}{l}\right)^2-16\left(\frac{a}{l}\right)-5=0$$

求解上式，可得出 4 个解

$$\left(\frac{a}{l}\right)_1=-\frac{1}{2}$$

$$\left(\frac{a}{l}\right)_2=\frac{2(\sqrt{13}i-\sqrt{3})^{\frac{2}{3}}-2^{\frac{2}{3}}\sqrt{3}(\sqrt{13}i-\sqrt{3})^{\frac{1}{3}}+2^{\frac{7}{3}}}{2^{\frac{5}{3}}\sqrt{3}(\sqrt{13}i-\sqrt{3})^{\frac{1}{3}}}$$

$$\left(\frac{a}{l}\right)_3=\frac{-(2^{\frac{2}{3}}\sqrt{3}i+2^{\frac{2}{3}})(\sqrt{13}i-\sqrt{3})^{\frac{2}{3}}-2^{\frac{4}{3}}\sqrt{3}(\sqrt{13}i-\sqrt{3})^{\frac{1}{3}}+4\sqrt{3}i-4}{2^{\frac{7}{3}}\sqrt{3}(\sqrt{13}i-\sqrt{3})^{\frac{1}{3}}}$$

$$\left(\frac{a}{l}\right)_4=\frac{(2^{\frac{2}{3}}\sqrt{3}i-2^{\frac{2}{3}})(\sqrt{13}i-\sqrt{3})^{\frac{2}{3}}-2^{\frac{4}{3}}\sqrt{3}(\sqrt{13}i-\sqrt{3})^{\frac{1}{3}}-4\sqrt{3}i-4}{2^{\frac{7}{3}}\sqrt{3}(\sqrt{13}i-\sqrt{3})^{\frac{1}{3}}}$$

将上式各解的实部与虚部合并，发现虚部都为零，只剩实部，即

$$\left(\frac{a}{l}\right)_1=-\frac{1}{2}$$

$$\left(\frac{a}{l}\right)_2=\frac{2\cos\dfrac{\pi-\arctan\dfrac{\sqrt{13}}{\sqrt{3}}}{3}}{\sqrt{3}}-\frac{1}{2}$$

$$\left(\frac{a}{l}\right)_3=\sin\frac{\pi-\arctan\dfrac{\sqrt{13}}{\sqrt{3}}}{3}-\frac{\cos\dfrac{\pi-\arctan\dfrac{\sqrt{13}}{\sqrt{3}}}{3}}{\sqrt{3}}-\frac{1}{2}$$

$$\left(\frac{a}{l}\right)_4=-\sin\frac{\pi-\arctan\dfrac{\sqrt{13}}{\sqrt{3}}}{3}-\frac{\cos\dfrac{\pi-\arctan\dfrac{\sqrt{13}}{\sqrt{3}}}{3}}{\sqrt{3}}-\frac{1}{2}$$

保留到小数点后 5 位，上式可化为

$$\left(\frac{a}{l}\right)_1=-0.5$$

$$\left(\frac{a}{l}\right)_2\approx 0.403\ 01$$

$$\left(\frac{a}{l}\right)_3\approx -1.574\ 74$$

$$\left(\frac{a}{l}\right)_4\approx -0.328\ 27$$

考虑到 a 与 l 的实际物理意义，只取正数解，即取 $a/l=0.403\ 01$ 代入，可得出

$$\frac{a}{L}=\frac{a}{l+2a}=0.223\ 15\approx 0.223\ 2 \tag{2-15}$$

式中　L——梁的全长；

a——梁端点至支点的距离。

式（2－15）说明：当支点距梁端点的距离为 0.223 2L 时，梁中点的挠度与端点的挠度相同，直线度变化最小。

2.3.2.2　按角变形求支点距离

式（2－12）中，A、B 是梁的两支点或固定点位置，θ_A 和 θ_B 是梁两支点处的变形角，该变形角包含了支点两端（跨距端和悬臂端）近支点处变形之和，选择 A、B 点的合适位置，使得 $\theta_A=-\theta_B=0$ 时，梁的直线度变化最小，即

$$l^2-6a^2=0, l=\sqrt{6}a$$

令　$a=xL$，$L=2a+l$

则　$l=L-2a=L-2xL=(1-2x)L$

代入，得 $(1-2x)L=\sqrt{6}xL$

$$x=\frac{1}{\sqrt{6}+2}=0.2247；即\quad \frac{a}{L}=0.2247 \tag{2-16}$$

因此支点或固定点距梁端点的距离为 0.224 7L 时，梁的角变形最小，从而直线度变化最小。此推导结果和常用的保持直线度的支点距离以及按挠度的推导结果均为 0.223 2L 的差别在 0.7%以内，符合工程要求。

从以上两种方法的推导可以看出，支点距离由梁的全长决定，与梁的材料（弹性模量 E）、截面形状（转动惯量 J）、自重或载荷大小（单位载荷 q）等因素无关。

180°反射式三棱镜一般长度较短，但反射面的平面度要求很高，因此选择合理的支点或固定点距离、减小变形、保持平面度仍是一项重要的措施。在特殊需求时，如三棱镜的长度较长，则选择合理的支点距离就更为重要。

2.3.3　与主基面平行度

瞄准基面是为了便于瞄准的引出基面，只有和代表导弹射向的主基面平行，才能代表主基面。主基面是惯性平台或惯性组合上的六面体、惯性组合的后侧基面或惯性器件安装座上的两定位销母线的连线。瞄准基面和主基面的平行度将直接引入导弹的横向误差。因此，设计时一般把瞄准基面和主基面尽量靠近，而且连接两基面的结构件要有足够的刚性，以免结构件变形而影响两基面的平行度。测试时要把两基面的平行度作为重要的测试项目，常用的测试方法有：准直经纬仪法、标准样件法和专用测试设备法。测试三棱镜棱线与主基面的平行度，往往和测试三棱镜的棱线水平度同时进行。

准直经纬仪法的测量实例见图 2-19 所示。

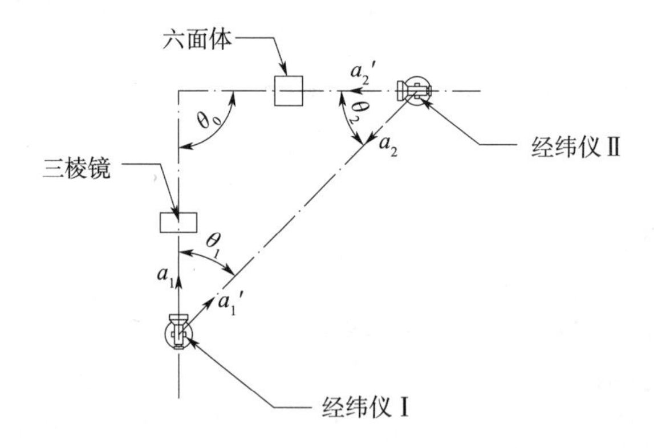

图 2-19　用经纬仪测量三棱镜与六面体垂直度

六面体的后基面是代表射向的主基面，三棱镜的棱线需与之平行。由于六面体的相邻面具有角秒级的准确度，为了测量的方便，可用测量三棱镜棱线与六面体侧基面垂直度的方法测量。测量时，经纬仪Ⅰ以平瞄或尽量小的仰角与三棱镜自准直。当具仰角时，需先测出三棱镜的棱线水平度，并在测量垂直度时修正至平瞄状态。经纬仪Ⅱ与六面体自准直，然后两台经纬仪对瞄，测出 θ_1 与 θ_2，算出棱线与六面体侧面的夹角 θ_0。测量时同样需经纬仪正、倒镜及多测回测量取平均值，以保证测量准确度。

标准样件法要求制造一个准确度更高的样件作为标准，使用时用样件把测量仪器对零，然后换上被测工件，用测量仪器直接测出被测工件对标准样件的偏差。标准样件法操作方便，但需制造样件，由于样件误差直接进入测量结果，因此样件的准确度至少应比被测工件高三倍。图 2 - 20 是一种标准样件，用于测量以两定位销定位、两定位销母线连线，即与定位销靠住的惯性组合的后基面对三棱镜棱线的平行度。

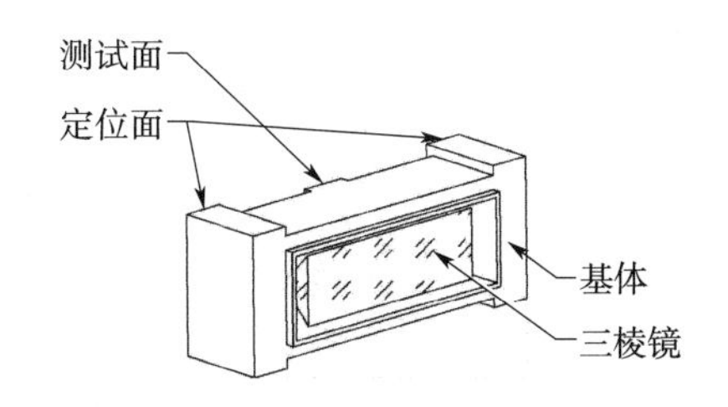

图 2 - 20　平行度标准样件

样件的基体用 9Cr18 马氏体不锈钢制造，淬火至 HR_C58 - 62，经液氮低温处理及人工时效，基体的后基面制有经精密研磨共面的三个基面；二个定位面用于和两定位销的母线接触，以进行定位；中间的测试面是后基面的代表，从而可以用多齿分度台、光电自准直仪检测样件后基面与三棱镜棱线的平行度。因为多齿分度台的分度误差可达 0.2″，具有较高的测量准确度。三棱镜按图 2 - 17 的结构设计，装成组件后固定于基体的安装面上，该安装面也需经研磨，并用修研该面的方法，达到后基面和三棱镜棱线的平行度要求。该样件还可用于在花岗岩平板上，以多位置法测试惯性组合时的定向工装。花岗岩平板上装有两个定位销，惯性组合装于六面体工装内，工装后基面与两定位销靠住，以六面体翻转多个位置以测试漂移。为了补偿地球自转的影响，花岗岩平板的两定位销母线连线需进行定向。此样件可作为定向工装，把样件两定位面和两定位销的母线靠住，样件上的三棱镜即可用作定向的目标。

用专用测试设备法时，应把两种功能制成一体，一台设备既能测三棱镜的棱线水平度，又能测三棱镜棱线对主基面的平行度或垂直度，棱线水平度测试设备设计时，要增加测量与主基面平行度的功能，所需的工作量并不大，因为设备的壳体、定位结构、工作台等都是共用的。例如：用同一铅垂面上的两台光电自准直仪，以平瞄和斜瞄差值法测试三棱镜棱线水平度的专用设备，设备上一般都设有两个定位销，测量时和被测惯性组合的后基面靠住，以进行定位。因此只要装上图 2 - 19 所示的样件作为标准，与两定位销靠住，利用其定位面与棱线的高平行度，以其三棱镜作为平瞄自准直仪的对准目标，予以校零，即可用于测量平行度。使用时换装惯组，与惯组三棱镜自准直时，平瞄自准直仪读数值与其固定零位之差，即为惯组三棱镜棱线和后基面的平行度。

2.4 反射率

180°反射式三棱镜的反射率一般不进行检测，因为按预定工艺加工的三棱镜，其反射率的变化很小。但是为全面掌握180°反射式三棱镜的原理结构、性能特点，反射率仍是一项不可缺少的性能要求，因此需了解相关的基础知识、建立基本概念，以便于处理可能发生的技术问题。

2.4.1 薄膜特性

单个光学玻璃表面的反射率在3.25%～10%之间，一般常用“5%左右”表达。对180°反射式三棱镜的两反射面，这个反射率太低了，测量仪器接收到的反射光能量太小，很难适应光电、远距离、野外等测量条件的要求，因此需提高反射率。方法是基于机械原理镀金属的全反射膜。对三棱镜的斜面，这个反射率又太高了，斜面直接反射掉一部分光线，不仅造成光能损耗，而且在近距离、室内条件下，还会产生干扰像、多像，因此需降反射率。方法是基于物理光学干涉原理镀增透膜，因此对180°反射式三棱镜的镀膜和薄膜技术，是一项不可缺少的设计要求与工艺项目，对三棱镜的性能具有重要的影响。

膜层采用两种不同的工作原理：金属替代原理和薄膜干涉原理。两种原理都是镀与基体不同的材料，因此都是“非自特性异质薄层”。

镀金属全反射膜是简单的微颗粒金属替代原理。在镀膜机上，把玻璃罩内的空气抽去，达到要求的真空度，把纯度很高的金属丝用钨丝加热，使金属成微颗粒蒸发，附吸在被镀表面上，成为抛光金属面。全反射有内反射与外反射两种。三棱镜的反射面是内反射，光线通过玻璃作低反射率反射后，再由金属膜层作高反射率反射，即有两个表面参与反射，这两个表面多次反射光束之间的叠加一般是非相干的。内反射常把暴露在空气中的膜层表面涂漆，以进行保护；外反射是直接由金属全反射膜反射，即只有一个表面反射，因此常在金属膜层表面，再镀上一层透明介质膜层进行保护。

金属膜层材料的选择，要考虑对使用波长的反射率、对基底材料的附着力、化学稳定性和表面硬度等因素。金属全反射膜的反射率和光波波长密切相关，因此应按所用的光波波长选用膜层材料。当不能确定使用波长时，则应选用在较宽波长范围内都具较高反射率的材料作为膜层。各种金属膜层与基底的附着能力有较大差距，如Al，Cr，Ni与玻璃附着牢固，而Au，Ag与玻璃附着能力较差。当需使用附着力较差的材料，可用加镀附着力较好的材料作为过渡层的办法。暴露在空气中的膜层，易被环境气体腐蚀，需选用化学稳定性高的材料，或采取保护措施。膜层一般较软，易划伤，因此常在金属膜层表面加镀高硬度透明膜层，以进行保护。常用氟化镁作为紫外区铝反射膜的保护层。在可见光区，则用SiO作为保护层的初始材料，在氧气下缓慢蒸发获得常用的SiO_2保护膜。常用作膜层的金属材料有：铝（Al）、银（Ag）、金（Au）和铬（Cr），薄膜反射率和光波波长的关系曲线[4]见图2-21。

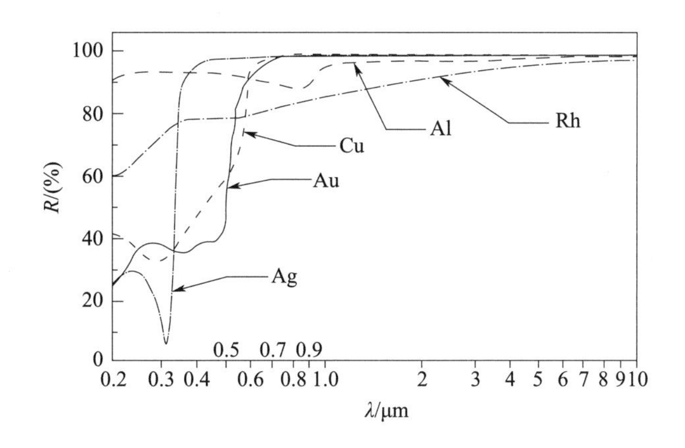

图 2-21　薄膜反射率和光波波长关系曲线

铝是金属膜中唯一从紫外（0.2 μm）到红外均具有较高反射率的材料，在波长 0.85 μm 附近，反射率存在一个极小值，约 85%。铝膜对玻璃衬底的附着力较好，机械强度和化学稳定性相对也较好，但作外反射时仍应加镀透明保护膜。180°反射式三棱镜的两反射面一般都镀铝，以适应较宽的波长范围，膜层在空气中的外表面涂保护漆。

金膜价格昂贵，且只在波长大于 0.8 μm 的红外区域才具高反射率特性，所以常用作红外系统的反射面；如果用绿光光源的仪器，采用镀金膜反光面，则其反射率反而比铝膜要低得多。金膜拥有良好的化学稳定性，不需加特别的保护层，但与玻璃的附着力不高，为此玻璃和金膜间常加镀铬或钛作为过渡层。新蒸发的金膜往往较软，经过一周时间的放置后，硬度会有所增加，这种现象称为自然时效。

银膜在紫外区的反射率低，不宜选用，在可见光区具较高的反射率，但由于其化学稳定性差，只宜用于内反射，外表面需涂漆保护。

当光学件或光学系统具有多个反射面时，总反射率是各反射面反射率的乘积，180°反射式三棱镜具有两反射面，如每个反射面的反射率为 86%，则不计斜面影响时，三棱镜总反射率为 0.86×0.86=74%，即增加反射面，会降低总反射率，当要求具有较高的总反射率时，需要提高单面反射率，常用的单层铝膜和金膜已满足不了需求，解决办法是镀多层介质膜，其原理[4]如下。

当光线从折射率为 n_0 的介质入射到折射率为 n_1 的另一种介质时，在两种介质的分界面上就会产生反射光，如果介质没有吸收光线，则光线垂直入射时的反射率 $R=(n_0-n_1)^2/(n_0+n_1)^2$。如果是在折射率为 n_S 的基底上镀以厚度为 $\lambda_0/4$、折射率为 n_1 的膜层时，对于中心波长 λ_0，垂直入射的反射率为

$$R=\frac{\left(n_0-\frac{n_1^2}{n_S}\right)^2}{\left(n_0+\frac{n_1^2}{n_S}\right)^2} \tag{2-17}$$

式中　R——垂直入射时，中心波长光线的反射率；

n_0；n_1——介质 0 与 1 的折射率；

n_S——基底的折射率。

如果自空气射至膜层，则 $n_0=1$，这就是单层膜。n_1^2/n_S 越大，反射率越高，但是膜层折射率 n_1 是有限的，因此单层膜可实现的反射率不会很高。

如果采用每层厚度均为 $\lambda_0/4$，高、低折射率介质交替的介质多层膜，能够得到更高的反射率，因为从膜层所有界面上反射的光束，当它们回到前表面时具有相同位相，从而产生相长干涉。所用的低折射率介质有二氧化硅（SiO_2）、氟化镁；高折射率介质有二氧化锆（ZrO_2）、硫化锌。介质膜系两边的最外层为高折射率层，每层的厚度均为 $\lambda_0/4$，垂直入射时对中心波长 λ_0 的反射率为

$$R=\frac{1-\left(\frac{n_H}{n_L}\right)^{2S}\frac{n_H^2}{n_S}}{1+\left(\frac{n_H}{n_L}\right)^{2S}\frac{n_H^2}{n_S}} \tag{2-18}$$

式中　n_H 和 n_L——分别是高、低反射率膜层的折射率；

S——高、低折射率层的对数，总层数为 $2S+1$。

n_H/n_L 比值越大，或总层数越多，则反射率 R 越高。理论上，只要增加膜系的层数，反射率可无限地接近于100%。实际上，由于膜层中的吸收、散射损失，在膜系达到一定层数后，继续增加，并不能提高其反射率。有时甚至由于吸收、散射损失的增加而使反射率下降。因此，膜系中的吸收和散射损耗限制了介质膜系的最大层数。

从以上原理可以看出，这种 $(LH)^S$ 膜堆能有效地提高反射率，但工艺复杂，技术要求高。多层介质膜已不再是应用替代原理，而是应用光波干涉原理工作。所镀的每层膜的厚度都要求为中心波长的1/4，以保证产生“相长干涉”，即干涉后的光能是增强的，因此必需确定所使用的光波波长。在预定波长入射时，反射率能有效增大，如偏离预定波长，则反射率不仅不会增强，反而会比单层膜更低。有用在光学玻璃反射面上，镀两组、每组为15层的膜系，两组中间插入一层补偿层，以拓宽波带的方法，但工艺更为复杂。

增透膜也是一种介质膜，如果忽视薄膜的吸收，则反射率和透射率之和等于1，反射膜要提高反射率，就要降低透射率，增透膜要提高透射率，就要降低反射率，增透与增反具有相同的工作原理，只是以选择不同的参数，达到不同的目的。增透膜有单层和双层两种。从单层膜的公式（2-17）可以看出：当 $n_1=\sqrt{n_0\times n_S}$ 时，反射率 $R=0$，全部光线透射，空气中 $n_0=1$，光学玻璃 $n_S=1.5$，因此膜层需 $n_1=1.22$。目前还没有这种材料，只能采取近似的办法，通常在玻璃上镀氟化镁（MgF_2），可使反射率降至1.3%左右。单层增透膜适应的波带较宽，在波长0.4～0.8μm 之间均具增透效果，特别适用于可见光区。双层增透膜的增透效果更好，常用硫化锌 ZnS（$n_1=1.38$）和氧化硅 SiO（$n_2=1.70$）的 $\lambda/4$ 膜系，对特定波长可达极高的增透效果。

2.4.2　反射率的垂直入、反射测量法

反射率的量值传递属于光学计量范畴，180°反射式三棱镜的反射率测量，属于光学计量测试的工程测量，两者既有联系，又有区别。其联系是三棱镜反射率测量必需能溯源至

光学计量的反射率计量标准，以保证量值的统一。其区别是反射率的量值传递和工程测量，具有不同的状态和要求，主要的不同点如下：

1）被测工件不同。量值传递的被测工件是平面度良好、反射率比较均匀的平面样件，工程测量的被测工件是结构相对比较复杂的三棱镜等结构件。

2）测量光束的要求不同。量值传递时常用细光束，工程测量时，光束直径需能覆盖整个三棱镜等工件的通光面积，以测出整个三棱镜等工件的反射率。

3）入、反射状态不同。量值传递时，入、反射光对工件法线都具有小夹角，工程测量时需垂直入、反射，以和三棱镜的使用状态一致。

4）工程测量要便于实现“现场测量”，例如：当进行高、低温循环对反射率影响的试验时，试验现场必须配置反射率的测试设备，不可能采取送检的办法。

5）量值传递时，常进行不同光波波长扫瞄，一次测出对多种波长的反射率，工程测量时只测对一种使用波长的反射率。

为了既达到量值传递要求，又符合工程测量的状态，采用“比较测量”的方法，以经过光学计量机构检定、具有计量证书的光学平面反射率数据为标准，用基于自准直原理，能进行垂直入、反射测量的反射率自准直仪进行比较，称为“反射率的垂直入、反射测量法”[5]。

反射率标准是两块经真空镀铝，再镀二氧化硅保护膜的平面镜。光学计量机构检定结果：红光反射率分别为 87.7％与 87.8％。反射率自准直仪与普通自准直仪（有关自准直原理，自准直仪性能见本书第 6～7 章）没有原则区别，仅其准直分划板为暗视场亮线，中心为 0.2 mm×0.2 mm 方形通光区，光源为单一波长的发光二极管，经聚光镜把光束会聚成小光斑照明。现用波长为 0.65 μm 的红光，用 $3DU_{80}$ 硅光电三极管作为光电转换元件，把接收到的光强信号转变为电平信号。测量时把自准直仪与已知反射率的标准平面自准直，再和被测三棱镜自准直，按两输出电平的实测值，即可得到被测三棱镜等工件对光源波长的反射率。由于输出电平和反射面积关系密切，因此和标准反射率平面镜自准直时，需用黑纸把反射区挡成和被测三棱镜等工件相等的反射面积。此法用两块经光学计量的标准平面镜进行比对，把反射率为 87.7％的平面镜作为测量标准；另一块反射率为 87.8％的平面镜作为被测工件，用反射率自准直仪，以垂直入、反射法的测量结果为 87.6％，与光学计量检定结果的差值为 0.2％。

自准直法需消减残余零位电平，由于自准直仪光学系统的内部反射、光电元件的暗电流，以致当没有反射光时，光电三极管仍有一定的输出电平。为此需用黑纸挡住自准直仪的出射光，光电三极管的输出即为残余零位电平，再和已知反射率的平面镜和被测量工件进行自准直，按下式计算反射率

$$R_1 = \frac{G_1 - G_s}{R_0 - G_s} \times R_0 \tag{2-19}$$

式中　R_1——被测工件对光源波长的反射率；

G_1——与被测工件自准直时的输出电平；

G_0——与标准平面镜自准直时的输出电平；

G_s——零点残余电平；

R_0——标准平面镜经光学计量机构检定的对光源波长的反射率。

当需测工件对其他波长光线的反射率时，需更换光源，并重调准直分划板和光电三极管的位置，使其处于所用波长的焦面上。由于光电三极管对光源波长改变而引起的焦面位置变化不敏感，因此光源波长变化不很大时，可只改变光源和准直分划板位置。为了使自准直仪能适用几种波长，可采用可换式光源组件，把常用的几种波长制成几套组件。组件应含光源、聚光镜、准直分划板。套件制成事先调好的可换式结构，使用时可整个光源组件更换。

用垂直入、反射法测量结果，用光学玻璃制成的整体式 180°反射式三棱镜，两反射面镀单层全反射铝膜时，对波长为 0.65 μm 红光的反射率为 65%左右。

2.5 分体式金属三棱镜

180°反射式三棱镜一般用光学玻璃制成整体式结构，按其工作原理，起作用的仅是结构中的两个反射面，因此，只要两个符合几何要求的反射面，就可以实现 180°反射的功能。由于是全反射面，基底材料也不是必需用光学玻璃，只要能达到要求的平面度和粗糙度，与膜层附着力高的材料均可使用，从而可选用比光学玻璃工艺性更好的金属材料，这就是分体式金属三棱镜。

2.5.1 性能特点

现将分体式金属三棱镜的性能特点介绍如下。

(1) 不易因变形而影响性能

1) 分体式金属三棱镜可把反射面、安装面等必要的结构制成一体，而整体式玻璃三棱镜则只能把三棱镜制成元件，并往金属壳体上安装和设置安装面，从而容易产生安装变形。

2) 钢的弹性模量高于玻璃，在同样受力情况下，具有较小的变形量。

3) 结构设计时便于对重要部位进行加强，而整体式玻璃三棱镜必需符合三角形的几何形状，难以加强。

4) 全部零件可用同一材料制成，具有相同的线胀系数，而整体式玻璃三棱镜需使用光学玻璃、金属，有的还要用胶；线胀系数各不相同，环境温度变化时易产生温度变形。

(2) 工艺性好

工艺性好不仅表现在易制安装孔、复杂结构、尺寸较大与长度较长的三棱镜等方面，更重要的是降低了反射面的加工难度。整体式玻璃三棱镜的两反射面加工是很困难的，因为它要同时达到平面度和屋脊角准确度两项技术要求；而分体式金属三棱镜反射面加工时，只需保证平面度，屋脊角准确度可在“连接贴合面”加工时保证，把要同时保证的二项技术要求，分散在两个不同部位、两道不同工序完成，从而降低了反射面的加工难度。

改善工艺性不仅能提高工作效率，也有助于提高产品质量，当工艺难度太大时，往往会采取降低技术要求的解决办法；当工艺能达到时，不仅可提高要求，还可增加新的要求。例如：三棱镜的两反射面垂直于公共平面，即第二光学平行差；而整体式玻璃三棱镜一般是不作要求的。因为如作要求，则同一反射面要同时满足三项要求就更困难了。但对此项要求，分体式金属三棱镜可通过修研侧基面达到，即把三项要求，通过加工不同的三个面，由三道工序完成，从而三项要求都能实现，加工的三棱镜质量更高。

（3）介质全为空气

不存在介质为空气与玻璃的变化，从而取消了玻璃三棱镜的斜面，消除了斜面的直接反射像以及由斜面参与反射而引起的多像，消除了由介质变化引起的折射影响，如将屋脊角误差引起的出射光偏离角由 4nδ（n=1.5）降低至 4δ。

（4）反射率

整体式玻璃三棱镜必需镀反射膜后才能使用，否则反射率过低；分体式金属三棱镜不镀膜时即有相当的反射率。经用垂直入、反射法 0.65 μm 红光测量，单块钢研磨面的反射率为 60%左右，分体式金属三棱镜的反射率为 30%～40%，能满足一般的需求。如需提高反射率，可在钢研磨面上用真空镀膜法镀铝膜，再镀二氧化硅透明保护膜。试验表明：钢研磨面和铝有良好的附着力；真空镀的铝膜具良好的均匀性，用作外反射时，不会降低基底的平面度。

2.5.2　结构实例

分体式金属三棱镜的结构，一般由二个零件组成，每个零件上有一个反射面，其中一个零件有三棱镜的安装面，两零件都有经研磨的连接贴合面，以便于连接，并保证连接的可靠与稳定，结构实例见图 2-22 所示。

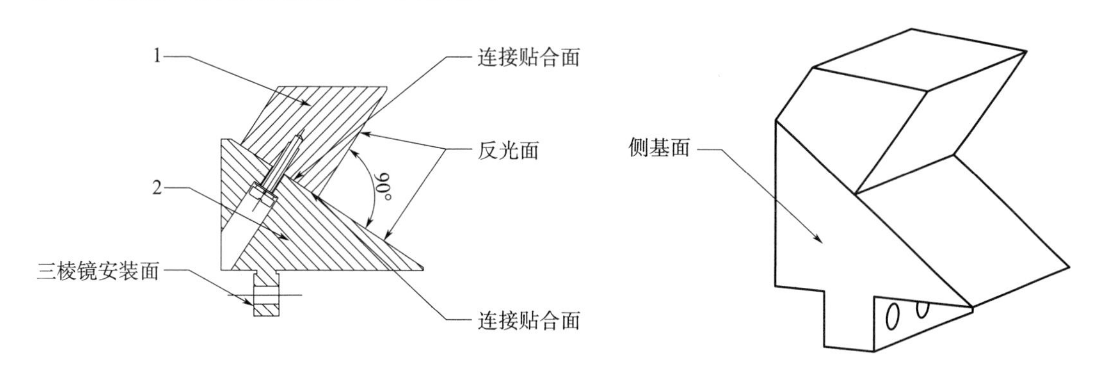

图 2-22　分体式金属三棱镜结构实例

两零件均用马氏体不锈钢制造，具有良好的抗腐蚀能力；淬火硬度 HR_C58-62，以保证研磨性能，经液氮处理与低温时效，以保证稳定性。三棱镜安装面、侧基面、连接贴合面等均需经精密研磨。两反光面的研磨只保证平面度，修研件 1 的连接贴合面保证屋脊角，修研件 2 的侧基面保证与该件上反光面的垂直度，而修研件 1 侧面则低于修研件 2 侧面，以调整修研件 1 反光面对侧基面的垂直度。

参考文献

[1] 张俊杰，李政阳．直角棱镜用作自准直反光镜的光学特性［J］．宇航计测技术，2009，29（4）：1－3.

[2] 孙方金．自准直仪与反光面准直时的注意事项［J］．计量技术，1999，10：33－36.

[3] М. Ф. АСТАХОВ. СПРАВОЧНАЯ КНИГА ПО РАСЧЕТУ САМОЛЕТА НА ПРОЧНО－СТЬ［М］. Москва：ГОСУДАРСТВЕННОЕ ИЗДАТЕЛЬСТВО ОБОРОННОЙ ПРОМЫШЛЕ－ННОСТИ. 1954.

[4] 卢进军，刘卫国．光学薄膜技术［M］．西安：西北工业大学出版社，2005.

[5] 张俊杰，王震．反射率的垂直入、反射测量法［J］．宇航计测技术，2009，29（6）：21－22.

第3章 大地测量法定向

方位角在不同的坐标系中，有不同的含义和不同的获取方法，用户采用什么样的方位角，也是根据不同的用途和要求而确定。一般情况下，方位角分为大地方位角、天文方位角、坐标方位角和磁方位角等。本章主要介绍大地方位角和天文方位角的基本概念和获取的基本方法。

3.1 大地方位角测量

大地测量方法测定大地方位角，是按《国家三角和精密导线测量规范》中规定的测量准确度要求确定点的位置，根据点的位置求得大地方位角。大地方位角和椭球体与坐标系密切相关：例如天文方位角建立在地理坐标系上，大地方位角建立在椭球面上，平面坐标方位角是建立在投影平面上等。因此，首先简要介绍相关的名词和基本概念。

（1）参考椭球

具有确定形状、大小和定位的地球椭球，是地球真实形状的数学模型，用以作为测量计算的基准面。由长半径、扁率和大地基准数据来确定。

（2）大地水准面

与平均海水面重合并向大陆内部延伸形成的包围整个地球的重力等位面，它是地球真实形状的物理模型。

（3）正常椭球

表面的正常重力位等于常数的旋转椭球，是大地水准面的规则形状，由长半径、扁率、地球总质量和地球旋转角速度四个参数来确定。

（4）坐标系统

确定空间点的位置所采用的参考系。常用的坐标系有天文坐标系、地心坐标系、大地坐标系、大地空间直角坐标系、高斯平面坐标系、参心坐标系等。各种坐标系的基本含义是：

1）天文坐标系。以大地水准面及铅垂线为基准面、线，用以表示空间点位置的参考系。地面点的位置以天文经度 λ 、纬度 φ 和正高 H 表示。

2）地心坐标系。以地球质心为原点的参考系，空间点的三维坐标大地经度 $L_{心}$、大地纬度 $B_{心}$ 和大地高 $H_{心}$ 表示。

3）地心空间直角坐标系。用以表示空间点位置的三维直角坐标系，空间点的三维坐标一般表示方法为 $X_{心}$、$Y_{心}$、$Z_{心}$。

4）参心大地坐标系。以参考椭球面及其法线为基准面、线，用以表示空间点位置的参考系。空间一点的三维坐标以大地经度 $L_{参}$、大地纬度 $B_{参}$和大地高 $h_{参}$表示。

5）参心大地空间直角坐标系。用以表示空间点位置的三维笛卡尔直角坐标系，空间点的三维坐标一般表示方法为 $X_{参}$、$Y_{参}$、$Z_{参}$。

6）高斯平面坐标系。由高斯投影所建立的平面直角坐标系，点的平面坐标一般表示方法为纵坐标 x 、横坐标为 y 。

7）坐标转换。利用转换参数，将一种坐标系下的坐标转换为另一种坐标系下的坐标称为坐标转换。坐标转换的数学模型中所含的参数称为转换参数，相似转换模型由三个平移参数 ΔX 、ΔY 、ΔZ ，三个欧拉角 ε_X 、ε_Y 、ε_Z 和一个尺度比 m 共七个参数组成。

8）坐标换算。在同一坐标系内用不同的形式表示时，需要坐标换算。如大地坐标用 B 、L 、h 表示，需要用平面直角坐标 x、y 或三维空间直角坐标 X、Y、Z 表示时，则需要进行换算。

以上各种坐标系的应用，是根据不同的用户和不同的目的而选用的。如测图采用的是平面坐标系；在远程武器发射试验或航天器发射、控制等领域，则使用地心坐标系。在使用过程中，有的使用地心（参心）坐标系坐标，有的使用地心（参心）空间直角坐标系坐标。在同一坐标系中，采用同样方法获得的数据，其准确度是相同的；为了满足不同用户的需要，用户可以进行不同坐标系之间的转换或相同坐标系的换算。

3.1.1　地球的形状和大小

地球的自然表面（地球在长期的自然变化过程中形成的表面）即岩石圈的表面，是一个形状极其复杂而又不规则的曲面。地面上有高山、丘陵、平原、江河、湖泊、海洋等。如，我国西藏与尼泊尔交界处的珠穆朗玛峰高达8 844.43 m，而在太平洋西部的马里亚纳海沟深达11 022 m。不过从整体来看，地面的起伏与地球的平均半径（约6 371 000 m）相比是微不足道的。

通过长期的测量和科学研究，确定了地球表面上的海洋面积约占 71%，陆地面积约占 29%。我们可以把地球总的形状看成是一个被海水包围的形体，也就是设想一个静止的海水面（即没有波浪、无潮汐的海水面）向大陆内部延伸、最后包围起来的闭合形体。将海水在静止时的表面叫做水准面（水在静止时的表面）。水准面有无穷多个，其中一个与平均海水面重合并延伸到大陆内部，且包围整个地球的特定重力等位面叫做大地水准面。它是一个没有皱纹和棱角、连续的封闭曲面。大地水准面是决定地面点高程的起算面。由大地水准面所包围的形体叫做大地体，通常认为大地体可以代表整个地球的形状。

地球有自转，因此地球上每一点有一个离心力，地球本身又具有巨大的质量，因此对地球上每一点又有一个引力，也就是说，地球上每一点都受两个力的作用，即离心力和地球的引力，离心力与引力之比约为 1∶300，如图 3-1 所示。地球表面上一点 O ，地心对它的引力为 OF ，其离心力为 OP 。这两个力合力 OG 称为重力。重力的作用线 OG 称为铅垂线。当液体处于静止状态时，其表面必处处与重力方向（铅垂线）正交，否则液体就要流动，我们称液体静止的表面为水准面。由此可知，水准面是一个客观存在的，处处与铅垂线正交的面。由于地球内部物质分布不均匀，就使得地面各点铅垂线方向发生不规则的变化，因此，大地水准面实际上是个略有起伏而不规则的光滑曲面，如图3-2所示。显然，要在这样的曲面上进行各种测量数据的计算和成果、成图的处理是不可能的。经过长期的精密测量，发现大地体是一个十分接近于一个两极稍扁的旋转椭球体，这个与大地体形状和大小十分接近的旋转椭球体，称为地球椭球体。它是一个数学曲面（能够用数学公式表达的规则曲面），用 a 表示地球椭球体的长半径，b 表示其短半径，则地球椭球体的扁率 f 为

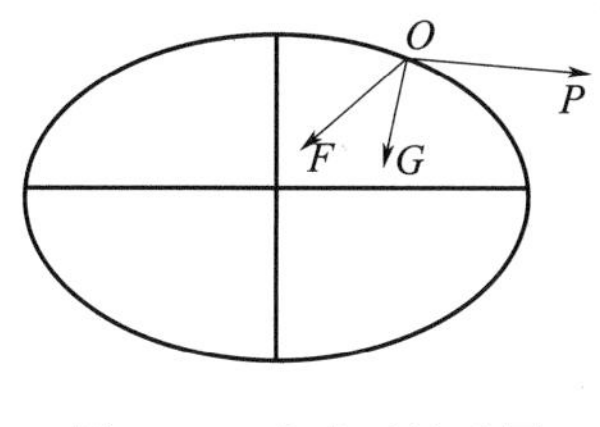

图3-1　水准面关系图

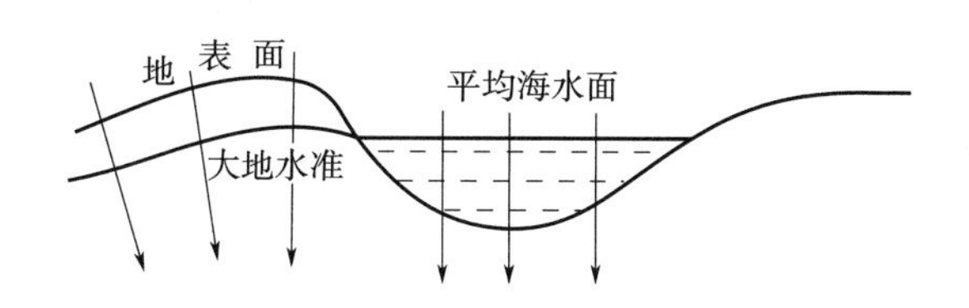

图3-2　大地水准面示意图

$$f=\frac{a-b}{a} \tag{3-1}$$

所以地球椭球的几何参数用 a，f 表示即可。其值过去是用弧度测量和重力测量的方法测定，现代结合卫星大地测量资料可以得出更精确的结果。世界各国推导和采用的地球椭球几何参数很多，摘录部分典型的地球椭球几何参数以作参考，见表3-1[1,8]。

表3-1　中国应用的地球椭球参数

椭球名称	年代	大地坐标系名称	长半轴/m	1/f	GM/$\times10^{14}$ m^3s^{-2}	ω/$\times10^{-5}$rads^{-1}
克拉索夫斯基椭球	1940	1954年北京坐标系	6 378 245	298.3		
CGS75 椭球	1975	1980 西安坐标系	6 378 140	298.257	3.986 005	7.292 115
WGS—84 椭球	1996	世界大地坐标系	6 378 137	298.257 223 563	3.986 004 418	7.292 115
CGS80 椭球	1980	ITRF 参考框架	6 378 137	298.257 222 101	3.986 005	7.292 115
CGCS2000 椭球	2000	2000 中国大地坐标系	6 378 137	298.257 222 101	3.986 004 418	7.292 115

由于参考椭球体的扁率很小，当测区面积不大时，可把地球近似地看做球体，其半径为 $R=6\ 371$ km。

一个国家为了处理自己的大地测量成果，在地面上适当的位置选择一点作为大地原点（推算地面点大地坐标的起算点），作为归算地球椭球定位结果，并作为观测元素归算和大地坐标计算的起算点；一个大小和形状接近并确定了和大地原点关系的地球椭球体，称为参考椭球体，其表面称为参考椭球面。

如图3-3所示，在地面上选择适当一点 P，设想把椭球与大地体相切，切点 P' 位于 P 点的铅垂线方向上。这时，椭球面上的 P' 点的法线与大地水准面的铅垂线相重合，使椭球的短轴与地轴保持平行，其赤道面与地球赤道面平行，且椭球面与这个国家范围内的大地水准面的差距尽量小。于是椭球与大地水准面的相对位置便确定下来，这就是参考椭球体的定位。这样的定位方法有三点要求：

1）大地原点上的大地经、纬度分别等于该点上的天文经、纬度；

2）由大地原点至某一点的大地方位角等于该点上同一边的天文方位角；

3）大地原点至椭球面的高度等于其至大地水准面的高度。

参考椭球面是处理大地测量成果的基准面。如果一个国家（或地区）的参考椭球选定的适当，参考椭球面与本国（本地区）的大地水准面的差距就会很小，它将有利于测量成果的处理。

我国所采用的参考椭球几经变化。建国前，曾采用海福特椭球；建国后，采用的是克拉索夫斯基椭球；时至今日，采用 2000 参考椭球。由于克拉索夫斯基椭球参数与 1975 大地测量参考系统相比，其长半轴差105 m。1978 年我国根据自己的测量资料推算出的地球椭球为

$$a = 6\ 378\ 143\ \text{m}，f = 1:298.255$$

这个数值与 1975 大地测量参考系统十分接近，因此，我国决定自 1980 年采用 1975 大地测量参考系统（见表 3－1）作为参考椭球，它将更适合我国大地水准面的情况，从而使测量成果的归算更准确。随着卫星大队测量技术的发展，1975 大地测量参考系在我国已经不能满足国民经济建设、国防建设和国际接轨的需要。从 2007 年 8 月 1 日正式启用“2000 中国大地坐标系（China Geodetic Coordinate System 2000，简称 CGCS2000）”。

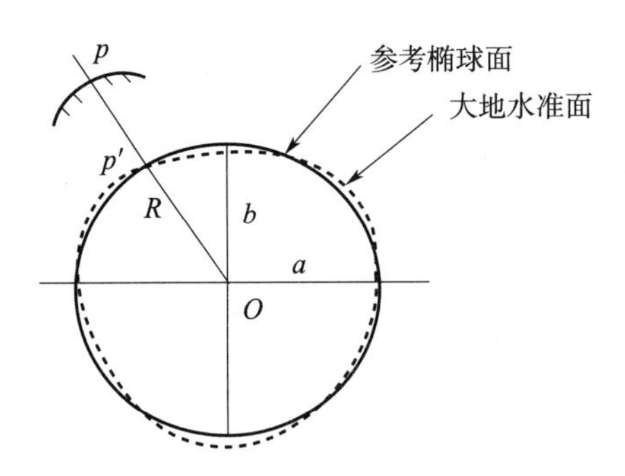

图 3－3　参考椭球定位示意图

3.1.2　参考椭球体

当参考椭球确定以后，地面上点的位置可以用它在参考椭球面上的投影和该点的高程来表示。参考椭球上有些点、曲线或平面有特殊的意义，如图 3－4 所示。为了更好地理解参考椭球面，这里简要介绍这些重要的点、线、面。

3.1.2.1　参考椭球面上主要的点、线、面

参考椭球旋转时所绕的短轴 NS 称为旋转轴，又称为地轴。它通过椭球中心 O 。旋转轴与参考椭球面的交点称为极点。在北端的极点 N 称为北极，在南端的极点 S 称为南极。

包含旋转轴 NS 的任一平面称为一个子午面。子午面有无数多个。子午面与参考椭球的交线（椭圆）称为子午圈。旋转椭球面上所有子午圈的形状都相同。通过参考椭球面上一点 P 的子午圈两极之间的半椭圆 NPS 称为过 P 点的子午线，也称为经线。各经线均通

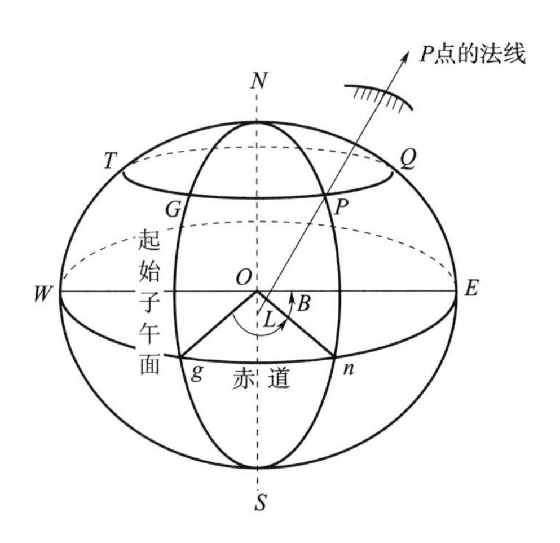

图3-4　参考椭球体的主要点、线、面

过南北两极。

国际上公认，通过英国格林尼治（Greenwich）天文台的子午面，称为首子午面或起始子午面；通过格林尼治天文台的子午线称为首子午线，或称起始子午线、起始经线，亦称本初子午线。

垂直于旋转轴 NS 的任一平面与参考椭球面的交线称为纬线或称纬圈（如图中圆 $TGPQ$）。所有纬线都是相互平行的同轴圆，所以纬线又称平行圈。

过参考椭球中心且垂直于旋转轴 NS 的平面（图3-4中的 $WgnE$ 平面），称为赤道面；赤道面与参考椭球面的交线称为赤道。赤道是所有平行圈中半径最大的圆。

过参考椭球面上任一点 P 而垂直于该点切平面的直线称为过 P 点的法线。椭球面上只有在赤道上的点和极点的法线才通过椭球中心；其他点的法线都与短轴相交但却不通过椭球中心。

通过参考椭球面上任一点 P 的法线且与子午面垂直的平面称为 P 点的卯酉平面。卯酉平面与椭球面的交线称为 P 点的卯酉圈。卯酉圈的形状是椭圆，不同点的卯酉圈形状一般不相同。在参考椭球面上任一点，子午圈与卯酉圈正交（垂直相交）。可以认为，该点子午线的方向为正北正南方向（真子午方向），卯酉圈的方向为正东正西方向。

在参考椭球面上任一点（非极点）处，子午圈、卯酉圈及纬圈的关系是：纬圈、卯酉圈都垂直于子午圈，图3-4中椭圆 QPT 为 P 点的卯酉圈。

曲面上两点长度最短的曲线，叫做短程线。在球面上，过两点的所有曲线中长度最短的是过这两点的大圆弧（劣弧），其长度就是球面上两点之间的距离（弧长）[1,2,6,8]。

椭球面上的短程线一般来说不是平面曲面，也不能用一个简单的方程表示。

3.1.2.2　大地线

在平面上，距离的概念很简单，这便是平面上两点之间最短连线（直线段）的长度；在球面上，两点之间的大圆弧（劣弧）的长度就是这两点之间的距离。但是，地球的自然表面是一个不规则的曲面，即使用参考椭球面来代替它，也不容易说清楚两点之间的“距离”问题。

可以想象，通过地面上两点，在地球的自然表面上可以画出很多条曲线。这些曲线的长度不尽相同，把其中最短的一条曲线的长度作为地面上这两点之间的“距离”似乎是很自然的。不过，这样定义的“距离”很难通过测量手段来得到。

当我们把地面（自然表面）上的点投影到参考椭球面（数学曲面）上后，参考椭球面上相应投影点之间最短连线，称为大地线，也就是上面提到的短程线。参考椭球面上两点之间的大地线（短程线）的长度就是这两点之间的距离。

3.1.2.3 平均曲率半径、密切球面

由于椭球面上短程线不是平面曲线，也不能用一个简单的方程表示，实际应用中往往在一点 P 附近的一定范围内，用一个球面来代替椭球面。所选的球面中心不是在旋转椭球的几何中心或地球的质心，而是在旋转椭球面的“曲率中心”Q，（在椭球面的法线与旋转轴的交点），其半径等于旋转椭球面的平均曲率半径[1,2,6,8]。

这样的球面称为旋转椭球面在 P 点的密切球面，它的球心在椭球面的曲率中心 Q，半径等于椭球面上 P 点的平均曲率半径 R，法线与椭球面的法线重合，如图 3－5 所示。

由于地球的扁率很小，密切球面在 P 点相当大的范围内可以很好地拟合参考椭球面或大地水准面。

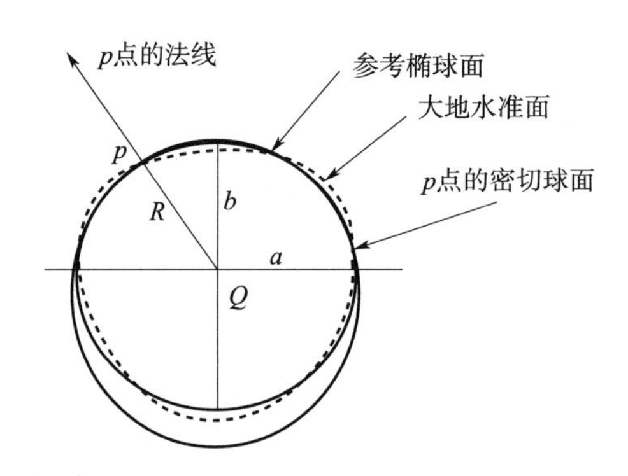

图 3－5 在一定范围内以球面代替参考椭球面

3.1.3 测量坐标系的概念

根据以上讨论可知，要确定地面点的空间位置，通常是求出该点相对于某基准面和基准线的三维坐标或二维坐标。由于地球自然表面高低起伏变化较大，要确定地面点的空间位置，就必须要有一个统一的坐标系统。在测量工作中，通常用地面点在基准面（如参考椭球面）上的投影位置和该点沿投影方向到大地水准面的距离三个量来表示。投影位置通常用地理坐标或平面直角坐标来表示，到大地水准面的距离用高程表示。

3.1.3.1 地理坐标系

地理坐标系属球面坐标系，根据不同的投影面，又分为天文地理坐标系和大地地理坐标系。

（1）天文地理坐标系

天文地理坐标又称天文坐标，用天文经度 λ 和天文纬度 φ 来表示地面点投影在大地水准面的位置，如图 3-6 所示。

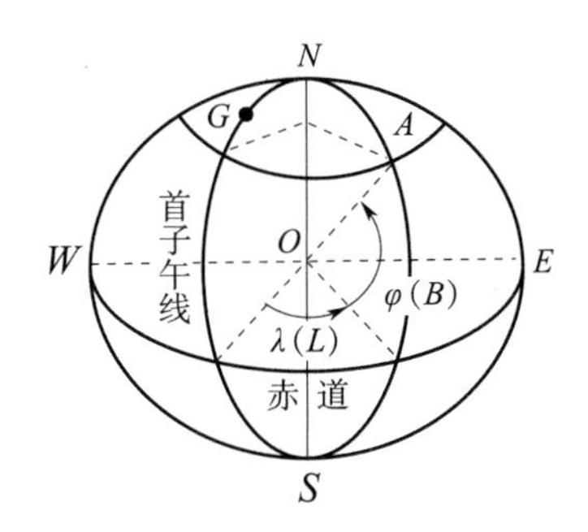

图 3-6 地理坐标系

确定球面坐标（λ，φ）所依据的基本线为铅垂线，基本面为包含铅垂线的子午面。图中，NS 为地球的自转轴，N 为北极，S 为南极。地面上任一点 A 的铅垂线与地轴 NS 所组成的平面称为该点的子午面，子午面与地球表面的交线称为子午线，也叫经线。A 点的经度 λ 是 A 点的子午面与首子午面所组成的两面角。其计算方法为自首子午线向东或向西计算，数值在 0°～180°之间，向东为东经，向西为西经。垂直于地轴的平面于地球面的交线为纬线。垂直于地轴并通过地球中心 O 的平面为赤道平面，与地球面相交为赤道。A 点的纬度 φ 是通过 A 点的铅垂线与赤道平面之间的交角，其计算方法为自赤道起向北或向南计算，数值在 0°～90°之间，在赤道以北为北纬，在赤道以南为南纬。天文地理坐标可以在地面点上用天文测量的方法测定。详细介绍见第二节天文方位角测量部分[8]。

（2）大地地理坐标系

大地地理坐标系用大地经度 L 和大地纬度 B 表示地面点投影在地球椭球面上的位置。地面上一点的空间位置可用大地坐标（L，B，H）表示。由首子午面和赤道面构成大地坐标系统的起算面，如图 3-6 所示，过参考椭球面上任一点 A 的子午面与首子午面的夹角 L，称为该点的大地经度，简称经度。经度由首子午面向东量为正，从 0°～180°称为东经，向西量为负，从 0°～180°称为西经。在同一子午线上的各点，其经度相同，地面上任意两点的经度之差称为经差，用 $\triangle L$ 表示。过 A 点的法线与赤道面的夹角 B，称为该点的大地纬度，简称纬度。纬度由赤道面向北量为正，从 0°至 90°称为北纬，向南量为负，从 0°至 90°称为南纬。在同一平行圈上的各点的纬度相同，地面上任意两点的纬度之差称为纬差，用 ΔB 表示[1,2,6,8]。

为了计算方便和不至于混淆，我国通常在东经、北纬的值前不冠以号；西经、南纬的值前冠以“—”号。

参考椭球面上的点以其大地经度、纬度表示的坐标称为该点的大地坐标。

由于参考椭球面与大地水准面之间的相关位置已固定下来，地面上任何一点的位置都可以沿法线方向投影到参考椭球面上，并用其大地经、纬度表示出来。

A 点沿椭球面法线到椭球面的距离 H ，称为大地高，从椭球面起算，向外为正，向内为负。

3.1.3.2 地心空间直角坐标系

地心空间直角坐标系属空间三维直角坐标系。在卫星大地测量中，常用地心空间直角坐标来表示空间一点的位置。通常地心空间直角坐标系的原点设在地球椭球的中心 o ，z 轴与地球旋转轴重合，x 轴通过起始子午面与赤道的交点，赤道面上与 x 轴正交的方向为 y 轴与 z 轴，x 轴形成右手直角坐标系 $o-xyz$ 。如图 3－7 所示，地面点 P 的空间位置用三维直角坐标（ x_P ，y_P ，z_P ）表示。地心空间直角坐标系可以统一世界各国的大地控制网，可以使各国的地理信息“无缝”衔接。地心空间直角坐标在全球定位系统 GNSS、航空、航天、军事及国民经济各部门有着广泛的运用。地心空间直角坐标系和大地坐标系可以通过一定的数学公式进行换算[1,2,6,8]。

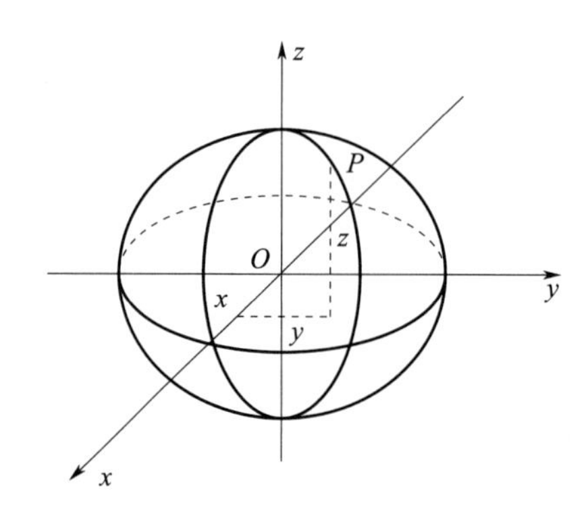

图 3－7　地心空间坐标系

3.1.3.3 平面直角坐标系

大地坐标在大地测量和制图中经常用到，但在地形测量中很少直接使用，而经常使用的是平面直角坐标。

平面直角坐标系是由平面内两条互相垂直的直线组成的坐标系，测量上使用的平面直角坐标系与数学上的笛卡尔坐标系有所不同。测量上将南北方向的坐标轴定为 x 轴（纵轴），东西方向的坐标轴定为 y 轴（横轴），规定的象限顺序也与数学上的象限顺序相反，并规定所有直线的方向都是以纵坐标轴北端顺时针方矢量度的。这样，使所有平面上的数学公式均可使用，同时又便于测量中的方向和坐标计算。

以南北方向的直线作为坐标系的纵轴，即 x 轴。以东西方向的直线作为坐标系的横轴，即 y 轴。纵、横坐标轴的交点 O 为坐标原点。规定由坐标原点向北（上）为正，向南（下）为负，向东（右）为正，向西（左）为负。坐标轴将整个坐标系分为四个象限，象限的顺序是从北东象限开始，以顺时针方向排列为Ⅰ（北东）、Ⅱ（南东）、Ⅲ（南西）、Ⅳ（北西）象限，如图 3－8 所示。

平面上一点 P 的位置是以该点到纵横坐标轴的垂直距离 PP' 和 PP'' 来表示的。PP'' 称为 P 点的纵坐标，用 x_P 表示，PP' 称为 P 点的横坐标，用 y_P 表示[7,8]。

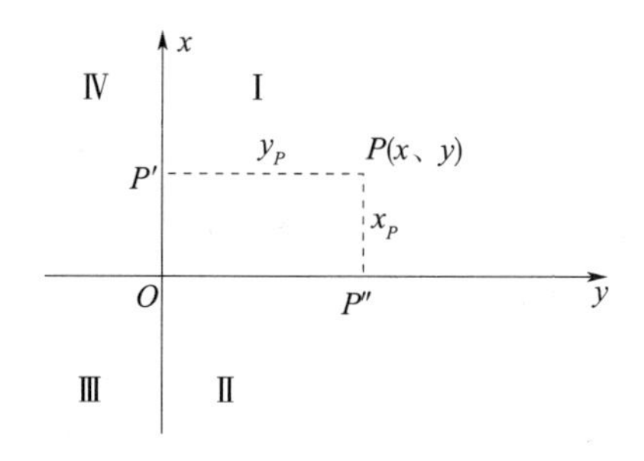

图 3-8 平面直角坐标系

3.1.3.4 我国使用的坐标系统

(1) 1954 年北京坐标系

20 世纪 50 年代，由于国家建设的急需，我国地面点的大地坐标是通过与苏联 1942 年普尔科沃（Pulkovo）坐标系中的控制点进行联测，经过我国东北传算过来，这些大地点经平差之后，其坐标系统定名为 1954 年北京坐标系。实际上，这个坐标系统是苏联 1942 年普尔科沃大地坐标系的延伸，它采用的是克拉索夫斯基椭球元素值，大地原点在苏联普尔科沃天文台，由于大地原点距我国甚远，在我国范围内该参考椭球面与大地水准面存在着明显的差距，在东部地区，两面的差距最大达69 m之多[1,2,6]。

(2) 1980 西安坐标系

自 1980 年起，我国采用 1975 大地测量参考系统作为参考椭球，并将大地原点定在西安附近（陕西省泾阳县永乐镇，距西安约60 km），由此建立了我国新的国家大地坐标系——1980 西安坐标系，又称 1980 年国家大地坐标系。该坐标系统采用的地球椭球元素为：a =6 378 140 m，f =1∶298.571。

(3) 新 1954 年北京坐标系

新 1954 年北京坐标系是在 1980 年国家大地坐标系基础上，改变 IUGG 1975 年椭球至原来的克拉索夫斯基椭球，通过在空间三个坐标轴上进行平移转换得到。因此，其坐标体现了整体平差成果的优越性，标准偏差和 1980 年国家大地坐标系坐标标准偏差相一致，克服了 1954 年北京坐标系是局部平差的缺点，又由于椭球参数恢复至 1954 年北京坐标系的椭球参数，从而使其坐标值和局部平差坐标值相差较小。

(4)《DX-i》转换参数

《DX-i》转换参数是在 20 世纪 70 年代，利用国内的大地测量资料由我国科学家计算而得，目的是将 1954 年北京坐标系（新 1954 年北京坐标系）的成果，转换为地心坐标系成果，以满足我国远程武器和航天试验的急需。第一步是确定《DX-1》地心坐标系转换参数，在大地测量资料不断地充实、资料种类不断增加的情况下，特别是使用多普勒接收机（观测 37 个大地点）和卫星动力测地法（观测 7 个大地点）的基础上，确定坐标转换参数；第二步计算《DX-2》地心坐标转换参数。这两个地心坐标转换参数的获得，为我国远程武器试验以及航天器的试验，作出了巨大的贡献。

(a)《DX－1》转换参数

《DX－1》转换参数有三个平移参数，即：ΔX_0，ΔY_0，ΔZ_0。通过这三个参数，可将1954年坐标系坐标转换为地心坐标。但是，《DX－1》转换参数只有三个平移参数而不包含旋转参数和尺度比变化参数。同时在建立过程中也存在不足，如：各种方法所用的坐标轴指向并不一致，假设没有旋转参数和坐标轴相互平行是不合适的；各种方法所用的椭球大小也不一样；在计算时使用资料、数据还不够广泛、精确，处理方法还不够完善，准确度不够高等。因此，应用《DX－1》转换参数所得地心坐标，相应坐标轴的指向没有明确唯一的定义。由《DX－1》转换参数求得任一分量的标准偏差在±15 m左右[1,2]。

(b)《DX－2》转换参数

从1979年起采用《DX－2》转换参数。利用《DX－2》转换参数可以将1954年北京坐标系（参考坐标系）坐标化算为地心坐标系坐标。由《DX－2》转换的地心坐标用空间大地平面直角坐标系形式表示时，它的原点是地球的质心；Z 轴指向国际习用原点CIO；X 轴指向国际经度原点（BIH 1968）；Y 轴和 Z、X 轴构成右手坐标系。长度单位为米。对于用大地坐标形式表示时，采用的椭球参数是：$a=6\ 378\ 140$ m，$f=1:298.257$；参考椭球中心是地球的质心，椭球短轴与 Z 轴重合，起始大地子午面为通过 Z 轴和 X 轴的平面。由《DX－2》转换参数所求得地心坐标任一分量标准偏差在±5 m以下[1,2,7]。

(c) 参考坐标系直角坐标转换为地心空间直角坐标

已知1954年坐标系或1980年坐标系成果转换为地心坐标采用布尔莎七参数公式

$$\begin{cases} X_D = X(1+m) + \dfrac{Y \cdot \varepsilon_Z}{\rho''} - \dfrac{Z \cdot \varepsilon_Y}{\rho''} + \Delta X_O \\ Y_D = Y(1+m) + \dfrac{X \cdot \varepsilon_Z}{\rho''} - \dfrac{Z \cdot \varepsilon_X}{\rho''} + \Delta Y_O \\ Z_D = Z(1+m) + \dfrac{X \cdot \varepsilon_Y}{\rho''} - \dfrac{Z \cdot \varepsilon_X}{\rho''} + \Delta Z_O \end{cases} \tag{3-2}$$

式中　X_D，Y_D，Z_D——地心坐标系的空间直角坐标；

X，Y，Z——1954年北京坐标系或1980年国家坐标系的空间直角坐标；

m——尺度比；

ε_X，ε_Y，ε_Z——旋转参数。

(5) CGCS 2000中国大地坐标系及其相关常数

CGCS2000大地参考系是右手地固直角坐标系，原点在地心，Z 轴为国际地球自转服务局（IERS）参考极（IRP）方向，X 轴为IERS的参考子午面（IRM）与垂直于 Z 轴的赤道面的交线，Y 轴与 Z 轴和 X 轴构成右手正交坐标系。

原点：包括海洋和大气的整个地球的质量中心；

长度单位：引力相对论意义下局部地球框架中的米（SI）；

定向：初始定向由1984.0时BIH（国际时间局）向给定；

定向时间演化：定向的时间演化不产生相对地壳的残余全球旋转；CGCS2000坐标系的参考历元为2000.0。参考椭球采用2000参考椭球，其定义常数是：长半轴 $a=$

6 378 137.0 m；地球（包括大气）引力常数 GM＝3.986 004 418×10^{14} m^3s^{-2}；地球动力形状因子 J_2 ＝0.001 082 629 832 258；地球旋转速度 ω ＝7.292 115×10^{-5}rads^{-1}。

根据以上 4 个定义常数，可以得到一系列导出常数。常用的导出几何常数见表 3－2、表 3－3。

表 3－2　CGS2000 参考椭球的导出几何常数值

常数名	值	常数名	值
短半轴 b /m	6 356 752.314 1	扁率倒数 $1/f$	298.257 222 101
线偏心率 E /m	521 854.009 7	轴比 b/a	0.996 647 189 319
极曲率半径 c /m	6 399 593.625 9	子午圈一象限弧长 Q /m	10 001 965.729 3
第一偏心率平方 e^2	0.006 694 380 022 90	椭球体积 V /（km^3）	1 083 207 319 783.546
第一偏心率 e	0.081 819 191 042 782	椭球表面积 S /（km^2）	510 065 621.718
第二偏心率平方 e'^2	0.006 739 496 775 48	算术平均半径 R_1 /m	6 371 008.771 4
第二偏心率 e'	0.082 094 438 151 912	同面积之球的半径 R_2 /m	6 371 007.180 9
扁率 f	0.003 352 810 681 18	同体积之球的半径 R_3 /m	63 710 00.790 0

表 3－3　CGCS2000 参考椭球的导出物理常数值

常数名	值	常数名	值
椭球面正常位 U_0 /（m^2s^{-2}）	62 636 851.714 9	极正常重力 γ_p /ms^{-2}	9.832 184 940 2
4 阶带谐系数 J_4	－0.237 091 125 614 0×10^{-5}	平均正常重力 $\bar{\gamma}$ /ms^{-2}	9.797 643 222 4
6 阶带谐系数 J_6	0.608 346 525 888 8×10^{-8}	重力扁率 f *	0.005 302 441 741 37
8 阶带谐系数 J_8	－0.142 681 100 979 6×10^{-10}	$k = b\gamma_p/a\gamma_e{}^{-1}$	0.001 931 852 970 52
10 阶带谐系数 J_{10}	0.121 439 338 333 7×10^{-13}	地球质量（包括大气）M /kg	5.973 331 96×10^{24}
$m = \omega^2a^2b/GM$	0.003 449 786 506 76	椭球对短轴的转动惯量 J_b /kg m^2	9.719 956 68×10^{37}
赤道正常重力 γ_e /ms^{-2}	9.780 325 334 9	椭球对长轴的转动惯量 J_a /kg m^2	9.687 422 13×10^{37}

（6）高斯平面直角坐标系与投影带的划分

球面上的大地坐标不能直接用来控制测图，因为地图是平面的，为了建立测制各种比例尺地形图的控制和工程测量控制，需要将椭球面上各点的大地坐标按照一定的数学规则投影到平面上，并以相应的平面直角坐标表示。

假设 x，y 为投影平面上各点的平面直角坐标，L，B 为椭球面上相应的大地坐标，则其间关系可一般表示为

$$\begin{cases} x = F_1(L,B) \\ y = F_2(L,B) \end{cases} \tag{3-3}$$

其中 F_1，F_2 称为投影函数，它们根据我们对该投影所提出的不同条件而具有不同的形式，从而构成不同的平面直角坐标系统。我国从 1952 年采用高斯—克吕格投影所建立的平面直角坐标系，作为测制地形图和进行城市、矿山等区域性建设的测量控制坐标系。

地球椭球面是一个不可展平的曲面，也就是说，不可能将其毫无变形地展为一个平

面，因此无论如何选择投影函数 F_1 和 F_2，椭球面上的元素投影到平面上都会产生一定的变形。所谓变形是指角度、距离和面积在投影前后发生了变化。变形是不可避免的，但通过选择 F_1，F_2 可以人为地加以限制。高斯投影是等角投影的一种，即椭球面上的任一角度投影到平面上后保持不变。显然等角投影能保证小范围内投影前后图形相似，从而满足大多数实际应用的要求。

高斯投影虽然不存在角度变形，但长度变形还是存在的。除去中央子午线保持不变外，只要离开中央子午线，任何一段距离，投影后都要变形。离中央子午线越远，长度变形越大，当离开中央子午线300 km时，其投影后长度变形约为 1/900。因此必须采取措施加以控制，通常采用分带（即限制投影范围）的方法，如图 3－9 所示。其中位于投影范围边缘投影曲线的子午线称为分带子午线。

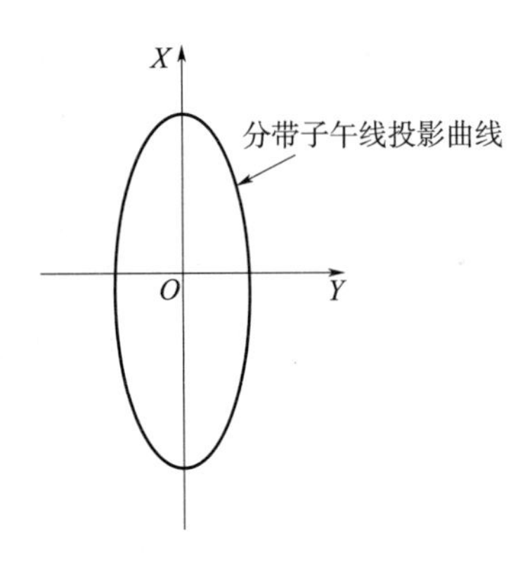

图 3－9　高斯投影示意图

我国投影分带有 6°、3°和 1.5°带等。从起始子午线算起，自西向东经差每隔 6°划分一个带，即 0°～6°为第一带，中央子午线的经度为 L_0 ＝3°，6°～12°第二带，中央子午线的经度为 L_0 ＝9°，…，将地球划分为 60 个投影带。3°带是在 6°带的基础上划分的。6°带的中央子午线和分带子午线都是 3°的中央子午线。3°带的带号，是由东经 1.5°起算，每隔经差 3°自西向东划分，其带号按 1～120 依次编号。在工程测量中，为了使长度变形更小，有时采用任意带，即中央子午线选择在测区中央，带宽一般为 1.5°。分带方法如图 3－10 所示。6°带第 13 带至 23 带为我国境内的区域[1,2]。

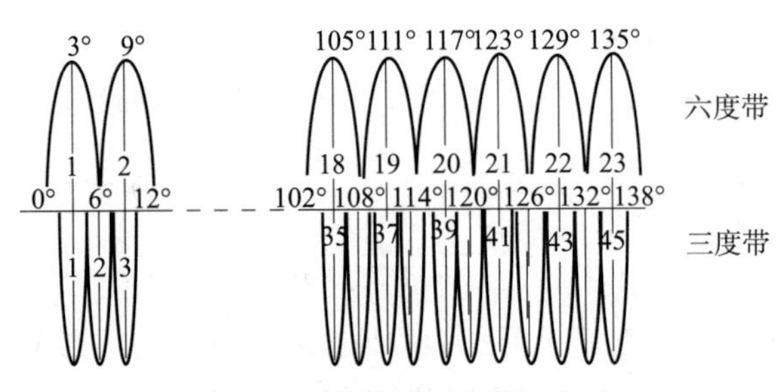

图 3－10　高斯投影分带示意图

分带投影后，各带直角坐标系是相互独立的，为了对各带坐标加以区别，并避免横坐标出现负号，规定对 y 值加上500 000 m，再在前面冠以带号，按这一规定形成的平面坐标称为“假定坐标”。

3.1.3.5 大地坐标方位角计算

在椭球面上采用大地方位角 A 表示一条边的方位，即过测站的子午线与该边（大地线）夹角。而在高斯平面上，两点间直线的方位角 T 定义为坐标北方向与该边的夹角，在图 3－11（a）中，曲线 P_1N 为过 P_1 点的子午线，为 P_1 点的真北方向。曲线 P_1P_2 为两点间大地线的投影。由于高斯投影是等角投影，因而此两曲线间的夹角即为大地方位角 A 。图中 P_1N' 平行于 x 轴，称过 P_1 点的坐标北方向，而两虚线间的夹角即为平面坐标方位角 T 。真北方向与坐标北方向的夹角 r 称子午线收敛角。

1）大地方位角计算式为

由图 3－11 可以看出，大地方位角 A 与坐标方位角 T 的关系式为

$$A = T + r + \delta_{12} \tag{3-4}$$

式中 T ——平面坐标方位角；

r ——子午线收敛角；

δ_{12} ——方向改正。

2）平面坐标方位角 T 计算式为

$$\tan T = \frac{\Delta y}{\Delta x} \text{ 或 } \cot T = \frac{\Delta x}{\Delta y} \tag{3-5}$$

式中 Δx ——平面坐标纵坐标差；

Δy ——平面坐标横坐标差。

坐标方位角 T 象限的判断：T 的象限取决于 Δx ，Δy 的符号，计算时先不考虑坐标差的符号，查得小于 90°的 T ，再根据 Δx ，Δy 的符号，由表 3－4 决定 T 的值。

表 3－4 T 象限的判定

象限	Ⅰ	Ⅱ	Ⅲ	Ⅳ	象限判别图示
Δx	+	+	－	－	x Ⅳ Ⅰ $\Delta x>0$ $\Delta x>0$ $\Delta y<0$ $\Delta y>0$ y $\Delta x<0$ $\Delta x<0$ $\Delta y<0$ $\Delta y>0$ Ⅲ Ⅱ
ΔY	+	－	－	+	
T	T	$90°+T$	$180°+T$	$360°-T$	

3）用 L ，B 计算 r 的公式为

$$r = \sin Bl + \frac{1}{3}\sin B\cos^2 Bl^3(1+3\eta^2+2\eta^4) + \frac{1}{15}\sin B\cos^4 Bl^5(2-\tan^2 B) \tag{3-6}$$

式中 r ——子午线收敛角；

B ——大地点纬度；

$l = L - L_0$ ——经差；

$\eta = e' \cos B$ 。

4）用 x ，y 计算 r 的公式为

$$r = \frac{\rho'' y}{N} \tan B - \frac{\rho'' y^3}{3N^3} \tan B [1 + \tan^2 B - (e' \cos B)^2] + \frac{\rho'' y^5}{15N^5} \tan B (2 + 5\tan^2 B + 3\tan^4 B) \tag{3-7}$$

式中　r ——子午线收敛角；

B ——点的大地纬度；

$\rho = 206\ 265$；

y ——横坐标自然值；

N ——卯酉圈曲率半径。

5）方向改正 δ_{12} 的计算式为

$$\begin{cases} \delta_{12} = -\dfrac{\rho}{2R^2} y_m (x_2 - x_1) \\ \delta_{21} = \dfrac{\rho}{2R^2} y_m (x_2 - x_1) \end{cases} \tag{3-8}$$

式中　δ_{12} ，δ_{21} ——方向改正；

$\rho = 206\ 265$；

R ——地球半径；

y_m ——两点横坐标自然值的平均值；

x_1 ，x_2 ——两点的纵坐标值。

根据图 3-11（b）所示，我们可以得出以下几点结论：

1）r 有正有负，当投影点在轴子午线东为正，在西为负；

2）r 的绝对值随 l 的绝对值的增大而增大；

3）r 的绝对值小于等于 l 的绝对值，并随纬度增加而增加。在赤道处最小，为 0，在极点处最大，为 $|l|$ 。

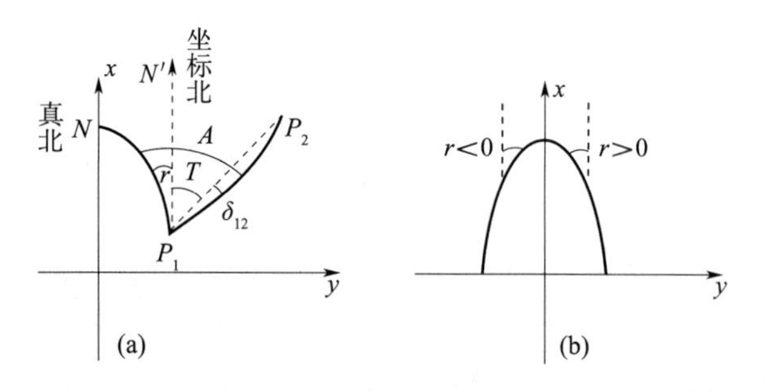

图 3-11　大地方位角、子午线收敛角的大小和方向

子午线收敛角是一个很重要的概念。当我们看到一张地形图时，应当有子午线收敛角的概念，图上的 x 坐标线的方向并不是正北方向，与它相差 r 角的子午线方向才是真正的北方向；在平面方位角化算为大地方位角的计算时，它是一个非常重要的参数。

3.1.3.6　常用椭球参数及其相互关系

图 3－12 中，$NWSE$ 是一个椭圆，称为子午椭圆。若以 NS 为旋转轴（又称短轴），将椭圆绕该轴旋转一周，则得旋转椭球。包含旋转轴的平面称为大地子午面，大地子午面和椭球面的截线，称为大地子午圈。图中 NAS 表示 A 点的大地子午圈。垂直于旋转轴的平面和椭球面的截线，称为平行圈[1,2]。

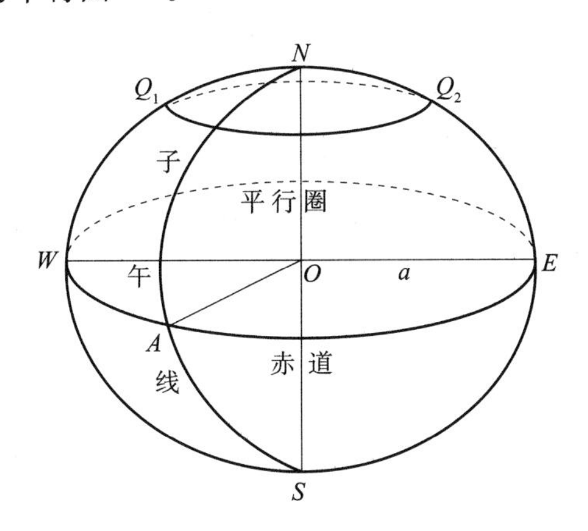

图 3－12　椭球体关系示意图

图中 Q_1AQ_2 表示 A 点的平行圈，通过椭球中心的平行圈称为赤道，图中 WAE 表示赤道，通常引用下列符号。

椭球的长半径：$a = OE = OW$

椭球的短半径：$b = ON = OS$

椭球的扁率：$f = (a - b)/a$

子午椭圆的第一偏心率：$e = \sqrt{(a^2 - b^2)/a^2}$

子午椭圆的第二偏心率：$e' = \sqrt{(a^2 - b^2)/b^2}$

短半径：$b = a\sqrt{1 - e^2}$

极点子午圈曲率半径：$c = a^2/b$

子午圈曲率半径：$M = c/V = b^2/aW^3$

平均曲率半径：$R = c/V^2 = b/W^2$

卯酉圈曲率半径：$N = c/V^3 = a/W$

任意方向法截线曲率半径：$R_A = N/(1 + \eta^2\cos^2 A)$

为了简化公式的书写和运算，引入下列符号：

$\eta = e'\cos B$，$W = \sqrt{1 - e'\sin^2 B}$，$V = \sqrt{1 + e'^2\cos^2 B} = \sqrt{1 + \eta^2}$，$n = (a - b)/(a + b)$，$c = a^2/b$，$a$，$b$，$f$，$e$，$e'$ 为旋转椭球的元素，其中 a，b 为长度元素。有两个元素（其中一个必须是长度元素）即可决定旋转椭球的大小和形状，在几何大地测量中通常用 a 和 f 代表之。

各元素间有下列关系

$$e^2 = e'^2/(1+e'^2) \qquad e'^2 = e^2/(1-e^2)$$
$$a = b\sqrt{1+e'^2} \qquad b = a\sqrt{1-e^2}$$
$$c = a\sqrt{1+e'^2} \qquad a = c\sqrt{1-e^2}$$
$$e' = e\sqrt{1+e'^2} \qquad e = e'\sqrt{1-e^2}$$
$$V = W\sqrt{1+e'^2} \qquad W = V\sqrt{1-e^2}$$
$$e^2 = 2a-a^2 = 4n/(1+n)^2 \qquad 1-e^2 = (1-n)^2/(1+n)^2$$

3.1.4　大地（导线）与工程测量建立控制网的基本要求

大地控制网的建立，主要有三角网和导线方法，而在工程测量中，也需要建立控制网，而工程控制网是在大地控制网的基础上建立的。因此这里简要介绍大地平面控制网建立的基本方法要求和工程控制网建立的基本要求。

3.1.4.1　大地平面控制网的建立方法

（1）三角测量法布设水平控制网的基本原理

在地面上选择一系列点 P_1，P_2，P_3，…，使它们与周围相邻的点通视，并按三角形的形式联结起来构成三角（锁）网，如图 3－13 所示。

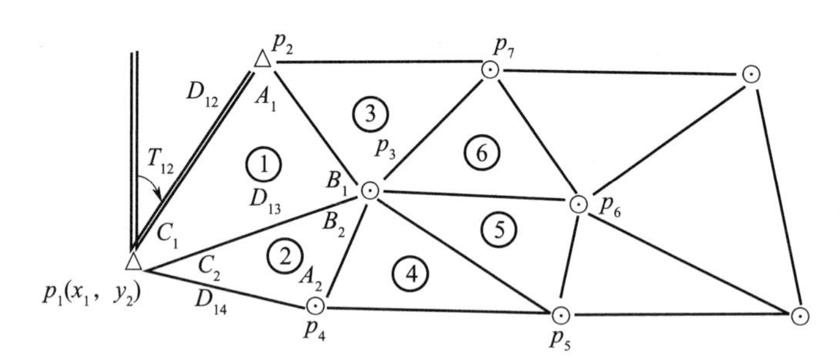

图 3－13　三角测量法基本原理

测定 P_1P_2 的长度和方位角，作为网的起算边长和起算方位角和观测网中各三角形的内角，把边长和这些角度化算到平面上。设 P_1 点的已知坐标为（x_1，y_1），P_1P_2 的平面边长和平面坐标方位角为 D_{12} 和 T_{12}，各观测角为 A_i，B_i，C_i。由 P_1P_2 边开始可推得全网各边的边长和坐标方位角。如

$$\begin{cases} D_{13} = D_{12}\dfrac{\sin B_1}{\sin A_1} & T_{13} = T_{12} + C_1 \\ D_{14} = D_{13}\dfrac{\sin B_2}{\sin A_2} & T_{14} = T_{13} + C_2 \\ \vdots & \vdots \\ D_{ij+1} = D_{ij}\dfrac{\sin B_i}{\sin A_i} & T_{ij+1} = T_{ij} + C_i \end{cases} \tag{3-9}$$

式中　D_{ij+1} ——待求点 i 到 $j+1$ 点的高斯平面边长；

D_{ij} ——以求得高斯平面边长；

A_i，B_i，C_i——第 i 个三角形内角化算到高斯平面的角度值；

T_{ij+1}——i 点到 $j+1$ 点的平面方位角；

T_{ij}——以求得高斯平面方位角。

根据求得的边长和方位角就能计算全网各点坐标。即

$$\begin{cases} x_3 = x_1 + \Delta x_{13} = x_1 + D_{13}\cos T_{13} \\ y_3 = y_1 + \Delta y_{13} = y_1 + D_{13}\sin T_{13} \\ x_4 = x_1 + \Delta x_{14} = x_1 + D_{14}\cos T_{14} \\ y_4 = y_1 + \Delta y_{14} = y_1 + D_{14}\sin T_{14} \\ \vdots \\ x_{i+1} = x_i + \Delta x_{i+1} = x_i + D_{i+1}\cos T_{i+1} \\ y_{i+1} = y_i + \Delta x_{i+1} = y_i + D_{i+1}\sin T_{i+1} \end{cases} \tag{3-10}$$

式中　x_{i+1}，y_{i+1}——待求纵、横坐标；

Δx_{i+1}，Δy_{i+1}——i 点到 $i+1$ 点纵、横坐标差；

D_{i+1}——i 点到 $i+1$ 点的高斯平面边长；

T_{i+1}——i 点到 $i+1$ 点的平面方位角。

这就是用三角测量法布设水平控制网的基本原理。

（2）三边测量法和边角同测法

三边测量法的图形结构和三角测量法一样，如图 3-13 所示，但只测量所有三角形的边长，各内角则通过计算求得，这种方法称为三边测量。如果在测角网基础上加测部分边长，则统称为边角同测法。如果在测角网的基础上，加测所有边长，则称为边角全测法。

（3）导线测量基本原理

在地面上选定相邻点间互相通视的一系列大地控制点 P_1，P_2，P_3，…，联成一条折线，称为导线，如图 3-14。

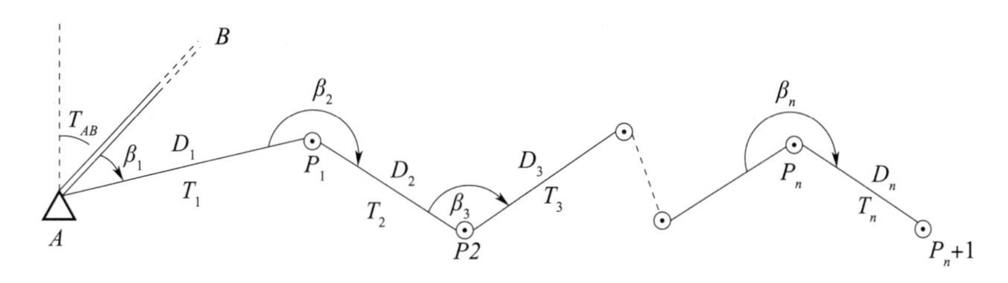

图 3-14　导线测量法基本原理

在导线点上测量相邻点间的边长和点上的角度，并把这些边长和角度都化算到平面上。设 D_1，D_2，…，D_n 为各导线点间的平面边长，β_i 为各导线点上的转折角。若已知 A 点的平面坐标为（x_A，y_A），AB 点的坐标方位角为 T_{AB}。从 T_{AB} 起可逐次推得各导线边的坐标方位角，即

$$\begin{cases} T_1 = T_{AB} + \beta_1 \\ T_2 = T_1 + 180^\circ + \beta_2 \\ \quad\vdots \\ T_i = T_{i-1} \pm 180^\circ + \beta_i \end{cases} \tag{3-11}$$

式中　T_i ——待求平面方位角；

T_{i-1} ——已求得平面方位角；

β_i ——化算到高斯平面的第 i 点水平角。

根据这些方位角和各边边长，从已知点的坐标开始，可推得其他各导线点的坐标，如

$$\begin{aligned} P_2: \quad & x_2 = x_A + D_1 \cos T_1 \\ & y_2 = y_A + D_1 \sin T_1 \\ P_3: \quad & x_3 = x_2 + D_2 \cos T_2 \\ & y_3 = y_2 + D_2 \sin T_2 \\ & \quad\vdots \\ P_i: \quad & x_i = x_{i-1} + D_{i-1} \cos T_{i-1} \\ & y_i = y_{i-1} + D_{i-1} \sin T_{i-1} \end{aligned} \tag{3-12}$$

式中　x_i ，y_i ——待求点的纵、横坐标；

x_{i-1} ，y_{i-1} ——已求得 i 点的纵、横坐标；

D_{i-1} —— i 点到 $i-1$ 点的高斯平面边长；

T_{i-1} —— i 点到 $i-1$ 点的平面方位角。

这就是用导线法建立水平控制网的基本原理。

3.1.4.2　国家水平控制网布设的基本原则

国家水平控制网布设的基本原则：1）从高级到低级分级布网，逐级控制；2）控制网分为四个等级，分别为一、二、三、四等（锁）网；3）应达到要求的标准偏差，满足测图控制的实际需要；4）应有必要的密度；5）应有统一的规格；6）还要满足远程武器、航天技术试验、地球动力监测等现代科学技术发展的需要。

1）各等级三角（锁）网布设的技术规定见表 3－5 所示。

表 3－5　三角锁网主要技术规格

等　级	平均边长/km	测角标准偏差/（″）	三角形最大闭合差/（″）	起始元素标准偏差		最弱边边长标准偏差
				起始边	天文测量/（″）	
一等（锁）网	20～25	±0.7	±2.5	1∶350 000	$m_\alpha < \pm 0.5$ $m_\varphi < \pm 0.3$ $m_\lambda < \pm 0.3$	1∶150 000
二等网	13	±1.0	±3.5	1∶350 000	同一等锁	1∶150 000
三等网	8	±1.8	±7.0			1∶180 000
四等网	2～6	±2.5	±9.0			1∶400 00

2）导线测量技术规定见表 3-6 所示。

表 3-6　导线主要技术规格

等　级	一	二	三	四
测角标准偏差/（″）	±0.7	±1.0	±1.8	±2.5
边长测量相对标准偏差	≤1∶250 000	≤1∶200 000	≤1∶150 000	≤1∶100 000

3）工程导线测量技术规定见表 3-7 所示。

表 3-7　工程导线主要技术规格

等级	边长/km	平均边长/km	测角标准偏差/（″）	测距标准偏差/mm	边长测量相对标准偏差	方位角闭合差/（″）	相对闭合差
三等	14	3	±1.8	±20	≤1∶150 000	$3.6\sqrt{n}$	≤1∶550 00
四等	9	1.5	±2.5	±18	≤1∶800 00	$5\sqrt{n}$	≤1∶350 00
一级	4	0.5	±5	±15	≤1∶300 00	$10\sqrt{n}$	≤1∶150 00
二级	2.4	0.25	±8	±15	≤1∶140 00	$16\sqrt{n}$	≤1∶100 00
三级	1.2	0.1	±12	±15	≤1∶700 0	$24\sqrt{n}$	≤1∶500 0

4）测量等级与使用光学经纬仪规定见表 3-8 所示。

表 3-8　测量等级与使用的光学经纬仪

测量等级	仪器	仪器标准偏差/（″）
一	DJ07 DJ1	±0.7 ±1.0
二	DJ07 DJ1	±0.7 ±1.0
三	DJ07 DJ1 DJ2	±0.7 ±1.0 ±2.0
四	DJ07 DJ1 DJ2	±0.7 ±1.0 ±2.0

3.1.5　地地导弹基准边方位角联测方法

地地导弹基准边方位角（或称基准方位角）联测的基本任务，是在靶场阵地控制网基础上，增设起始方位边，测定基准，检查方位角，它是确保武器命中目标的一项重要的保障工作。其基本要求是：充分准备，修改补充，保障及时，确保标准偏差。

基准方位角联测是按阵地控制网边、起始方位边、基准方位边的顺序逐次控制的。

3.1.5.1　导弹方位瞄准的一般概念[4]

导弹惯性坐标系由弹体中的控制系统和惯性器件构成，有平台式和捷联式两种，以采用气浮陀螺的三轴稳定平台为例。如图 3 - 15 所示。

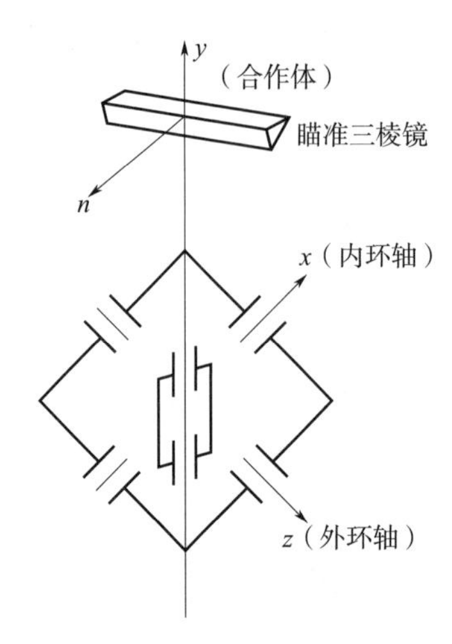

图 3 - 15　弹上三轴稳定平台示意图

稳定平台的三个轴 x，y，z 构成了平台坐标系（惯性坐标系）。方位瞄准三棱镜安置在 y 轴上，它的直角棱线与 y 轴垂直，棱镜的法线方向 n 与射向方向相反。

方位瞄准是指使瞄准三棱镜处于射向方位角上，或对射向方位角的偏离处于任一范围内，由瞄准仪测出三棱镜的实际方位角，再由控制系统控制导弹起飞后旋转至射向的过程。以转到射向为例，通过转动弹体，将瞄准棱镜的法线方向 n 置于射击方向的反方向上，平台上六面体的法线 x 轴指向射击方向，达到导弹瞄准目标的目的。

地地型导弹的方位瞄准是由专用的瞄准经纬仪实施的。其瞄准的基本情况如图 6 - 16 所示。图中：$1^{\#}$ 为发射点，$2^{\#}$ 为瞄准点，N 为大地北，E 为瞄准标杆仪，O 为瞄准仪中心，ON'，OE'，OL' 分别为 ON，OE，OL 在水平面上的投影。

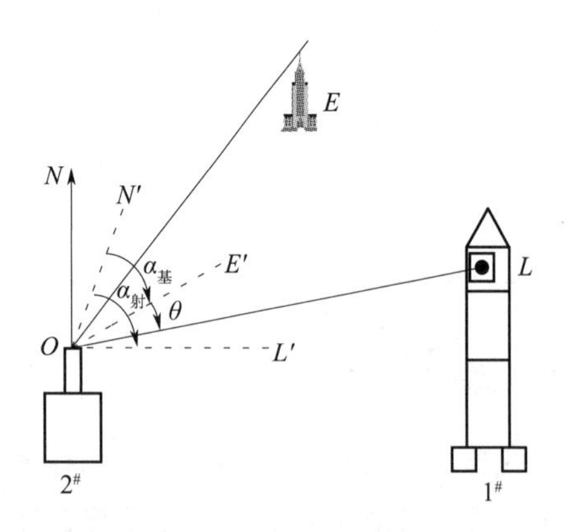

图 3 - 16　瞄准示意图

根据计算得到的射击方位角 $\alpha_{射}$ 和由大地测量提供的瞄准点至标杆仪点的基准方位角 $\alpha_{基}$，计算出瞄准经纬仪的角度转动量 θ。

$$\theta = \alpha_{射} - \alpha_{基} \tag{3-13}$$

式中　θ——瞄准经纬仪转动的角度值；

$\alpha_{射}$——射击方位角；

$\alpha_{基}$——基准方位角。

将瞄准纬仪照准标杆仪后，将照准部转动一个 θ 角，则瞄准经纬仪视轴方向即为射击方向。随后固定照准部，将俯仰望远镜对准弹上瞄准窗口里的瞄准三棱镜，指挥发射装置转动弹体，使其实现自准直，此时，导弹实现了方位瞄准。

3.1.5.2　起始边方位角测量

（1）起始边方位角的基本要求

起始边方位角是联测基准边方位角的基础。为适应射向变换时重新测定基准方位角的需要，一般应建立永久性的起始方位边。其基本要求如下：

1）在一个发射阵地上，至少应有两条以上的起始方位边，以便检核。

2）为便于照准和克服仪器对中偏差影响，一般起始方位边长度以 1～4 km 为宜，最短不得小于 100 m。

3）起始边方位角的准确度要求随导弹类型不同而异，一般应为所推算的基准方位角准确度的 3 倍。

4）起始方位点可利用阵地控制网点，也可另行设置。其点位应按国家大地点要求埋设永久性标石，必要时可加大其标石规格。

（2）建立起始方位边的方法

（a）利用阵地基本控制点的方向作为起始方位边

当阵地基本控制点的某些方向符合起始方位边要求时，可直接作为起始方位边使用，如图 3 - 17 中 A，B，C，D 为与阵地基本控制点连接的大地点。

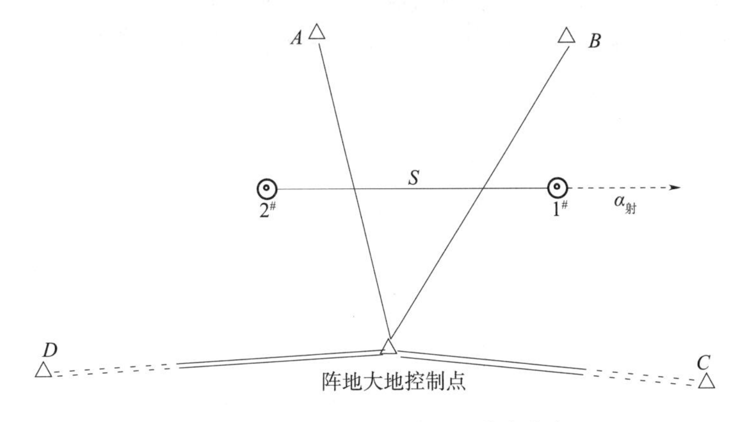

图 3 - 17　利用控制点建立起始方位角

一般情况，只要是符合规范要求的三等以上的大地方位角和二等以上的天文方位角，均可作为起始边方位角，试验靶场阵地基本控制点一般有一个方向直接测定了天文方位角，从而可求得该方向的天文方位角与大地方位角之差 $\Delta=(\alpha-A)$，其他方向的天文方位角可由大地方位角加 Δ 获得。也可直接用阵地基本控制点的天文大地垂线偏差将各方向大地方位角化为天文方位角。

（b）由阵地基本控制点联测起始方位边

当阵地基本控制点的已知方向不宜直接作起始方位边时，可另行设置起始方位边，其方位角可直接联测到阵地基本控制点上。由两个已知方向按《国家三角测量和精密导线测量规范》规定相应等级的观测纲要联测得出[4]。

（c）在瞄准点进行起始方位边测定

某些时候，阵地基本控制点的已知方向的方位准确度甚低，不能用于起始方位边的联测。此时可在瞄准点直接进行起始方位边的测定。现介绍两种方法。

①三角法

如图 3－18 所示，利用符合要求的国家大地网点 A，B，C，用三角法或导线法联测求得 $2^{\#}$ 至 A，B，C 的大地方位角。

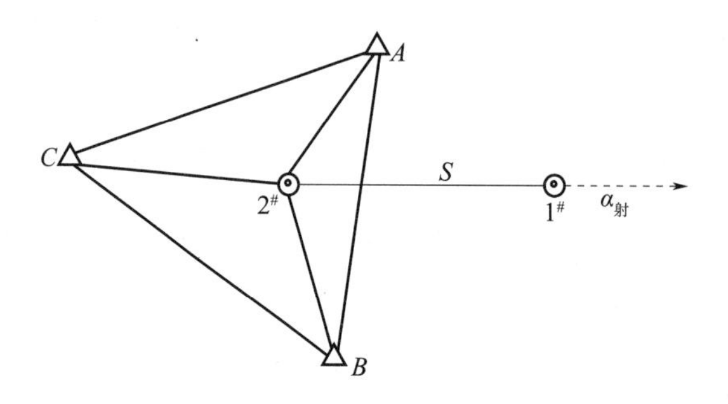

图 3－18　三角法测定起始边方位角

②天文法

如图 3－19 所示，此法是在瞄准点上按要求的准确度直接测定 A，B 两方向的天文方位角，并按相应准确度要求，使用测角仪器测定该两方向间的水平角 β，用于检核天文方位角测量的准确度。

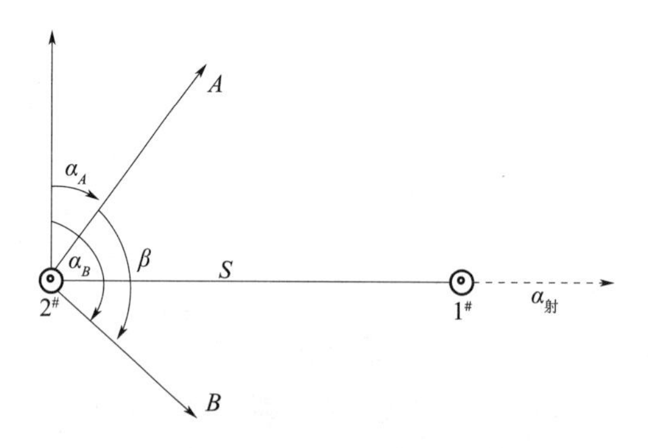

图 3－19　天文法测定起始边方位角

3.1.5.3　地面基准边方位角的测定

基准边大地方位角，是利用瞄准经纬仪赋予导弹射向的方位起算基准。

设置在地面场坪的基准边天文方位角的测定与起算边天文方位角测定的基本方法一

样。一是用天文法直接测定基准边的天文方位角；二是根据起算边方位角用三角或导线法（包括近距离经纬仪对瞄法）传递过来。

基准方位点的设置，根据场地、射向和导弹型号的不同而异，布设的数量，一个发射阵地一般不少于两个，以便进行检核。两方向间的夹角应大于 10°，特殊情况下可设置一个。其位置可在发射点的任意方向上，但必须与瞄准点通视，距瞄准点的距离一般应在 100 m以上。点位应埋设永久性固定标志，并设置护栏。基准方位点可专门设置，也可利用符合要求的大地控制点。

基准（检查）方位角根据起始方位边和基准方位点的设置要求设置，常见的布设图形和测定方法有如下几种：

1）当起始方位边一端点设置在 2# 点上，其基准方位点设在 2# 点周围时，如图 3－20 所示。可在 2# 点上直接联测得出基准边方位角。

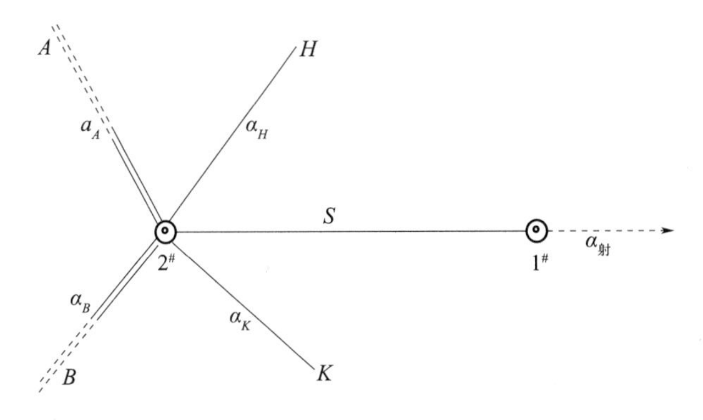

图 3－20　基准边一端点设在 2# 点上

图中 α_A ，α_B 为起始方位角，H ，K 为基准方位点，α_H ，α_K 为基准边方位角。

2）起始方位边一端点设置在基本控制点上，且基准方位点设置在 2# 点周围，如图 3－21所示，可按角导线，采用经纬仪对瞄法，联测出基准边方位角。

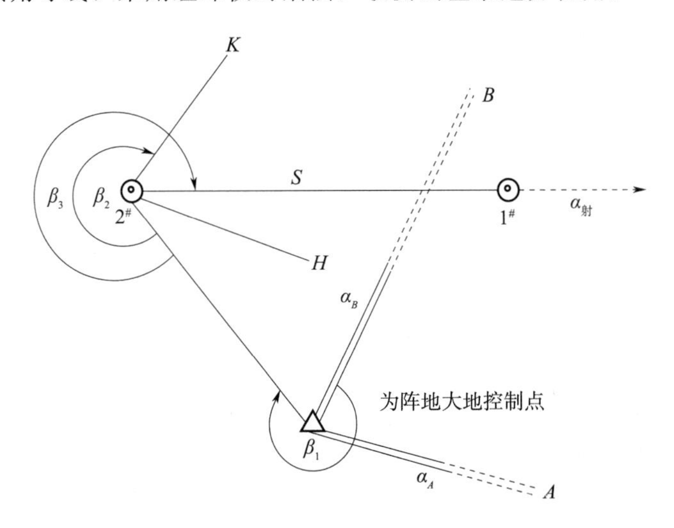

图 3－21　起始方位边设置在基本控制点上

3）起始方位一端点设置在基本控制点上，且直接利用基本控制点作基准方位点，如图 3－22 所示。则在基本控制点上设经纬仪与 $2^{\#}$ 点经纬仪实施准直，用其视轴方向作为基准方位，同时进行发射瞄准测量。

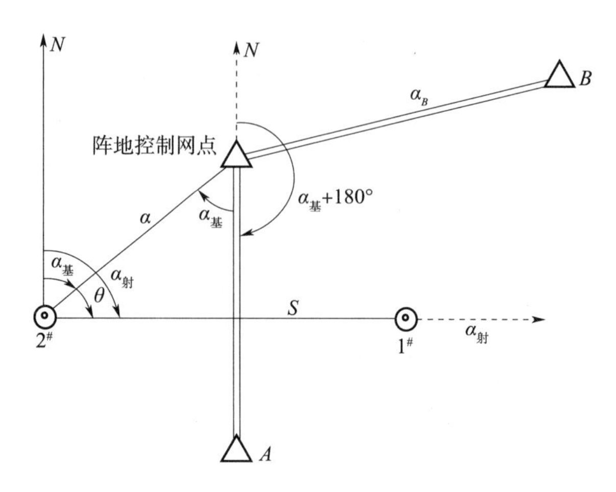

图 3－22 基本控制点做基准方位角

4）当基准方位点设置在 $1^{\#}$ 至 $2^{\#}$ 的方向线上时，如图 3－23 所示。可在基准方位点上直接测定天文方位角作起始方位，进而按上述 3）的方法确定基准方位，并实施瞄准测量。

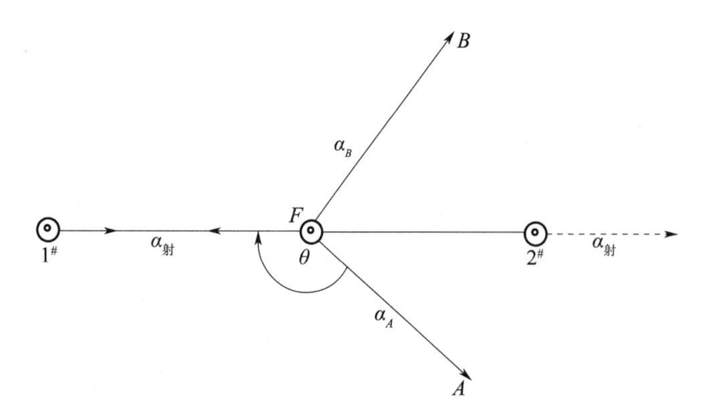

图 3－23 直接测定天文方位角

3.1.5.4 竖井井下方位角联测

(1) 方位角联测图形构成

竖井井下方位传递如图 3－24 所示，图中各折线构成一支导线，$A-Z$ 为起始方位角，距离一般在4 km左右，最短一般也不要短于1 km。A 为已知天文大地点（建造观测墩），B 为在井口临时搭建的观测墩，为过渡点。$A\rightarrow B$ 的距离小于50 m。C 为竖井井内壁预留窗口，作为转折点，在工程施工时建造。M 为井下瞄准间固定的瞄准点。$B\rightarrow C$，$C\rightarrow M$ 之间距离基本与竖井的直径相当，各导线间垂直角大约为 30°左右。G 为平行光管作为基准方位使用。J 为平面镜，起监视光管的作用，J_1J_2 也为平面镜，构成 β_1，β_2 角用于监视 M–G 方位基准的变化，同时作为射向标定时的基准角。

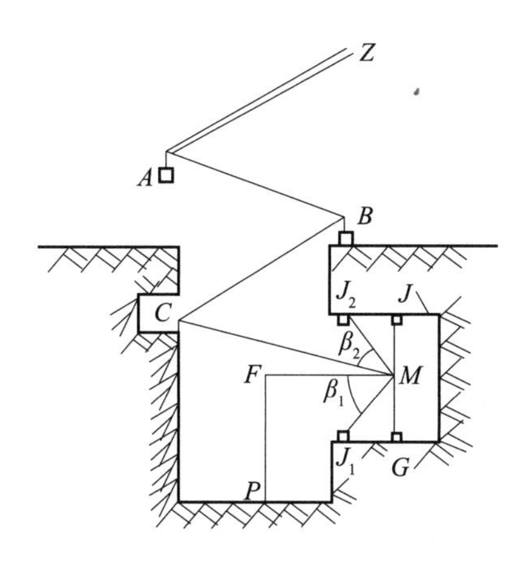

图3-24 竖井井下方位基准测量

要求提供$M \to G$，$M \to F$（为瞄准点至发射点，$M \to G$、$M \to F$边长均为几米）的天文方位角和大地方位角以及$M \to J_1$和$M \to J_2$之间的水平角β_1，β_2。观测方法有经纬仪对瞄法和经纬仪指针法，使用两种方法观测，目的是相互之间进行质量检核，避免出现错误。两种观测方法不同，这里仅仅介绍经纬仪指针法的测量方法。

(2) 经纬仪指针法

经纬仪指针法的实质就是导线测量方法。与常规导线测量不同之处在于：一是由于点间距离短，照准目标可以是特别设置在经纬仪上的非常精细目标，也可以利用仪器自身携带（购买仪器是作为附件单独选购件）的内觇标。具体是在经纬仪望远镜视场照明旋钮上，安装特制指针或用仪器自带内觇标作为照准标志（如T3000、TC2002等电子经纬仪）。观测时通过正倒镜使照准中心与仪器中心方向一致，从而克服对中误差。二是利用光学经纬仪观测时，需要读取水准器读数并进行垂直轴倾斜改正（如果使用电子经纬仪可以直接利用垂直轴倾斜改正功能，随时进行修正）；三是观测点位固定，距离有一定的差距，因此观测时需要调焦，以保证照准标的清晰。具体观测程序介绍如下。

1）准备工作。在经纬仪望远镜视场照明旋钮上安装特制的“针”作为照准目标，一般用橡皮泥将针固定即可，用对方仪器观察指标针的垂直度。如果使用有内觇标的仪器，使用前对内觇标要进行校正。

2）联测程序。如图3-24所示，按A，B，C，M顺序在各点整置经纬仪并观测，再由M，C，B，A的顺序分别对导线方向的左、右角进行单角观测。各点设站观测单角一测回，当测站仪器纵转望远镜时，作为照准目标的仪器同时纵转望远镜。观测顺序为：

a) A点观测。A点上的经纬仪度盘位置在盘左，照准起始方向Z目标（Z目标为“点光源”，所谓电光源，就是照准目标使用很小的直流电源灯泡为照准标志，但是灯泡比较大而且光比较发散，所有要采取措施保证灯泡的亮度而且不发散，这种光源称为点光源。目的是提高照准准确度，否则照准误差将成为方位传递的一项重要误差）两次，读数两次（下同，互差$\leqslant 4''$）；顺时针方向转动照准部至B（B点仪器度盘位置在盘左)，照准B点经纬仪目标（针）或内觇标两次，读数两次。纵转望远镜逆时针方向转动照准部至盘右（为了保证观测顺序与观测方向一致性，作为照准标的经纬仪同时纵转，度盘位置处于盘右），分别照准 B 点和起始方向目标并读数。以上操作，构成导线方向左角单角一测回观测。

b) B，C，M 点观测。分别在 B，C，M（M 设站时，观测最后目标 G 为光管十字丝）各点重复 A 点观测程序。

以上由 A 至 M 的观测过程，构成导线方向左路线的半个循环。

c) M 点观测。首先将各点经纬仪度盘位置调整至盘左。用 M 点的经纬仪（度盘位置在盘左）照准 G 点光管十字丝两次并读数两次，顺时针转动照准部至 C，照准 C 点经纬仪指示针两次并读数两次。纵转望远镜，逆时针方向转动照准部至盘右（作为照准标的经纬仪同时纵转至盘右）分别照准 C 点和 G 点两次并读数两次。

d) C，B，A 点观测。分别在 C，B，A 各点设站重复 M 点观测程序。

以上由 A 至 M，M 至 A 的观测过程，构成一个完整的导线观测循环过程。

方位角传递联测应构成 6 个循环。

3.2　天文方位角（真方位角）测量

天文方位角也是和坐标系直接相关，因此首先介绍有关天文测量的基本概念、坐标系和天文测量的基本原理。

3.2.1　概述

天文测量的主要任务：一是满足大地测量的方位控制和求取垂线偏差。如在大地控制网中每隔一定距离的点上测定天文经纬度和方位角，据以计算拉普拉斯方位角，这些点称为拉普拉斯点。在该网中每隔一定距离的点上测定天文经、纬度，以提供垂线偏差，这些点（含拉普拉斯点）称为垂线偏差点。二是为特殊工程提供垂线偏差和天文方位角。如航天工程及远程武器的发射所需要的基准方位，就是天文方位角，而实际应用则是大地方位角，所以必须将实测天文方位角要化算到大地方位角，以保障航天与远程武器发射的需要。

航天和远程武器大地测量保障中所需的天文经、纬度和方位角一般是以二等以上标准偏差测定，这些观测工作非常繁重。

3.2.1.1　天球

天体距离我们非常遥远，虽有远近之分，但我们的肉眼却分辨不出其远近，看起来都好象是等距的，因而产生了所有天体都分布在一个圆球的内表面上，而观测者就位于这个球的中心的感觉。在天文测量中就利用这个假想的圆球作为讨论问题的辅助工具，这个圆球就叫做天球。有了天球以后，在天球球面上建立坐标系，并将地面测站点和被观测的天体投影到天球球面上，就可运用球面三角学的知识去研究它们之间的关系。实际上天球的中心往往设在测站上，根据具体情况也可以把天球中心设在地球的中心或太阳系的中心[5]。

在图 3-25 中，观测者在 M 点照准空间的天体 A，B，C 等，将照准各天体的方向延长，分别与天球相交于 a，b，c 等点，则 a，b，c 等点就是天体 A，B，C 等在天球上的投影，叫做天体的视位置。从图 3－24 中可以看出，天体 D 的视位置也是天球上的 c 点。

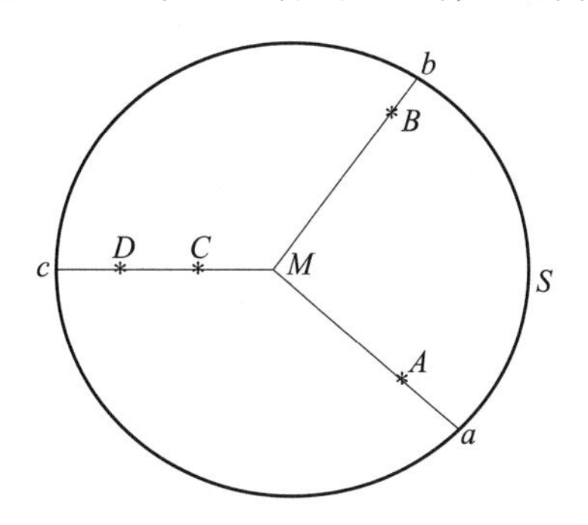

图 3－25　天体视位置

3.2.1.2 天球的性质

由于天球的半径是设想为无穷大的，所以观测者在地球上的任何位置与天球半径相比，总是微小到可以忽略不计。因此可以得出下面两个重要的性质：

1）地球上所有互相平行的直线向同一方向延长，相交于天球球面同一点。

2）地球上所有互相平行的平面，相交于天球球面上同一大圆。

此外天球还具有圆球的一切几何性质，如：

1）通过球心的平面，在天球上截成一个大圆，并将天球分两个相等的半球。

2）通过球面上不在同一直径上的任意两点，只能作一个圆。

3）两个大圆必定相交，而且交点是同一直径的两个端点，在天球上不能有互相平行的大圆。

3.2.1.3　天球主要的点、线、圈

在球面上建立天体位置与地面测站点位置间的关系时，必须在球面上建立球面坐标系。要建立球面坐标系，首先要在球面上设立一些点和圆。下面介绍天球上的一些主要的点、线、圈。

1）天顶和天底。延长测站 M 点铅垂线，与天球相交于 Z 和 Z' 两点，如图 3－26 所示。其中位于观测者头顶上的一点叫做天顶，用符号 Z 表示；与它相对一点 Z' 叫做天底。

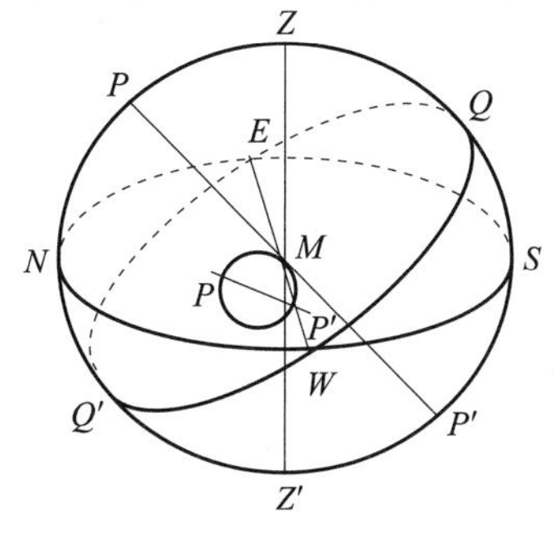

图 3－26　天球上的圈线点

2）地平面和天球地平圈。通过天球中心作一平面与铅垂线 ZZ' 垂直，这一平面叫做天球地平面。它与天球相交的大圆 $ESWN$ 叫做天球地平圈。平行于天球地平圈的小圆，定义为地平纬圈，或称等高圈。

3）天轴和天极。通过天球中心作一直线与地球自转袖 PP' 平行，这条直线叫做天轴。它与天球交于 P，P' 两点，与地球北极相应的一点 P 叫做天北极，与地球南极相应的一点 P' 叫做天南极。

4）天球赤道面和天球赤道。过天球中心作平面与天轴 PP' 垂直，这一平面叫做天球赤道面。显然，它和地球赤道面是互相平行的。它与天球相交的大圆 $EQWQ'$ 就叫做天球赤道。天球赤道与地平圈交于 E，W 两点，观测者面向北极，在右者为东点 E，在左者为西点 W，见图 3－26。天球赤道将天球分为两个半球，含天北极 P 的叫做北半球，含天南极 P' 的叫做南半球。平行于天球赤道的小圆，定义为天球平行圈，或叫做赤纬圈。

5）天球子午面和天球子午圈。包含天轴和天顶、天底的平面叫做天球子午面。它与天球相交的大圆 $PZQP'Z'$ 叫天球子午圈。子午圈被天轴分为两个半圈，含天顶 Z 的半个圈 $PZQP'$ 称为上子午圈，含天底 Z' 的半个圈 $PQ'Z'P'$ 称为下子午圈。子午圈与赤道相交于 Q 和 Q' 两点，靠近天顶的 Q 点叫上赤道点，靠近天底的 Q' 点叫下赤道点。

6）子午线。子午面和地平面相交于直线 NS，该直线叫做子午线。离北天极近的 N 点叫做北点，离南天极近的 S 点叫做南点。

7）垂直面、垂直圈、卯酉圈。凡通过天顶和天底，即包含 ZZ' 的平面，都叫做垂直面。图 3－27 中画出了过天球上一点 A 的垂直面。垂直面与天球相交的大圆叫做垂直圈。必须注意，通过某一天体的垂直圈，是指以 ZZ' 为界的半个大圈而言，在同一个大圆上的另半个大圈是属于通过另一天体的垂直圈。由垂直圈的定义可知，子午圈也是垂直圈。垂直于子午面的垂直圈与天球相交的大圆叫做卯酉圈。过东点 E 的卯酉圈叫东卯酉圈，过西点 W 的卯酉圈叫西卯酉圈。

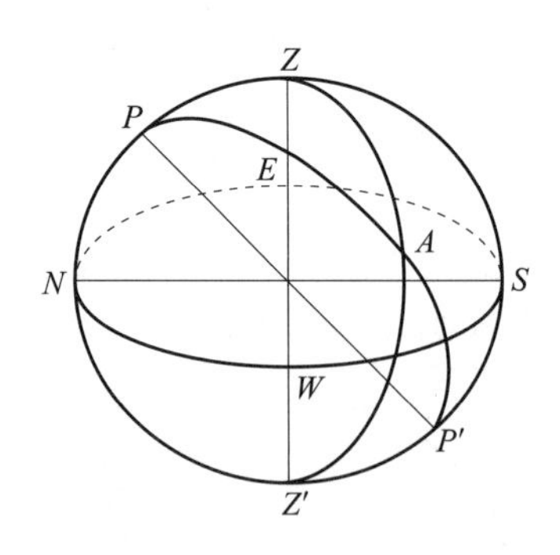

图 3－27　天球上的圈线点（2）

8）时圈。凡通过天极 P 和 P' 的平面与天球相交的大圆都叫做时圈，它与垂直圈一样，也只能是半个圈，显然子午圈也是时圈。图 3－27 中的 PAP' 是过 A 点的时圈。

9）黄道。地球（严格地说是地、月系质心）绕太阳公转时观测者所看到的太阳在天球上运动的轨道称为黄道。见图 3－28[5]。

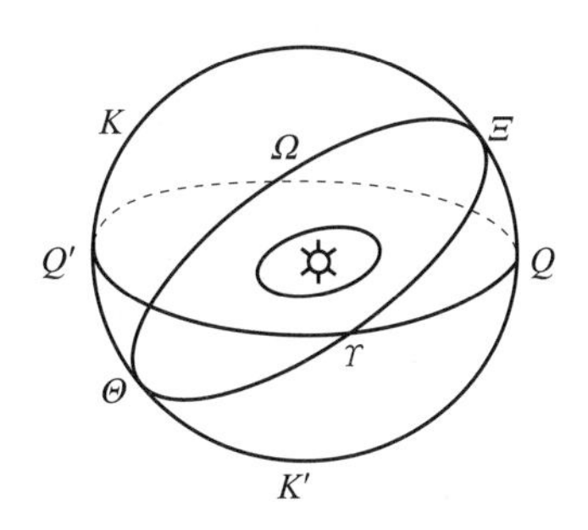

图3-28 太阳周年视运动

赤道与黄道相交于ϒ和Ω两点。在黄道上与和Ω相距90°的两个点是夏至点Ξ和冬至点Θ。太阳在黄道上由天球上的南半球向北半球运行，经过赤道的一点叫春分点，用符号ϒ表示；另一点叫做秋分点，用符号Ω表示。在赤道以北的一点是夏至点，在赤道以南的一点是冬至点。从天北极看黄道上的ϒ、Ω、Ξ、Θ四个点是按反时针方向排列的。

10）黄极、黄经圈、二分圈、二至圈。过天球中心作一垂直于天球黄道的直线，它与天球相交于两点，靠近天北极P的这一点叫做黄道北极K，另一点叫做黄道南极K'。凡通过黄极KK'平面与天球相交的大圆都叫做黄经圈。如图3-29所示，KAK'为过A点的黄经圈，它与垂直圈、时圈一样用两字表示，是为了与过二分点的时圈、二分圈相区别。过夏至点和冬至点的黄经圈叫做黄极二至圈。它也只是半个大圈。过秋分点和春分点的黄经圈叫做黄极二分圈（所以加“黄极”两字，是为了与过二分点的时圈、二分圈相区别）。过夏至点和冬至点的黄经圈叫黄极二至圈。

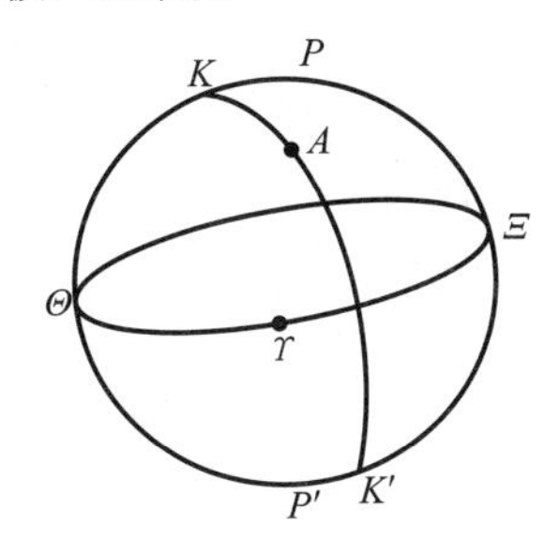

图3-29 天球上的圈线点（3）

3.2.2 天球坐标系

3.2.2.1 地平坐标系

在天球上选取地平圈作为基圈，子午圈作为主圈，并以北点N为主点所建立的坐标系叫做地平坐标系，如图3-30所示。过某一天体σ作一平行于地平圈的小圈$L\sigma L'$——等高圈。天体σ的位置可用下面两个地平坐标高度角h（或天顶距Z）和方位角来表示。

高度角（或称地平纬度）h是天体σ距地平圈的角距，其值由地平圈起算，沿σ的垂直圈向天顶Z方矢量取的角距为正，反之为负。高度角h值的量度范围为0°～±90°。在天

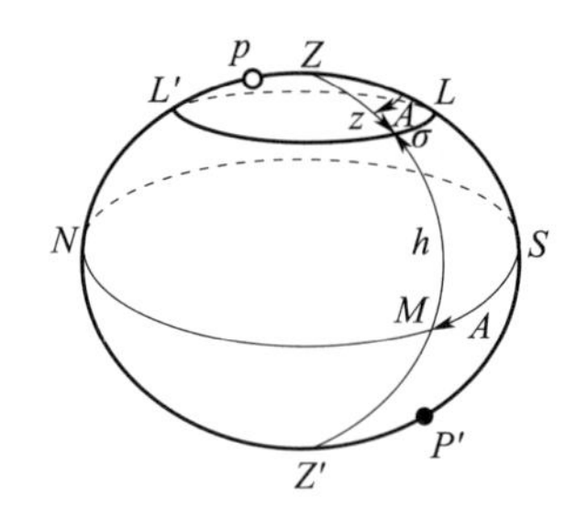

图 3-30 地平坐标系

文测量中，往往不用高度 h，而用天顶到天体 σ 的弧距来表示天体 σ 在地平坐标系中的一个坐标，称为天体 σ 的天顶距 z，其值由 0°～90°。由图 3-29 可知[1,2,5]

$$z = 90° - h \tag{3-14}$$

方位角（或称地平经度）A 是过天体 σ 的垂直面与测站子午面间的两面角 $\angle SZ\sigma M$，其值等于由南点 S 沿地平圈顺时针方矢量测到 M 点的弧距。方位角值的量度范围为 0°～360°。因为天体的天顶距离和方位角与测站的天顶在天球上的位置有关，即同一天体的 A 和 h 对不同测站，其值是不同的。此外，它们还与时刻有关，即在同一测站在不同时刻，同一天体的地平坐标也不同。

3.2.2.2 赤经赤道坐标系

以天球赤道作为基圈，以过春分点 Υ 的时圈为主圈，以春分点 Υ 为主点，这样建立的坐标系叫赤经赤道坐标系。

用赤经赤道坐标系来确定任一天体 σ 的位置时，可通过天体 σ 作一时圈 $P\sigma P'$ 和过 σ 作一平行赤道的小圆——赤纬圈（或称为周日平行圈），则天体 σ 的位置可用赤道坐标赤经 α 和赤纬 δ，如图 3-31 所示。赤纬 δ 是天体 σ 距天球赤道的角距。其值由天球赤道起算，沿着 σ 的时圈向天极 P 方矢量取的角距为正，由 0°～90°；向天南极 P' 方矢量取的角距为负，由 0°～-90°。图 3-31 中 σ 的赤纬 δ 为正。赤经 α 是春分点的时圈 $P\Upsilon P'$ 与过天体 σ 的时圈 $P\sigma P'$ 之间的两面角 $\angle \Upsilon P\sigma$。其值等于春分点 Υ 沿赤道圈反时针方矢量至 R 点的弧距 ΥR，其量度范围从 0°～360°。

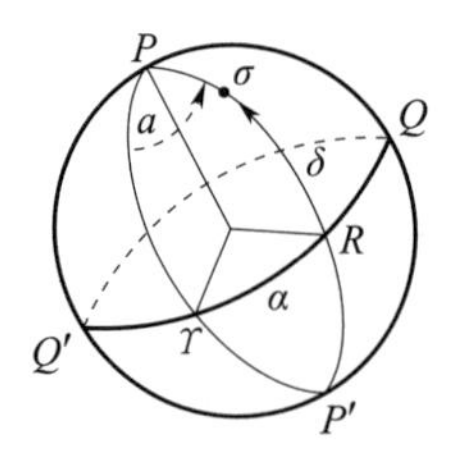

图 3-31 赤道坐标系示意图

由于这个坐标系的坐标圈和主点 Υ 均与测站无关，所以天体的赤经、赤纬也与测站无关。我国有关部门编制了载有天体赤经、赤纬的星表，以供天文观测和计算之用。赤经 α 通常以“时角”为单位，以时（h）、分（min）、秒（s）来表示，它与“角度”单位间的关系作如下：

$$24\ \mathrm{h}=360^\circ$$

$$1\ \mathrm{h}=15^\circ \quad 1^\circ=4\ \mathrm{min} \quad 1\ \mathrm{min}=15' \quad 1'=4\ \mathrm{s}$$

$$1\ \mathrm{s}=15'' \quad 1''=0.066\ 67\ \mathrm{s}$$

3.1.2.3　时角赤道坐标系

以天球赤道作基圈、子午圈为主圈，以及上赤道点 Q 为主点所建立的坐标系叫做时角赤道坐标系。对于任一天体 σ 的时角赤道坐标，用赤纬 δ 和时角 t 来表示，如图 3－32 所示。赤纬 δ 与赤经赤道坐标系中的 δ 相同。时角 t 是过天体 σ 的时圈与子午圈之间的两面角 $\angle QP\sigma$ ，其值等于由 Q 点沿天球赤道顺时针方向量到 R 点的弧距，即 $t = QR$ 。

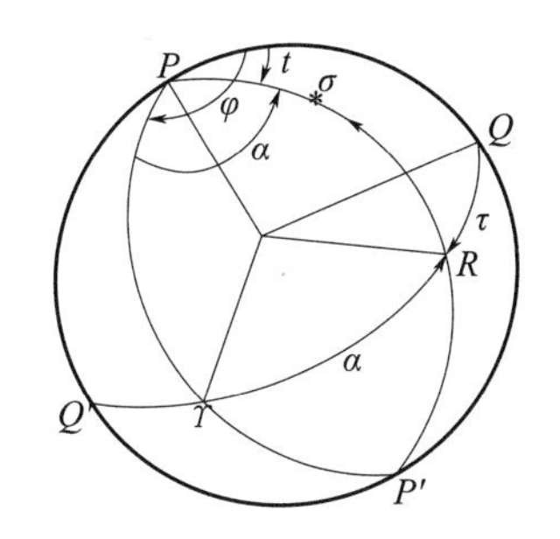

图 3－32　时角坐标系示意图

在这个坐标系中，天体的赤纬与上述赤经赤道坐标系一样，不因测站的不同而不同。而时角的量取与测站的子午圈有关，随测站的经度不同而不同。此外，在同一测站同一天体的时角也随时间的改变而改变，即 t 是时间的函数。

3.2.2.4　黄道坐标系

把黄道 EE' 作为基圈，黄极二分圈 $K\Upsilon K'$ 作为主圈，春分点 Υ 作为主点。用黄道坐标系来表示天体 σ 的位置时，可通过 σ 作一黄经圈，则天体 σ 的黄道坐标用黄纬 β 和黄经 l 来表示，如图 3－33 所示。黄纬 β 是天体 σ 距黄道的角距。其值由黄道起算，沿着 σ 的黄经圈，向黄道北极 K 方矢量取的角距为正，由 0°～90°，向黄道南极 K' 方矢量取的角距为负，由 0°～－90°。黄经 l 是黄极二分点圈 $K\Upsilon K'$ 与过 σ 的黄经圈之间的两面角 $\angle \Upsilon K\sigma$ ，其值从春分点沿黄道反时针方向矢量到过 σ 的黄经圈，即量到 L 点，$l = \Upsilon L$ ，其量度的范围是从 0°～360°。以上 4 种坐标系，是常用坐标系，为了使用方便，将以上天球坐标系的主要点列于表 3－9 中[1,2,5]。

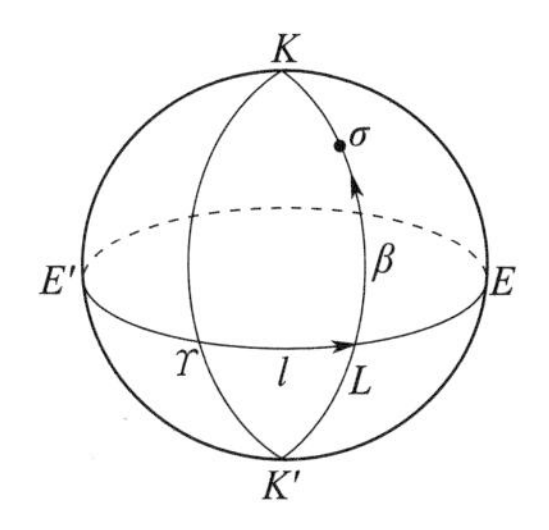

图 3－33　黄道坐标系

表 3—9　几种天球坐标系

坐标系名称	坐标圈	主　点	坐　标	量度方向	备　注
地平坐标系	子午圈地平圈	南点 S	高度角 h：$0°\to\pm 90°$	从地平圈起沿天体 σ 为上，在地平圈之上取正	随测站和时间而变
			或天顶距 z：$0°\to\pm 180°$	由天顶 Z 沿天体 σ 的垂直圈量到 σ 为止，恒为正	
			方位角 A：$0°\to 360°$	从南点 S 起沿地平圈顺时针量到 σ 的垂直圈为止	
赤经赤道坐标系	春分点时圈赤道圈	春分点 Υ	赤纬 δ：$0°\to\pm 90°$	从赤道起沿天体 σ 的时圈量到 σ 为止，在赤道以北取正	与测站无关
			赤经 α：0h→24h	从春分点开始沿赤道反时针量到 σ 的时圈为止	
时角赤道坐标系	子午圈赤道圈	上赤道点 Q	赤纬 δ：$0°\to\pm 90°$	从赤道起沿天体 σ 的时圈量到 σ 为止，在赤道以北取正	时角随测站及时间而变
			时角 t：$0^h\to 24^h$	从上赤道点 Q 开始沿赤道顺时针量到 σ 的时圈为止	
黄道坐标系	黄极二分圈黄道圈	春分点 Υ	黄纬 β：$0°\to\pm 90°$	从黄道起沿天体 σ 的黄经量至 σ 为止，在黄道以北取正	与测站无关
			黄经 l：$0°\to 360°$	从春分点开始，沿黄道反时针量到 σ 在经为止	

3.2.2.5　赤道坐标系和地平坐标系关系

赤道坐标系和地平坐标系两者之间的关系如图 3－34。过天体 σ 的垂直圈 $Z\sigma DZ'$、时圈 $P\sigma TP'$ 和过测站的子午圈 $PZP'Z'$ 构成的球面三角形 $PZ\sigma$，称为定位三角形，其中 δ，t，A_s 和 z 分别是天体的赤纬、时角、方位角和天顶角，φ 是测站的天文纬度，q 是星位角。

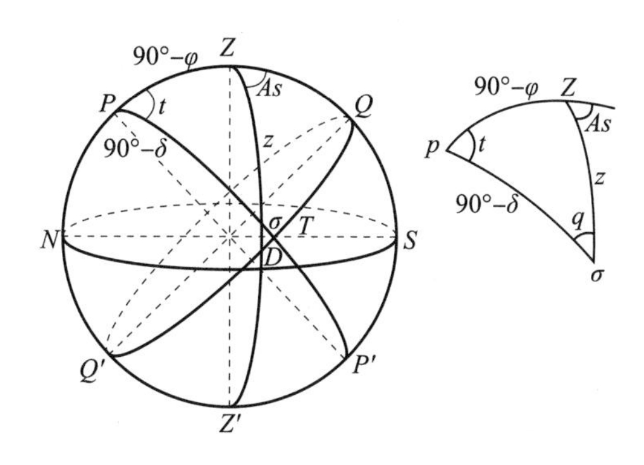

图 3－34　地平坐标系同赤道坐标系的关系

一测站的地理位置以地理坐标系的地理经度 L 和地理纬度 φ 表示，也称为天文经、纬度。L 是起始子午面与地方子午面 PZP' 之间的夹角，φ 是测站垂线与赤道面的夹角。

地理坐标系的地极随时都在移动，称为极移。因此，地极所对应的赤道以及起始子午面和任一测站的子午面都随之发生变化。这一情况使地理坐标系复杂化。为了克服这种困难，选定一个参考平极，建立一个以该平极为极、与其对应的平赤道为基本圈的平地理坐标系。地极的瞬时位置则用其在以平极为原点的地理坐标系中的（x，y）值表示。实际观测所得的天文经、纬度，都利用地极坐标（x，y）归算到平地理坐标系中。为了统一全球地理坐标系和便于研究极移，国际上采用统一的地极坐标原点，称为国际协议原点（CIO）。

全球经度的起始子午线，称为本初子午线或零子午线，它不是天然存在的，而是为了协调经度测定和时间计量人为规定的。国际上约定从 1884 年起采用英国伦敦格林尼治天文台中星仪所在处的子午线作为本初子午线，其经度值为零，向东和向西计量各 180°。但本初子午线不是由格林尼治天文台中星仪的观测结果单独保持的，而是由分布在全球的很多个天文台（1967 年是 54 个）的观测结果共同保持的。将这些天文台的观测数据作统一处理，便得出所谓平均天文台的本初子午线。国际时间局（BIH）于 1968 年认定平均天文台的经度零点在国际协议原点所对应的平赤道上，把通过该原点和平均天文台经度零点的子午线定义为本初子午线，由参加平均天文台体系的各天文台共同保持。这就是 1968 BIH 系统的本初子午线。

由图 3－34 中的定位三角形 $PZ\sigma$，可得以下的关系式

$$\begin{bmatrix}\cos A\sin z\\ \sin A\sin z\\ \cos z\end{bmatrix}=\begin{bmatrix}-\sin\varphi & 0 & \cos\varphi\\ 0 & -1 & 0\\ \cos\varphi & 0 & \sin\varphi\end{bmatrix}\begin{bmatrix}\cos t\cos\delta\\ \sin t\cos\delta\\ \sin\delta\end{bmatrix}\tag{3-15}$$

式中　A——方位角；

z——天顶距；

φ——纬度；

δ——赤纬。

为了估计误差，还可导出以下的微分公式

$$\begin{cases} dt = -\dfrac{dz}{\sin A\cos\varphi} - \dfrac{\cot A}{\cos\varphi}d\varphi \\ dA = \dfrac{\cos q\cos\delta}{\sin z}dt + \cot z\sin A d\varphi \end{cases} \tag{3-16}$$

式中　A——方位角；

z——天顶距；

φ——纬度；

δ——赤纬。

在大地天文观测中，为了提高待定元素（时间、纬度和方位角）的准确度，或者为了简化计算，往往观测在特定位置上的恒星，例如等高法、中天法和大距法。

3.2.3　天文测量中的时间系统

时间包含两个既有区别又有联系的概念，即时刻和时间间隔。某一事件相应的时刻在天文学中也称为历元。所以时间系统包括作为计量时刻的起点（初始历元）和计量时间间隔的单位（尺度）。

从理论上说，任何一个周期运动，只要它的周期是恒定的而且是可以观测的，都可以作为时间尺度。恒星时和世界时是基于地球自转的时间系统。后来发现地球自转不均匀，于是引入基于地球绕日或月球绕地球公转的时间系统——历书时。守时仪器的进展，大大提高了时间计量的准确度。石英钟可以以毫秒量级准确度发现地球每日自转速度的变化。原子钟的出现又使守时准确度提高了3个量级以上。通常用$\Delta f/f$来表示守时设备的短期、中期和长期稳定度，f表示频率，Δf为频率的变化。表3-10列出守时设备的准确度（每日变化）和日稳定度。

表3-10　守时设备的准确度和稳定度

钟的类型	振荡频率/GHz	准确度/s	稳定度（$\Delta f/f$）
机械钟		10^{-1}	10^{-6}
石英钟	一般为0.005	10^{-4}	10^{-9}
铷　钟	6.834 682 613	10^{-7}	10^{-12}
铯　钟	9.192 631 770	10^{-8}	10^{-13}
氢　钟	1.420 405 751	10^{-10}	10^{-15}

3.2.3.1　恒星时和世界时

真春分点的时角称为视恒星时（AST），由观测恒星求定。当某一恒星在观测站子午圈上中天时，AST 等于该恒星的赤经，由星表查得。春分点连续两次在同一子午圈上中天之间的时间间隔为一恒星日。

观测站视恒星时 AST 是相对于瞬时地极 CEP 的，即图 3－35 中的 $\widehat{E\Upsilon}$。归化到相对于 CIO 的视恒星时，以 AST1 表示，即图中的 $\widehat{E\Upsilon'}$。图中：Z 为观测站天顶，Υ 为春分点，Υ_m 为平春分点，Υ' 和 r'_m 分别为和 Υ_m 在协议赤道上的投影，G 为格林尼治子午圈与协议赤道的交点。由于 CEP 与 CIO 很接近，可以认为 $BC = DE$，$BD = CE$，$\Upsilon D = \Upsilon' B$，因此有

$$\mathrm{AST1} = \mathrm{AST} - \Delta L$$

$\Delta L = BC = L - L_0$，为极移改正。由球面直角三角形 B-Z-C 和 CEP-CIO-Z，顾及 ΔA 和 ΔL 为微小量，得

$$\Delta L = \frac{\rho\sin(\theta + L)}{\cos\varphi}\sin\varphi = (x_p\sin L + y_p\cos L)\tan\varphi \tag{3-17}$$

式中　L 和 φ ——观测站的天文经纬度；

L_0 和 φ_0 ——归化至 CIO 系统后的天文经纬度；

x 和 y ——地极坐标，$x_p = \rho\cos\theta$，$y_p = \rho\sin\theta$。

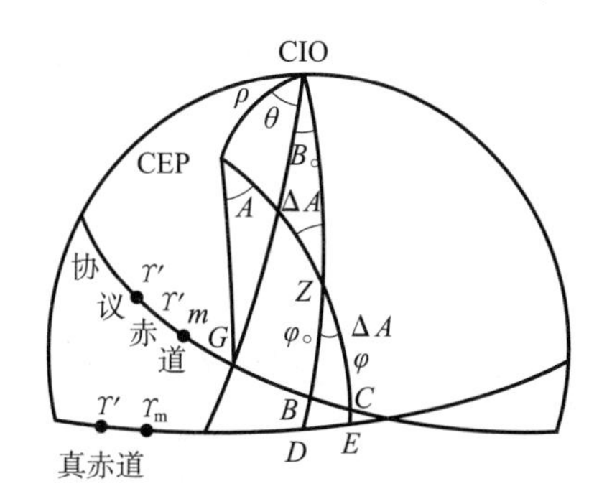

图 3－35　AST 归化为 AST1

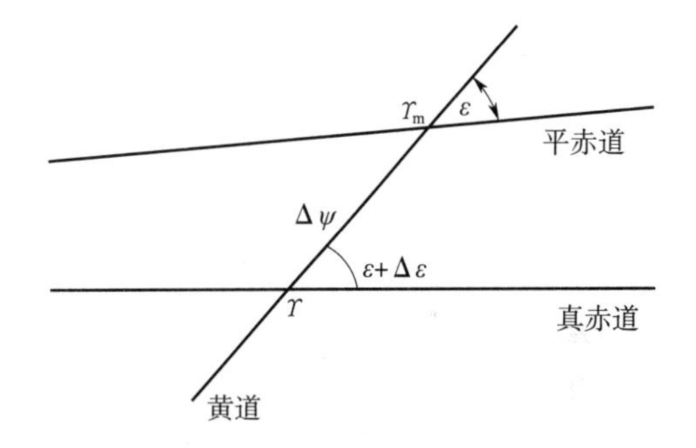

图 3－36　章动关系图

视恒星时 AST1 改正章动影响后，得平恒星时 MST1。

由图 3－36 知，章动改正为 $\Delta\psi\cos(\varepsilon + \Delta\varepsilon)$，因此

$$\mathrm{MST1} = \mathrm{AST1} - \Delta\psi\cos(\varepsilon + \Delta\varepsilon) \tag{3-18}$$

从 MST1 减去测站经度 L_0，得格林尼治平恒星时 GMST，它相应于协议赤道上的弧 $\Upsilon'_m G$。L_0 从格林尼治子午圈起算，向东为正。

$$\mathrm{GMST} = \mathrm{MST1} - L_0 \tag{3-19}$$

格林尼治子午圈原来指过格林尼治天文台艾里子午仪中心的子午圈。由于地壳运动以及观测误差，这个子午圈不是固定不变的，所以经度零点改由国际上 40 多个天文台站来确定。即用各台站天文测时资料反求这些台站经度采用值的改正数，并由此求得每一台站各自的经度零点，再对这些零点统一进行平差处理，所求得的平均经度零点，称为格林尼治平均天文台，即图 3－35 中的 G。现在，格林尼治子午圈即指过这一点的子午圈。

与恒星时相似，真太阳时等于视太阳中心的时角。真太阳时不是均匀的时间尺度，因此

引入虚拟的在赤道上以匀速运行的平太阳，而据此定义平太阳时。平太阳连续两次经过同一子午圈之间的时间间隔，称为一平太阳日。由格林尼治子夜起算的平太阳时（民用时），称为世界时，用 UT 表示。加极移改正（即化为 CIO 系统）的世界时，以 UT1 表示。

世界时是由天文观测测定的恒星时换算得到

$$GMST = UT1 + \alpha_m - 12^h \tag{3-20}$$

式中　UT1——格林尼治子午圈的世界时；

α_m——平太阳赤经。

$$\alpha_m = 18^h41^m50.548\,41^s + 8\,640\,184.812\,866^s T_u + 0.093\,104^s T_u^2 - 6.2^s \times 10^{-6} T_u^3 \tag{3-21}$$

T_u 是从 2000 年 1 月 1 日格林尼治午正（JD=2 451 545.0）起算的儒略世纪数。

由于平均天文台 G 位于地球赤道上，故有

$$GAST = GAST1 = GMST + \Delta\psi\cos(\varepsilon + \Delta\varepsilon) \tag{3-22}$$

GAST 和地极坐标是联系瞬时真天球坐标系和协议地球坐标系的必要参数。

已知两事件 e_1 和 e_2，恒星时和平太阳时之间的比率为

$$\gamma = \frac{e_1 \text{ 和 } e_2 \text{ 之间以 } UT1 \text{ 计算的时间间隔}}{e_1 \text{ 和 } e_2 \text{ 之间以 } GMST \text{ 计算的时间间隔}} \tag{3-23}$$

$$= 0.997\,269\,566\,329\,084 - 5.868\,4 \times 10^{-11} T_u + 5.9 \times 10^{-15} T_u^2$$

$$1/\gamma = 1.002\,737\,909\,350\,795 + 5.900\,6 \times 10^{-11} T_u - 5.9 \times 10^{-15} T_u^2 \tag{3-24}$$

平太阳连续两次过平春分点之间的时间为一回归年，等于365.242 198 79个平太阳日，它不是整数，因此在民用中采用公历。公历中有闰年，每年的日数是不等的。为了便于计算两个给定日期间的天数，在天文学中引入儒略日，它的起点是公元前 4713 年 1 月 1 日格林尼治平午正，以平太阳日连续计量，公历 1900 年 3 月以后任何日期（Y——表示年，M——表示月，D——表示日）格林尼治午正相应的儒略日可按下式计算：

$$JD = 367 \times Y - 7 \times [Y + (M + 9)/12]/4 + 275 \times M/9 + D + 1\,721\,014 \tag{3-25}$$

式中　/表示整除，即舍去商的小数部分。为了缩减数字位数，通常采用简化儒略日 MJD，儒略世纪包括 36525 个平太阳日。

$$MJD = JD - 2\,400\,000.5 \tag{3-26}$$

3.2.3.2　历书时

由于地球自转的不均匀性，1958 年第 10 届 IAU 决定，自 1960 年开始以历书时（ET）代替世界时作为基本的时间计量，以历书时秒长作为时间的基本单位。各国天文年历的日、月和行星历表都以历书时为引数进行计算。历书时从公历 1900 年初太阳几何平黄经为 279°41′48.04″瞬间起算，这一瞬间定为历书时 1900 年 1 月 0 日 12 时。历书时秒长定义为历书时 1900 年 1 月 0 日 12 时瞬间回归年长度的 1/31 556 925.974 7。

历书时是由测得的日月位置与历表位置比较得出。历书时虽比世界时均匀，但受观测准确度的限制，且需经较长时间（2 年以上）的观测和归算才能求得历书时与世界时之差的较精确值，也就是说，不能及时给出精确的历书时，在使用上具有一定的局限性。历书

时现在已由原子时代替。

3.2.3.3　原子时

20世纪50年代以来，物理实验技术和电子学技术的飞跃发展，人们发现原子内部能级跃迁所辐射或吸收的电磁波频率具有很高的稳定性，可以作为时间计量的标准。通过1954—1958年期间的实测，得到每一历书秒长包含铯束谐振器的振荡次数平均为9 192 631 770±10次。据此，1967年第13届国际计量会议通过了新的秒长决议：位于海面上的铯133原子基态两个超精细的能级间，在零磁场中跃迁辐射振荡9 192 631 770周所持续的时间为一原子秒（也称国际系统秒）。新的国际原子时TAI（法语缩写词，英语全名为International Atomic Time）的历元为1977年1月1日，此时

$$\mathrm{ET} - \mathrm{TAI} = 32.184\ \mathrm{s} \tag{3-27}$$

从此，ET由TAI代替。如果运动方程涉及日心，适宜的时间尺度是质心力学时TDB（法语缩写词，英语全名为Barycentric Dynamic Time），在地心参考系中必须用地球力学时TDT（法语缩写词，英语全名为Terrestrial Dynamic Time）TDB与TDT之差为小的周期项，完整的表达式为

$$\mathrm{TDT} = \mathrm{TAI} + 32.184^{\mathrm{s}} \tag{3-28}$$

$$\mathrm{TDB} = \mathrm{TDT} + 0.001\,658^{\mathrm{s}} \sin(g + 0.016\,7 \sin g) \tag{3-29}$$

$$g = (357.528^{\mathrm{s}} + 35\,999.050^{0}\,T)(2\pi/360) \tag{3-30}$$

T为从J2000.0至历元之间的TDB儒略世纪数。

由于TDT与TAI之差为目前ET与TAI之差的估值，而且原子时秒长在测量误差范围内等于历书时秒长，因此TDT和过去使用的历书时是衔接的，可以直接把以历书时为引数的历表改为以TDT为引数继续使用。

国际原子时TAI过去是由国际时间局（BIH）综合世界各地的原子时计算得出的，从1988年1月1日起，BIH的时间服务由国际计量局BIPM（法语缩写词，英语全名为International Bureau of weights and Measures）和国际地球自转局（International Earth Rotation Service，IERS）代替。

原子时与地球自转没有关系，为了便于地球自转有关的应用，引入协调世界时UTC（法语缩写词，英语全名为Univesal Coordinated Time）。这是一种混合时间尺度，UTC的秒长由高稳定的TAI确定，而时刻则使得

$$|\mathrm{UT1} - \mathrm{UTC}| < 0.9\ \mathrm{s} \tag{3-31}$$

这样定义的UTC具有原子时稳定的优点，时刻又靠近UT1。如果UTC与UT1之差超过0.9 s，则UTC改变一整秒，称为闰秒，有正闰秒和负闰秒。秒安排在6月30日或12月31日最后一秒。闰秒由IERS负责确定，并事先发出通知（从前由BIH负责），差值由时间服务部门提供。

如上所述，由于UTC具有稳定的时间尺度，时刻上又靠近UT1，故已在民用和准确度高的测量工作中广泛使用。但由于闰秒及UTC是不连续的，不能作为动力学中的时间变量（动力学中的时间变量应根据情况采用TDB或TDT），而且在空固坐标系与地固坐

标系的变换中需要 GAST，所以应进行必要的变换，求得所需要的时间。下面列出 UTC 与其他时间系统的关系[1,2,5]

$$\begin{cases} \Delta UT1 = UT1 - UTC \\ \Delta AT = TA1 - UTC \end{cases} \tag{3-32}$$

3.2.4 恒星视位置计算

在天文测量的计算中经常用到观测瞬间恒星的赤道坐标。许多恒星的赤道坐标已由一些天文台用精密仪器和方法测定出其在某一历元的精确值，并将之编成星表。根据星表的已知赤道坐标（α，δ）便可求出观测瞬间的赤道坐标（α，δ）。但是恒星是运动的，在计算恒星视位置时，还要考虑恒星运动中的有关因素的影响，现简要介绍有关的问题。

3.2.4.1 *岁差、章动和极移*

（1）岁差

在前面的讨论中，把作为天体位置参考基准的天球坐标系看成是不动的。但是由于地球自转轴的空间的扰动和地球公转轨道平面的改变，赤道、黄道和春分点都以星空为背景在运动，因而以它们为基本圈和基本点的赤道坐标系和黄道坐标系就时刻改变着它们在天上的位置。显然即使天体本身不动，表征天体位置的坐标值也将不断地变化着。

由于太阳、月球对地赤道隆起部分的引力作用，使北天极绕北黄极沿半径为黄赤交角 ε 的小圆顺时针方向（从天球以外 K 点看）旋转，周期约 25 800 年。实际的天极运动的轨迹并不是小圆，而是一条复杂的曲线，这一曲线大体上可以认为是一条波纹线，如图 3-37 所示。为了便于讨论，把实际的天极运动分解为两种运动：一是一个假想天极 P_0 绕黄极的小圆运动。这个假想天极称为平天极（简称平极）；另一个是实际的天极即真天极 P（简称真极）绕平天极 P_0 的运动，如图 3-38 所示。平极的这种运动叫日月岁差。真极绕平极的运动是由很多不同周期运动合成的，其轨迹十分复杂，若忽略掉短周期的微小运动，则真极绕平极作顺时针方向（从天球外看）的椭圆运动，周期约 18.6 年。真极相对于平天极的运动叫章动。真极一面绕平极作章动运动。一面随同平极作日月岁差运动，两种运动的合成即真极在天球上绕黄极的实际运动[5]。

此外，由于行星对地球公转运动的摄动，黄道平面也有一种缓慢而持续的运动，相应地引起黄极的运动，这种现象叫行星岁差。行星岁差比日月岁差影响要小得多，与某一瞬间的平极对应的天球赤道是该瞬间的平赤道，该瞬间的黄道对平赤道的升交点叫平春分点。以平赤道作为基本圈，平春分点作为零点的赤道坐标系叫天球平赤道坐标系。天体相对于某一瞬间的平赤道坐标叫天体在该瞬间的平坐标或平位置。显然平赤道坐标系随岁差而变动，它只有长期变化，没有周期变化。由于平赤道坐标系是变化的，所以不同时刻有不同的平赤道坐标系。相应地与某一瞬间的真极对应的天赤道是该瞬间的真赤道，该瞬间的黄道对真赤道的升交点叫真春分点。以真赤道作为基本圈，真春分点作为零点的赤道坐标系叫天球真赤道坐标系。天体相对于某一瞬间的真赤道坐标系的坐标叫天体在该瞬间的真坐标或真位置。显然真赤道坐标系跟随岁差和章动一起变动，它既有长期变化又有周期变化。如平赤道坐标系一样，不同时刻有不同的真赤道坐标系。由于岁差（包括日月岁差和行星岁差），天体在不同瞬间的平坐标互不相等，而同一瞬间的平坐标和真坐标的差异是由章动引起的。

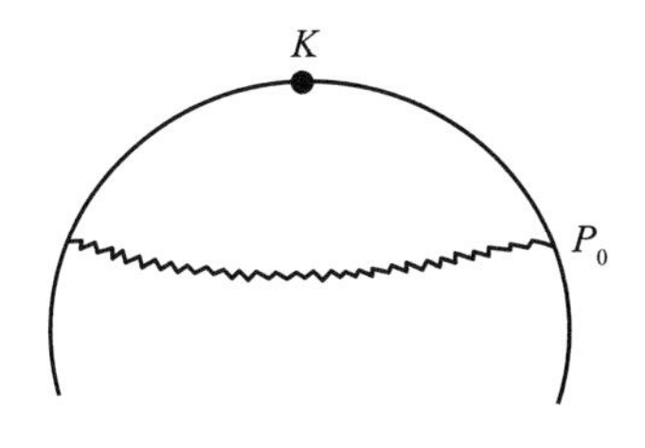

图 3-37　天极运动

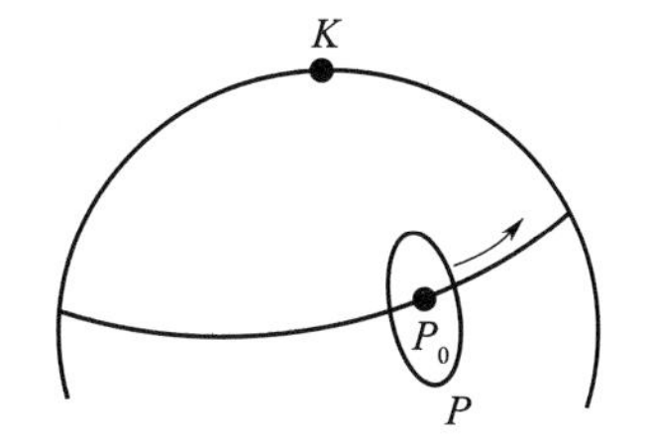

图 3-38　岁差、章动示意图

通常需要计算从某一固定历元（例 1968.0）到观测历元（例 1992.0）的岁差变化，为此在给出岁差量表达式时，常需要三个历元：标准历元（或基本历元）t_0，起算历元（或固定历元）t_s 和目标历元（或观测历元）t_D。

$$\begin{cases} t_s = t_0 + 100T \\ t_D = t_0 + 100T + 100t \end{cases} \tag{3-33}$$

式中　t_s ——起算历元；

T ——由 J2000.0 至起算历元的儒略世纪数；

t_D ——目标历元；

t_0 ——标准历元；

t ——由起算历元至目标历元的儒略世纪数。

从 t_s 到 t_D 时间间隔内的岁差位移可以展开成时间间隔的幂级数，有

$$a_A = (a_1 + a_2 T + a_3 T^2)t + (a_1 + a'_2 T)t^2 + a''_1 t^3 \tag{3-34}$$

其中 a_1，a_2，…，a''_1 为系数。

（2）章动

产生日月岁差的原因是日月引力对旋转地球的赤道隆起部分的摄动，而章动是由于这种摄动作用的大小和方向在某种范围内发生变化而产生的。实际的天极在天球上运动很复杂，因此人为地把它分解成两种运动，其中真天极绕平天极周期性的运动称为章动。其主要项与月球轨道升交点黄经有关，周期为 18.6 年，其他项是太阳和月球的平黄经、平近点角以及月球轨道升交点黄经的组合。

在图 3-39 中，设 K，P 和 P' 分别为某一瞬间的北黄极、平极和真极，Υ 和 Υ' 为平春分点和真春分点。平赤道和黄道的夹角 ε 叫平黄赤交角，真赤道和黄道的夹角 $\varepsilon' = \varepsilon + \Delta\varepsilon$ 叫真黄赤交角。当真极绕平极作周期运动时，真春分点相对于平春分点、真赤道相对平赤道都作相应的运动，黄赤交角也有周期性的变化。若令 $\Delta\psi$ 表示自真春分点起量的平春分点的黄经，即 $\Delta\psi = \Upsilon\Upsilon' = \angle p'KP$，则 $\Delta\psi$，$\Delta\varepsilon$ 的变化直接反映了真极对平极的运动情况，因此可以用这两个量表征真极的章动。$\Delta\psi$ 叫做黄经章动，$\Delta\varepsilon$ 叫做交角章动。交角章动

的主章动项称为章动常数，常用 N 表示。若忽略掉短周期的微小运动，用主章动项来表示章动，显而易见真极绕平极运动轨迹描绘出一个椭圆，这个椭圆称为章动椭圆。椭圆的中心为平极，椭圆的长轴指向黄极方向，短轴指向春分点方向。章动常数在几何意义上就代表章动椭圆的半长轴。

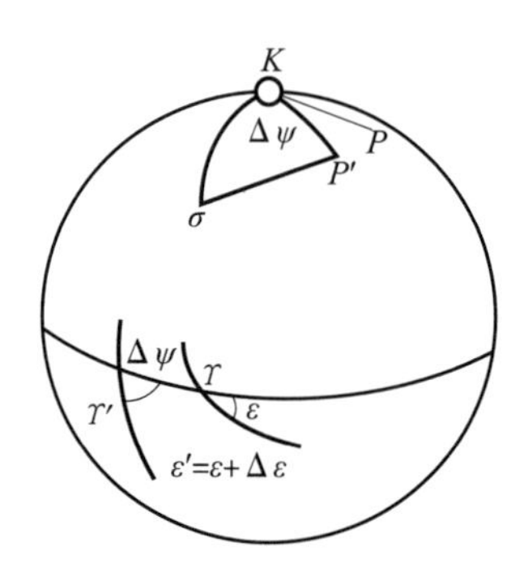

图 3-39　章动元素

在图 3-39 中，利用赤道直角坐标标示的矩阵转换，可将某一时刻的平坐标变换成这一瞬间的真坐标，变换公式为

$$\begin{bmatrix} X \\ Y \\ Z \end{bmatrix}_{\alpha,\delta} = R_x(-\varepsilon_0 - \Delta\varepsilon)R_z(-\Delta\psi)R_x(\varepsilon_0)\begin{bmatrix} X \\ Y \\ Z \end{bmatrix}_{\alpha_{平},\delta_{平}} \tag{3-35}$$

式中　ε_0，$\Delta\psi$ 和 $\Delta\varepsilon$ ——为某一时刻的黄赤交角、赤经章动和交角章动。

（3）极移

由观测发现，地球表面的地理坐标是随时间而变的。地理坐标的变化可能有几种原因，地球瞬时自转轴位置的改变是最主要的。瞬时自转轴在地球本体内运动，使得瞬时自转极在地球表面作相应的位移，这就是极移，也称摆动。

产生极移的原因是相当复杂的。极移的主要部分是由于地球瞬时自转袖和它的惯量椭球的最短惯量主轴不重合引起的。早在 18 世纪，欧拉假设地球为一个绝对刚体和旋转椭球体，从理论上证明地球自转轴在其本体内是移动的，并且计算出运动的周期为 305 天。

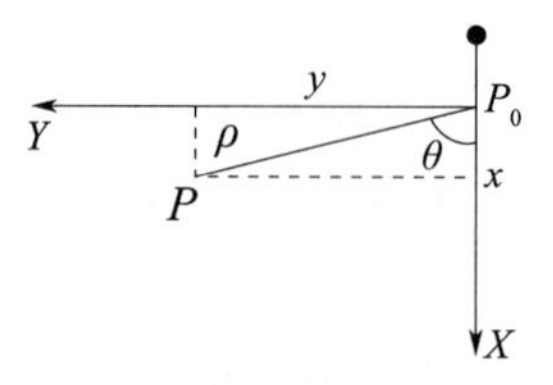

图 3-40　地极移动

由于地极的这种运动是在没有外力作用的情况下产生的，也称为自由极移。地球实际上并不是一个绝对刚体，这使得地极自由极移的周期比理论上推导出来的欧拉周期要大得多。由纬度观测资料分析求得这周期约为 14 个月或 1.2 年。因为它首先由美国天文学家钱德勒发现，所以又把地球的自由极移称为钱德勒极移，相应的周期为钱德勒周期。由于

地球内部复杂的地球物理过程，钱德勒极移的周期和振幅都呈现出复杂的变化。除了钱德勒极移外，地极还存在着一种周年运动，这种运动是由地球表面和大气层内发生的季节性气象过程造成的。

地极的这种周年运动是由外部力量引起的，因此也称为周年受迫极移。自由极移和周年受迫极移是地极运动的主要成分，此外还存在一些短周期和长周期的成分，前者包括由地球液核引起的周期近于一日的近周日自由极移和由日月引力引起的周日受迫极移，后者是指地极的长期运动和周期为二三十年的长周期运动。

由观测资料表明，地极在约0.8″×0.8″（相当于24 m×24 m）的范围内运动，这一范围相对于整个地球表面而言是很微小的。因此可以取一个通过地极轨线的中心与地球表面相切的平面，来代表这一范围的球面。在此平面上取一直角坐标系来描述地极运动。在图3-40中，设P_0表示地极在某一时期内的平均位置，亦即地极轨线的中心，这一点称为平均极，简称平极。以平极P_0作为直角坐标系的原点，由平极指向格林尼治子午线方向为X轴的正向，格林尼治子午线以西90°的子午线方向为Y轴的正向。P表示地极的瞬时位置，简称瞬时极。由图看出，瞬时极P的位置可用其相对平极P_0的直角坐标（x，y）或极坐标（ρ，θ）来表示。

（x，y）称为地极坐标，ρ称为极距，θ称为位置角，它们之间满足关系

$$\begin{cases} x = \rho\cos\theta \\ y = \rho\sin\theta \end{cases}$$

地极坐标（x，y）与世界时一样，是研究地球自转的重要基本参数。由于IAU1980章动理论中选用天球历书极作为参考极，目前极坐标（x，y）实际上是天球历书极相对RERS极（国际协议原点）直角坐标。天球历书极实质上是地球角动量轴（与地球自转轴十分接近）在消除周日周期分量后投影在天球上的极，因此极移中不包含周日周期的受迫成分。

地极运动使地面点的经度和纬度产生相应的变化，容易得到地极运动引起的经度变化和纬度变化分别为

$$\begin{cases} \Delta\lambda = \lambda - \lambda_0 = (x\sin\lambda_0 + y\cos\lambda_0)\tan\varphi_0 \\ \Delta\varphi = \varphi - \Delta\varphi = x\cos\lambda_0 - y\sin\lambda_0 \end{cases} \tag{3-36}$$

其中（λ、φ）和（λ_0、φ_0）分别为相对于P和P_0的经度和纬度。

地极运动与岁差章动是既有区别又有联系的两种现象。前者是地球自转轴在地球本体内的运动，后者是地球自转袖在空间的运动。如果不考虑恒星自行，岁差章动引起恒星坐标的变化是天球坐标系（如赤道坐标系）本身变化的结果。而地球相对于瞬时自转轴的晃动将使观测者的天顶在恒星之间作微小的位移，即恒星的天顶距产生了相应的变化。因此，岁差、章动使天极在天球上的位置发生变化，极移则使天顶在天球上的位置发生变化。

地球自转参数由世界时UT1和地极坐标（x，y）来表示，再加上岁差章动，就能完整地描述地球自转的状态。地球自转参数直接反映了地面观测站在空间的位置以及地球参考系在空间的指向，地球自转参数起着在天球惯性参考系和地球参考系之间的转换参数的

作用。

3.2.4.2 视差、光行差、恒星自行与蒙气差

(1) 视差

观测者在空间两个不同位置观测同一天体的方向差称为视差。如图 3－41（a）所示，设观测者在 A 点和 B 点观测同一天体 C，分别得方向线 AC 和 BC''，这两个方向显然不同，它们之间的夹角 $\angle ACB$ 称为视差。因此可以说，视差是天体 C 对观测者两个不同位置之间的距离（又称基线）AB 的角度。由此可知视差的大小决定于 AB 两点间的距离以及天体到观测者 A 和 B 两点的方向和距离。

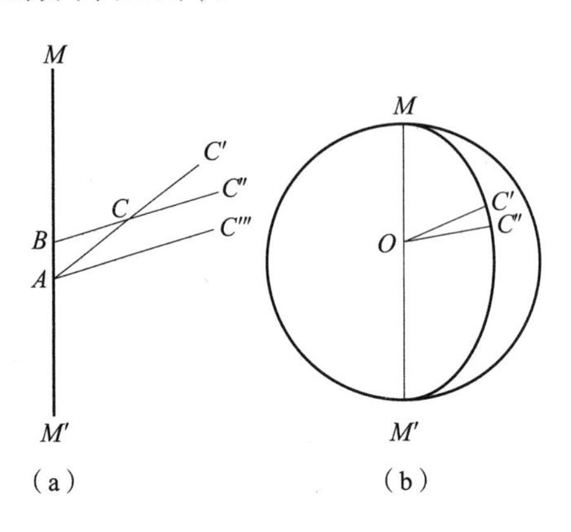

图 3－41　视差

图 3－41（b）是一个天球，此图与 3－41（a）相关，O 为球心，$MOM'//MBAM'$，$OC'//AC'$，$OC''//BC''$，则 C' 和 C'' 分别为在 A 和 B 所见天体 C 在天球上的视位置，$C'C''$ 就等于视差$\angle ACB$。因为图 3－41（a）中 $M'ABMC$ 为一平面，所以图 3－41（b）中 M，C'，C''，M' 在同一大圆上。也就是说，当测站由 A 移到 B 时，所见天体 C 在球上的视位置就由 C' 沿着大圆弧移到 C''。视差有周日视差、周年视差和长期视差三种，与天文大地测量有关的主要是前两种。

视差分为周日视差和周年视差。为了简便，这里只给出两种视差的计算公式。

周日视差的计算公式为

$$\sin p = \frac{r}{D}\sin z' \tag{3-37}$$

式中　p——周日视差；

r——球心至地面点的距离；

D——日地间距离。

周年视差对恒星赤道坐标的影响计算公式为

$$\begin{bmatrix}\cos\delta'\cos\alpha' \\ \cos\delta'\cos\alpha' \\ \sin\delta'\end{bmatrix} = \begin{bmatrix}\cos\delta\cos\alpha \\ \cos\delta\cos\alpha \\ \sin\delta\end{bmatrix} - \begin{bmatrix}X_C \\ Y_C \\ Z_C\end{bmatrix} \tag{3-38}$$

式中　α'，δ'——恒星的地心赤道坐标；

α，δ——恒星的日心赤道坐标；

X_C，Y_C，Z_C——地球相对于太阳系质心的赤道直角坐标，可以在天文年历的"地球质心位置和速度表"中查取。

(2) 光行差

一个观测者，在运动时和静止时所观测到同一天体的方向是不同的。这种情况可以用下面的例子来说明。

在地面上有一根静止的细管，要使以速度 c 垂直于地面下落的雨滴穿过细管，则必须使细管垂直于地面。如果细管以速度 V 平行于地面作匀速运动，若要使雨滴穿过细管，则必须将细管倾斜放置。如图 3－42 所示，雨滴垂直下落到细管的进口处（上端）b 时，细管的下端在图 3－42 雨滴穿过地面上 E 处，当雨滴垂直下落到细管出口处（下端），细管的下端必须在 E_1 处，$EE_1=\vec{V}$，$bE_1=\vec{c}$，这样才能使雨滴穿过细管，而不碰到管壁，即必须将细管向 Eb 方向倾斜，才能使雨滴穿过细管而不致碰到管壁。

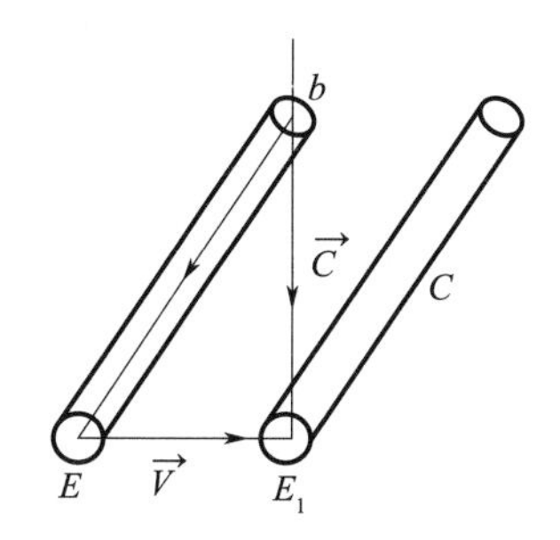

图 3－42　雨滴穿过运动细管

由图 3－42 可知

$$\overrightarrow{bE}=\vec{C}+\vec{V} \tag{3-39}$$

若 b 是天体，E 和 E_1 是同一观测者在地面上的两个位置。则运动着的观测者所见的天体方向 $b'E'$ 叫做天体的视方向，而天体光线的运动方向 bE' 叫做天体真方向。这种由于观测者具有一定的运动速度而引起的，天体方向的变化，叫做光行差现象。

在图 3－43 中，设天体的真方向与观测者运动方向之间成一夹角 u，天体的视方向与观测者运动方向间的夹角 u'，E' 为地球上的观测者在观测瞬间的位置；EE' 为观测者的运

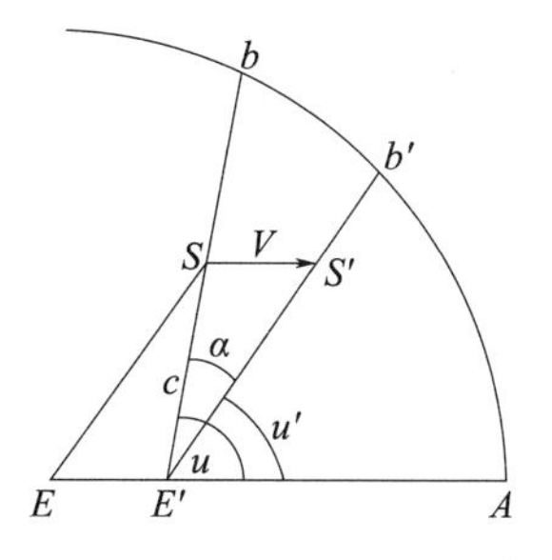

图 3－43　光行差

动方向；S 是被观测的天体；b 是 S 在天球上的投影。由于光行差现象，使天体 S 在天球上的投影由 b 移至 b'，这个位移的方向是朝向 A 点的。A 是观测者的运动方向与天球的交点，叫向点。因此观测者所见到的天体 b 的方向为视方向 $b'E'$，它与真方向 bE' 的差值 α 即为光行差[5]。

由 $\Delta SS'E'$ 得

$$\frac{\sin\alpha}{\sin u'} = \frac{V}{c}$$

因为 α 很小，上式可写为

$$\alpha'' = \frac{V}{c}\rho''\sin u'$$

$$k = \frac{V}{c}\rho''$$

$$\alpha'' = k\sin u'$$

u 与 u' 相差甚小，所以上式中的 u' 可由 u 代替，故

$$\alpha'' = \overset{\frown}{bb'} = k\sin u \tag{3-40}$$

式中 $\overset{\frown}{bb'}$ ——光行差；

k ——光行差常数。

于是可得下述结论：由于光行差的影响，天体 b 沿 bA 大圆弧朝着向点 A 的方向移动了一段弧距 $\overset{\frown}{bb'}$。

位于地球表面的观测者随着地球运动。地球运动各种各样，因此就有各种相应的光行差。由地球绕太阳质心运动而产生的光行差称为周年光行差，由于地球自转而产生的光行差称为周日光行差。太阳系在太空中围绕银河运动（包括太阳本动和银河系自转两种运动）而产生的光行差称为长期光行差。

太阳本动的速度是19.5 km/s，其向点的赤道坐标是 $\alpha = 270°$，$\delta = +30°$，太阳本动的速度与方向基本不变。此外，在太阳随银河系自转而产生的线速度是 250 km/s，周期是 2.2×10^8 年。在几千年内这种运动的方向可看作不变。因此，长期光行差对某一恒星的位置的影响可以认为是常量而忽略不计。

（3）恒星自行

通常人们认为恒星作为整体而论，是一个不变的参考系，而每颗恒星相对于这个参考系是在做匀速直线运动。例如，太阳和太阳系对于附近星群的运动，向点在武仙座内，速度为20 km/s；使这星群有一种趋向背点的缓慢移动的视差。另外每颗恒星有其本身的运动（方向是任意的）。这两种效应合成的角位移，即是恒星对于太阳的位移，称为恒星的自行。愈近的恒星，其自行愈大。恒星的运动速度很大，每秒平均速度约为数十千米，而且运动方向又各不相同。但因它们离我们相当遥远，用肉眼不易分辨，只有经过长期精密观测或光谱分析才可能发现。

恒星自行会引起恒星坐标的变化。在图 3-44 中，S 表示太阳系，b_0 是某一天体，b_0E 表示恒星 b_0 在空间对于太阳系的运动，Sb_0 是自太阳系看恒星的视线方向。过 b_0 作一平面

垂直于视线 Sb_0，显然这一平面是天球的 b_0 点的切平面。图中 AB 是该平面与园面的交线。矢量 b_0E 可以分为两个分量，一个是在视线方向上的矢量，称为视向速度，用 $\boldsymbol{v}$ 表示。另一个是垂直于视线方向的矢量 $b_0b = \boldsymbol{\mu}$，$\boldsymbol{\mu}$ 很微小。可以把它当做恒星的空间运动在天球上的投影。

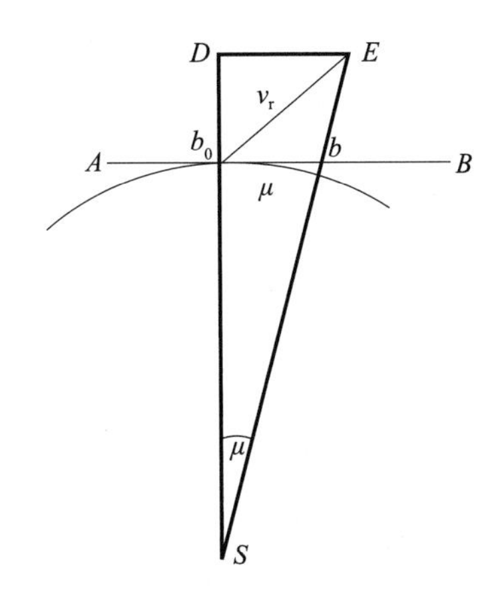

图 3－44　恒星自行

为了研究恒星自行对恒星坐标的影响，可将垂直于视线方向分解为沿赤经圈内分量 b_0L 和沿周日平行圈的分量 b_0M，见图 3－45。b_0L 称为赤纬自行，用符号 μ 表示，而沿周日平行圈的分量 b_0M，其值要用 R_0R 来度量，$R_0R = \Delta\alpha$，称为赤经自行。

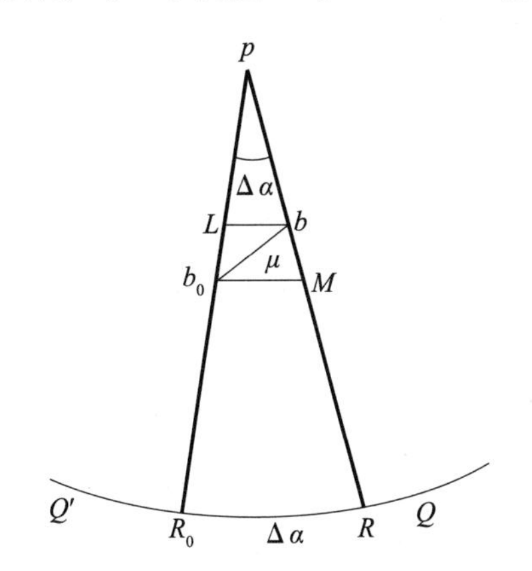

图 3－45　恒星自行引起的坐标变化

恒星自行对恒星 α，δ 的影响，按下式计算

$$\begin{cases}\alpha' = \alpha_0 + \tau\mu_\alpha \\ \delta' = \delta_0 + \tau\mu_\delta\end{cases} \tag{3-41}$$

式中　α'，δ' ——分别为自行对赤经和赤纬的影响；

α_0，δ_0 ——分别为观测天体瞬间的赤经和赤纬；

$\tau = t_1 - t_0$ ——恒星在 t_1、t_0 历元的位置差；

μ_α，μ_δ ——分别为恒星赤经和赤纬年自行。

（4）蒙气差（大气折射）

地球外部空间包围着一层约为3 000 km的大气圈，高度越高，大气密度越稀薄，而大气圈外就是真空。故大气圈可视为由许多密度不同的同心空气球层所组成。因此，星光在真空层沿直线行进到大气圈后，便产生连续的折射而改变方向，其路径变为一条凸向测站的曲线，这种现象称为大气折射现象。显然，由于大气折射，使得在观测点看到天体 σ 的方向不是真方向，而是沿着该曲线的切线方向，这两个方向之差称为蒙气差（或大气折射），通常以 ρ 表示。

蒙气差与天顶距的关系式为

$$\rho = a\tan z' + b\tan^3 z' + c\tan^5 z' + \cdots \tag{3-42}$$

式中：a，b，c，…为大气折射系数，对大气情况的假设不同，其表达式和求出的数值也不同，而且需要大量的专门的天文观测才能确定这些系数。在标准状态（$t=0$℃、$p=760$ 毫米汞柱）下，拉普拉斯推得 $a=60.27$，$b=-0.0669$；μ_1 为地面空气折射率；z' 观测瞬间天体的天顶距。

由上式可以看出，蒙气差随天顶距 z' 的增大而增大，随 z' 的减少而减少，天顶星的折射率 $\rho=0$。故一般不观测天顶距较大的天体。所以，在准确度要求高的天文方位角观测时，要求要选取天顶星。

在准确度要求不高的情况下，蒙气差计算近似公式为

$$\rho_0 = 206\,265''(\mu_0 - 1)\tan z' \tag{3-43}$$

式中　μ_0 ——标准状态下的折射率；

　　　z' ——观测瞬间天体的天顶距。

3.2.4.3　恒星视位置计算说明

在前面已讨论了影响恒星在天球上位置发生变化的各种现象，如视差、光行差、岁差、章动和恒星自行等。并导出了这些现象影响恒星坐标变化的改正计算式。按各公式算出各种影响的改正数，并对恒星的坐标加以改正，便可消除这些现象对坐标的影响，从而求得观测瞬间的恒星的正确坐标。由于所加的改正数不同，故使得恒星的位置有观测位置、视位置、真位置和平位置（测瞬平位置和岁首平位置）等之分。现在把它们各自的含义和关系分述如下。

1）观测位置。用天文仪器直接测得并已消除了仪器误差影响的恒星位置（坐标）。它是相应于观测瞬间的真赤道和真春分点的位置。

2）视位置。在观测位置上消除大气折射、周日视差和周日光行差的影响后所得的恒星位置，即地心位置（地心坐标），它也是以观测瞬间的真赤道和真春分点为准的。

3）真位置。在视位置上消除周年光行差和周年视差的影响后所得的恒星位置，即将地心位置归算为在日心观测的日心位置。它也是以观测瞬间的真赤道和真春分点为参考坐标。

4）测瞬平位置。在观测瞬间的真位置上扣除章动改正后所得的恒星日心坐标。但它是以观测瞬间的平赤道和平春分点为参考的坐标系统。

5）岁首平位置。这是以每年贝塞耳年岁首的平赤道和平春分为参考的恒星日心位置。它与观测瞬间的平位置之差，就是由岁首到与观测瞬间这段时间内的岁差影响和恒星自行。显然，不同岁首的平位置的差别，就是各年岁首之间的岁差和自行。

综合上述，恒星各种位置之间的关系可写为：

观测位置＝视位置＋大气折射＋周日视差＋周日光行差

视位置＝真位置＋周年光行差＋周年视差

真位置＝观测瞬间平位置＋岁差＋自行

由此可知，由岁首平位计算观测瞬间视位置的公式为

视位置＝岁首平位置＋岁差＋章动＋周年光行差＋周年视差＋自行

3.2.5　天文经纬度与方位角测定的基本原理

我们已知道，天文测量主要是观测天体在某一瞬间的天球坐标（例如 z，A，α，δ 和 t 等）来确定测站在地球上的位置（λ，φ）和对某方向的方位角（a）。测定经纬度和方位角有很多方法，但通常按观测天体的坐标不同分为两大类：把测天体的天顶距来确定钟差、纬度和方位角的方法称为天顶距法；把观测天体的方位角的方法称为方位角法。而天顶距法又有单高法、双星等高法和多星等高法等。我国目前天文作业中所用的精密方法，例如东西双星等高法（金格尔法）测钟差和多星等高法同时测定经纬度等，都属于天顶距相等的等高法。

3.2.5.1　天文纬度的测定

（1）恒星天顶距法测定纬度的基本原理

根据定位三角形（图 3－34）导出天文基本公式

$$\cos z = \sin\varphi\sin\delta + \cos\varphi\cos\delta\cos(s' + u - \alpha) \tag{3-44}$$

式中　z——实际观测天顶距；

φ——该点的纬度值；

δ——恒星赤纬。

恒星的赤道坐标 α，δ 可从恒星位置表得到，观测瞬间的表面时 s'，并设已知钟差 u，则得观测瞬间正确的时刻 $s = s' + u$，于时恒星的时角 t 为

$$t = s - \alpha = s' + u - \alpha \tag{3-45}$$

式中　t——恒星时角；

α——赤经；

s'——世界时的表面时；

u——钟差，由检验而得。

将已知的 α，δ 和 t 代入式（3－44）即可求得测站的纬度。这就是恒星天顶距法（单高法）测定纬度的基本原理。

利用定位三角形五元素公式和正弦公式，可得到天顶距误差 Δz，读数误差 Δs 和钟差误差 Δu 对纬度的影响为

$$\Delta\varphi = \frac{\Delta z}{\cos A} - (\Delta s' + \Delta u)\cos t\ \tan A \tag{3-46}$$

从上面的纬度误差公式可看出，要使纬度误差 Δ 为最小，则必须使 $\cos A$ 为最大值，而 $\tan A = 0$。显然，当恒星的方位角 $A = 0°$ 或 $180°$时，$\cos A = \pm 1$（最大值），$\tan A = 0$。因此得一结论：当恒星在子午圈时对它进行观测，可得到误差最小的纬度结果。这就是天顶距法测定纬度的选星最佳条件。

（2）南北星中天高差法测定纬度的基本原理

恒星中天时有下面关系

$$南星 \qquad \delta_S : \varphi = Z_S + \delta_S$$

$$北星 \qquad \delta_N : \varphi = \delta_N - Z_N$$

根据上式可知，若观测一对南北星（δ_S，δ_N）的子午天顶距 Z_S 和 Z_N，则可算得两个纬度值，取其平均值，则得

$$\varphi = \frac{1}{2}(\delta_N + \delta_S) + \frac{1}{2}(Z_S - Z_N)$$

$$或\ \varphi = \frac{1}{2}(\delta_N + \delta_S) + \frac{1}{2}(h_S - h_N) \tag{3-47}$$

由上式可看出，只要在子午圈上测出南星和北星天顶距（或高度）之差，就能算得纬度 φ。这就是南北星中天高差法测定纬度的基本原理。

显然，平均纬度 φ 是观测南北星的天顶距之差的函数，它的差 $\Delta\varphi = \Delta Z_S - \Delta Z_N$（视 δ_S 和 δ_N 均为零）。可见引起观测天顶产生误差 ΔZ 的误差在 $\Delta Z_S - \Delta Z_N$ 中可被消除而不影响平值 φ。如选天顶距大致相等的南北星进行观测，则蒙气差的误差：$\Delta\rho_S \approx \Delta\rho_N$，故可减小蒙气差误差对纬度的影响。由式（3-46）纬度误差公式也可知，若在子午圈上测一南星（$A_S = 0$，$\cos A_S = 1$）和（$A_N = 180°$，$\cos A_N = -1$），根据 ΔZ 对纬度的影响公式 $\Delta\varphi = \Delta Z/\cos A$ 可看出，观测一对南、北星，则由于天顶距误差 $\Delta\varphi_S$ 和 $\Delta\varphi_N$ 的符号相反，而其值大致相等，显然，取南、北星观测结果的中数，即可消除或减弱 ΔZ 对纬度的影响。故此法的观测标准偏差较小。

（3）双星等高法测定纬度的基本原理

先后观测高度相等的两颗恒星，只需读记它们经过望远镜网各水平丝的表面时 s'_1 和 s'_2，并设已知其相应的钟差为 u_1 和 u_2，无须测出其天顶距便可求得测站的纬度。这种测纬度的方法称双星等高法测纬度。设观测两颗等高的恒星 $\delta_1(\alpha_1, \delta_1)$ 和 $\delta_2(\alpha_2, \delta_2)$，则可列出下面二方程式

$$\cos z_1 = \sin\varphi\sin\delta_1 + \cos\varphi\cos\delta_1\cos(s'_1 + u_1 - \alpha_1)$$

$$\cos z_2 = \sin\varphi\sin\delta_2 + \cos\varphi\cos\delta_2\cos(s'_2 + u_2 - \alpha_2)$$

因 $z_1 = z_2$，将上二式相减，则得

$$\tan\varphi = \frac{\cos\delta_1\cos(s'_1 + u_1 - \alpha_1) - \cos\delta_2\cos(s'_2 + u_2 - \alpha_2)}{\sin\delta_2 - \sin\delta_1} \tag{3-48}$$

式中 φ——观测点纬度，为未知数；其余赤经、赤纬 α、δ，观测表面时 s 和 u 均为已知

数；由此式可计算得测站的纬度。

同样可得读表误差 Δs 和钟差误差 Δu 对纬度的影响为

$$\Delta\varphi = \frac{\sin A_2 \cos\varphi}{\cos A_1 - \cos A_2}(\Delta s'_2 + \Delta u_2) - \frac{\sin A_1 \cos\varphi}{\cos A_1 - \cos A_2}(\Delta s'_1 + \Delta u_1) \tag{3-49}$$

由上误差公式可看出，要使读表误差 Δs 和钟差误差 Δu 对纬度误 $\Delta\varphi$ 的影响为最小，则必须使 $\cos A_1 - \cos A_2$ 为最大值，而 $\sin A_1$ 和 $\sin A_2$ 为零或最小值。显然，若选取 $A_1 = 0°$，$A_2 = 180°$，则 $\sin A_1$ 和 $\sin A_2$ 均为零，而 $\cos A_1 - \cos A_2 = 2$ 为最大值。可知，选取子午圈上南、北等高的两颗星进行双星等高法定纬度，可得到最好的结果。

M·B·别夫佐夫对此法进行了详细的研究，并提出了一套完整的观测纲要和编算了一本观测星对表，以供野外天文使用。故此法也称之为别夫佐夫测纬度法。由于适合于子午圈上等高条件的南北星对很少。故别夫佐夫在选星对时改用 $A_1 = 180° - A_2$ 的条件，即选取同在子午圈之东（或西）一边，而且它们距子午圈等距离的两颗南北星进行观测。

这种方法由于不需要观测两颗星的天顶距，因而避免了测天顶距所带来的误差的影响。

3.2.5.2　天文经度的测定

（1）东西星等高法测定钟差基本原理

东西星测定钟差的基本原理是：先后观测高度相等的两颗恒星，只需读记它们经过望远镜丝网中各水平丝的表面时 s'_1 和 s'_2，并设已知其相应的钟差 u_1 和 u_2，则无须测出其天顶距便可求得天文钟的钟差 u。这种测定钟差的方法称为双星等高法测定钟差。设观测两颗等高的恒星 $\sigma_1(\alpha_1, \delta_1)$ 和 $\sigma_2(\alpha_2, \delta_2)$，则可列出下面二方程式

$$\cos z_1 = \sin\varphi\sin\delta_1 + \cos\varphi\cos\delta_1\cos(s'_1 + u_1 - \alpha_1) \tag{3-50a}$$

$$\cos z_2 = \sin\varphi\sin\delta_2 + \cos\varphi\cos\delta_2\cos(s'_2 + u_2 - \alpha_2) \tag{3-50b}$$

因为 $z_1 = z_2$，且观测两颗星间隔的时间很短，可以认为 $u_1 = u_2 = u$。故上面二式可以写为

$$\begin{aligned} &\sin\varphi\sin\delta_1 + \cos\varphi\cos\delta_1\cos(s'_1 + u - \alpha_1) \\ &= \sin\varphi\sin\delta_2 + \cos\varphi\cos\delta_2\cos(s'_2 + u - \alpha_2) \end{aligned} \tag{3-51}$$

式（3-51）中的 α_1，δ_1，α_2，δ_2，φ 均为已知值，因此，只要观测两星通过同一等高圈的时刻 s'_1 和 s'_2，则按照上式即可算得惟一的未知钟差 u，这就是双星等高法测定钟差的基本原理。这一方法无须测定两星的天顶距，故其结果不受因测天顶距而引起的误差的影响。

（2）天文经度的测定原理

测站的天文经度是测站天文子午线与格林尼治天文台（平均天文台）子午面之间的夹角。测站的经度等于测站与格林尼治天文台在同一瞬间同类正确时刻之差，这就是测定经度的理论依据。其基本公式为

$$\lambda = s - S \tag{3-52}$$

由于测定两地同一瞬间时刻之差的方法不同，故测定经度有各种不同的方法。例如，曾经采用过的“时表搬运法”、“天象法”、“有线电信法”和现在一般所用的“无线电法”

等。从式（3－52）可以知，测定经度时，测站时刻 s 和格林尼治天文台时刻 S 必须是两个同一瞬间同一类时的时刻。

无线电法测定经度就是以收录时号的方法解决两地同一瞬间的时刻问题。就恒星时来说，设由收录时号得到相应世界时 T_0 和测站钟面时 s'，又由观测恒星算得其钟差 u，则正确的收时时刻为 $s = s' + u$。而正确的世界时 T_0 则可用时刻换算的方法把它化为相应的格林尼治恒星时 S，即 $S = S_0 + T_0 + T_0\mu$。于是得到

$$\lambda = s - S = s' + u - (S_0 + T_0 + T_0\mu) \tag{3-53}$$

式中 λ——测站点经度值；

$s = s' + u$ 正确的收时时刻；

S——格林尼治恒星正确时；

T_0——观测时刻的世界时；

μ——百年自行。

由此可知，无线电法测定经度主要包括收录时号和测定钟差两项工作。收时可以求得测站相应于时号中央时刻 T_0 的钟面时 s'，测钟差可以确定观测钟面时 $s_{观}$ 的钟差 $u_{观}$，再用钟速 ω 化算至收时钟面时 s' 的钟差 u，即

$$u = u_{观} + \omega(s' - s_{观}) \tag{3-54}$$

式中 u——钟差最后结果；

$u_{观}$——观测钟差；

ω——钟速；

s'——测站相应于时号中央时刻 T_0 的钟面时；

$s_{观}$——观测时刻钟面读数。

需要说明的是，随着观测手段的变化，钟差测定可以直接通过收录卫星时钟的方法确定。此方法比起光学经纬仪配套的测定钟差的方法省事而准确度高。目前电子经纬仪天文测量系统，就是采用通过GPS或北斗时，求得钟差。

根据式（3－53）可以计算测站经度 λ。这钟测定经度的方法包含两种主要误差：收时误差和钟差测定误差。故测站经度的准确度取决于收时和钟差测定准确度。至于 T_0，其误差由授时台精密测定，故可以得到其精确值。

3.2.5.3 天文方位角的测定原理

通过以上讨论可知，测站至地面目标（或照准点）的方位角，是通过测站和目标的垂直面与测站子午面之间的夹角。也可以说，是由测站 M 至地面目标 B 的方向 MB 与北极 P 的方向 MP 之间的水平角 NMR_B，如图 3－46 所示。在图中，$MZPN$ 为测站子午面，$MZbR_B$ 为地面目标 B 的垂直面，则地面目标 B 的方位角为 $a_N = \angle NMR_B$（由北起算，向东量为正）。显然，只要测得地面目标 B 方向和北极 P 方向的水平度盘读数 M_R 和 M_N，则可得 a_N。但北极 P 不象地面目标那样可直接照准读得其水平度盘读数，而只能借测一天体的方位角来解决。

如图 3－46 中，设在测站 M 测得地面目标 B 的水平度盘读数量 R_B 和恒星 σ 在钟面时

s' 瞬间的水平度盘读数 R_*，相应这瞬间恒星的方位角为 A_N，则北极 P 方向（或正北）的水平度盘读数为

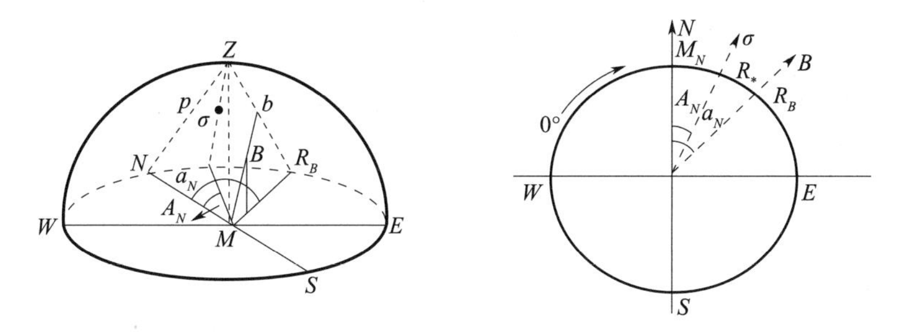

图 3-46　天文方位角测定原理

$$M_N = R_* - A_N \tag{3-55}$$

式中　M_N ——北极星水平度盘读数；

R_* ——恒星 σ 在钟面时 s' 瞬间的水平度盘读数；

A_N ——恒星 σ 在钟面时 s' 瞬间相应恒星的方位角。

于是地面目标的方位角为

$$a_N = R_B - M_N = R_B - (R_* - A_N) \tag{3-56}$$

式中　各符号的意义同上。

式中的 A_N 可由定位三角形导出以下公式进行计算

$$\cot A_N = \frac{\sin\varphi\cos t - \cos\varphi\tan\delta}{\sin t} \tag{3-57}$$

上式中 $t = s' + u - \alpha$。根据上述测定方位角的基本原理，这一方法需要读取观测恒星瞬间的钟面时 s'，以确定观测瞬间恒星的时角 t，故此法称为恒星时角法测定方位角。

读数误差 $\Delta s'$、钟差误差 Δu 及纬度误差 $\Delta\varphi$ 对天文方位角的影响为

$$\Delta a_N = \frac{\cos q\cos\delta}{\sin Z}(\Delta s' + \Delta u) + \frac{\sin A_N}{\tan z}\Delta\varphi \tag{3-58}$$

由以上恒星方位角的误差公式可知，当恒星的 $A_N = 0°$ 或 $180°$时，纬度误差 $\Delta\varphi$ 对 Δa_N 无影响；当 $\delta = 90°$或星位角 $q = 90°$时，读钟和钟差的误差 $\Delta S'$和 Δu 对 Δa_N 无影响。此外，所测恒星的天顶距 z 也不能过小。上面分析说明，按时角法测定方位角，最好是当恒星在子午圈附近时进行观测，或对有大距的恒星在大距前后观测。显然，对北半球中纬度以上的地区来说，北极星最适合这种方法测定方位角的恒星。故我国和北半球许多国家均采用“北极星任意时角法”测定地面目标的天文方位角。

3.2.6　天文点的测定

3.2.6.1　天文点测定准确度规定

（1）天文点测定准确度

天文点的测定准确度，按各次测量结果与算术中数或权中数的较差所计算的标准偏差

来衡量。

天文点的标准偏差规定见表 3 - 11[3]。

表 3 - 11 天文点的标准偏差规定

天文点等级	纬度/（″）	经度/s	方位角/（″）
一等	±0.3	±0.02	±0.5
二等	±0.5	±0.04	±1.0

（2）人仪差标准偏差规定

人仪差变动限差规定见表 3 - 12 所示。

表 3 - 12 人仪差变动限差表

项 目	一等天文点及人仪差测定	二等天文点及人仪差测定
$\Delta\partial\lambda$	±0.060 s	±0.080 s

3.5.6.2 天文测量的一般规定

1）观测恒星坐标采用 FK5 星表系统。星表是刊载恒星某一历元的赤道坐标的表，恒星坐标一般是从某一历元的恒星位置表中的平坐标推算得到，但是由于国际上所采用星表系统往往经过一定时期后就有所变更，因而所使用的恒星坐标系统也随之有所变化。因此在不同时期的天文观测成果的计算中，就存在着星表系统不一致的问题。我国历史上曾经采用的星表系统情况为：1962 年以前采用 FK1 星表；从 1962 年开始采用 FK4；从 1985 年开始采用 FK5。

2）地极坐标原点采用 $JYD_{1968.0}$ 参考原点。极移改正采用我国《地球自转参数公报》中所载的地极坐标；.

3）时间系统采用相对于 $JYD_{1968.0}$ 系统的世界时 UT1 系统。收录我国《地球自转参数公报》中载有改正数的时号，并对所收录的时号进行改正。

4）地球椭球参数采用 2000 中国大地坐标系的椭球参数。

3.5.6.3 人仪差测定规定

测定一、二等天文点，观测员必须在一期外业的测前和测后在北京基本天文点上测定人仪差。测前人仪差与测后人仪差测定相隔的时间，不得超过一年。相邻两次人仪差的变动，对一、二等点分别不得超过 0.06 s 和 0.08 s。测定人仪差时，人仪差和天文点的经度测定，必须采用同人、同一方法、同一仪器。

3.5.6.4 天文点测定采用仪器及方法的规定

天文点的测定采用仪器及方法规定于表 3 - 13[3]。

表 3－13　天文点的测定方法

仪器		T4 经纬仪		电子经纬仪	T3 经纬仪	T4 经纬仪、电子经纬仪	T3 经纬仪
项目		纬 度	经 度	经、纬度同时测定		方 位 角	
等级	一等	太尔各特法	东西星等高法测时，并收录无线电时号以定经度	多星近似等高法	—	北极星任意时角法	—
	二等	太尔各特法	东西星等高法测时，并收录无线电时号以定经度	多星近似等高法	60°棱镜多星等高法	北极星任意时角法	北极星任意时角法

3.5.6.5　天文点布设要求

天文点的选择，应根据不同的目的而确定，总的原则是：使用方便、稳定可靠和长期保存，一般应建造天文观测墩。特殊工程测量中，如发射场站的发射射向标定测量、子午线标定测量等须按照测量准确度的要求选择，以确保最大程度地保证天文测量准确度为基本要求选择天文点位置。

3.5.6.6　天文观测对环境的要求

为保证地面目标的成像质量和减弱旁折光的影响，一等天文方位角的观测视线应超过地面障碍物的高度，在平原地区不得少于6 m，山区不得低于4 m；二等天文方位角分别不少于4 m和2 m。当视线通过稻田、沼泽、湖泊、草原、沙漠、大片森林、较大城市和工矿区时，应适当增加视线高度。特殊工程测量时，应根据实际情况决定，总的要求是不能影响观测结果的准确度。此外，决定视线高度时，应考虑到农作物的生长情况。

若在天文墩上观测方位角，其天文墩应设置在本点至照准点的方向线上（不得在方向线的延长线上），其偏离不得大于1 m。

3.5.6.7　光学经纬仪天文方位角观测纲要和观测方法

光学经纬仪测定方位角时，为了削弱旁折光对方位角的影响，一般应分布在不少于两昼夜的 4 个时间段内进行。白天和夜晚各为 1 个时间段。每个时间段的观测测回数不能多于 6 个。日、夜测回数应相等，最多只能有 2 测回之差（即测回比例为 8∶10）；当日、夜观测结果互差≤1″时，白天测回数可不少于 5 个。

每个时间段以日出日落为划分点。日出起点至日落起点的时间段为白天段，日落起点至日出起点时间段为夜晚段。

（1）观测程序

每一时间段内的观测可按下面程序进行。

1）第一次收录时号；

2）地面目标方位角的观测（最多不超过 6 测回）；

3）第二次收录时号。

为了计算钟差和钟速，两次收时的间隔不超过 8 小时。

（2）观测纲要

测定方位角的观测纲要有两种：第一纲要和第二纲要。目前，天文方位角的观测主要根据第二纲要进行。这里只介绍第二纲要的观测方法。其每一测回的操作如下：

1）观测地面目标用望远镜目镜测微器移动丝照准地面目标三次，每次读记测微鼓读数，然后读记水平度盘读数。

2）观测北极星。顺时针方向旋转照准部照准北极星，读记挂水准器两侧读数，用移动丝照准北极星三次，每次读记照准瞬间的钟面时（电键法记录此一钟面时刻）和测微鼓读数，再读记挂水准器读数，然后读记水平度盘读数。

3）纵转望远镜，顺时针方向旋转照准部，第二次观测北极星，操作同2）。

4）顺时针方向旋转照准部，第二次观测地面目标，操作同1）。

5）以上为一测回的上半测回的观测，然后按逆时针方向旋转照准部照准目标，重复上述操作，完成下半测回的观测。上下半测回之间不纵转望远镜。

（3）方位角观测注意事项

1）在每一时间段观测前必须严格整置仪器。大量观测实践表明，测前仪器整置状态对观测结果影响很大。调整好望远镜焦距后，在一测回的观测过程中不要变动焦距。

2）在观测过程中，如挂水准器的气泡中心位置偏离整置中心达3～4格时，应在测回间重新整置仪器。

3）在白天观测时，为了迅速找到北极星，可编制“北极星位置表”。设 R_B，R_* 分别为照准地面目标和北极星的水平度盘读数，A_N，z 为观测瞬间北极星的方位和天顶距，a_N 为地面目标的方位角概值。于是按下列公式算得观测时刻 s 瞬间北极星的水平度盘读数 R_* 和天顶距 z，即

$$R_* = R_B - (a_N - A_N) \tag{3-59}$$

$$Z = 90° - (\varphi - f) \tag{3-60}$$

式中的 f，A_N 值可用观测时刻 s（恒星时）为引数在天文年历“北极星高度和方位角”表中查得。因此，可以预先在白天观测的时间段内，每隔10～15 min计算一个（$a_N - A_N$）和 z 值，并按恒星时的顺序编制成表，以备观测时用，见表3-14。观测时，根据观测时刻 s 从表中查出北极星的 z 值，并以 z 值对准垂直度盘。再根据照准地面目标的水平度盘读数 R_B 和由表3-14查出的 $a_N - A_N$ 值按上面公式算出 R_* 值，然后，以 R_* 值对准水平度盘，此时北极星就在望远镜视野中心附近。

表3-14 北极星位置表

恒星时 s	$a_N - A_N$	z
11 h 12 min	32° 37′	59° 05′
26	35	07
40	32	09
54	29	11

（4）方位角观测限差规定

方位角观测限差见表 3－15 所示[3]。

表 3－15　方位角观测限差表

序号	项　目	限　差
1	照准地面目标目镜测微鼓三次读数之差	3 格
2	水平度盘光学测微器两次重合读数之差	1″
3	半测回内两次地面目标方向值之差（半测回归零差）	4″
4	一测回内按地面目标读数算得的两倍视准轴差（2c）的变化	6″
5	一测回内水准器零点（X）的变动 {12 m 以下内架上观侧 $J_{05,T4}$；12 m 以上内架上观侧 $J_{05,T4}$	9 个 1/4 格 12 个 1/4 格
6	第一纲要中，一测回内由地面目标和北极星分别算得的视准轴差之差，即（$C_{星}$ 与 $C_{星}$ 之差）	5″
7	第二纲要中，同一时段内上、下半测回及相邻半测回按北极星算得的视准轴之差	3″
8	一测回由两次盘左（或盘右）观测北极星所算得的正北位置水平方向值之差	6″
9	各测回方位角之互差	6″

3.5.6.8　电子经纬仪方位角观测方法

（1）一个时段观测程序

一个时段方位角观测，按下面程序进行。

1）时间比对；

2）方位角观测；

3）时间比对。

（2）一个时段方位角观测纲要

1）时间比对。

2）观测地面目标。用望远镜的纵丝（靠近十字丝中心的小纵丝）连续照准地面目标 6 次，每次照准后按下仪器上的记录键，由计算机自动记录下水平度盘读数。

3）观测北极星。用望远镜的纵丝（靠近十字丝中心的小纵丝）照准北极星 16 次。观测规则：在北极星运行轨迹的稍前方等待北极星的到来，为了避免仪器不稳定所带来的水平角度数误差，等待时间应不小于 0.5 s。每次北极星过纵丝瞬间（即纵丝平分星像）按下测量并记录键（主动测量）或触发按钮（被动测量），计算机将自动记录下观测时刻及度盘读数。测量时，电子经纬仪使用单次测量模式。每两次测量要间隔 2 s 以上。

4）纵转望远镜观测北极星。观测要求同 3）。

5）观测地面目标的操作同 2）。

6）时间比对。

按以上观测纲要，即完成一个时段的观测，按此方法，完成 4 个以上时段的观测，求得一点的方位角结果。

3.5.6.9　方位角观测结果主要改正项及最后方位角计算

影响方位角准确度主要项有：水平轴倾斜误差、视准轴误差、目镜测微器读数误差和周日光行差等。以下只给出各项改正计算公式。

1）经纬仪倾斜对水平度盘读数的改正式

$$b = [(左+右)_{。} - {}_{。}(左+右)]\frac{\tau}{4} \tag{3-61}$$

$$x = 2m - [(左+右)_{。} - {}_{。}(左+右)] \tag{3-62}$$

式中　b——水平轴倾斜角；

x——水准轴与水平轴的夹角；

(左+右)。——观测度盘在右读数；

。(左+右）——观测度盘在左读数；

m——水准管分划值。

2）视准轴差对水平度盘读数的改正式

$$R = R_1 + C \cdot \cos z \tag{3-63}$$

式中　R——加入视轴差改正后的水平度盘值；

R_1——观测时读取的水平度盘读数值；

$C \cdot \cos z$——视轴差对水平度盘读数的改正值；

z——天顶距；

C——垂直角读数。

3）微器读数改正

主望远镜目镜测微器读数改正为

$$\Delta_{主} = \pm (M - 10.0)\mu_{主} \cos z \tag{3-64}$$

式中　$\Delta_{主}$——正负号确定，T4 仪器，盘左取“－”号，盘右取“＋”号；

M——度盘读数；

$\mu_{主}$——主望远镜周值改正；

z——天顶距。

4）光行差改正

周日光行差对方位角影响的计算公式为

$$\delta A = 0.32'' \cos\varphi \cos A'_N \csc z \tag{3-65}$$

式中　δA——周日光行差对天体方位角的影响；

φ——测站点的纬度；

A'_N——观测瞬间的北极星方位角；

z——观测天体的天顶距。

因 A'_N 很小，可取 $\cos A'_N = 1$，故周日光行差改正为

$$\delta A = 0.32'' \cos\varphi \csc z \tag{3-66}$$

5）蒙气差改正

蒙气差改正计算，采用式（3-42）或式（3-43）计算。

6）方位角计算

在测站上，对某一地面目标方向的方位角共测了 n 个时间段（n 值视天文点等级而

定)，则地面目标方位角为

$$a_N = \frac{[a_{N,i}]}{n} \tag{3-67}$$

式中 $[a_{N,i}]$——加入各项改正数 n 次测量结果之和，n 为观测时段数。

标准偏差为

$$m_a = \frac{m_i}{\sqrt{n}} \tag{3-68}$$

$$m_i = \pm\sqrt{\frac{[vv]}{n-1}} \tag{3-69}$$

测站最后天文方位角，还需加入极移动改正，计算式为

$$a = a_N - (y\cos\lambda + x\sin\lambda)\sec\varphi \tag{3-70}$$

式中 λ——经度观测值；

φ——纬度观测值；

x,y——瞬时真地极在地极坐标系中的坐标，在时间频率公报中给出（观测后实时解算时用预报，事后解算用精确公报）。

3.3 几种方位角的关系

方位角在不同坐标系中所指的方向是不同的，因此称谓亦不同，如天文方位角（真方位角）、大地方位角、坐标方位角和磁方位角等。尽管坐标系不同，方向不同，但是彼此间有着密切的联系，为了直观了解它们之间的关系，用以下图示来说明。

3.3.1 大地方位角与天文方位角的关系

大地方位角与天文方位角的关系见图3-47所示。

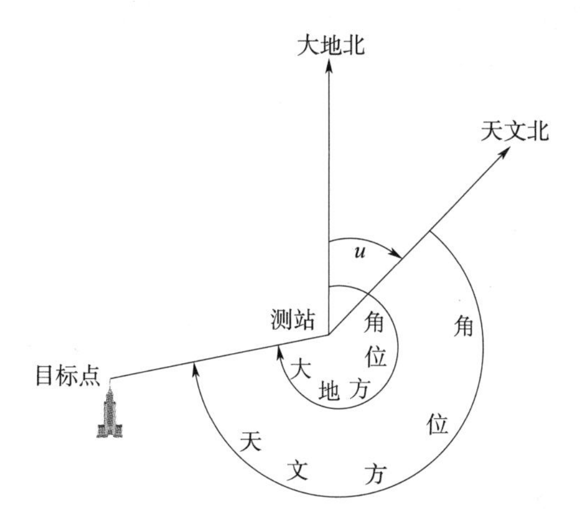

图3-47 大地方位角与天文方位角关系示意图

图3-47中的 u 为垂线偏差（法线与铅垂线之间的夹角），$\xi = \varphi - B$，$\eta = (\lambda - L)\cos\varphi$

分别是垂线偏差 u 在子午圈与卯酉圈上的分量，因此大地方位角与天文方位角的换算式为

$$A = a - (\lambda - L)\sin\varphi$$

$$\text{或 } A = a - \eta\tan\varphi \quad (3-71)$$

式中 A ——大地方位角；

λ ——天文经度；

φ ——天文纬度；

L ——大地经度。

一般情况下，垂线偏差分量的值在角秒的量级，但是在地质构造比较复杂地区，其量级也会达到数十角秒。

3.3.2 大地方位角与平面坐标方位角的关系

大地方位角与平面坐标方位角的关系见图 3-48 所示。图中 A 为大地方位角；T 为平面坐标方位角；r 为子午线收敛角；δ 为方向改正。计算公式见本章 3.1.3.5 节。

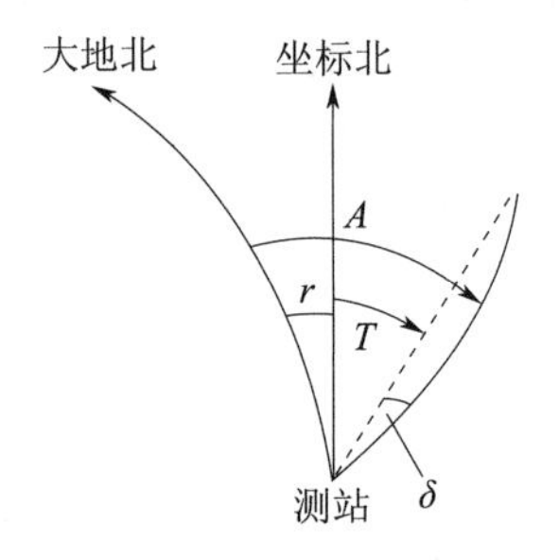

图 3-48 大地方位角与平面坐标方位角关系示意图

3.3.3 大地北、平面坐标北和磁北之间的关系

为了方便读者更直观了解各种方位角相互之间的关系，将大地北、平面坐标北和磁北之间的各种方位角关系一并在图 3-49 中给出，仅供参考。

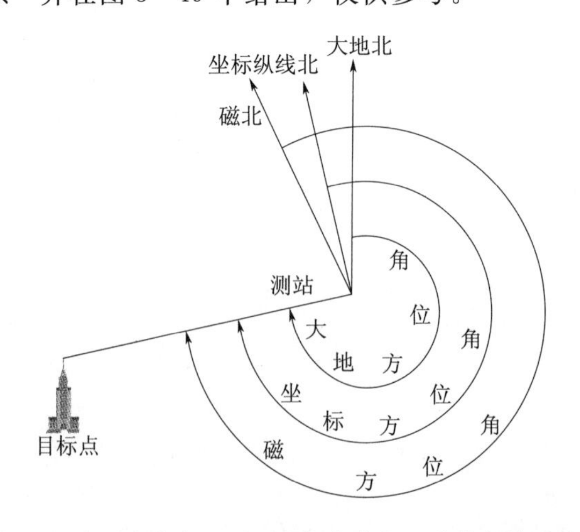

图 3-49 大地方位角、平面坐标方位角、磁偏角关系示意图

3.3.4　磁偏角与大地方位角、平面坐标方位角的关系

在日常生活中，如野外行军，会面临如何确定自己的站立点的问题，一般情况下，就是利用方位来判断。在大比例地形图中，给出的是平面坐标方位角（坐标纵横线），同时在图的下方，也给出本幅图的磁偏角改正数，目的是将图上的坐标方位角换算成实地方位角，以便确定站立点。图3－50给出的是在不同情况下各种方位角关系示意图，供读者参考。

（1）偏角的种类

大地方位角、坐标方位角和磁方位角之间，由于指北方向不同，彼此间形成的夹角叫偏角（如图3－50）。偏角分为三种：

1）磁偏角。以真子午线为准，与磁子午线之间的夹角。

2）坐标纵线偏角。以真子午线为准，与坐标纵线之间的夹角。

3）磁坐偏角。以坐标纵线为准，与磁子午线之间的夹角。

以上三种偏角，东偏为正（＋），西偏为负（－）。

（2）偏角关系示意图

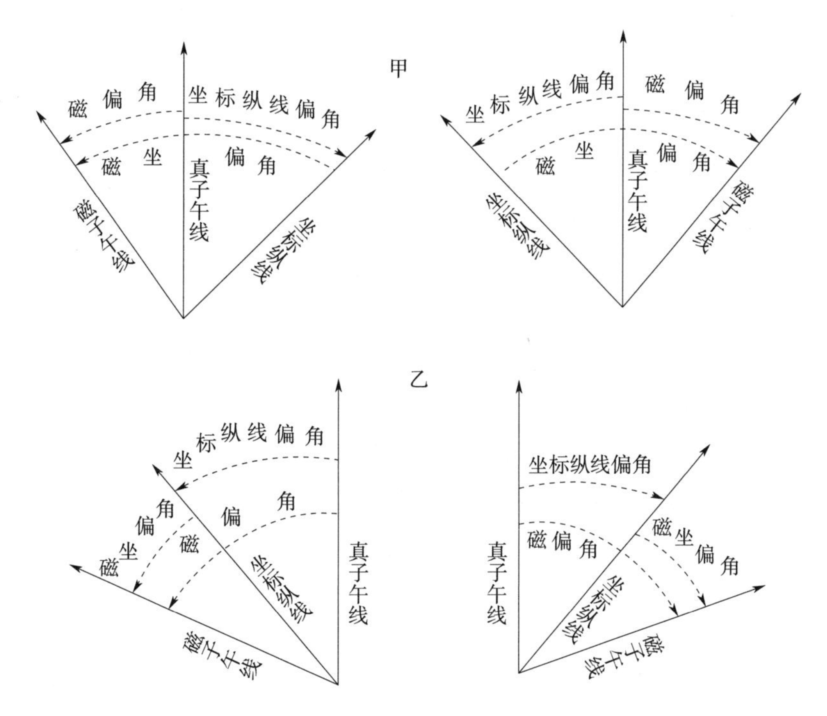

图3－50　偏角图示意图

参 考 文 献

[1] 王俊勤，申慧群．航天靶场大地工程测量［M］．北京：解放军出版社，2007.

[2] 王俊勤，等．大地与工程测量［M］．北京：解放军出版社，2012.

[3] GJB 149—86. 军用天文测量规范［S］．1992.

[4] 总参第一测绘大队．地地导弹靶场大地测量［M］．北京：解放军出版社，1990.

[5] 吴晓平，等．军事工程测量［M］．北京：解放军出版社，2000.

[6] 郑祖良．全球大地测量坐标系综述［M］．北京：解放军出版社，1997.

[7] 朱华统．大地坐标系的建立［M］．北京：测绘出版社，1986.

[8] 赵长安，等．测量基础［M］．哈尔滨：哈尔滨地图出版社，2007.

第 4 章　惯性技术定向

4.1　基础知识

4.1.1　发展历程

20 世纪初，随着陀螺仪的问世，使惯性技术在定向领域的工程应用成为可能，惯性技术从最初的原理探究到如今的大量产品研发和应用，经历了漫长的发展历程，取得了跨越式的发展。

惯性定向技术的发展是随着惯性元件技术和惯性系统技术不断发展而发展的。

惯性元件的研究源于 18 世纪中叶。1765 年，欧拉提出了刚体绕定点转动理论，奠定了陀螺仪的理论基础。1852 年法国物理学家傅科发现了陀螺效应，并发明了现代意义上的陀螺，为陀螺仪的实际应用奠定了基础。1907 年，德国科学家安修茨制造了第一个实用陀螺。1913 年法国科学家萨格奈克发现了 Sagnac 效应，为光学陀螺的研制奠定了理论基础。1948 年，美国德雷柏博士研制出液浮速率积分陀螺，为近代高准确度陀螺技术的研究奠定了基础。1955 年，美国开始立项研制静电陀螺，于 20 世纪 60 年代研制成功，目前静电陀螺仍被认为是准确度最高的陀螺仪。1963 年，美国 Sperry 公司用环形波激光器感测旋转速率获得成功，研制出世界上第一台激光陀螺实验室样机。1976 年，美国学者 V. Vali 和 R. W. Shorthill 首次提出用多圈光纤环形成大等效面积闭合光路，利用 Sagnac 效应可实现载体的角运动测量。20 世纪 80 年代，激光陀螺、光纤陀螺相继实用化，随后 MEMS 等一些新型惯性仪表相继问世。

惯性系统理论的研究最早可追溯到 1687 年，牛顿提出了经典力学定律和引力定律，为惯性系统技术奠定了理论基础。但惯性系统真正在工程上应用是在 20 世纪初。随着舰船工业的迅速发展，急需更先进的定向仪器来代替磁罗盘，从而促进了陀螺罗经的诞生和发展。德国人安修茨和美国人斯伯利分别于 1906 年和 1911 年发明了原理基本相同、而构造不同的陀螺罗经。安修茨系列和斯伯利系列是经典的摆式罗经，其定向准确度相对较低，约为 0.5°～1°。随着微电子技术和控制技术的发展，摆式罗经逐渐被更先进的采用电磁控制的罗经（又称电控罗经）替代了，阿玛—勃朗系列是电控罗经的典型代表，其工作原理与摆式罗经相同，用电磁摆产生控制力矩，用电磁摆和垂直力矩器的间接阻尼法产生阻尼力矩，电控罗经的定向准确度较摆式罗经有了很大提高，优于 0.1°～0.2°。

惯性导航系统不仅能实现定向，还能实现定位，是潜艇的理想导航装备，被称为潜艇水下航行的眼睛。潜艇在大洋深处航行，要知道航行的方向和所处的位置，依靠的就是惯性导航系统，它能自主地为潜艇提供定位、定向信息，保证潜艇的安全航行。此外，潜艇的导弹发射更离不开惯性导航系统。导弹在潜艇发射时，要想精确击中目标，首先要知道潜艇的位置，根据打击目标的位置确定弹道方程，然后利用潜艇的速度、水平角、航向角等信息对导弹上的惯性基准进行对准，潜艇的位置、速度、水平角和航向角等导航信息都是惯性导航系统提供的。1958 年美国鹦鹉螺号潜艇依靠液浮陀螺平台惯性导航系统连续航行 21 天，第一次完成横穿北极的冰下探险。1963 年康尼维尔公司研制成功核潜艇用的静电陀螺监控系统。1970 年开始装备在北极星和海神核潜艇上。20 世纪 80 年代以后，美国把激光陀螺广泛应用在飞机、舰船、航天器等载体上。进入 90 年代，光纤陀螺的研究和应用进入了一个全新的时代，目前国内外都取得了快速的发展。

就在安修茨陀螺罗盘出现不久，在 1908 年，德国矿山测量师豪曼斯（Haussman）第一次把陀螺罗盘应用到了钻孔倾斜测量仪上，并设想把陀螺罗盘应用于矿山定向。1915 年，舒拉（M. Schuler）从事了测量陀螺仪的研究，并在 1920 年试制成第一步舒拉测量陀螺仪。20 世纪中叶，由于采矿工业的迅速发展，地下矿物的开采深度不断加深，井田开采范围也一再扩大，井深超过 300 米，井田一翼走向长度超过 3 000 米的矿井比较普遍，接近千米或超过千米深的竖井也相继出现。因此在矿山测量定向技术上，迫切需要解决用以代替通过竖井下放钢丝悬锤的几何定向法和磁性定向法。自 1947 年以来，德国、俄罗斯、英国、匈牙利、瑞士、美国、日本及中国等，先后开展了陀螺经纬仪的研究和发展，用以解决矿山测量和其他地下工程以及隐蔽地区的测量定向，至今已有 60 多年的历史，经历了手动、半自动和全自动发展历程。

4.1.2 名词术语

要了解惯性技术定向，首先需掌握惯性技术定向所涉及的一些基本概念。

(1) 惯性

人们把物体本身固有的运动状态不发生变化的特性称为惯性。惯性是物体具有的一种固有属性，一切物体都具有惯性，惯性的大小仅和物体的质量大小有关。为了增加感性认识，我们不妨想一想乘坐汽车时的感受，当你站在行驶的汽车上，如果汽车忽然刹车，你就会不由自主地向前倾倒，这就是惯性。

(2) 惯性技术

惯性技术就是利用惯性原理实现运动物体姿态和运动轨迹测量与控制的一门综合性技术，它是惯性仪表、惯性稳定、惯性导航、惯性制导和惯性测量等技术的总称。惯性技术主要研究、解决载体运动中的定向、定位问题。

(3) 惯性系统

通常由惯性仪表、相应的机电结构、控制及计算装置等部件所组成的系统，统称为惯性系统，根据不同的用途和组成，惯性系统可分为惯性导航系统、惯性制导系统、惯性稳定系统和惯性测量系统。其中应用较多的是惯性导航系统和惯性制导系统，习惯上将二者统称为惯导系统。

（4）导航

导航就是引导运载体按预定的轨迹由起始地点航行到目的地的过程。导航问题主要是定位问题，同时要能够正确地引导运载体，还需测出运载体的速度和航向。运载体要进行定向、定位，就必须要有一定的测量装置，这些测量装置就是所说的导航装置。

（5）惯性导航

应用惯性系统，对载体运动进行导航，就称之为惯性导航。惯性系统的陀螺仪和加速度计，能够敏感载体的运动，通过计算可确定载体航向、位置和姿态，从而实现惯性导航。

（6）惯性定向

应用惯性系统，对载体进行定向，就称之为惯性定向。目前常用的惯性定向设备有陀螺经纬仪、寻北仪、惯性导航系统和陀螺罗经，其中陀螺经纬仪和寻北仪需要工作在静基座条件下。

4.1.3　惯性空间

任何物体的运动和变化都是在空间和时间中进行的。物体的运动或静止及其在空间中的位置，均指它相对另一物体而言，因此在描述物体运动时，必须选定一个或几个物体作为参照物，当物体相对参照物的位置有变化时，就说明物体有了运动。

牛顿定律揭示了在惯性空间中物体的运动和受力之间的基本关系：

1）若物体不受力或受力的合力为零，则物体保持静止或匀速直线运动状态不变；

2）若质量为 m 的物体受到的合力为 F，则该物体将以加速度 a 相对惯性空间运动。加速度的大小为

$$a = \frac{F}{m} \tag{4-1}$$

牛顿定律描述物体的运动或静止状态均是相对于一个特殊的参照系——惯性空间而言的。惯性空间可理解为宇宙空间，由于宇宙是无限的，要描述相对惯性空间的运动，需要有具体的参照物才有意义。即要在宇宙空间找到不受力或受力的合力为零的物体，它们在惯性空间绝对保持静止或匀速直线运动，以它们为参照物构成的参照系就是惯性参照系。然而在宇宙中不受力的物体是不存在的，绝对准确的惯性参照系也就找不到。另一方面，在实际的工程问题中，也没有必要寻找绝对准确的惯性参照系。在惯性导航系统中，用加速度计敏感载体相对惯性空间的加速度信息，用陀螺仪敏感载体的转动运动，加速度计和陀螺仪总会有误差，只要选择的惯性参照系的准确度远高于加速度计和陀螺仪的量测准确度，能满足惯性导航的需求即可。

宇宙中，运动加速度较小的星体是质量巨大的恒星，由于恒星之间的距离非常遥远，万有引力对恒星运动的影响也就较小。太阳是我们比较熟悉的恒星，以太阳中心为坐标原点，以指向其他遥远恒星的直线为坐标轴，组成一坐标系，就可以构成一个以太阳为中心的惯性参照系。在牛顿时代，人们把太阳中心参照系就看作为惯性坐标系，根据当时的测量水平，牛顿定律是完全成立的。后来才认识到，太阳系还在绕银河系中心运动，只不过

运动的角速度极小。银河系本身也处于不断的运动之中，因为银河系之外，还有许多像银河系这样的星系（统称为河外星系），银河系和河外星系之间也有相互作用力。太阳中心惯性坐标系是一近似的惯性参照系，近似在于忽略了太阳本身的运动加速度。为衡量太阳中心惯性坐标系的准确度，这里给出太阳系绕银河系中心的运动参数如下：

太阳绕银河系中心运动的旋转角速度：0.001 3″/年；

太阳绕银河系中心运动的向心加速度：$2.4\times10^{-11}g$。

由此可见，太阳绕银河系中心运动的旋转角速度和向心加速度是非常小的，远在目前惯性导航系统中使用的惯性元件——陀螺仪和加速度计所能测量的最小角速度和加速度的范围之外。因此，分析惯性导航系统时，使用太阳中心惯性坐标系具有足够的准确度。

地球中心惯性坐标系是另一种常用的近似惯性参照系。将太阳中心惯性坐标系的坐标原点移到地球中心，就是地球中心惯性坐标系。地球中心惯性坐标系与太阳中心惯性坐标系的差异就在于地心的平移运动加速度。在太阳系中，地球受到的主要作用力是太阳的引力，此外还有月亮的作用力、太阳系其他行星的作用力等。地球中心惯性坐标系的原点随地球绕太阳公转，但不参与地球自转，要估算地球中心惯性坐标系作为惯性坐标系的近似误差，除了要考虑太阳系的运动角速度和加速度外，还要考虑地心绕太阳公转的加速度。地球中心距离太阳中心的平均距离约为 1.5×10^{9} km，地球绕太阳公转的周期为一年，由此可算出地球公转运动的平均向心加速度约为 $6.05\times10^{-4}g$。月亮对地球的万有引力引起的地心平移加速度约为 $3.4\times10^{-6}g$，其方向沿地球与月球的连线方向。太阳系中离地球最近的行星是金星，它对地球的引力引起的地心平移加速度最大值约为 $1.89\times10^{-9}g$。太阳系中质量最大的行星是木星，它对地球的引力引起的地心平移加速度最大值约为 $3.7\times10^{-9}g$。根据上面的数据可知，以地心为原点的坐标系的原点平移加速度大约为 $6\times10^{-4}g$,惯性导航系统中使用的加速度计的最小敏感量可至 $10^{-6}g$，上述地心的平移加速度显然不能忽略。因此，一般情况下地球中心坐标系不能看作惯性坐标系。但是，当一个物体在地球附近运动时，如果我们只关心物体相对地球的运动，由于太阳等星体对地球有引力，同时对运动物体也有引力，太阳等星体引起的地心平移加速度与对地球附近运动物体的引力加速度基本相同，两者之差很小，远在目前加速度计的所能敏感的范围之外，这样，研究运动物体相对地球的运动加速度时，我们可以同时忽略地心的平移加速度与太阳等星体对该物体的作用力。换句话说，可以把地球中心惯性坐标系当成惯性坐标系使用，使用这种惯性坐标系时，要认为物体受到的引力只有地球的引力，而没有太阳、月亮等星体的引力。

4.1.4 惯性坐标系、载体坐标系与导航坐标系

惯性坐标系是描述惯性空间的一种坐标系，在惯性坐标系中，牛顿定律所描述的力与运动之间的关系是完全成立的。要建立惯性坐标系，必须找到相对惯性空间静止或匀速运动的参照物，也就是说该参照物不受力的作用或所受合力为零。然而根据万有引力原理可知，这样的物体是不存在的。通常我们只能建立近似的惯性坐标系，近似的程度根据问题

的需要而定。惯性导航系统中我们常用的惯性坐标系是太阳中心惯性坐标系，若载体仅在地球附近运动，如舰船惯性导航系统，也可用地球中心惯性坐标系，此时要同时忽略太阳的引力和地球中心的平移加速度。

1）太阳中心惯性坐标系（$ox_Sy_Sz_S$）。太阳中心惯性坐标系的坐标原点在太阳中心，根据 y 轴和 z 轴的定义不同，太阳中心惯性坐标系又可以分为太阳中心赤道坐标系 $ox_Sy_Sz_S$ 和太阳中心黄道坐标系 $ox_S'y_S'z_S'$ 。太阳中心惯性坐标系用于太阳系内星际的航行定位。

2）地心惯性坐标系（$ox_iy_iz_i$）。地心惯性坐标系的坐标原点在地球质量中心，z_i 轴沿地轴方向，x_i 和 y_i 轴在地球赤道平面内，指向某个恒星，三个轴构成右手坐标系，如图4-1所示。地心惯性坐标系不参与地球的自转运动，而且不是唯一的。主要用于在地球附近的惯性定向。

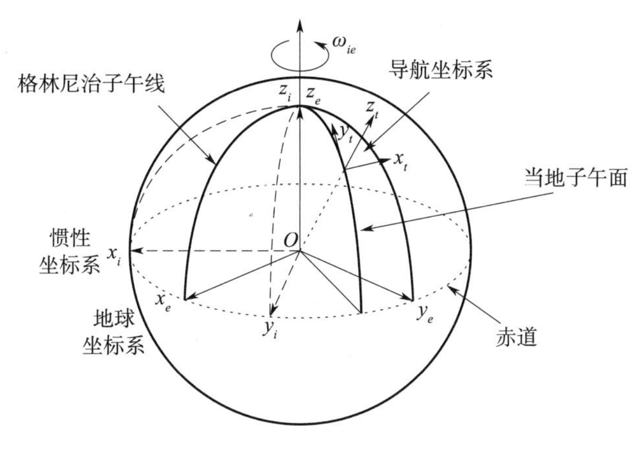

图4-1　坐标系的定义

3）载体坐标系（$ox_by_bz_b$）。为了确定运载体的运动状态而建立的坐标系。以舰船为例，z_b 轴垂直于舰船的甲板平面，x_b 轴指向舰船的右舷，y_b 轴指向船首，构成右手坐标系。载体坐标系与地理坐标系之间的夹角描述了舰船的姿态角。

4）平台坐标系（$ox_py_pz_p$）。平台坐标系用来描述稳定平台的三根轴的指向。在固定指北系统中，三轴稳定平台模拟当地地理坐标系。

5）计算坐标系（$ox_cy_cz_c$）。上面提到的导航坐标系只能根据系统自身解算的位置信息来描述，而位置信息必然带有误差，这就会使构建的导航坐标系与理想的导航坐标系存在误差。因此，将构建的导航坐标系称为计算坐标系。在分析系统误差时将会用到计算坐标系。

6）导航坐标系（$ox_iy_iz_i$）。导航坐标系是惯导系统求解导航参数时所采用的坐标系。

4.2　陀螺仪

陀螺仪是惯性定向设备的核心部件，直接决定了惯性定向设备性能优劣。

陀螺仪一词是法国科学家傅科在 1852 年首先使用的，当时特指他发明的一种高速旋转仪器，后来这一词有了更广泛的意义，即凡是利用高速旋转体的定轴性和进动性所制成的仪器都称为陀螺仪，如液浮陀螺仪和静电陀螺仪等。随着科学技术的发展，现代陀螺仪的概念已不限于高速旋转体的仪器，它同时包含能自主测量相对惯性空间角速度的速率传感器，如激光陀螺仪、光纤陀螺仪和微机械陀螺仪等。

按照工作原理的不同，已经得到工程应用的陀螺技术可主要分为：以液浮陀螺和静电陀螺为代表的机械转子陀螺技术，以激光陀螺和光纤陀螺为代表的光学陀螺技术，以微机械陀螺为代表的振动陀螺技术三大类。

4.2.1　单自由度液浮积分陀螺仪

20 世纪 40 年代中期，C·S·德雷柏领导的麻省理工学院仪表试验室制成了单自由度浮子式积分陀螺，并将之用于舰船火炮控制系统。单自由度陀螺一般作为约束陀螺用于角速率的测定，从这一点出发，1948 年，德雷柏增加了积分机构用于角速率测定，研制出液浮速率积分陀螺，为近代高准确度陀螺技术的研究奠定了基础，这是具有历史意义的重大发明。

液浮陀螺仪是一种转子装在浮子里的陀螺，浮液的比重要选择得与浮子比重相匹配，浮子实际上支承在没有摩擦的框架轴承上，并且能绕它的输出轴旋转，陀螺浮液还可以防止组件受冲击，并提供一种阻尼作用和消散转子温升的导热作用。浮子进动时的阻尼效应，主要由浮液本身产生，一般选用高黏度的浮液。但是在不要求阻尼的地方或采用电子或孔板阻尼时，要选用低黏度的液体。

单自由度液浮积分陀螺仪，通常是由陀螺马达、角度传感器、力矩器、输出轴支承、静平衡装置、导电游丝、浮液和温度控制系统等几部分组成。

陀螺马达是产生动量矩的元件，安装在框架上，框架外套有浮筒，浮筒把陀螺马达密封起来，浮筒内部充有氢或氦之类的惰性气体。惰性气体的作用是减小马达转子的气动力阻力和增加介质的热传导。浮筒的轴即为陀螺的输出轴，它与马达轴相互垂直并共面。输出轴上装有角度传感器、力矩器的转子。由这些元件共同组成浮子组件，浮子组件的重量等于浮液给它的浮力。

浮子组件装入密封的壳体内，壳体与浮筒间有极其微小的间隙，并充以高比重浮液，以便产生一定值的阻尼。要求壳体两端的轴孔同心度非常好，以保证装入浮子组件的小轴之后支承的摩擦小。壳体两端装有角度传感器、力矩器和磁悬浮的定子，还装有温控器的热敏丝和测温丝。壳体外面绕有加热丝，以保证一定的工作温度。

单自由度液浮积分陀螺仪的结构如图 4-2 所示。

对于单自由度液浮积分陀螺仪来说，主要是研究浮子组件的转动运动，即浮子组件绕输出轴的转动。使浮子组件绕其输出轴作转动的力矩有：力矩器的作用力矩 M_f、阻尼力矩 $-D\dot{\theta}$、干扰力矩 M_f 以及陀螺仪反作用力矩 $-\omega \times H$ 等。浮子组件绕输出轴转动的运动方程为[1]

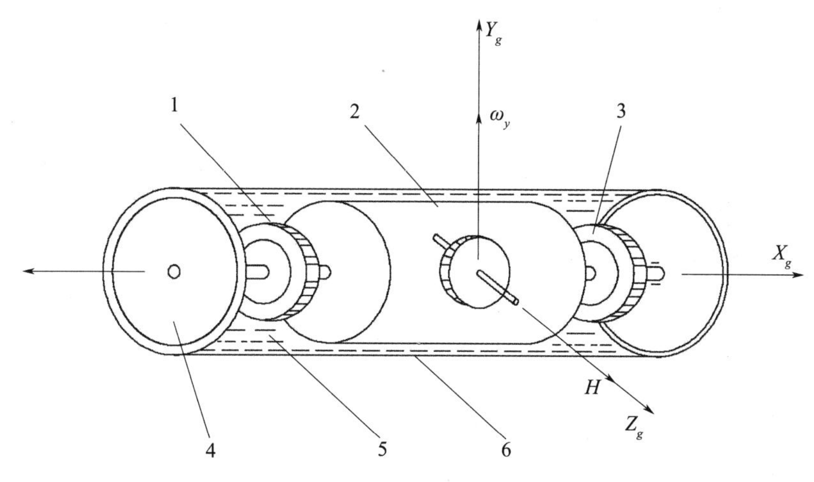

图 4-2　单自由度液浮积分陀螺仪

1—力矩器；2—浮筒；3—角度传感器；4—端盖；

5—浮液；6—壳体

$$J_0\ddot{\theta}+D\dot{\theta}=H\omega_x(\cos\theta-\frac{\omega_z}{\omega_x}\sin\theta)-J_0\dot{\omega}_y+M_y+M_f \tag{4-2}$$

式中　J_0—— 浮子组件绕输出轴的转动惯量；

$\ddot{\theta},\dot{\theta},\theta$—— 绕输出轴转动的角加速度、角速度、角度；

D—— 阻尼系数；

$H\omega_x\left(\cos\theta-\frac{\omega_z}{\omega_x}\sin\theta\right)$—— 陀螺力矩沿输出轴的分量；

H—— 转子动量矩；

$\omega_x,\omega_y,\omega_z$—— 载体相对惯性空间的角速度 ω 在固定于载体上的坐标系 $OXYZ$ 上的投影；

M_y—— 力矩器输出的力矩；

M_f ——输出轴上的干扰力矩。

力矩器输出的力矩 $M_y=k_MI$，其中 k_M 为力矩器的传递系数；I 为力矩器的输入电流。

在实际应用中，希望转角 θ 只与 ω_x 有关，而不受 ω_z 的影响，因此，要采取措施，使 θ 限制在很小的范围内，通常只是几角秒至一度以内。这样，就可以认为 $\theta\rightarrow 0$，$\frac{\omega_z}{\omega_x}\sin\theta\rightarrow 0$，并假设 $M_f=M_y=0$，$\dot{\omega}_y=0$，此时，式（4-2）可简化为

$$J_0\ddot{\theta}+D\dot{\theta}=H\omega_x \tag{4-3}$$

如果，输入为角速度 ω_x，输出为角度传感器的信号电压 μ，则由于 $\mu=k_u\theta$，并将 $\ddot{\mu}=k_u\ddot{\theta}$，$\dot{\mu}=k_u\dot{\theta}$ 变换成 $\ddot{\theta}=\frac{\ddot{\mu}}{k_u}$，将 $\dot{\theta}=\frac{\dot{u}}{k_u}$ 代入式（4-3），因此，整个陀螺仪的传递函数为

$$\frac{u\ (s)}{\omega_x\ (s)}=G_m\frac{1}{s\ (\tau_0 s+1)} \tag{4-4}$$

式中　$\tau_0=\dfrac{J_0}{D}$——陀螺仪的时间常数；

$G_m=\dfrac{Hk_u}{D}$——陀螺仪的静态传递函数。

液浮陀螺仪的发展主要围绕降低输出轴的干扰力矩进行。尽管采用了浮液支承，由于作用在陀螺仪浮子上的重力和浮力存在差异，输出轴上存在摩擦力矩在所难免。温度的变化会引起陀螺仪浮子重力和浮力差改变，输出轴上的摩擦力矩随之变化，从而引起陀螺仪漂移的变化。

4.2.2　静电陀螺仪

静电陀螺仪是美国伊利诺斯大学诺尔德西克教授于 1954 年向海军研究办公室提出来的。当时，他提出如下方案：转子为赤道上带土星环的空心球，被密封在具有相似内腔但稍大一点的壳体内。转子和壳体球面部分形成静电轴承，依靠静电支承力将转子悬浮在壳体内。土星环形成平板电容，用来测量转子主轴相对壳体的转子方位，并保持一致。实际上，这是一种二自由度框架式结构陀螺仪。

静电支承陀螺仪结构如图 4－3 所示。转子使用铝或铍等比重较小的金属材料做成空心或实心球体，由电场力支承在陶瓷电极腔体内，陶瓷电极用金属化方法加工成三对球面电极。在电极上施加高电压，使电极与转子之间产生 200～400 kV/cm 的电场强度。如果电极表面面积为 S，间隙为 t，介电常数为 ε，那么电场引力 f 如式（4－5）所示[2]。

$$f=\frac{\varepsilon V^2}{8\pi l^2}\cdot S^2 \qquad (4-5)$$

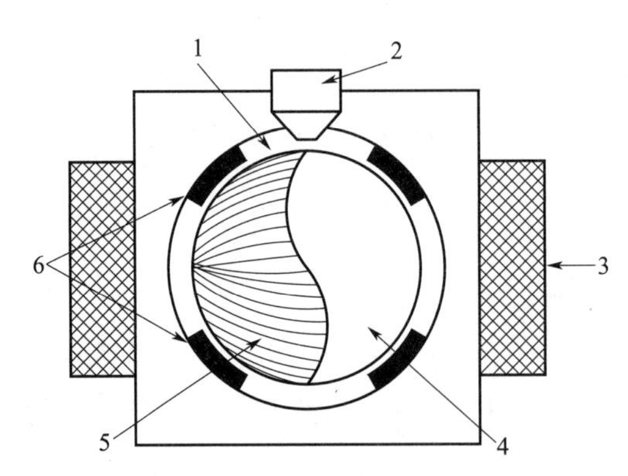

图 4－3　静电支承陀螺仪

1—高真空；2—光学传感器；3—驱动电极

4—自转球；5—光学图案；6—支承电极

三个方向的静电吸力是不稳定的，为了得到稳定的平衡支承，由控制系统来敏感转子相对电极的位移，并通过对电极施加反馈电压来调整作用在转子上的静电吸力，从而实现稳定的静电支承。

静电陀螺仪依靠静电悬浮技术来避免支承引起的干扰力矩，在支承的具体方案上，要比液浮陀螺彻底得多。液浮陀螺中的三浮陀螺尽管用到了液浮、气浮和磁悬浮等多种悬浮技术，但在结构上仍然没有突破框架支承方式，也始终解决不了结构复杂的问题。静电陀螺仪的转子由电场支承在超高真空的球腔里旋转，完全消除了传统的机械支承方式所引起的摩擦力矩和弹性约束力矩的干扰，同时也避免了液体或气体引起的干扰力矩。

静电陀螺仪只有一个活动的部件，即高速旋转的转子，所以它的结构也比其他陀螺仪简单，因而具有较高的可靠性。

在静电陀螺仪中，自转轴相对于仪表壳体转角范围不受限制，故可用来全姿态测角，即在任意大角度范围内测量载体的姿态角。

静电陀螺仪的转子结构形式有两种，即空心转子和实心转子。空心转子是有两个薄壁半球焊接而成的。为了使转子绕转轴的转动惯量最大，在赤道处加厚，即具有一个对称于极轴的赤道环，如图 4 - 4 所示。这样，极轴就成了唯一稳定的惯性主轴。

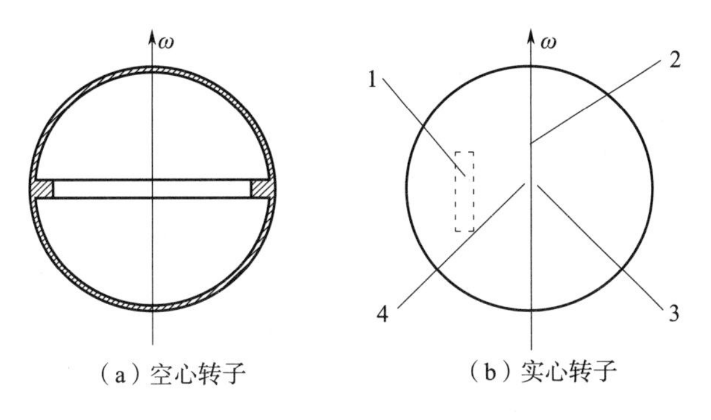

图 4 - 4　静电陀螺仪转子结构示意图

1—钽丝；2—惯性主轴；3—球心；4—质心

实心转子是用三根钽丝嵌入铍棒内用冷挤压工艺加工而成的，其结构如图 4 - 4（b）所示。嵌入钽丝是为了转子有主惯量轴，并使其质心沿径向偏离几何中心，造成径向质量不平衡，以便采用质量不平衡调制法读取极轴位置。实心转子体积小、质量轻，但是其控制线路较为复杂。

空心转子陀螺仪一般采用光电信号读取法。在转子表面刻以某种图谱，光电传感器将光点照到图谱上，由光敏元件接受反射的调制光，并转换为电信号输出，通过专用电路确定出极轴的偏转角和偏转相位。

球形转子在超高真空内高速旋转，并可相对静电支承移动。如果球形转子和静电支承机构的制造是完善的，不会产生干扰力矩作用在球形转子上，则球形转子的自转轴在惯性空间始终保持固定方位。当静电支承陀螺仪的壳体在空间转动时，采用光或电的方式检测壳体相对于自转轴的转角。静电支承陀螺仪可应用于导航系统。通过检测参考轴与本地参考方向之间的角度变化可获得导航信息。

静电陀螺仪的研发非常成功，可制成准确度很高的陀螺仪，其漂移率达到 0.000 1（°）/h。这种陀螺仪主要应用于惯性导航系统。

4.2.3 激光陀螺仪

激光于1960年在世界上首次出现。1962年，美、英、法、苏几乎同时开始酝酿研制用激光来探测角度变化的仪器，称之为激光陀螺仪。1963年2月，美国Sperry公司用环形激光器感测旋转速率获得成功，研制出世界上第一台激光陀螺试验室样机。其后，经过20多年理论研究与关键技术方面的艰苦攻关，1984年，Honeywell公司的激光陀螺开始在飞机上大量使用，标志着美国激光陀螺的发展基本成熟，进入批量化生产阶段。如今，激光陀螺已经广泛应用于海、陆、空、天等军用和民用领域，成为惯性导航与制导等系统的理想传感元件。

激光陀螺仪的原理是利用光程差来测量旋转角速度（即Sagnac效应）。当光学谐振腔间隙有微小变化时，激光频率在固有频率附近变化。激光陀螺就是利用这种现象，把角速度产生的变化作为谐振腔的变化，从而使两个反向旋转的激光射束之间出现频率差。依据激光的相干性原理，这种激光射线束的频率差可以表现为干涉条纹的数量变化，从而测出输入角速度。

如图4-5所示，在三角形环路光路的各顶角处装有反射镜，使光路闭合。这个环路由刚性很好的结构组成，而且膨胀和其他因素都不应引起长度变化。在激光环路相对于惯性空间没有转动时，因为顺时针和逆时针方向运行的激光射束的光路没有差，所以不管取哪一条光路，激光的频率都一样。在绕垂直于这个光路平面的轴有一个Ω的角速度时，光路长度的变化量（光程差）为

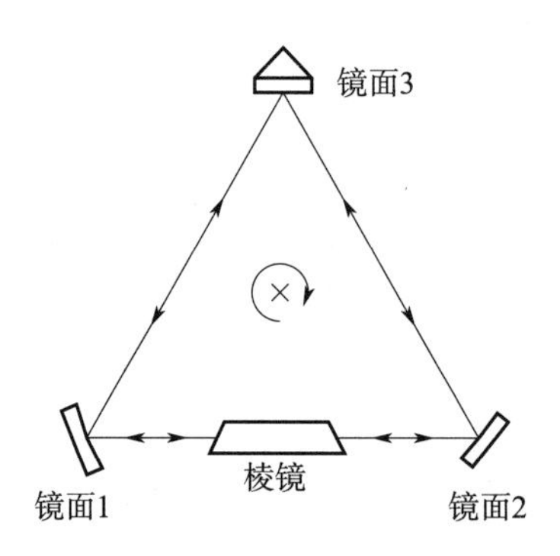

图4-5 三角形激光环路

$$\Delta L=\pm\frac{2A}{C}\Omega \tag{4-6}$$

式中 A——光路围成的三角形的面积；

C——光速；

$\pm$——表示Ω是顺时针还是逆时针方向。

设静止时激光频率为f_0，由于ΔL的影响产生的频率变化量Δf为

$$\Delta f=f_0\frac{\Delta L}{L}=\frac{2A}{\lambda L}\cdot\Omega \tag{4-7}$$

式中　λ——波长。

这两个方向的激光射束是在检测点用三棱镜取出，这样相应于 Δf 的干涉条纹数的变化可以知道 Δf，因而可以测定 Ω，从这个原理可知它有如下优点：

1）没有活动的机械部分；

2）被测量的线性范围宽；

3）因为是测量干涉条纹，所以可得到数字值，比较容易采用数字化仪器。

另外，激光陀螺的工作温度范围很宽，无需加温，启动过程时间短，激光陀螺惯导系统反应时间快，接通电源不到 1 s 就可以投入正常工作。

激光陀螺有两种结构方案：一种是闭环光路中包括 3 个反射镜的方案，另一种是闭环光路包括 4 个反射镜的方案。三反射镜激光陀螺的基本原理如图 4－6 所示。激光陀螺的主体是一块热膨胀系数极低的陶瓷（或石英玻璃），在其内加工了 3 个通道，组成三角形管道。在三角形管道的每一个角上分别安装反射镜 M1、M2 和 M3 形成三角形谐振腔。谐振腔内充了低压氦—氖混合气体。工作时，两个阳极与阴极之间施加高压 1～1.5 kV，产生放电现象，引起气体中发射再生的激光，形成激光束，激光束围绕三角形谐振腔光路旋转。通过调整谐振腔长度，使得线偏振光绕环形腔体一周回到原处的相位差为 2π 的整数倍，即处于谐振状态。

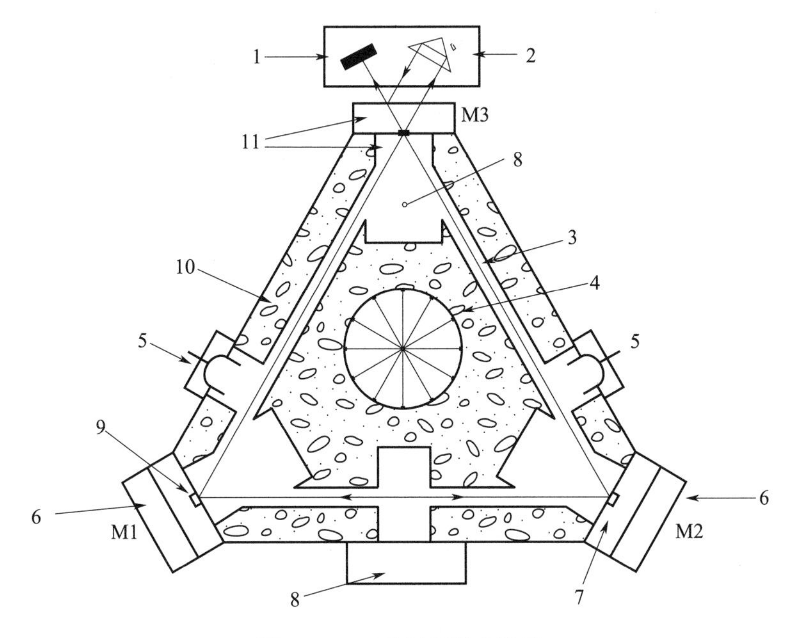

图 4－6　三反射镜激光陀螺

1—读出探测器；2—棱镜；3—相对传播激光束；4—抖动轮；5—阳极；
6—控制光路长度探测器；7—镜子（半透）；8—阴极；9—高反射镜；
10—陶瓷块；11—半透镜

实际上，在腔体内同时存在两束激光：一束顺时针（CW）旋转，另一束逆时针（CCW）旋转。当陀螺处于静止状态时，两路光束具有相同的频率。当陀螺仪顺时针方向旋转时，CW 光束中的光子从左下角反射镜出发，沿腔体旋转一周后，反射镜已经向前运动了一个微小角度，结果使得光程长度稍微增加了一些。相反，CCW 光束中的光子稍微缩短了光程长度。在谐振条件下，根据 Sagnac 效应产生的光程差将引起两束光的频率差。换句话说，CW 和 CCW 传播的两束光的振动频差 Δf 与光程差成正比，即$\frac{\Delta f}{f}=\frac{\Delta L}{L}$，因而与空间角速度 Ω 成正比

$$\Delta f=\frac{4A}{L\lambda}\Omega \tag{4-8}$$

由式（4－8）可以看出，测出频差 Δf 就可以计算出空间角速度 Ω。对于有源腔，频差就是两束激光之间的拍频。将式（4－8）两边对时间 t 积分一次，可得到拍频震荡周期数 N。N 与空间转角 θ 成正比，如式（4－9）所示。

$$N=\frac{4A}{L\lambda}\theta \tag{4-9}$$

在谐振腔顶角的反射镜 M3 可以透射两束光的一部分，再经过棱镜组合件投射到探测器上。读出探测器敏感两束光由干涉形成的条纹。如果陀螺仪相对惯性空间没有转动，则干涉条纹是静止的；如果出现转动，则干涉条纹发生移动。测量照射在探测器上的明暗变化的干涉条纹数，可得到单位时间内转过的角度，即陀螺仪相对惯性空间的角速度 Ω。

但是由于谐振腔内各种元器件不完善，包括腔内气体介质，特别是反射镜引起光的散射，以及正反向两束光因振荡频率相近而发生的相互作用，当空间角速度 Ω 很小时，激光陀螺存在闭锁现象——没有输出，使得输出特性如图 4－7 所示。

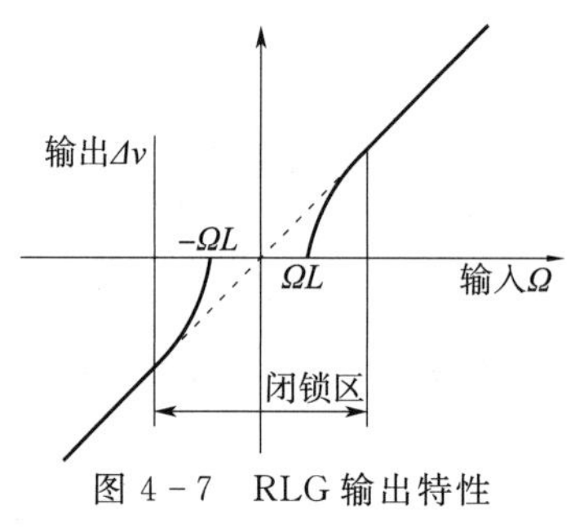

图 4－7　RLG 输出特性

为了解决 RLG 的闭锁问题，需要采用类似于振动线性化的偏频技术，如单向速率、机械抖动及磁光效应等，使得激光陀螺在零速度输入条件下有相当大的频差输出，从而避开闭锁区。其中，机械抖动偏频装置沿陀螺敏感轴提供交变的转动，频率为几百赫兹，不改变谐振腔内的结构，容易保证陀螺的准确度。

4.2.4　光纤陀螺仪

传统陀螺仪对工艺结构要求很高，结构复杂，准确度受到多方面的制约。自 20 世纪 70 年代以来，现代陀螺发展进入了一个全新的时期。1976 年，犹他大学 Victor Vali 和 Richard W. Shorthill 提出了光纤陀螺仪的基本设想，至今光纤陀螺仪已经得到了非常迅速的发展。虽然最初的光纤陀螺准确度不理想，漂移大于 10（°）/h，还无法应用到武器系统的定位、定

向中，但 20 世纪末不断进步的光纤绕制技术、集成光学元件和信号处理技术使 21 世纪初期的光纤陀螺仪技术有了很大的进步，这说明光纤陀螺的应用前景极为广阔。

光纤陀螺仪按照工作原理来分，可分为干涉型光纤陀螺仪（I-FOG)、谐振式光纤陀螺（R-FOG）和布里渊型光纤陀螺仪（B-FOG)。其中干涉型光纤陀螺仪研究开发最早、技术最为成熟，属于第一代光纤陀螺仪，正处于小批量生产阶段和商业化阶段。谐振式光纤陀螺和布里渊型光纤陀螺的基本原理和环形激光陀螺相同，都是利用 Sagnac 效应，通过检测旋转非互易性造成的顺、逆时针两行波的频率差来测量角速度。它们与激光陀螺仪的区别是用光纤环形谐振腔代替反射镜构成的环形谐振腔。

干涉型光纤陀螺仪工作原理如图 4-8（a）所示，开环 I-FOG 由宽谱光源（一般为超辐射发光二极管 SLD)、耦合器、偏振器、光纤环、相位调制器、探测器（光敏二极管）及检测电路等部件组成。光纤陀螺采用固体激光器作为光源，比激光陀螺的气体激光器体积小、功耗低，不需要高压。固体激光光束通过耦合器分为两束光，分别沿 CW 和 CCW 方向在光纤环中传播，然后在耦合器中再会合在一起。假设封闭区域 A 是直径为 D 的圆，当绕光纤环平面法线有转动角速度 Ω 时，这两束光将发生干涉现象。

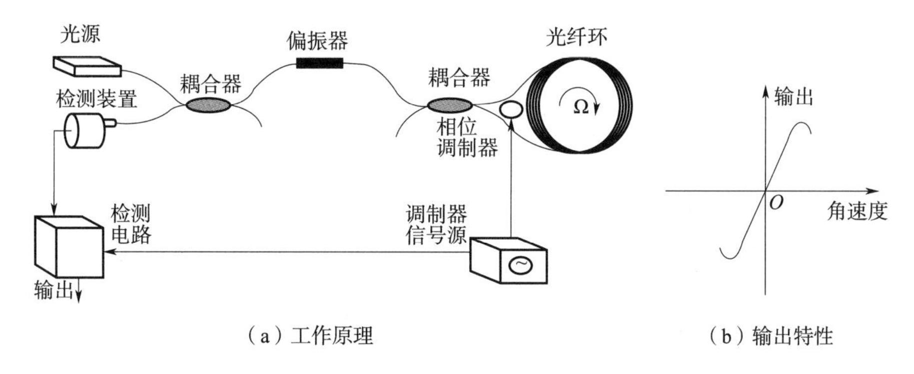

（a）工作原理　　（b）输出特性

图 4-8　开环光纤陀螺工作原理与输出特性[3]

因此，顺时针光束绕闭合光路的传播时间为

$$T_{cw}=\frac{\pi D}{\nu} \tag{4-10}$$

式中　ν——是 CW 光束的速度；

　　D——直径。

因此 CW 传播时间为

$$T_{CW}=\pi D/（c+\Omega D/2） \tag{4-11}$$

式中　c——光速；

　　Ω——转动角速度。

对于 CCW 光束，它绕闭合光路的速度为 $c-\Omega D/2$，而 CCW 传播时间 $T_{CCW}=\pi D/（c-\Omega D/2）$。

两个相反转动光束之间的时间差为

$$\Delta T = T_{\mathrm{CW}} - T_{\mathrm{CCW}} = \pi D \frac{-\Omega D}{\left(c^2 - \frac{\Omega^2 D^2}{4}\right)} \tag{4-12}$$

通常，$\frac{\Omega^2 D^2}{4} \ll c^2$；因此

$$\Delta T = \frac{-\pi D^2}{c^2} \Omega \tag{4-13}$$

如果假设一个多匝光学陀螺而光源波长为 λ（光源的周期 T 为 λ/c），则

$$\Delta T = \frac{-N\pi D^2}{c} \frac{T}{\lambda} \cdot \Omega \tag{4-14}$$

经整理得

$$\frac{\Delta T}{T} = \frac{-(N\pi D)\ D}{c\lambda} \cdot \Omega \tag{4-15}$$

$N\pi D$ 是光路长度 L；$\Delta T/T$ 是两条光束的部分带干涉。Sagnac 相位移 ϕ_S 的值为 $S_\pi \times \Delta T/T$ 弧度，则

$$\phi_S = \frac{2\pi L D}{c\lambda} \cdot \Omega = -K_S \Omega \ (\mathrm{rad}) \tag{4-16}$$

式中，$K_S = 2\pi LD/c\lambda$ 是陀螺的 Sagnac 标度因数。

采用光敏二极管探测器接收光束干涉信号，将光功率转换成电流 i 可表示为

$$i(t) = \frac{1}{2} i_0 \left[1 + \cos\phi_S(t)\right] \tag{4-17}$$

式中　i_0——电流平均值，与输入光强有关。

为了提高相位差测量准确度，如图 4-8（a）所示，相位调制器用来调制 CW 和 CCW 两光束的相角差。相位调制后的探测器输出电流可表示为

$$i(t) = \frac{1}{2} i_0 \{1 + \sin[\phi_S(t) + \phi_m \cos\omega t]\} \tag{4-18}$$

式中　ϕ_S——相位调制器的幅值；

　　ω——相位调制器的频率。

$i(t)$ 经过同步鉴相后，可得输出直流信号为

$$I_D(t) = I_0 J_1(\phi_m) \sin\phi_S(t) \tag{4-19}$$

式中　$J_1(\phi_m)$——ϕ_m 的一阶贝塞尔函数；

　　I_0——输出电流最大值。

由式（4-16）可以看出，由于 ϕ_S 与 Ω 成正比，因此，输出电流 I_D 与 Ω 呈正弦函数关系，如图 4-9（b）所示。在小相移的条件下，I_D 与 Ω 不仅符号相同，而且近似线性。

为了提高 I-FOG 的动态测量范围和测量线性度，常常把它作为指零信号器，然后通过伺服回路进行闭环测量。这就是所谓的闭环 I-FOG，其工作原理如图 4-9（a）所示。

比较图 4-8（a）和图 4-9（a），闭环 I-FOG 采用 Y 波导取代了开环 I-FOG 中的偏振器、耦合器及相位调制器。它的作用是在光纤环路的一端嵌入一个宽频带的相位调制器（移频器），提供频移 $\Delta\nu$ 使得两路光束产生相位偏置 $\Delta\phi$，因此式（4-19）改写为

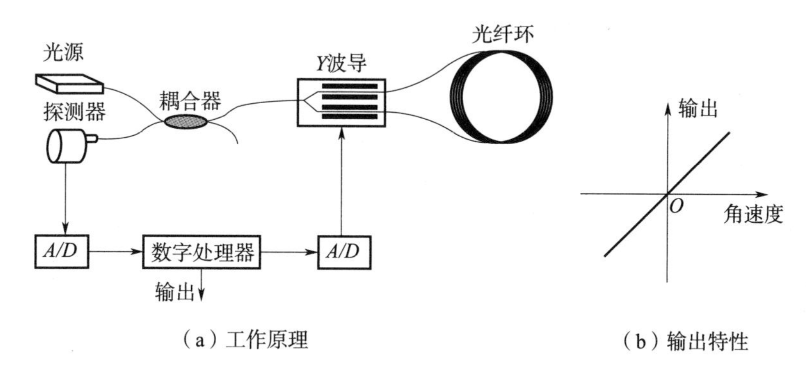

（a）工作原理　　（b）输出特性

图 4-9　闭环光纤陀螺工作原理与输出特性

$$I_D(t)=2I_0J_1\phi_m\sin[\phi_S(t)-\Delta\phi] \tag{4-20}$$

并通过反馈调节，使得 $I_D(t)=0$，从而有

$$\Delta\phi=\phi_S$$

或者

$$\frac{2\pi nL}{c}\Delta\nu=\frac{4\pi RL}{\lambda c}\Omega$$

即

$$\Delta\nu=\frac{2R}{\lambda n}\Omega \tag{4-21}$$

式（4-21）表明，频移 $\Delta\nu$ 与空间角速度 Ω 成正比，输出特性是线性的，如图 4-9（b）所示。因此，通过测量 $\Delta\nu(t)$，就可以得到空间角速度 $\Omega(t)$，并且能够采用全数字输出。这就是闭环光纤陀螺的测量原理。

光纤陀螺的误差源比较复杂，主要有非互易性、调制误差、温度和振动误差、光源和探测器噪声，以及背向反射和背向散射误差等。

光纤陀螺技术最近几年发展很快，但标度因数稳定性目前还低于激光陀螺。

4.2.5　微机械陀螺仪

微机械即微电子机械系统（MEMS）。微电子机械系统技术是建立在微米/纳米技术基础上的 21 世纪前沿技术。传统陀螺仪主要利用角动量守恒原理，因此主要利用转子定轴性及其进动性，实现惯性空间的定向。但微机械陀螺仪的工作原理不是这样，而是利用科里奥利力学原理——旋转物体在有径向运动时所受到的切向力[4]——工作的。

微机械陀螺仪按所用材料可分为石英和硅振动梁两类。石英材料的陀螺仪特性好，且有实用价值，也是最早商品化的。但石英材料加工难度大，成本很高。而硅材料结构完整，弹性好。随着深反应离子刻蚀技术的出现，使硅微机械加工技术的加工准确度显著提高，在硅衬底上用多晶硅制作不仅适宜批量生产，而且驱动和检测方便，成为当前低成本研发的主题。

硅微机械陀螺仪按结构可分为线性振动和角振动结构两类。用来产生参考振动的驱动方式有静电驱动、压电驱动和电磁驱动等。检测由科里奥利力带来的附加振动的方式有电容性检测、压阻性检测、压电性检测、光学性检测和隧道效应检测等。

假设建立如图 4-10 所示试验模型，在圆盘上放置一检测质量块，并在其上建立空间坐标系如图 4-11。用以下方程计算加速度，可得到分别来自径向加速度、科里奥利加速度和向心加速度等三项。

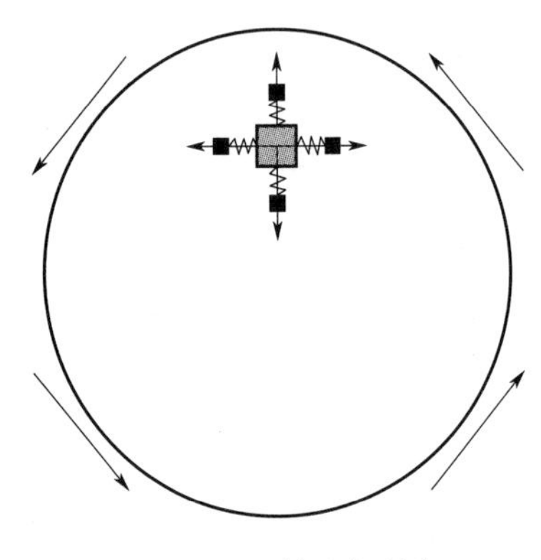

图 4-10 科里奥利力

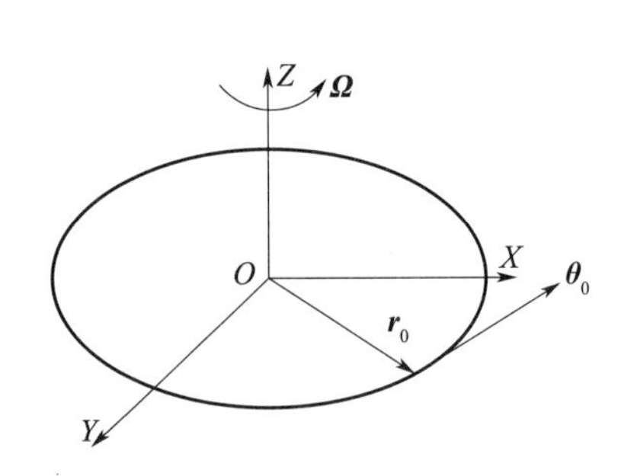

图 4-11 动态坐标系

为得到陀螺质量块的动力学方程，在陀螺质量块的基座（圆盘）上建立直角坐标系，称为壳体坐标系，陀螺质量块的内外框的运动可以看成是刚体在壳体坐标系中的运动和壳体坐标系相对于惯性坐标系运动的叠加。

设在任意时刻 $t=0$，壳体坐标系的原点和惯性坐标系的原点重合，并设任意瞬间，质量块中心在壳体坐标系中的位移矢量为 $\boldsymbol{r}$，可用下式表示：

$$\boldsymbol{r}=x\boldsymbol{i}+y\boldsymbol{j}+z\boldsymbol{k}$$

当壳体坐标系相对于惯性坐标系转动时，设其转动的角速度为

$$\boldsymbol{\Omega}=\Omega_x\boldsymbol{i}+\Omega_y\boldsymbol{j}+\Omega_z\boldsymbol{k}$$

则在壳体坐标系中观察到质量块相对于惯性坐标系的平动速度和加速度分别为

$$\begin{cases}\boldsymbol{v}=\dfrac{\mathrm{d}\boldsymbol{r}}{\mathrm{d}t}=\dfrac{\partial\boldsymbol{r}}{\partial\boldsymbol{t}}+\boldsymbol{\Omega}\times r\\\boldsymbol{a}=\dfrac{\mathrm{d}\boldsymbol{v}}{\mathrm{d}t}=\dfrac{\partial^2 r}{\partial t^2}+2\Omega\times\dfrac{\partial r}{\partial t}+\dfrac{\partial\boldsymbol{\Omega}}{\partial t}\times r+\boldsymbol{\Omega}\times(\boldsymbol{\Omega}\times\boldsymbol{r})\end{cases}\tag{4-22}$$

式中 $\dfrac{\partial\boldsymbol{r}}{\partial t}$——质量块相对于壳体坐标系的速度；

$\boldsymbol{\Omega}\times r$——因壳体转动而产生的牵连速度；

$\dfrac{\partial^2 r}{\partial t^2}$——质量块相对于壳体坐标系的加速度；

$\dfrac{\partial\boldsymbol{\Omega}}{\partial t}\times\boldsymbol{r}$——壳体坐标系的角加速度引起的切向牵连加速度；

$\boldsymbol{\Omega}\times(\boldsymbol{\Omega}\times\boldsymbol{r})$——壳体坐标系的角速度引起的法向牵连加速度；

$2\boldsymbol{\Omega}\times\dfrac{\partial\boldsymbol{r}}{\partial t}$——科里奥利加速度。

在该模型中，如果圆盘上的检测质量块没有径向运动，科里奥利力就不会产生。因此，在 MEMS 陀螺仪的设计上，检测质量块必须不停地来回做径向运动，与此对应的科里奥利力就不停地在横向来回变化，并有可能使物体在横向做微小震荡，相位正好与驱动力差 90°。MEMS 通常有两个方向的移动电容板。径向电容板加震荡电压迫使检测质量块做径向运动，横向电容板测量由于横向科里奥利运动带来的电容变化。因为科里奥利力正比于角速度，所以电容的变化可以计算出角速度。

微机械陀螺仪由于内部无需集成旋转部件，而是通过一个由硅制成的振动的微机械部件来检测角速度，因此微机械陀螺仪非常容易小型化和批量生产，具有成本低和体积小等特点。近年来，微机械陀螺仪在很多应用中受到密切地关注，例如，陀螺仪配合微机械加速度传感器用于惯性定向/定位、数码相机稳定图像、电脑无线鼠标等。

4.3　加速度计

4.3.1　概述

加速度计是惯性导航系统的主要惯性元件之一。

在惯性导航系统中已经得到实际应用的加速度计的类型很多。从所测量的加速度性质来分，有角加速度计、线加速度计；从测量的自由度来分，有单轴加速度计、双轴加速度计和三轴加速度计；从测量加速度的原理上来分，有压电式加速度计、振弦加速度计、振梁加速度计和摆式加速度计等；从支承方式来分，有液浮加速度计、挠性加速度计和静电加速度计；从输出信号上来分，有加速度计、积分加速度计和双重积分加速度计等。这些结构形式不同的加速度计，各有特点，可根据任务使命的要求选用。

虽然加速度计类型繁多，但到目前为止在惯性导航系统中实际应用的，大多数是枢轴支承和挠性支承的液浮脉冲摆式积分加速度计。这两种加速度计的发展历史较久，技术比较成熟。

4.3.2　液浮脉冲摆式积分加速度计

液浮脉冲摆式积分加速度计由表体、脉冲施矩反馈线路和温度控制器三部分组成。当沿输入轴方向出现加速度时，浮子摆在加速度的作用下，将绕其壳体支承轴产生一个角位移。为了将该角位移限制在一个小范围内，须沿摆轴施加一力矩，该力矩的大小和方向由脉冲再平衡回路产生，与加速度成正比。因而，测量该力矩大小和方向即可作为加速度大小及方向的度量。温度控制器对浮液进行精确的温度控制，以便使有关参数维持稳定。

表体是加速度计的敏感部件，它的中心组件是一个浮子摆，如图 4 - 12 所示。外面是一个起着支承作用的壳体。要测量出低达 $10^{-6}g$ 的微小加速度，敏感部件的支承轴上的干扰力矩应该尽可能地小，而要达到此目的，在工程实施上需采取一系列保证措施。

浮子摆组件由浮子、摆性螺钉、轴尖以及传感器、力矩器的动杯组成。浮子是一个内部具有一定空腔的圆柱体，在其偏离枢轴 Y 距离 L 的位置上设置一个摆性螺钉。该螺钉通

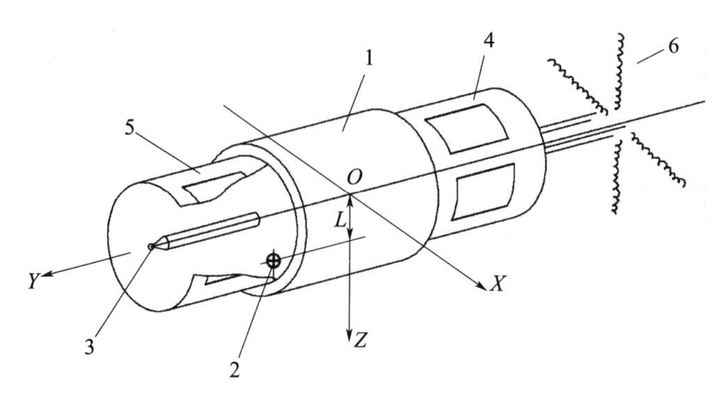

图 4-12　浮子摆示意图

1—浮子；2—摆性螺钉；3—球轴尖；4—传感器；

5—力矩器动杯；6—导电弹簧

常由金基合金制成，比重较大，使整个组件成为一个具有一定摆性的复摆。当浮子摆处于浮液中时，它的重力由浮液的浮力所平衡。浮子内腔应密封。浮子摆的两端各有一个支承轴尖，通常作为圆柱形的，与之配合的是弧孔宝石眼。

采用动圈式传感器和永磁式力矩器，可以达到灵敏度高、零位信号小及对称性等要求。

温度控制器的作用是控制浮液的温度，以保证浮子摆呈中性悬浮，使浮液的黏度稳定，从而使加速度计的动力学特性保持不变。

为了使加速度计表体免受周围磁场的干扰，同时又构不成对其他元件的干扰，通常表体外面要加屏蔽罩，其材料一般为工业纯铁或坡莫合金。

浮子摆实际上是一个复摆，质量可分为两部分：一是对称于 Y 轴分布，绕 Y 轴的转动惯量 J_y；另一部分质量为 m，其质量中心距离 Y 轴为 L。现在，定义两组坐标系，用以说明浮子组件的运动：与壳体固连的坐标系 $OXYZ$，与浮子组件固连的坐标系 $OX'Y'Z'$，如图 4-13 所示。显然，质量 m 构成了沿 Z'轴的摆性 $P=mL$；同时它对 Y 轴的转动惯量为 mL^2。

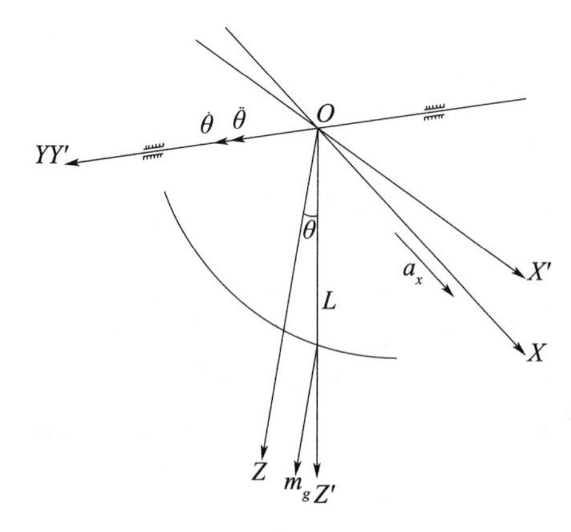

图 4-13　浮子摆绕 Y 轴的角运动

假设，基座只有沿 X 轴的运动，惯性加速度为 $-a_x$。质量 m 受到的惯性力为 $+ma_x$，除了此力，当然还有重力的作用。在这些力的作用下，浮子摆将偏离壳体初始位置，产生偏角 θ。这样，绕 Y 轴的惯性力矩为

$$M_{Iy}=-J\ddot{\theta}=-\left(J_y+mL^2\right)\ddot{\theta} \tag{4-23}$$

绕 Y 轴的外力矩为

$$M_y=-D\dot{\theta}-k\theta-M_f\text{sign}\theta-mgL\sin\theta+mLa_x\cos\theta-M_i \tag{4-24}$$

式中　$D\dot{\theta}$——阻尼力矩；

$k\theta$——弹性力矩；

M_f——摩擦力矩；

M_i——反馈线路产生的恢复力矩；

$mgL\sin\theta$——作用在 Y 轴向的重力矩分量；

$mLa_x\cos\theta$——作用在 Y 轴向的惯性力矩分量。

上述重力矩与惯性力矩分量是等效的，其和称为比力矩，以 mLA_x 表示，$A_x=a_x\cos\theta-g\sin\theta$。一般情况下，$\theta$ 很小，则 $\sin\theta\approx\theta$，$\cos\theta\approx1$，同时，可忽略摩擦力矩和弹性力矩。于是，绕 Y 轴的力矩平衡方程式为

$$\begin{gathered}-J\ddot{\theta}-D\dot{\theta}+mL\left(-g\theta+a_x\right)-M_i=0\\ J\ddot{\theta}+D\dot{\theta}=mLA_x-M_i=PA_x-M_i=\Delta M\end{gathered} \tag{4-25}$$

由式（4－25）可求得浮子摆的传递函数

$$\frac{\theta\left(s\right)}{\Delta M}=\frac{\dfrac{J}{D}}{s\left(\tau_0 S+1\right)} \tag{4-26}$$

式中　$\tau_0=\dfrac{J}{D}$——时间常数。

4.3.3　石英挠性加速度计

石英挠性加速度计是一种高可靠性、低成本、结构工艺简单的加速度计。它的一种结构示意图如图 4－14（a）所示。

由于挠性加速度计是把检测质量安装在柔软的弹性件上，从而可以避免摩擦，使其准确度和灵敏度都有所提高。挠性摆式加速度计的本体由三部分组成，即摆件、信号传感器及力矩器。再加上力反馈回路构成力反馈式系统。

壳体由两个圆柱形端盖组成，在下端盖上固定有两个永磁式力矩器的定子和摆组件。

摆组件为一石英玻璃片，厚 1 mm，它与外圈石英玻璃间由两处细颈相连，细颈厚仅 0.05 mm,这即是挠性区。在摆件两面中心处粘有力矩器动圈，装配后它伸到力矩器定子的环形槽内。在摆的中心两面还镀有一层金的电容极板，它与固定在壳体上的电容极板构成电容式信号传感器。摆组件形状如图 4－14（b）所示。摆受到加速度作用，信号传感器输出信号，经放大线路再加给力矩器产生恢复力矩，平衡加速度作用的摆力矩。

当加速度计受到沿输入轴（敏感轴）方向上的加速度作用时，施加到摆上的惯性力矩使摆绕输出轴有一个角位移 α，这个角位移由角度传感器 B 所敏感从而输出一个正比于角

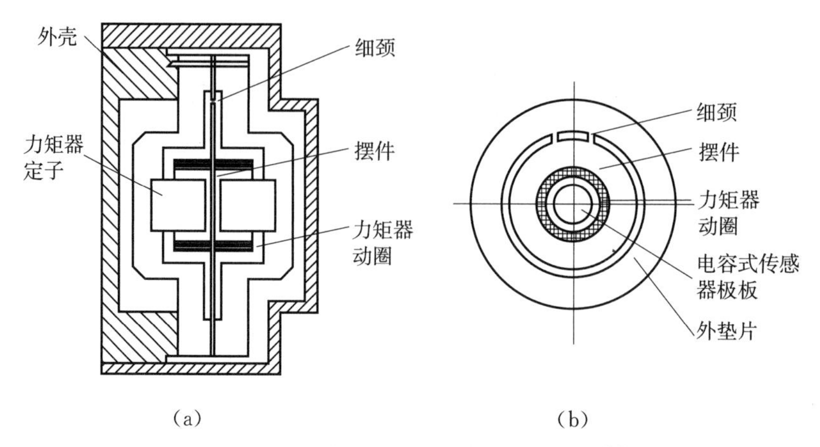

图 4-14　石英挠性加速度计结构示意图[5]

位移大小的电压信号，此信号经控制电路，输出一个正比于输入力矩大小的电流信号给力矩器 M，力矩器使摆保持在角度传感器零位附近的平衡位置。将力矩平衡电流进行转换，转换为数字值并输给计算机，计算出加速度表敏感的加速度值。加速度计测量加速度时，其输入加速度 a 和输出的电流 i 关系可用 $i=f(a)$ 曲线表示，如图 4-15 所示。从这条曲线可以看出，在输入 $a=0$ 时，输出电流 i 不等于零，一般称之为零值，这个零值由计算机进行补偿。

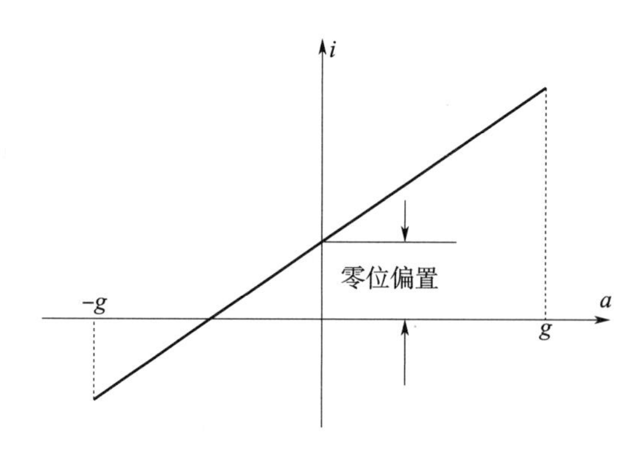

图 4-15　加速度计 $i \to a$ 关系示意图

4.4　静态惯性定向设备

惯性定向设备分为静态定向设备和动态定向设备两类。静态定向设备只能在基座静止的条件下使用，不能用于动基座定向；动态定向设备既能用于动基座定向，也能在基座静止的条件下使用。

静态定向设备在工作中始终保持静止，即没有载体的运动干扰，具有相对较好的工作条件，因此容易实现高准确度定向。目前静态定向设备中，准确度最高的是 GYROMAT-3000 型陀螺经纬仪，其标准偏差可达 3 角秒。

陀螺经纬仪和寻北仪是两种典型的静态惯性定向设备。

4.4.1 陀螺经纬仪

4.4.1.1 陀螺经纬仪概述

陀螺经纬仪，是陀螺仪和经纬仪通过连接机构结合为一体的用以测定真北方位角的仪器。它利用陀螺仪本身的物理特性（定轴性和进动性），采用金属带悬挂重心下移的陀螺灵敏部来敏感地球自转角速度水平分量，在重力作用下，产生一个向北进动的力矩，使陀螺仪主轴围绕地球子午面往复摆动，从而测定真北方位角。陀螺经纬仪广泛应用于矿山测量、工程测量和军事测绘中，也是雷达天线定向、无人机飞行定向、火炮和远程武器发射定向的重要配套设备。

陀螺经纬仪由陀螺仪和经纬仪两部分组成。经纬仪于1730年由英国人发明，经过金属经纬仪的漫长过程，20世纪20年代发展为光学经纬仪，60年代以来进入电子经纬仪阶段，现已相当先进，向着智能化方向发展。陀螺仪是陀螺经纬仪的主体，主导着整机的发展进程。陀螺仪的发展、原理等在前文已详细介绍，本节不再赘述。

陀螺经纬仪按定向准确度可分为工程级（定向准确度在10″以外）和精密级（定向准确度在10″以内）。定向原理除了英美曾经用过的速度式外，一般都用摆式。陀螺仪和经纬仪整体使用，结合方式有下挂式和上架式两类。下挂式仪器是20世纪50年代发展起来的，至今几乎所有的精密级仪器和自动化程度较高的仪器均属此类。

陀螺经纬仪的使用方式与构造特点有关。一般上架式仪器都用人工测法，下挂式仪器多用自动测法。自动测法仪器主要采用自动跟踪法、多点光电计时法和光电积分法观测。其中，光电积分法最为先进。人工测法主要采用跟踪逆转点法、中天时间法、记时摆幅法和多点记时法观测。

4.4.1.2 陀螺经纬仪组成

陀螺经纬仪由陀螺仪、经纬仪和三脚架组成。

（1）陀螺仪

陀螺仪是系统的核心，主要由陀螺灵敏部、电磁屏蔽机构、吊丝和导流丝、方位回转伺服驱动装置、阻尼装置、惯性敏感部锁紧装置、支承和调平装置、光电测角传感器、电源、控制及显示部分等组成。

陀螺灵敏部内有以恒定转速旋转的陀螺电机，该陀螺电机由吊丝悬挂于陀螺框架并由导流丝供电。

陀螺灵敏部锁紧装置是为了在运输状态下保证陀螺灵敏部安全，将惯性敏感部和框架固连。

阻尼装置是为衰减陀螺灵敏部在释放后的摆动幅度，使其摆动状态满足寻北要求，最终达到克服北向进动力矩，使陀螺灵敏部相对稳定于惯性空间某一固定方位。阻尼有摩擦力阻尼、液体阻尼和电磁阻尼等方式。

方位回转伺服驱动系统可实现陀螺仪的方位回转并提供回转力矩和稳定的传动。

支撑和调平装置可实现经纬仪和陀螺仪之间的机械和光学对接、整套仪器的调平以及各部件组件的安装固连。

光电测角传感器包括检测惯性敏感部摆动角度的光电角度传感器、检测陀螺仪方位回转角度的光栅码盘系统。

电磁屏蔽主要用于屏蔽内外磁场对陀螺寻北的干扰。

控制及显示部分通过传感器采集信号，并对其进行处理，完成对陀螺仪敏感部的锁紧及释放、阻尼控制、方位随动、通信、解算、发送和显示真北方位角等功能。

(2) 经纬仪

经纬仪是系统的方位引出装置，也可通过瞄准被测目标测量出目标地理方位角或坐标方位角。经纬仪带有自准直功能，便于测量和标校作业。通常，经纬仪带有串行通信接口，可实现和陀螺仪以及指挥系统的串行数据通信。

(3) 三脚架

三脚架提供陀螺经纬仪的支撑。

4.4.1.3　陀螺经纬仪工作原理

一般的陀螺仪在地球自转的作用下，其主轴的高度角和方位角在不停地变化，但不能指示地理方位。陀螺经纬仪中的陀螺仪是采用悬挂且重心下移的摆式陀螺仪，利用陀螺仪特性敏感地球自转角速度水平分量，使其主轴跟踪地理子午面，从而能测量出真北。

图 4-16 为悬挂在地球表面某处的陀螺仪示意图。由于地球不断地由西向东转，对惯性空间来说，悬挂陀螺仪地点的重力方向不断变化，而陀螺仪灵敏部的重心又在悬挂点之下，重力将迫使陀螺轴维持在水平方向，相当于有外力不断地翻倒陀螺，这样总有一个指向北方向的外力矩（重力矩）作用在陀螺上，陀螺的动量矩按最小夹角方向向外力矩方向进动，陀螺轴就寻北了。当进动到陀螺轴指向真北时，陀螺动量矩与重力矩重合，好像应停止能动，但由于惯性，整个陀螺房停不下来，后由于空气阻力、悬带扭矩等作用，到一定位置停下来，再重复前述之进动。结果就构成了一个围绕地轴（真北）的往复摆动，自

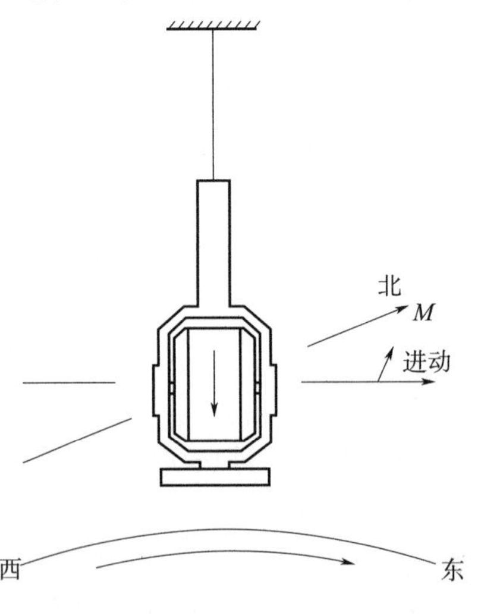

图 4-16　陀螺仪进动示意图

然这摆动的中心就是真北方向了。

陀螺经纬仪就是通过适当的光学系统观测陀螺摆动的停止位置（逆转点）来测定地球真北方向的仪器。

地球以角速度 ω_E（$\omega_E=7.25\times10^{-5}$ rad/s=1 周/昼夜）绕其自转轴旋转，所以地球上的一切东西都随着地球转动。从宇宙空间看地球的北端，地球是在做逆时针方向旋转，如图4-17（a），其旋转角速度的矢量 $\boldsymbol{\omega}_E$ 沿其自转轴指向北端，对纬度为 ϕ 的点 P 而言，地球自转角速度矢量 $\boldsymbol{\omega}_E$ 和当地的水平面成 Ψ 角，且位于过 P 点的子午面内。$\boldsymbol{\omega}_E$ 可分解为垂直分量 ω_Z 和水平分量 $\boldsymbol{\omega}_N$（沿子午线方向）。

图 4-17（b）表示辅助天球在地平面以上的部分，O 点为地球的中心，因为对天体而言，地球可看成一个点，可以设想，陀螺仪与观测者均位于此 O 点上，且陀螺仪主轴呈水平状态，方位指向真子午面以东，与真子午面夹角为 α。图中 NP_MZ_NS 为观测者真子午面；NWSE 为真地平面；OP_N 为地球旋转轴；OZ_N 为铅垂线；NS 为子午线方向；ϕ 为纬度。

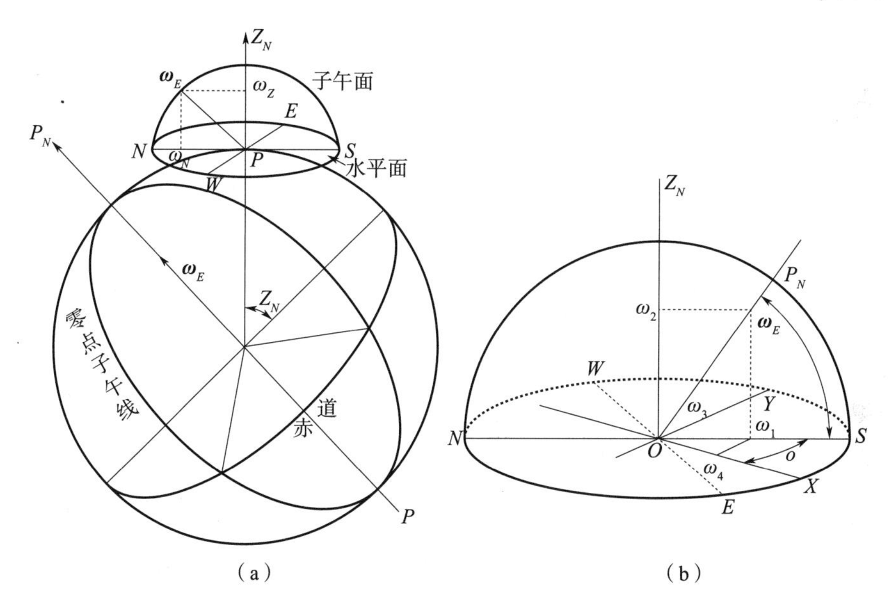

图 4-17　地球自转角速度分量示意图

这是角速度矢量 $\boldsymbol{\omega}_E$ 应位于 OP_N 上，且向着北极 P_N 那一端。将 $\boldsymbol{\omega}_E$ 分解成互相正交的两个分量 ω_1 和 ω_2，ω_1 叫地球旋转的水平分量，表示地平面在空间绕子午面旋转的角速度；且地平面的东半面在降落，西半面升起，在地球上的观测者感到就像太阳和其他星体的高度变化一样。

分量 ω_2 表示子午面的空间绕铅垂线亦即万向结构的 Z 轴旋转的角速度，并且表示子午线的北端向西移动。这个分量称为地球旋转的垂直分量。观测者在地球上感到的正如太阳和其他星体的方位变化一样。

下文以钟摆式陀螺仪为例说明陀螺经纬仪工作原理。为了说明钟摆式陀螺仪受到地球旋转角速度的影响，把地球旋转分量 ω_1 再分解为两个互相垂直的分量 ω_3（沿 Y 轴）和 ω_4

（沿 X 轴）。分量 ω_4 表示地平面绕陀螺仪主轴旋转的角速度，对陀螺仪轴在空间的方位没有影响。分量 ω_3 表示地平面绕 y 轴旋转的角速度，对以后 X 的进动有影响，所有叫做地球自转有效分量。该分量使得陀螺仪轴发生高度的变化，向东的一端仰起（因东半部地平面下降），向西一端倾降。由此可知，当地球旋转时，钟摆式陀螺仪上的悬重 Q 将使得主轴 X 产生回到子午面内的进动。其关系表示于图 4－18，当陀螺仪主轴 X 平行于地平面的时刻，则悬重 Q 不引起重力力矩，所以对轴的方位没有影响。但在下一时刻，地平面依角速度绕轴旋转，所以地平面不再平行于轴，而是与之呈某一夹角。设轴正端偏离子午面之东，那么当地平面降落后，观测者感到的是轴的正端仰起至地平面之上，并与地平面呈夹角 θ。因而悬重 Q 产生力矩使得轴的正端进动并回到子午面内，反之亦然。

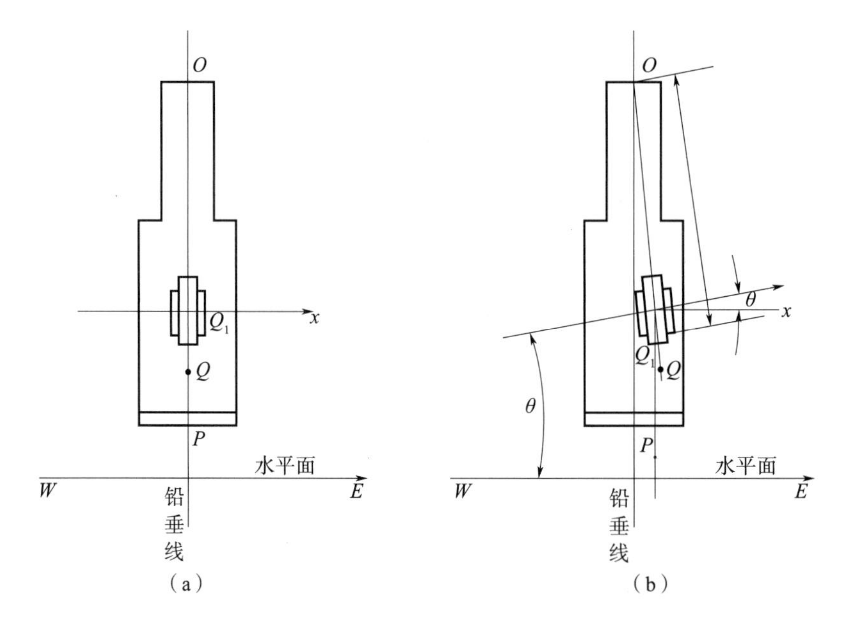

图 4－18　陀螺仪轴与重力矩的关系

由于与地球转动的同时，子午面亦在按地球自转铅垂分量 ω_2 不断地变换位置，所以，即使某一时刻陀螺仪轴与地平面平行且位于子午面内，但下一时刻陀螺仪轴便不再位于子午面内，因此陀螺仪轴与子午面之间具有相对运动形式。当陀螺仪轴的进动角速度 ω_P 与角速度分量 ω_2 相等，则陀螺仪轴与仪器所在地子午面保持相对静止，也就是说，陀螺仪轴正端自地平面仰起 θ 角时，陀螺仪 X 轴与子午面保持相对静止，此时的 θ 角称之为补偿角，以 θ_0 表示。

陀螺仪轴相对于子午面所作的相对运动的过程表示于图 4－19。通过陀螺仪的中心 O 可做水平面 $ESWN$ 和子午面 SZ_nP_nN，竖直投影面 H 垂直于子午面，纵轴 $M-M$ 为子午面的投影，横轴为地平面的投影，陀螺仪轴正端偏离子午面的角度 α 用水平线段来表示，X 轴对地平面的倾角 θ 用垂直线段表示。

假设开始时陀螺仪轴正端向东偏离子午面 α 角，位于 Ⅰ 点，并位于过 O 点的水平面内，即 $\theta=0$，一般称这个位置为陀螺仪的初始位置。但由于地球自转有效分量 ω_3 的作用，

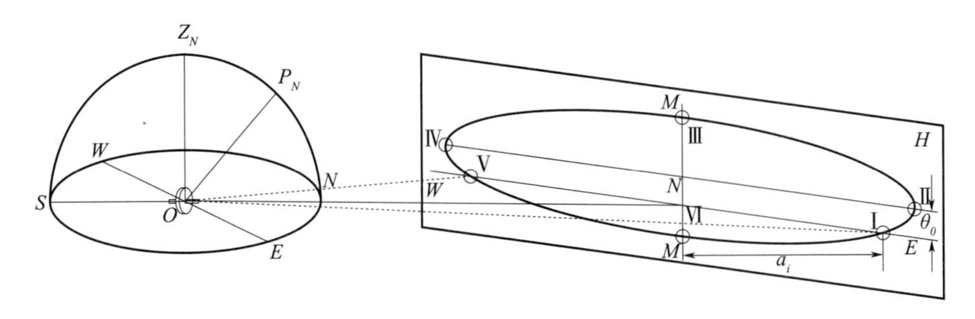

图 4－19　陀螺仪轴对子午面的相对运动示意图

过 O 点水平面的东半部将要不断下降，西半部不断上升。根据陀螺定轴性的特点，陀螺仪 X 轴正端将相对于水平面抬高而出现仰角。这就产生作用于灵敏部上的重力矩。此重力矩并引起陀螺仪轴向西进动，力图使 X 轴回到子午面内。但此时重力矩很小，进动角速度 ω_p 小于地球自转角速度分量 ω_2，即 $\omega_p<\omega_2$，因此 X 轴仍然相对于子午面向东偏离，同时对于水平面的倾角也继续增大，一直到 X 轴相对于水平面的仰角为 θ_0，即到达Ⅱ点时，进动角速度 ω_p 与 ω_2 相等，方向相同，此时 X 轴不再进动。

由于 ω_3 的作用，θ 角将继续增大，以致进动角速度 ω_p 大于 ω_2，此时 X 轴将向子午面进动，在 X 轴未回到子午面之前，角总是增加的，进动角速度 ω_p 也越来越大。当 X 轴回到子午面内，即到达Ⅲ点时，θ 角达到最大值，重力矩和进动角速度也达到最大值，X 轴将继续超前子午面向西进动。但此时由于陀螺仪轴正端偏向子午面以西，由于 ω_3 的作用，西边地平面相对于陀螺仪轴正端抬高，及 θ 角逐渐减小。当到达Ⅳ点时，仰角又减至 θ_0，这时 X 轴进动角速度 ω_p 的大小和方向均和地球自转垂直分量 ω_2 相等，X 轴与子午面保持相对静止，X 轴处于子午面以西，偏离子午面最远。

再过片刻，因为 X 轴位于地平面的西半部，地平面以最大速度仰起，即 X 轴以最大速度倾降，X 轴的仰角即开始小于补偿角 θ_0。由悬重引起的 X 轴进动的角速度 ω_p 开始小于地球垂直分量 ω_2，X 轴的进动落后于子午面的转动，所以 X 轴向东旋逐渐向子午面靠近。当到达 V 点时，X 轴平行于地平面，重力矩出现负值，X 轴向东进动，从而加速了向子午面方向的运动。由于负 θ 角的绝对值越来越大，X 轴又回到子午面内，即到达Ⅵ点，此时 X 轴正端处于最低点，由于最大负重力矩的作用，X 轴又以最大进动角速度偏离子午面，往后就是继续原来的过程。

摆式陀螺仪就是这样在子午面 $M-M$ 附近连续不断的、衰减的椭圆简谐摆动。X 轴在沿椭圆轨迹的运动中，稍停而又向反方向运动的时刻叫做陀螺仪的逆转时刻。点Ⅱ与点Ⅳ叫做陀螺仪的逆转点。取东、西逆转点的平均值即可得出子午面的方向，这就是陀螺经纬仪的基本工作原理。

4.4.1.4　陀螺经纬仪光路系统

陀螺经纬仪是靠观测陀螺轴摆动来实现定向的，但是，陀螺轴密封在陀螺房内部，是不能直接观测到的，须通过光学系统间接反映出陀螺的运动。

某型陀螺经纬仪系统光路如图 4－20（a）所示[6]。光源发出的光经过聚光镜聚光后，透过分划板的狭缝，形成线光源，经过棱镜、反射镜 1 反射后透过透镜成像，经反射镜 2 反射后由分光棱镜分成两束，分别成像在目镜分划板上和 CCD 上。反射镜 1 固定在陀螺仪灵敏部上，随灵敏部仪器运动。灵敏部的运动引起光标像变动，在 CCD 上接收到的光标像变化就反映了陀螺仪灵敏部的运动情况。

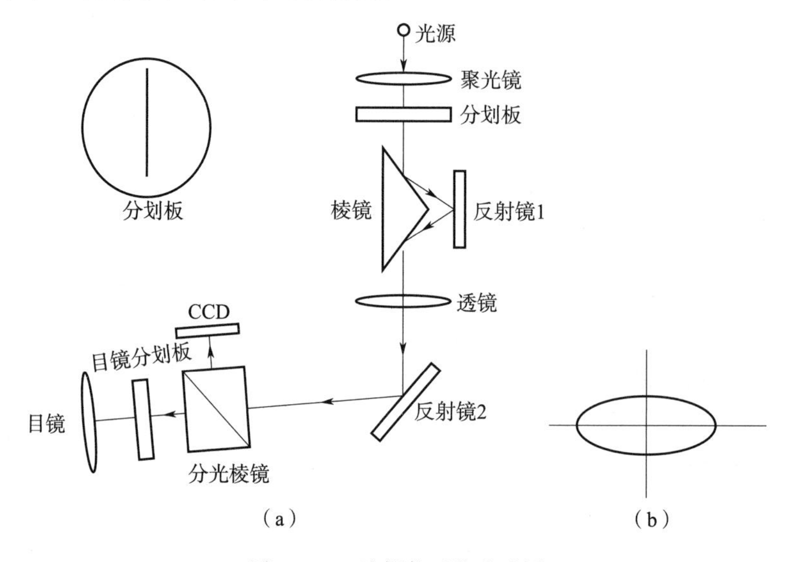

图 4－20 陀螺仪系统光路图

图 4－20（b）是光标在 CCD 上的运动轨迹，它代表着陀螺仪的运动轨迹，是一个逆时针运动的椭圆。寻北过程中，陀螺灵敏部将随着陀螺轴进动而往复摆动，由光路系统反映的陀螺轴的运动轨迹将成像在分划板上，透过目镜即可观察到光标的运动情况，这样就通过测量光标的运动，间接地测量出了陀螺的运动情况。光标在分划板上的运动有横向和纵向两种位移，若将光标中心在分划板上的横向位移沿时间轴展开，得到如图 4－21 所示的运动曲线。

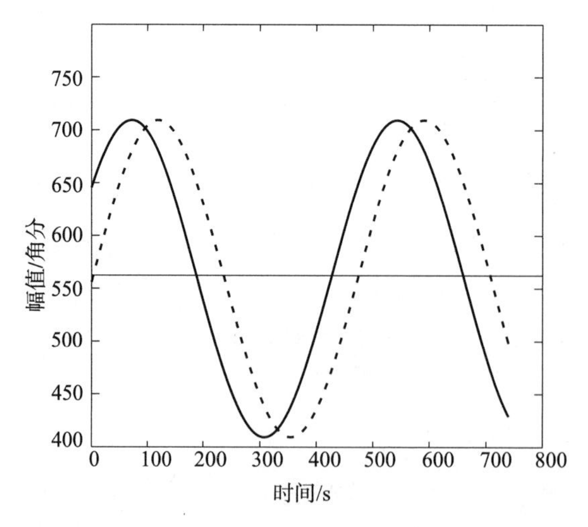

图 4－21 光标运动曲线和正弦曲线对比图

若不计衰减和其他可以忽略掉的因素，该曲线可表示为

$$X=A\cos(\omega t+\varphi)+d \tag{4-27}$$

式中　X——光标的运动位置；

A——光标的摆动振幅；

ω——光标的摆动角速度；

φ——光标摆动相对于真北方向的初始相位；

d——光标摆动中心于参考零点之间的偏移量。

由式（4-27）可知，陀螺运动是一种简谐运动，测量的目的就是通过测定（t，x）值来确定运动的中心，得到光标的摆动中心和参考零点之间的偏移量 d，从而推算出真北所在方位。在理想情况下，陀螺的运动方程是正弦曲线或衰减的正弦曲线，陀螺仪寻北的很多算法就是依此为依据设计出来的。

4.4.1.5　定向方法

吊丝式陀螺经纬仪的定向方法按照仪器照准部处于跟踪状态或固定状态，可分为两大类：一类是经纬仪照准部处于跟踪状态，即逆转点法；一类是经纬仪照准部处于固定状态，如中天法、时差法、积分法、最小二乘法等。本节分别介绍逆转点法和积分法定向方法。

（1）逆转点法

用陀螺经纬仪观测待定边的陀螺方位角，可按下述步骤进行。

1）近似指北观测。目的是把经纬仪望远镜视准轴置于近似北方。首先在待定点上整置陀螺经纬仪，脚架必须设置牢固，避免阳光直射。将望远镜视准轴大致指向北方，用下述方法之一进行近似指北观测。

a）两个逆转点法。启动陀螺马达，达到额定转速时，下放陀螺灵敏部，松开经纬仪水平制动螺栓，用手转动照准部跟踪灵敏部的摆动，使陀螺仪目镜视场中移动着的光标像与分划板零刻线随时重合。当接近摆动逆转点时，光标像移动慢下来，此时制动照准部，改用水平微动螺旋继续跟踪，按上述方法继续向反方向跟踪，达到另一逆转点，再读取水平度盘读数；松开制动螺栓，按上述方法继续向反方向跟踪，达到另一个逆转点，再读取水平度盘读数 α'_2。锁紧灵敏部，制动陀螺马达，按下式计算近似北方在水平度盘上的读数

$$N'=\frac{1}{2}(a'_1+a'_2) \tag{4-28}$$

旋转照准部，把望远镜摆在 N'读数位置，这时，视准轴就指向了近似北方。然后进行下步精确指北观测。用此法可使视准轴指向偏离真北±3′以内，观测时间不超过10分钟。

b）四分之一周期法。启动陀螺马达，达到额定转速后，下放陀螺灵敏部。用手转动照准部进行跟踪，让陀螺仪目镜分划板零刻线走在光标像的前面，当光标像移动速度逐渐慢下来时（此时已接近逆转点），固定照准部，停止跟踪，待光标像与分划板零刻线重合时，启动秒表，光标像继续向前移动，到达逆转点后又反向移动，当光标像再次与分划板

零刻线重合时，在秒表上读取时间 t。此时不停秒表，用下式计算出时间 T'

$$T'=\frac{t}{2}+\frac{T_1}{4} \tag{4-29}$$

式中 T_1——跟踪摆动周期，可使用该地区观测值。

松开水平制动螺旋继续跟踪，使光标像和分划板零刻线始终重合，同时观察秒表读数。当跟踪到 T'时刻，立即固定照准部，停止跟踪，这时，望远镜视准轴就指向了近似北方，图4-22为观测过程示意图。用这种方法进行近似指北观测，可使望远镜指向偏离真北±10′以内，观测时间不超过 6 分钟。

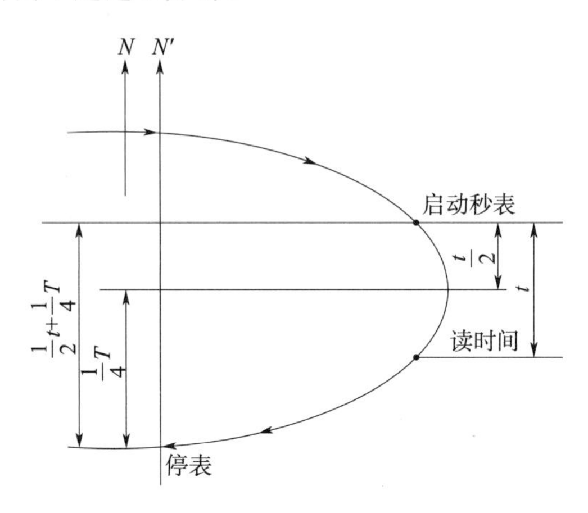

图 4-22 四分之一周期法

2）精确指北观测。近似指北观测后，进行精确指北观测。本节以跟踪逆转点法为例进行说明。

a）以一个测回测定待定测线的方向值 B_1。

b）把望远镜视准轴摆在近似指北观测确定的近似北方在水平度盘上读出位置，固定照准部，把水平微动螺旋调整到微动范围的中间位置。

c）测前零位观测。零位是指陀螺马达不转时，陀螺灵敏部受悬挂带和导流丝扭力作用而引起的扭摆，其扭摆的平衡位置，就是扭力矩为零的位置。这个位置应在目镜分划板零刻线上。采用跟踪逆转点法，灵敏部摆动的光标象应随时与目镜分划板零刻线重合。如果悬挂带零位偏离分划板零刻线，即产生零位变动，势必造成扭力影响的误差。这个误差属于系统性的，可通过零位改正加以补偿。若零位偏离过大，则应进行调整。

零位观测方法：下放陀螺灵敏部，观察目镜视场上光标象在分划板上的摆动，读出左与右摆动逆转点在分划板上的正与负格值，进行记录。连续读定三个逆转点读数，观测过程如图 4-23 所示。按下式计算零位

$$A=\frac{1}{2}\left(\frac{a_1+a_3}{2}+a_2\right) \tag{4-30}$$

式中，a_1，a_2，a_3 为逆转点读数，以格计。

同时还需用秒表测定周期，即光标象穿过分划板零刻线的瞬间启动秒表，待光标象摆

动一周，再次穿过零刻线的瞬间制动秒表，其读数称为自由摆动周期 T_3，零位观测完毕，锁紧灵敏部。

d）启动陀螺仪马达，达到额定转速后，缓慢地下放灵敏部到半脱离位置，稍停 3～5s，再全部下放。如果光标像移动过快，再使用半脱离阻尼限幅，使摆幅大约在 1°～3°范围为宜。用水平微动螺旋微动照准部，让光标像与分划板零刻线随时重合，即跟踪。在跟踪时，要做到平稳、连续。

陀螺轴在子午线左右的摆动如图 4－24 所示。在平衡位置上，光标像行进速度最快，当接近逆转点时，速度渐渐慢下来，到达逆转点时，好像停留片刻，此时应准确地使光标像与分划板零刻线重合，并迅速地把逆转点相应于水平度盘上的读数记下来。然后向反方向继续跟踪，一次连续观测 4～5 个逆转点，读数 u_1，u_2，…，u_5 后，锁紧灵敏部，制动陀螺马达。

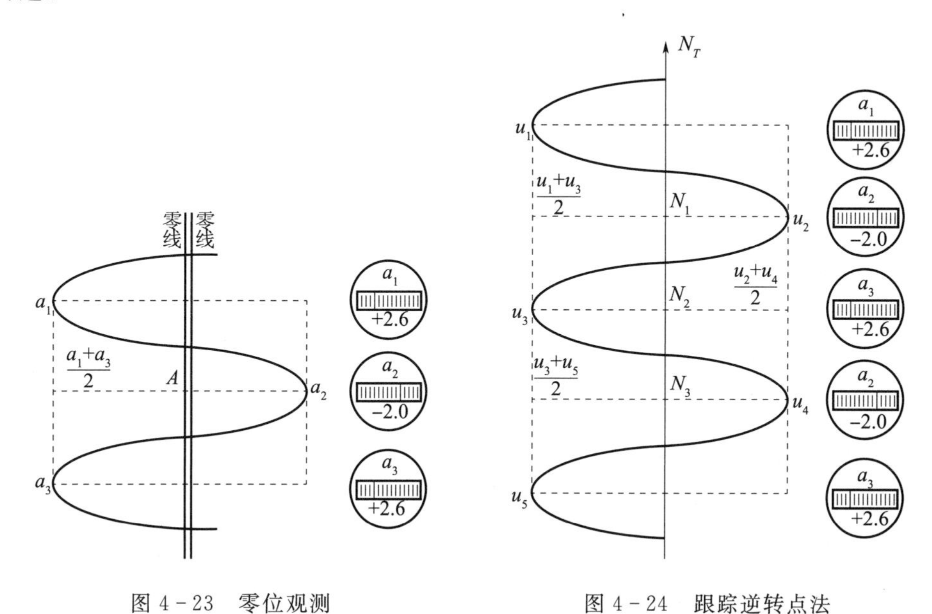

图 4－23　零位观测　　　图 4－24　跟踪逆转点法

跟踪时，还需用秒表测定连续两次同一方向经过逆转点的时间，称为跟踪摆动周期 T_1。

摆动平衡位置 N_T 就是陀螺子午线在水平度盘上的读数，用下式计算

$$\begin{cases} N_1 = \dfrac{1}{2}\left(\dfrac{u_1 + u_3}{2} + u_2\right) \\ N_2 = \dfrac{1}{2}\left(\dfrac{u_2 + u_4}{2} + u_3\right) \\ \vdots \\ N_n = \dfrac{1}{2}\left(\dfrac{u_n + u_{n+2}}{2} + u_{n+1}\right) \\ N_T = \dfrac{1}{n}\ (N_1 + N_2 + \cdots + N_n) \end{cases} \tag{4-31}$$

e）测后零位观测：方法同测前零位观测。

f）以一测回测定待定测线的方向值 B_2，则待定测线平均方向值

$$B=\frac{1}{2}\ (B_1+B_2) \tag{4-32}$$

g）按下式计算待定测线陀螺方位角

$$a_T=B-N_T+\lambda_1\cdot\Delta\alpha \tag{4-33}$$

式中 B——测线方向值；

N_T——陀螺北方向值；

$\lambda\cdot\Delta\alpha$——零位改正项，其中，$\Delta\alpha$ 为零位变动，按下式计算：

$$\Delta\alpha=m\cdot h \tag{4-34}$$

m——目镜分划板分划值；

h——零位个数；

λ_1——零位改正系数，按下式计算

$$\lambda_1=\frac{T_1^2-T_2^2}{T_2^2} \tag{4-35}$$

T_1——跟踪摆动周期；

T_2——不跟踪摆动周期（与自由摆动周期测法同）。

（2）积分法

逆转点法进行寻北测量时，要求测量人员对陀螺仪灵敏部的光标运动情况通过目镜进行观测，由于运动周期长，很容易产生疲劳。此外，人工读数的视觉误差较大，在很大程度上影响了陀螺经纬仪的寻北准确度。新型陀螺经纬仪则利用现代计算机技术和智能算法，陀螺经纬仪中的经纬仪则用全站仪代替，实现了全自动定向功能。陀螺经纬仪架设调平完毕后，可自动完成寻北操作，给出基准棱镜或全站仪视轴的北向方位角，并将全站仪水平读盘自动改正为目标方位角。而寻北方法，也采用积分法。

积分法原理如图 4－25 所示。设 O 为陀螺仪的初北方向，R 为光标曲线的平衡位置，设曲线函数为

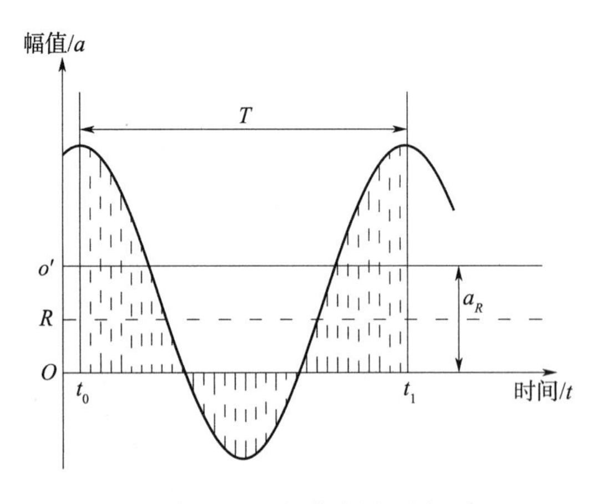

图 4－25 积分法原理图

$$a=f(t) \tag{4-36}$$

由于曲线是以周期为 T 的周期函数，则有

$$a=f(t+T) \tag{4-37}$$

令

$$f(t)=F(t)+R \tag{4-38}$$

其中，$f(t)$ 为以 R 为中心的周期函数，$F(t)$ 为以 O 为中心的周期函数。

在一个周期内，对 $f(t)$ 积分可得

$$\int_{t_0}^{t_1} f(t)\,\mathrm{d}t=\int_{t_0}^{t_1}(F(t)+R)\,\mathrm{d}t \tag{4-39}$$

由于

$$t=t_0+T \tag{4-40}$$

因此有

$$\int_{t_0}^{t_1} F(t)\,\mathrm{d}t=\int_{t_0}^{t_0+T} F(t)\,\mathrm{d}t=0 \tag{4-41}$$

所以有

$$\int_{t_0}^{t_1} f(t)\,\mathrm{d}t=\int_{t_0}^{t_0+T} f(t)\,\mathrm{d}t=\int_{t_0}^{t_0+T}(F(t)+R)\,\mathrm{d}t=\int_{t_0}^{t_0+T} F(t)\,\mathrm{d}t+\int_{t_0}^{t_0+T} R\mathrm{d}t=RT \tag{4-42}$$

从而推出

$$R=\frac{1}{T}\int_{t_0}^{t_0+T} f(t)\,\mathrm{d}t \tag{4-43}$$

由于在智能寻北系统中，CCD 采集光标数据是用像元素来表示的，是一个长度量，因此 R 也是长度量，需要将其转化为角度量。为了得到仪器照准部偏离真北方向的角度，需要带入陀螺转动角度和光标移动位移的换算关系，设为 C'，则有

$$a_R=C' * R=C'\frac{1}{T}\int_{t_0}^{t_0+T} f(t)\,\mathrm{d}t \tag{4-44}$$

陀螺转动角度和光标移动位移的换算关系 C' 是通过对陀螺仪光路系统的分析得到的。陀螺仪灵敏部发生摆动时，反射镜跟随灵敏部将偏离一个角度 Δa，线光源在像屏上的成像也随之有一个移动量 Δd。通过检验 Δd 和 Δa，即可得出 C' 值。

积分法和逆转点法一样，需要在真北附近进行寻北测量，所以陀螺仪需首先进行粗寻北，从而真北方向公式为

$$\alpha_R=C' * R=C'\frac{1}{T}\sum_{i=0}^{n-1} f(t_T)\,\Delta t \tag{4-45}$$

式中　Δt——每次采样的时间间隔；

　　　n——一个周期内的采集的数据个数。

由前面的分析可知，周期积分法的测量于开始点的选取无关，即可以在接受数据的任意时刻开始进行寻北计算。它所需的寻北时间为陀螺灵敏部摆动的一个周期，大约 440 秒左右。

4.4.2　寻北仪

4.4.2.1　基本工作原理

在静基座上，利用惯性敏感器测量地球自转角速度分量，从而测出当地真北方向的设备，常称为寻北仪。

寻北仪的敏感量是地球自转角速度，为此首先需要清楚地球自转角速度的物理含义，我们生活在地球上，却感觉不到地球在运动，那是因为我们把地球自身作为了参照物，但如果把太阳作为参照物，就会发现地球不仅绕着太阳公转，还绕着自转轴进行自转，也就是所说的“坐地日行八万里”。因此我们所说的地球自转是指地球相对惯性系的运动，若不考虑地球绕太阳公转（公转约为 1 年转 1 周，自转约为 1 天转 1 周），忽略太阳相对宇宙空间的运动，惯性系可选地心惯性坐标系。

图 4－26 为地球自转角速度在惯性系和理系的投影示意图。图中 O 为地球球心，OZ_i 为地球自转轴，$OX_iY_iZ_i$ 为地心惯性坐标系，地球表面附近 A 点的纬度为 ϕ，$AX_tY_tZ_t$ 为 A 点的东北天地理坐标系，Ω 为地球自转角速度。

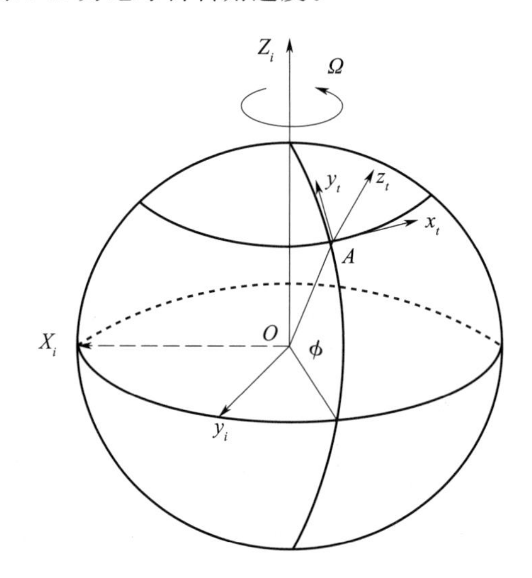

图 4－26　地球自转角速度在惯性系和地理系的投影示意图

由图 4－32 知地球自转角速度在地心惯性系三个轴上的分量为

$$\begin{cases}\omega_{xi}=0\\ \omega_{yi}=0\\ \omega_{zi}=\Omega\end{cases} \tag{4-46}$$

地心惯性坐标系 $OX_iY_iZ_i$ 与当地地理坐标系 $AX_tY_tZ_t$ 的变换矩阵为

$$\boldsymbol{M}_{it}=\begin{bmatrix}1 & 0 & 0\\ 0 & \sin\varphi & \cos\varphi\\ 0 & -\cos\varphi & \sin\varphi\end{bmatrix} \tag{4-47}$$

得地球自转角速度在地理坐标系三个轴上的分量为

$$\begin{bmatrix}\omega_e\\ \omega_n\\ \omega_b\end{bmatrix}=\boldsymbol{M}_{it}\begin{bmatrix}\omega_{xi}\\ \omega_{yi}\\ \omega_{zi}\end{bmatrix}=\begin{bmatrix}0\\ \Omega\cos\varphi\\ \Omega\sin\varphi\end{bmatrix} \tag{4-48}$$

式中　ω_e——地球自自转角速度东向分量；

ω_n——地球自自转角速度北向分量；

ω_b——地球自自转角速度天向分量。

地球自转角速度是一个十分稳定的量，基本可以作为常量对待，在工程上可以利用角速度敏感元件陀螺仪来测量，若在 A 点水平放置一陀螺仪，且不考虑陀螺仪自身误差因素，则陀螺仪测出的角速度为

$$\omega_\gamma=\Omega\cos\varphi\cos\gamma \tag{4-49}$$

式中，γ 为陀螺仪输入轴和真北的夹角，由于 A 点纬度 φ 已知，因此只要能精确测出 ω_λ 大小就可求出 γ 角的余弦值。由于

$$\cos\gamma=\frac{\omega_\gamma}{\Omega\cos\varphi} \tag{4-50}$$

故当 A 点纬度 φ 接近 $\pm 90°$ 时，$\cos\varphi$ 接近于零，这时系统的信噪比变小，所以在高纬度地区，寻北准确度会变差甚至丧失寻北功能。

由三角函数特性知，测得一组 ω_γ 值，无法唯一确定方位角 γ，如 $\omega_\gamma=0$，能对应求出 $\gamma=90°$ 或 $\gamma=270°$，为此通常需通过它辅助手段粗略判断出方位角 γ 的象限，才能唯一确定方位角 γ。

寻北仪的研制与陀螺仪表的发展密切相关，目前用于寻北仪的陀螺有液浮陀螺、动力调谐陀螺、静电陀螺、激光陀螺、光纤陀螺等，不同准确度和性质的陀螺决定了寻北仪的准确度和性能特点。

寻北仪主要有两个指标，一个是寻北准确度，一个是寻北时间。实际应用中，可根据不同的具体任务要求在这两个指标之间有所权衡。用一个单自由度陀螺在水平面内旋转 2～4 个或更多个位置，可根据在每个位置测量的地球自转角速度的分量值联立求解出方位角。但达到的寻北准确度和所用的寻北时间有所不同。如两位置寻北时，对准速度快，但需要采用陀螺标度因数的先验值才能求出方位角；而对称三位置或四位置寻北方法，寻北时间较长，但不需要陀螺标度系数的先验值，使寻北准确度主要取决于陀螺漂移的短期稳定性。

也可通过陀螺敏感轴绕地垂线连续、匀速旋转的方法，由陀螺输出的呈正弦函数规律变化的数据序列中辨识出方位角，但这种方法对转动机构设计要求较高，数据处理方法比较复杂。

上述无论是多位置寻北方法，还是连续旋转寻北方法，其原理基本一致。实际中，可根据不同的环境条件和具体任务要求，并结合所采用陀螺仪的性能特点，合理选择寻北方法。液浮陀螺和激光陀螺具有较好的标度稳定性[7]，因此液浮陀螺或激光陀螺寻北仪，可采用二位置寻北方法，通过试验室提前标定陀螺标度，即可以实现寻北快速性，又具有较高的寻北准确度；光纤陀螺标度稳定性相对差一些，故光纤陀螺寻北仪通常采用对称四位

置寻北方法。

下面以液浮陀螺寻北仪为例介绍典型的两位置寻北方法，以光纤陀螺寻北仪为例介绍典型的四位置寻北方法，其他方法可依此类推。

4.4.2.2　液浮陀螺寻北仪

（1）系统基本组成

液浮陀螺寻北仪主要由惯性测量装置和调平基座两部分组成。

惯性测量装置是完成寻北任务的主体仪器，包括惯性元件组合体及其电子设备部件两个部分。惯性元件组合体由惯性元件、测角元件、执行元件、台体、外壳体组成。台体上安装有一个单自由度液浮陀螺仪及一个石英挠性加速度计。测角装置由旋转变压器及圆感应同步器组成，经过粗精耦合，为系统提供准确的角度信息。执行元件为直流力矩电机。在惯性元件组合体中还配有陀螺仪温控及台体温控线路，以保证高准确度惯性元件的性能指标。

调平基座为惯性测量装置提供粗水平。主要目的是减小水平倾角对寻北准确度的影响。

（2）水平条件下的两位置寻北方法

若采用反馈电流法检测液浮陀螺的输出，则液浮陀螺的输出模型简写为

$$I=(\omega+\varepsilon_c+\varepsilon_r)/k_g \tag{4-51}$$

式中　I——陀螺仪反馈电流；

ω——输入角速度；

ε_c——陀螺逐次启动常值漂移；

ε_r——陀螺随机漂移；

k_g——陀螺标度。

寻北过程中，陀螺输入轴与转台面平行，若转台面是水平的，当转台转到对称的两个位置时，则可得到各位置上陀螺的输出分别为

$$\begin{aligned} I_1 &= (\Omega\cos\varphi\cos\gamma+\varepsilon_c+\varepsilon_{r1})/k_g \\ I_2 &= [\Omega\cos\varphi\cos(\gamma+180°)+\varepsilon_c+\varepsilon_{r2}]/k_g \end{aligned} \tag{4-52}$$

式中　γ——第一位置陀螺仪输入轴和真北的夹角。

由式（4-52）可求得

$$\cos(\gamma)=\frac{I_1k_g-I_2k_g+\varepsilon_{r2}-\varepsilon_{r1}}{2\Omega\cos\varphi} \tag{4-53}$$

进而可求得

$$\gamma=\arccos\left[\frac{I_1k_g-I_2k_g+\varepsilon_{r2}-\varepsilon_{r1}}{2\Omega\cos\varphi}\right] \tag{4-54}$$

由式（4-54）可以看出，要想求出方位角 γ，必需预先标定出陀螺标度 k_g，且定向准确度主要受陀螺漂移短期稳定性 $\varepsilon_{\gamma2}-\varepsilon_{\gamma1}$ 的影响。

（3）倾斜条件下的两位置寻北方法

若考虑水平倾角的影响，则陀螺敏感到的输入角速度为

$$I=[\Omega\cos\varphi\cos\gamma\cos k+\Omega\sin\varphi\cos k\sin\theta+\varepsilon_c+\varepsilon_r]/k_g \tag{4-55}$$

式中　k——惯性组合体绕方位轴旋转的角度；

θ——与陀螺敏感轴平行方向的载体纵倾角。

在位置 1 即 $k=0°$ 时的陀螺敏感量为

$$I_1=[\Omega\cos\varphi\cos\gamma+\Omega\sin\varphi\sin\theta_1+\varepsilon_c+\varepsilon_{r1}]/k_g \tag{4-56}$$

在位置 2 即 $k=180°$ 时的陀螺敏感量为

$$I_2=[\Omega\cos\varphi\cos\gamma-\Omega\sin\varphi\sin\theta_2+\varepsilon_c+\varepsilon_{r2}]/k_g \tag{4-57}$$

由式（4－56）和（4－57）可导出系统寻北方程

$$\gamma=\arccos[I_1k_g-I_2k_g-\Omega\sin\varphi(\sin\theta_1+\sin\theta_2)+(\varepsilon_{r2}-\varepsilon_{r1})/2\Omega\cos\varphi] \tag{4-58}$$

从寻北解算公式中，可以看出倾斜条件下两位置寻北方法，寻北准确度不仅受陀螺短期随机漂移稳定性的影响，还受水平倾角误差的影响。

（4）两位置寻北方法特点

1）需要预先知道陀螺标度值，并且陀螺标度稳定性要好，陀螺标度值在两个位置应基本保持不变，才能应用式（4－58）解算方位角。

2）两位置寻北较四位置寻北能节省一些时间，但若采用液浮陀螺寻北，陀螺稳定需要消耗一定的时间，因此若对快速性要求较高，激光陀螺的两位置寻北方法是一个较好的选择。

3）由于受标度稳定性的影响，两位置寻北方法较四位置寻北方法的寻北准确度稍差一些，但通过选择标度高稳定性的陀螺，可弥补这一缺点。

4）影响两位置寻北准确度的主要因素是陀螺漂移的稳定性，为此系统设计时，应重点考虑陀螺的性能特点和工作环境，根据其性能特点，为其营造出“舒适”的温度、电磁、震动等工作环境，以充分提高陀螺漂移的稳定性。

5）水平两位置寻北方法要求陀螺输入轴与水平面平行，因此需要配置水平调整机构，在每个位置寻北前，先进行水平调整。

4.4.2.3　光纤陀螺寻北仪

（1）系统基本组成

光纤陀螺寻北仪与液浮陀螺寻北仪相比，在组成上主要有两点不同。一是采用的陀螺不同，光纤陀螺寻北仪采用的是光纤陀螺，液浮陀螺寻北仪采用的是单自由度液浮陀螺；二是与陀螺相关的控制和检测电子线路不同；其余部分基本一致。

（2）水平条件下的四位置寻北方法[8]

光纤陀螺的输出模型可简写为

$$N=k_{g0}+k_{g1}\omega+\varepsilon_r \tag{4-59}$$

式中　k_{g0}，k_{g1}——分别为光纤陀螺的零偏和标度因数；

ω——为输入角速度；

ε_r——为陀螺随机漂移。

寻北过程中，陀螺输入轴与转台面平行，若转台面是水平的，当转台转到正交的四个

位置时，则可得到各位置上陀螺的输出分别为

$$\begin{cases} N_1 = k_{g0} + k_{g1}\Omega\cos\varphi\cos\gamma + \varepsilon_{r1} \\ N_2 = k_{g0} + k_{g1}\Omega\cos\varphi\cos(\gamma + 90°) + \varepsilon_{r2} \\ N_3 = k_{g0} + k_{g1}\Omega\cos\varphi\cos(\gamma + 180°) + \varepsilon_{r3} \\ N_4 = k_{g0} + k_{g1}\Omega\cos\varphi\cos(\gamma + 270°) + \varepsilon_{r4} \end{cases} \tag{4-60}$$

式中 γ——第一位置陀螺仪输入轴和真北的夹角；

φ——当地纬度；

$N_1 \sim N_4$——依次为 4 个位置上光纤陀螺在规定时间内测量数据的平均值。

由式（4－60）可求得

$$\cos\gamma = \frac{N_1 - N_3 + \varepsilon_{r3} - \varepsilon_{r1}}{2k_{g1}\Omega\cos\varphi} \tag{4-61}$$

$$\sin\gamma = \frac{N_4 - N_2 + \varepsilon_{r2} - \varepsilon_{r4}}{2k_{g1}\Omega\cos\varphi} \tag{4-62}$$

进而可求得

$$\gamma = \arctan\left(\frac{N_4 - N_2 + \varepsilon_{r2} - \varepsilon_{r4}}{N_1 - N_3 + \varepsilon_{r3} - \varepsilon_{r1}}\right) \tag{4-63}$$

由式（4－63）可以看出，水平条件下的四位置寻北方法的寻北准确度理论上和陀螺标度、当地纬度无关，主要受陀螺随机漂移的影响。实际工程上还会受到转台定位误差、陀螺安装误差等因素的影响。

（3）倾斜条件下的四位置寻北方法

若转台台面不水平，则需要利用加速度计来进行测量和补偿。

由于转台平面倾斜，转台坐标系与地理坐标系就不再重合，陀螺在各个位置的输出值为转台坐标系下的测量值，而我们需求利用地球自转角速度在地理坐标系下的分量来解算方位角，为此要进行倾斜条件下的寻北计算，就需要建立转台坐标系和地理坐标系的转换关系。

四位置寻北方法中，四个位置一般是正交设定好的，若以第一位置上陀螺敏感轴为 x_b 轴，第二位置上陀螺敏感轴为 y_b 轴，转台台面向上垂直于 x_b，y_b 的轴为 z_b 轴，则构成转台坐标系 $ox_by_bz_b$。若 ox_b 轴与水平面的夹角为 θ（抬头为正），它在水平面内的投影与地理北向夹角为 γ（逆时针为正），oy_b 轴与水平面的夹角为 Ψ（右倾为正），则转台坐标系与地理坐标系的转换关系可用方向余弦矩阵 $\boldsymbol{C}_t^b$ 表示为

$$\boldsymbol{C}_t^b \begin{bmatrix} \cos\Psi\cos\gamma - \sin\theta\sin\Psi\sin\gamma & \cos\Psi\sin\gamma + \sin\theta\sin\psi\cos\gamma & -\cos\theta\sin\Psi \\ -\cos\theta\sin\gamma & \cos\theta\cos\gamma & \sin\theta \\ \sin\Psi\cos\gamma + \sin\theta\cos\Psi\sin\gamma & \sin\Psi\sin\gamma - \sin\theta\cos\Psi\cos\gamma & \cos\theta\cos\Psi \end{bmatrix} \tag{4-64}$$

由此可推导出陀螺在倾斜状态下 4 个位置上的输出表达式为

$$\begin{cases} N_1 = k_{g0} + k_{g1}[(\cos\Psi\sin\gamma + \sin\theta\sin\Psi\cos\gamma)\ \omega_n - \cos\theta\sin\Psi \cdot \omega_b] + \varepsilon_{r1} \\ N_2 = k_{g0} + k_{g1}[(\cos\theta\cos\gamma)\ \omega_n + \sin\theta \cdot \omega_b] + \varepsilon_{r2} \\ N_3 = k_{g0} - k_{g1}[(\cos\Psi\sin\gamma + \sin\theta\sin\Psi\cos\gamma)\ \omega_n - \cos\theta\sin\Psi \cdot \omega_b] + \varepsilon_{r3} \\ N_4 = k_{g0} - k_{g1}[(\cos\theta\cos\gamma)\ \omega_n + \sin\theta \cdot \omega_b] + \varepsilon_{r4} \end{cases} \tag{4-65}$$

式中，ω_n，ω_b 为地球自转角速度在北向和天向的分量。同理，也可推导出加速度计在四个位置上的输出表达式

$$
\begin{aligned}
A_1 &= k_{a0} - k_{a1}\ (\sin\Psi\cos\theta \cdot g)\\
A_2 &= k_{a0} + k_{a1}\ (\sin\theta \cdot g)\\
A_3 &= k_{a0} + k_{a1}\ (\sin\Psi\cos\theta \cdot g)\\
A_4 &= k_{a0} - k_{a1}\ (\sin\theta \cdot g)
\end{aligned}
\tag{4-66}
$$

式中　k_{a0}，k_{a1}——分别为加速度计的零偏和标度因数；

　　g——重力加速度。

由上式可求得倾斜姿态角 θ 和 Ψ 为

$$\theta = \arcsin[(2A_2 - A_1 - A_3)\ /\ (2g \cdot k_{a1})]$$

$$\psi = \arcsin[(A_3 - A_1)\ /\ (2g\cos\theta \cdot k_{a1})]$$

一般情况下，水平倾角不会大于 30°，因此可由上式唯一确定。可求出方位角

$$\gamma = \mathrm{acrtan}\ (B_1/B_2) \tag{4-67}$$

其中

$$
\begin{cases}
B_2 = \dfrac{N_2 - N_4 + \varepsilon_{r4} - \varepsilon_{r2}}{2\cos\theta \cdot k_{g1}} - \tan\theta \cdot \omega_b\\
B_1 = \dfrac{N_1 - N_3 + \varepsilon_{r3} - \varepsilon_{r1}}{2\cos\Psi \cdot k_{g1}} - B_2\tan\Psi\sin\theta + \tan\Psi\cos\theta \cdot \omega_b
\end{cases}
\tag{4-68}
$$

可根据 B_1，B_2 的符号判定方位角所在的象限。

由式（4-68）可以看出，倾斜条件下四位置寻北方法的寻北准确度受到陀螺和加速度计标度因数稳定性的影响，倾角越大，影响也越大。因此，只要条件允许，应尽量采用水平状态下的寻北方法，以提高寻北准确度。

（4）四位置寻北方法特点

1）与两位置寻北方法相比，四位置寻北方法有更高的寻北准确度，但相应需要更长的寻北时间。

2）可实时标定出陀螺标度因数的零偏，无需采用先验值，可有效提高对准准确度，相应降低了对光纤陀螺零位和标度因数启动重复性和长期稳定性的要求。

3）针对高准确度的使用要求，可采用先粗寻北、后精寻北的方法提高寻北准确度，但增加了寻北时间；针对中、低准确度的使用要求，可直接采用四位置粗寻北方法进行寻北，以提高寻北速度。

4）选用无运动部件的光纤陀螺仪完成四位置寻北中的角速度测量，具有潜在的高准确度、长寿命、低成本的优势。

5）影响四位置寻北准确度的主要因素是陀螺漂移的零偏和标度因数的短期稳定性、转动机构的角定位准确度、陀螺安装误差稳定性及其噪声大小等多种因素，可据此开展寻北用光纤陀螺的研制。

4.5　动态惯性定向设备

4.5.1　舒勒调谐原理及在惯性导航系统中的实现

前文讨论了在静基座条件下陀螺经纬仪和寻北仪可提供高准确度方位信息，进行定向。那么在舰艇、飞机等运动载体上能否利用惯性技术进行定向呢？答案是肯定的，惯性导航系统和陀螺罗经已在舰艇、飞机等运动载体上得到广泛应用。

如何消除载体运动对定向准确度的影响是动基座定向需要解决的关键问题，早在20世纪初，舒勒在研究陀螺罗经的加速度误差时发现，如果陀螺摆具有84.4min周期，它将保持在重力平衡位置，而不受载体加速度的干扰，这就是舒勒调谐原理。1908年，该原理在世界上第一套船用陀螺罗经中得到验证。目前，舒勒调谐原理在惯性导航中得到广泛应用。

4.5.1.1　舒勒调谐原理

在地面上，处于静止或匀速直线运动的铅锤线准确地指示当地垂线方向。如果用物理摆代替铅垂线，且物理摆悬挂在一运载体内，则当运载体静止在位置 A 时，如图4-27所示[9]，物理摆停在当地垂线方向。在加速度 a 的作用下，经过一段时间，运载体到达位置 B，由于加速度作用，使摆偏开垂线 α 角，摆偏开初始位置 α_a 角，地垂线变化为 α_b 角，由此得

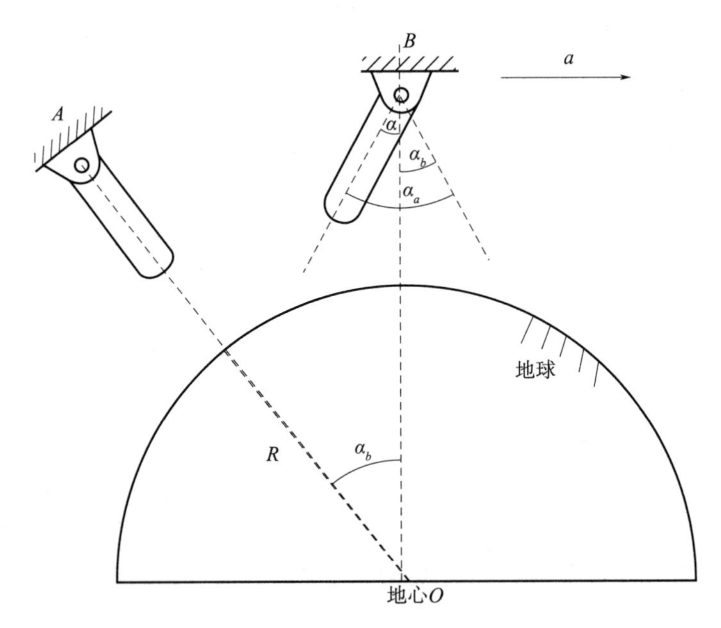

图4-27　舒勒原理示意图

$$\alpha_a=\alpha+\alpha_b \tag{4-69}$$

根据动量矩定理，物理摆的运动方程为

$$J\ddot{\alpha}_a=-mgl\sin\alpha+mal\cos\alpha \tag{4-70}$$

式中　J——物理摆绕支点的转动惯量；

m——物理摆的质量；

l——物理摆质心矩支点的距离，即摆长。

由式（4－70）知

$$\ddot{\alpha}_a=\ddot{\alpha}+\ddot{\alpha}_b \tag{4-71}$$

上式中 $\ddot{\alpha}_b$ 为载体运动引起的地垂线的角加速度，即

$$\ddot{\alpha}_b=\frac{a}{R} \tag{4-72}$$

将式（4－70）和式（4－72）代入式（4－71）得

$$J\ddot{\alpha}+\frac{Ja}{R}=-mgl\sin\alpha+mal\cos\alpha \tag{4-73}$$

当垂线偏差角很小时，α 可认为是小角度，上式可简化为

$$\ddot{\alpha}+\frac{mgl}{J}\alpha=\left(\frac{ml}{J}-\frac{1}{R}\right)a \tag{4-74}$$

如果物理摆满足

$$\frac{ml}{J}-\frac{1}{R}=0 \tag{4-75}$$

则式（4－75）为

$$\ddot{\alpha}+\frac{mgl}{J}\alpha=0 \tag{4-76}$$

式（4－76）说明，当物理摆满足式（4－74）的条件时，摆偏离垂线的偏差角与载体的运动加速度无关，解方程（4－74）得

$$\alpha(t)=\alpha(0)\cos(\omega_s t)+\frac{\dot{\alpha}_a(0)}{\omega_s}\sin(\omega_s t) \tag{4-77}$$

其中

$$\omega_s=\sqrt{\frac{g}{R}} \tag{4-78}$$

称为舒拉频率；$\alpha(0)$ 和 $\dot{\alpha}(0)$ 为摆的初始偏差角和偏差角变化率初值。

根据式（4－78）可计算出对应 ω_S 的舒勒周期为

$$T_S=2\pi\sqrt{\frac{R}{g}} \tag{4-79}$$

取 $g=9.8\ \mathrm{m/s^2}$，$R=6\ 371\ 000\ \mathrm{m}$，则 $T_S=84.4\ \mathrm{min}$。

式（4－79）表明，若物理摆初始偏角 $\alpha(0)=0$，且偏差角变化率初值 $\dot{\alpha}(0)=0$，则物理摆始终跟踪地垂线。

满足舒勒条件的物理摆在工程上目前是无法实现的，原因分析如下。物理摆实现舒勒调谐的条件是

$$l=\frac{J}{mR} \tag{4-80}$$

由于 R 是地球半径，要使 l 尽量大，需在摆的质量一定的条件下，转动惯量尽量大，所以物理摆设计成环状是最佳方案。假设圆环半径 $r=0.5$ m，则摆长 $l=0.04$ μm，大约是头发粗细的万分之一，目前在工程上无法实现。

4.5.1.2 舒勒调谐在惯导系统中的实现

虽然用物理摆在工程上无法实现舒勒调谐，但由加速度计和陀螺组合的控制系统却很容易实现。

设有一个平台放置在固定基座上，平台上平台放置一个加速度计和一个陀螺仪，加速度计的输出信号正比于平台偏离水平面的倾角 θ。在小角度的情况下，加速度计的输出 a_e

$$a_e=g\cdot\theta$$

式中 g——重力加速度。

加速度计输出通过一次积分得到线速度，通过比例变换得到角速度，角速度被陀螺仪敏感，再经过陀螺仪一次积分得到平台偏离水平面的倾角 θ，即加速度计输出经过二次积分和比例变换得到平台的倾角 θ

$$\theta=-K\int\int a_e\mathrm{d}t^2=-Kg\int\int\theta\mathrm{d}t^2$$

式中 K——比例系数。

对上式进行微分，得

$$\frac{\mathrm{d}^2\theta}{\mathrm{d}t^2}+Kg\theta=0$$

解得

$$\theta=\theta_0\cos(\omega_0 t)$$

式中，θ_0 为 θ 的初始值，$\omega_0=\sqrt{Kg}$。

得

$$T=2\pi\sqrt{\frac{1}{Kg}}$$

从上面的分析可以发现，舒勒调整平台的运动方程式，非常类似单摆的运动方程式，与单摆的重要区别是回路的固有振动周期与回路的电气参数 K 有关，因此在舒拉调整平台的回路中只要选择参数

$$\frac{1}{K}=R$$

就能保证系统的振荡周期 $T=84.4$ min，式中，R 为地球半径。但是，由于 R 值很大，在工程上选择适合的是不能实现的 $1/K=R$。当在上述回路中加入一个积分陀螺后，就相当于增加一个增益系数为 $1/H$ 的环节，最终使舒拉调谐条件成为 $H/K=R$，这个参数选择条件，在工程上是可以实现的。所以说，由加速度计和陀螺组合的控制系统，在经过参数的适当选择以后，是可以实现舒拉调谐的。

下面以惯性导航系统东向修正回路为例来分析惯导系统实现舒拉调谐的条件。

假设载体沿地球子午线向正北航行，初始时刻平台是水平的。载体航行时只有纵摇，

没有横摇和偏航，水平误差角为 ϕ_x。

为得到回路方块图，下面将回路分为四个部分，分别列出各部分的方程。

（1）加速度计 A_N 输出的比力分量 f_y^p

加速度计 A_N 输出的是沿平台坐标系 Y_p 轴方向上的比力分量 f_y^p。为简化问题，假定地球没有自转，加速度计处的引力加速度 G 就是当地重力加速度 g，但平台存在误差角 ϕ_x 时，加速度计会敏感到 g 的分量。

假定载体的北向加速度为 a_N，地球没有自转时，根据比力的定义

$$f=a_N-G=a_N-g \tag{4-81}$$

加速度计输出的是比力矢量 f 在平台 Y_p 轴上的投影 f_y^p，那么

$$f_y^p=a_N\cos\phi_x+g\sin\phi_x \tag{4-82}$$

当 ϕ_x 为小角度时

$$f_y^p\approx a_N+g\phi_x \tag{4-83}$$

加速度计是以电流、电压等物理量的形式输出比力的，因此实际输出可以表示为 $k_a f_y^p$，k_a 是加速度计的刻度系数。

（2）平台东向轴修正指令角速度的形成

对 f_y^p 积分可计算出北向速度 ν_y^t，假定积分系数为 k_u，那么

$$\nu_y^t=k_u\int_0^t k_a f_y^p \mathrm{d}t \tag{4-84}$$

由 ν_y^t 可计算控制平台绕 X_p 轴转动的指令角速度

$$\omega_{ipx}^p=\frac{\nu_y^t}{R_M} \tag{4-85}$$

式中　R_M——地球半径。

另一方面，由 ν_y^t 可计算纬度的变化率，结合初始纬度则可得到载体的瞬时纬度。

对式（4-85）求拉氏变换可得

$$\omega_{ipx}^p(S)=-\frac{\nu_y^t(S)}{R_M}=-\frac{k_a k_u}{R_M S}f_y^p(S)=-\frac{k_a k_u}{R_M S}[a_N(S)-g\theta_x(S)] \tag{4-86}$$

（3）从指令角速度到平台绕 X_p 轴转动的转动角度

对陀螺仪 G_E 力矩器的指令力矩正比于指令角速度

$$M_\lambda=k_c\omega_{ipx}^p \tag{4-87}$$

式中　k_c——从指令角速度到力矩器输出的传递系数。

对于陀螺稳定系统，当向陀螺仪施加指令力矩，稳定系统进入稳态时，其稳定轴相对惯性空间的转动角速度等于指令角速度，即指令力矩 M_λ 与动量矩 H 之比，所以，对陀螺仪施矩后，平台绕 X_p 轴的转动角速度为

$$\dot{\theta}_a=\frac{M\lambda}{H} \tag{4-88}$$

取拉氏变换

$$\theta_a(S)=\frac{M\lambda(S)}{H_S} \tag{4-89}$$

（4）地理坐标系的转动及平台误差角的产生

在载体运动过程中，地理坐标系绕其 X_t 轴的转动角加速度 $\ddot{\theta}_b$ 为

$$\ddot{\theta}_b=\frac{a_N}{R_M} \tag{4-90}$$

取拉氏变换

$$\theta_b(S)=-\frac{a_N(S)}{R_M S^2} \tag{4-91}$$

平台的误差角 θ_x 是载体运动过程中，平台绕其 X_p 轴相对惯性空间的转动角度 θ_a 与地理坐标系绕其 X_t 轴相对惯性空间的转动角度 θ_b 之差

$$\theta_x=\theta_a-\theta_b \tag{4-92}$$

综合式（4－86）、式（4－89）、式（4－91）和式（4－92）可画出平台东向轴修正回路的方块图，如图 4－28 所示。

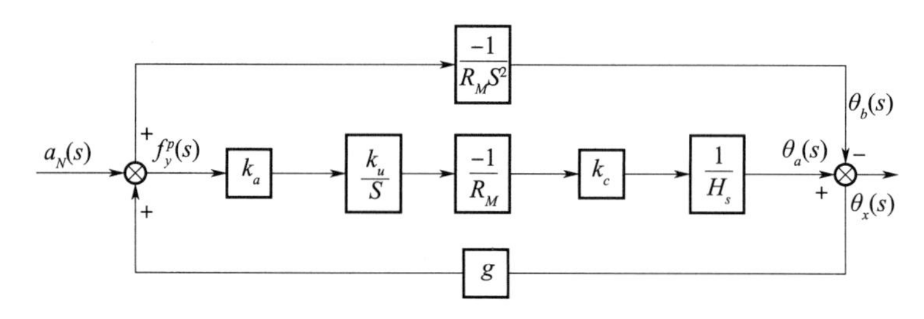

图 4－28　平台东向轴修正回路方块图

由图可以看出，当载体有加速度 a_N 时，有两条并联的前向通路：一条表示当地垂线相对惯性空间的转动角度；另一条代表平台跟踪地垂线实际的转动角度。如果两者不一致将产生平台误差角 θ_x，此误差角又通过加速度计对重力加速度的敏感反馈至加速度计的输入端，构成反馈回路。

如果使两条并联前向通道的传递函数相等，即满足条件：

$$\frac{k_a k_c k_u}{H}=1 \tag{4-93}$$

则无论加速度 a_N 为多少，平台绕 X_p 轴相对惯性空间的转动速度将始终与当地垂线相对惯性空间的转动角度相等。这样就实现了平台水平与干扰量 a_N 无关的目的。此时，系统方块图变为图 4－29 的形式。

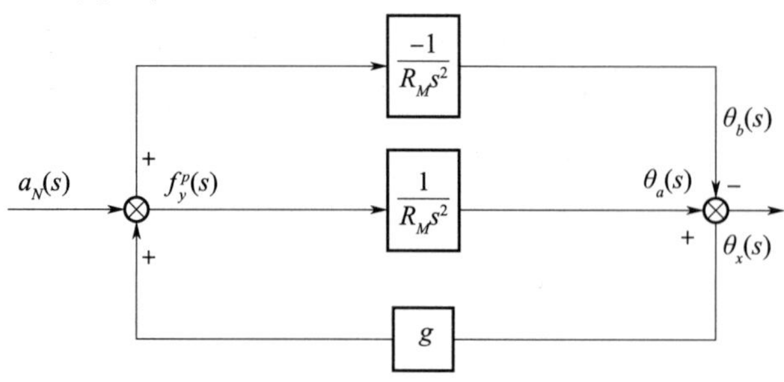

图 4－29　系统方块图

根据图 4－29 可得

$$s\theta_x(S)=[a_N(S)-g\theta_x(S)]\frac{1}{R_M S}-\frac{a_N(S)}{R_M S}=-\frac{g}{R_M S}\theta_x(S) \tag{4-94}$$

还原成微分方程为

$$\ddot{\theta}_x+\frac{g}{R_M}\theta_x=0 \tag{4-95}$$

这是一个二阶无阻尼振荡系统，系统的固有振荡频率就是舒拉频率 $\omega_s=\sqrt{g/R_M}$，相应的振荡周期为 84.4min。从对平台的指令角速度的角度看，水平修正回路实现舒拉调谐的条件就是是平台绕任一水平轴的指令角速度与地理系绕相同轴的转动角速度相等，即 $\omega_{ip}^p=\omega_{it}^p$。

4.5.2　惯性导航系统

4.5.2.1　基本工作原理

惯性导航系统工作机理是建立在牛顿经典力学定律基础上的。由牛顿定律告知：一个物体如果不受外力作用，它将保持静止或匀速直线运动；如果受外力作用，物体运动加速度正比于作用在物体上的外力。惯性导航系统利用陀螺仪建立空间坐标基准（导航坐标系），利用加速度计测量载体的运动加速度，将运动加速度转换到导航坐标系，经过两次积分运算，可计算得到载体的速度和位置参数。惯性导航系统是一种自主式的导航设备，只需要在开机启动时装订载体的初始经纬度信息，导航过程中可以不依赖任何外界信息，也不向外辐射能量，具有短时准确度高、隐蔽性好、不易受干扰等一系列优点，是航天、航空、航海等领域非常重要的一种导航设备。

为便于理解，以二维平面惯性导航系统为例说明其工作原理，其原理示意图如图 4－30所示。假设载体上装有一个三轴稳定平台，三根轴分别指向东、北、天。在这个陀螺稳定平台上分别装有东向和北向两个加速度计，用来测量载体东西向和南北向的加速度。

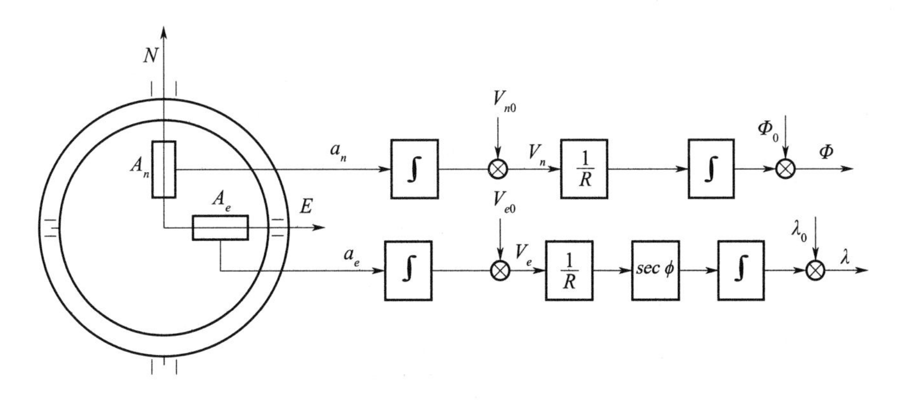

图 4－30　二维平面惯性导航系统工作原理

将加速度计测出的加速度信号 a_e，a_n 进行一次积分，与初始速度 ν_{e0}，ν_{n0} 相加，得到

载体的东向和北向速度分量

$$\nu_e=\int_0^t a_e \mathrm{d}t+\nu_{e0}$$

$$\nu_n=\int_0^t a_n \mathrm{d}t+\nu_{n0}$$

将速度 ν_e，ν_n 进行再次积分，得到载体位置变化量，与初始经纬度 λ_0，φ_0 相加，得到载体所在的地理位置

$$\lambda=\int_0^t \nu_e \mathrm{d}t+\lambda_0$$

$$\varphi=\int_0^t \nu_n \mathrm{d}t+\varphi_0$$

由上述简化原理可以看出惯性导航系统主要由以下几部分组成：

1）加速度计。测量载体运动的线加速度。

2）陀螺稳定平台。以陀螺仪为敏感元件的姿态稳定与跟踪系统，为加速度计测量加速度提供坐标基准。

3）导航计算机。完成导航参数解算和平台跟踪回路指令角速度信号的计算。

4）控制显示器。完成系统的操作控制，并显示系统的导航参数和工作状态等信息。

4.5.2.2　惯导平台

惯导平台是惯性导航系统的核心部件，它的作用是为整个惯性导航系统提供载体比力的大小和方向，或者说，把载体的比力按希望的坐标系分解成相应的比力关系，如图 4-31 所示。图中，f 为载体的比力，f_1，f_2, f_3 分别为分解到导航系上的比力。

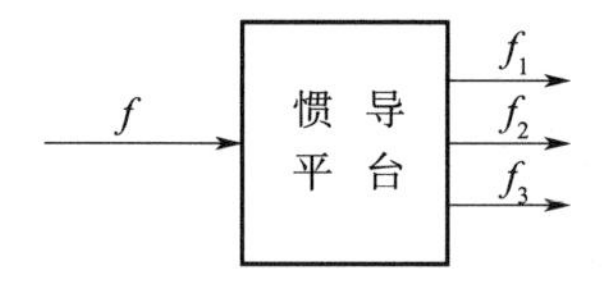

图 4-31　比力关系示意图

导航平台可由三个单自由度陀螺仪建立，可以是实际的物理平台，也可以是计算机模拟的数学平台，其功能都是利用陀螺仪模拟和跟踪导航坐标系。为了做到这一点，有两种方案可实现。一种是利用陀螺仪、力矩电机等机电元件建立的实际物理平台，即陀螺稳定平台；另一种是根据陀螺仪敏感的载体角运动和加速度计敏感的载体线运动，解算出载体相对导航坐标系的姿态变换矩阵，建立起数学平台，即载体和导航系的变换矩阵 $\boldsymbol{C}_b^n$。

目前常用的陀螺稳定平台主要有两种类型：一种是空间稳定平台，一种是本地水平平台。单轴空间稳定平台控制原理如图 4-32 所示。

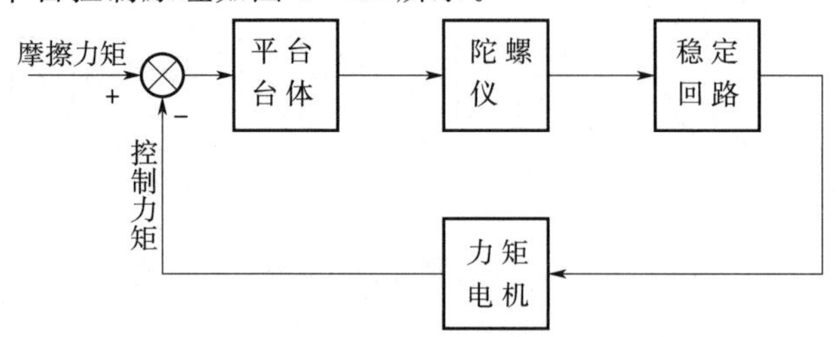

图 4-32　单轴空间稳定平台控制原理图

稳定平台中，陀螺仪不施加指令，工作在自由状态，其定向轴稳定在惯性空间，当载体存在角运动，由于平台台体与载体轴承之间摩擦力矩的存在，会使平台台体产生角运动，陀螺仪敏感到载体的角运动后，就会通过稳定回路产生一控制信号，控制力矩电机给平台台体施加一控制力矩，该控制力矩与摩擦力矩大小相等、符号相反，从而保持平台在惯性空间动态稳定。

本地水平平台与空间稳定平台的控制原理基本相同，不同之处是给陀螺仪施加一个指令角速度，如图 4 - 33 所示，指令角速度的大小就是地球自转角速度和载体运动角速度在当地地理坐标系的投影分量，从而使平台台体坐标系跟踪当地地理坐标系，以实现当地水平平台稳定在当地地理坐标系。

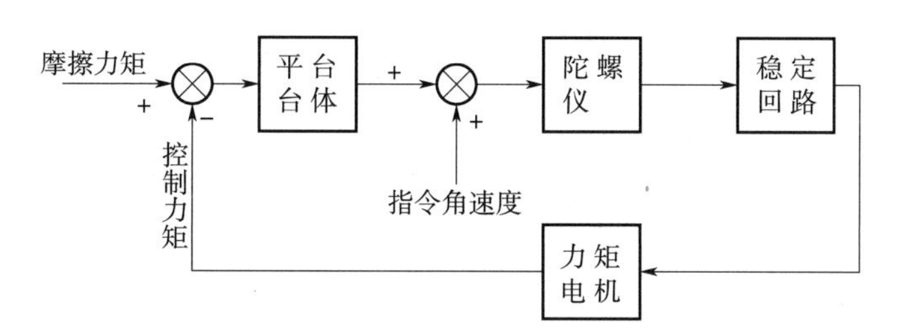

图 4 - 33　单轴当地水平平台控制原理图

4.5.2.3　平台式惯性导航系统

1）组成

平台式惯性导航系统通常由惯性平台、电子机柜、减震装置和电源装置四部分组成。如图 4 - 34 所示。

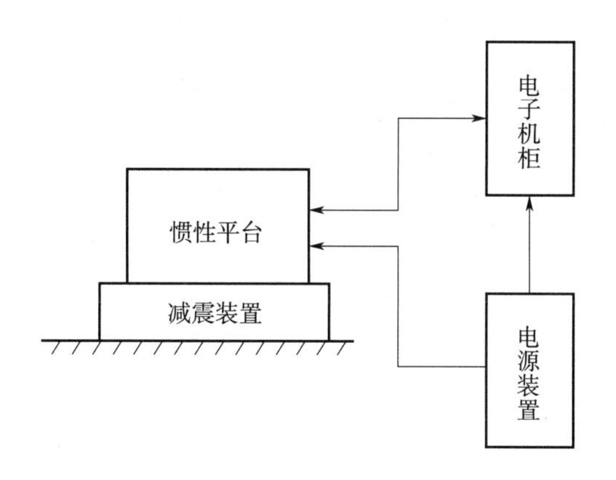

图 4 - 34　平台式惯性导航系统组成示意图

惯性平台是惯性导航系统的核心部件，是惯性元件陀螺仪和加速度计的载体，其加工准确度和可靠性直接影响惯导设备的准确度和可靠性，结构简图如图 4 - 35 所示。

惯性平台的结构常采用三环常平架结构，分为外框架、内框架和台体。外框架固定在平台基座上，三个陀螺仪敏感轴正交安装在台体上，三个加速度计输入轴也正交安装在台体上，且分别平行于三个陀螺仪敏感轴。在外环、内环和台体上各有一个力矩电机。力矩

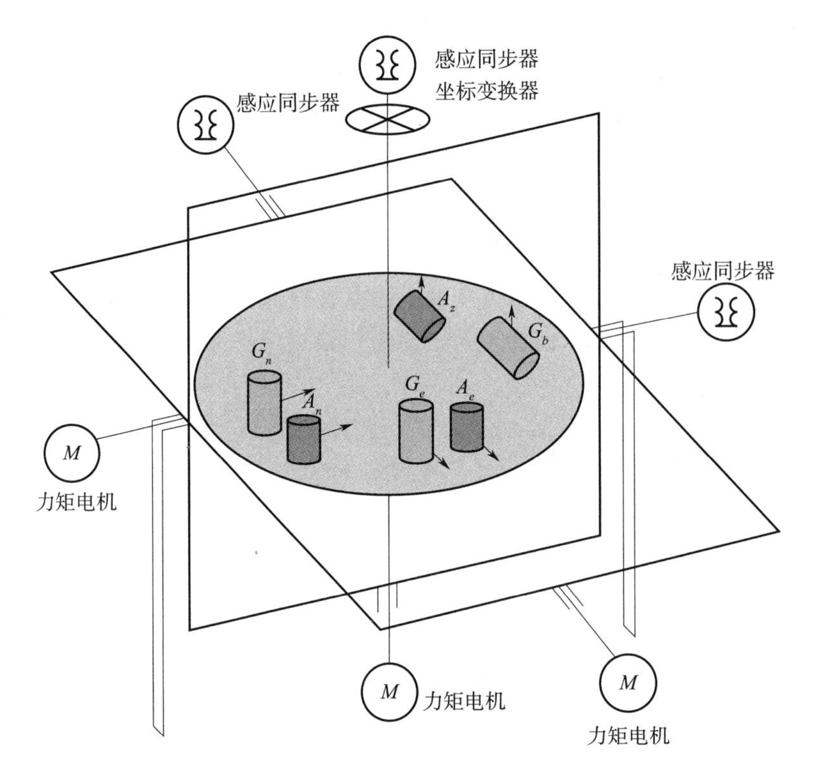

图 4-35　惯性平台结构示意图

电机是稳定回路的执行元件，它能产生一个与主回路功率放大级输出电流（即力矩电机输入电流）成比例的力矩，具有良好的线性度及对称性。通过稳定回路对力矩电机的控制可以控制三环的相对位置，达到准确跟踪地理坐标系、隔离船体运动的效果。

在台体上部装有一个坐标变换器。坐标变换器的作用，将两个水平陀螺仪前置放大器输出的信号，根据舰船航向进行适当的变换，然后输送至两路水平稳定回路中去，再将控制量输出至纵摇轴与横摇轴伺服控制回路，进而分别控制纵摇轴与横摇轴的力矩电机，以保持平台的稳定。在外框架、内框架和台体的轴上各装有一个感应同步器，作为测角线路的测量元件，分别用于测量设备的横摇角、纵摇角与航向角。

电子机柜内主要是电子线路，它包含有稳定回路，加速度计控制回路，转换装置，导航计算机等硬件，以及系统解算方案与控制软件。

电源装置内主要是电源模块，它给惯性导航系统的各种电气元件、部件提供交流、直流电源。

减震装置是用来隔离载体振动，以保证惯性元件的工作性能。减震装置既要有良好的减震效果，又不允许出现转角，因为减震装置的转角直接影响惯性导航系统的姿态角输出准确度。

（2）信息连接关系

惯性导航系统信息连接关系如图 4-36 所示。当载体有加速度时，加速度计测得载体运动的加速度，输出给导航计算机，导航计算机根据处理后的加速度信息，通过系统解算方案就可以计算出舰船当前的东向速度、北向速度、经度与纬度。同时，导航计算机计算出陀螺仪控制指令信息，将其经过转换装置输出三路控制电流，分别控制东向陀螺仪、北向陀螺仪与方位陀螺仪。当陀螺仪力矩器接收到电流后产生力矩，陀螺仪进动，使陀螺仪的信号传感器产生电压信号，经前置放大器，两路水平通道信号送至坐标变换器，坐标变换器输出给水平稳定回路控制线路，同时方位通道信号也送给相应的方位稳定回路控制线路。稳定回路控制线路输出脉宽调制电压，分别控制惯性平台上对应的力矩电机，电机带动框架旋转，直至陀螺仪的信号传感器输出零为止。同时，平台转动使加速度计壳体转动，加速度计输出信号变化。当舰船无外加速度时，加速度计输出等于零为止，即平台水平，实现惯性稳定平台跟踪地理坐标系。

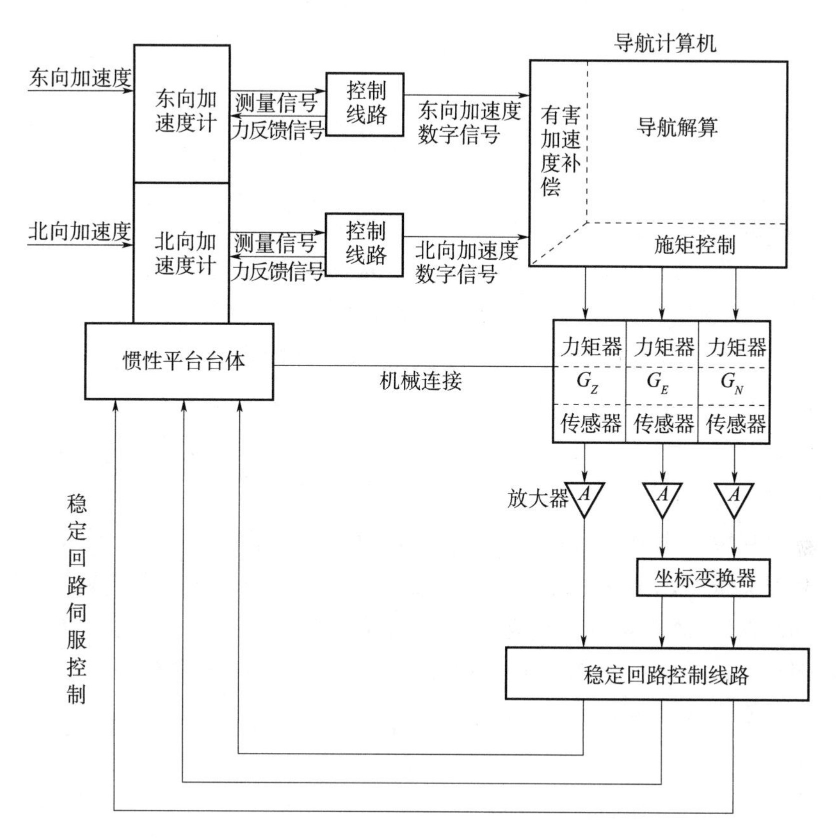

图 4-36　控制原理框图

(3) 导航解算方程

固定指北平台式惯性导航速度微分方程为

$$
\begin{cases}
\dot{\nu}_e = a_e + 2\Omega\sin\varphi \cdot \nu_n + \dfrac{\nu_e \nu_n}{R}\tan\varphi \\
\dot{\nu}_n = a_n - 2\Omega\sin\varphi \cdot \nu_e - \dfrac{\nu_e \nu_e}{R}\tan\varphi \\
\dot{\nu}_z = a_2 + 2\Omega\cos\varphi \cdot \nu_e + \dfrac{(\nu_e^2 + \nu_n^2)}{R} - g
\end{cases}
\tag{4-96}
$$

式中　$\dot{\nu}_e$，$\dot{\nu}_n$，$\dot{\nu}_z$——分别为沿东、北、天方向的位移加速度；

ν_e，ν_n，ν_z——分别为沿东、北、天方向的位移速度；

a_e，a_n，a_z——分别为东、北、天向加速度计的测量输出值；

$2\Omega\sin\varphi\cdot\nu_n$，$2\Omega\sin\varphi\cdot\nu_e$，$2\Omega\cos\varphi\cdot\nu_e$——哥氏加速度；

$\frac{\nu_e\nu_n}{R}\tan\varphi$，$\frac{\nu_e\nu_n}{R}\varphi$，$\frac{(\nu_e^2+\nu_n^2)}{R}$——离心加速度。

加速度计的测量值中除包含载体运动线加速度外，还包含哥氏加速度和离心加速度，因此在计算载体线加速度时，需从加速度计测量值中补偿掉哥氏加速度和离心加速度。

固定指北平台式惯性导航位置微分方程为

$$\begin{cases}\dot{\varphi}=\frac{\nu_n}{R}\\ \dot{\lambda}=\frac{\nu_e}{R}\sec\varphi\\ \dot{h}=\nu_z\end{cases}\tag{4-97}$$

式中　h——垂向位移。

利用式（4－96）和式（4－97）便可实时解算载体的速度和位移。

由式（4－96）和式（4－96）可以看出，惯性导航系统的导航解算是通过求解微分方程实现的，由于微分方程解算需要知道初始值，因此要实现惯性导航系统的导航定向，必需知道载体的初始速度和位置，即我们通常所说的惯性导航系统是一个推算相对定位系统。

（4）姿态测量和定向

惯导系统不仅能测出沿直角坐标系三个轴的线运动，也能测出绕三个轴的角运动。惯导系统通过姿态测量系统实现姿态角测量和定向。姿态测量系统主要由测角元件（旋转变压器或感应同步器），姿态角读取线路等硬件，以及相关数据处理软件构成。由于惯性稳定平台能够跟踪当地地理坐标系，因此它与舰船坐标系之间的夹角即为舰船的三个姿态角，即横摇角、纵摇角与航向角。通过对惯性平台三环的适当配置，这三个姿态角可以通过平台平衡环之间及外平衡环甲板间的角位移来测定。甲板与外环之间的夹角为横摇角，内环与外环之间的夹角为纵摇角，台体与内环之间的夹角为航向角。姿态测量分系统通过安装于平台各个环上的测角元件测定三个姿态角的电信号，经模数转换后将其变成数字量，送至导航计算机。该数字信息经导航计算机处理后，能够得到舰船上惯性平台所处位置的水平、航向姿态角。惯性测量系统测角原理如图4－37所示。

（5）平台式惯导特点

平台式惯导系统有如下特点：

1）准确度高。在平台式系统中，有一个实际的物理平台，载体的角运动被框架系统隔离，为陀螺仪和加速度计建立了良好的工作环境，容易实现高准确度。

2）计算量小。加速度计的输出值为导航系的测量值，可直接进行导航解算，角运动可直接由姿态测量系统硬件实现，对导航计算机性能要求不高。

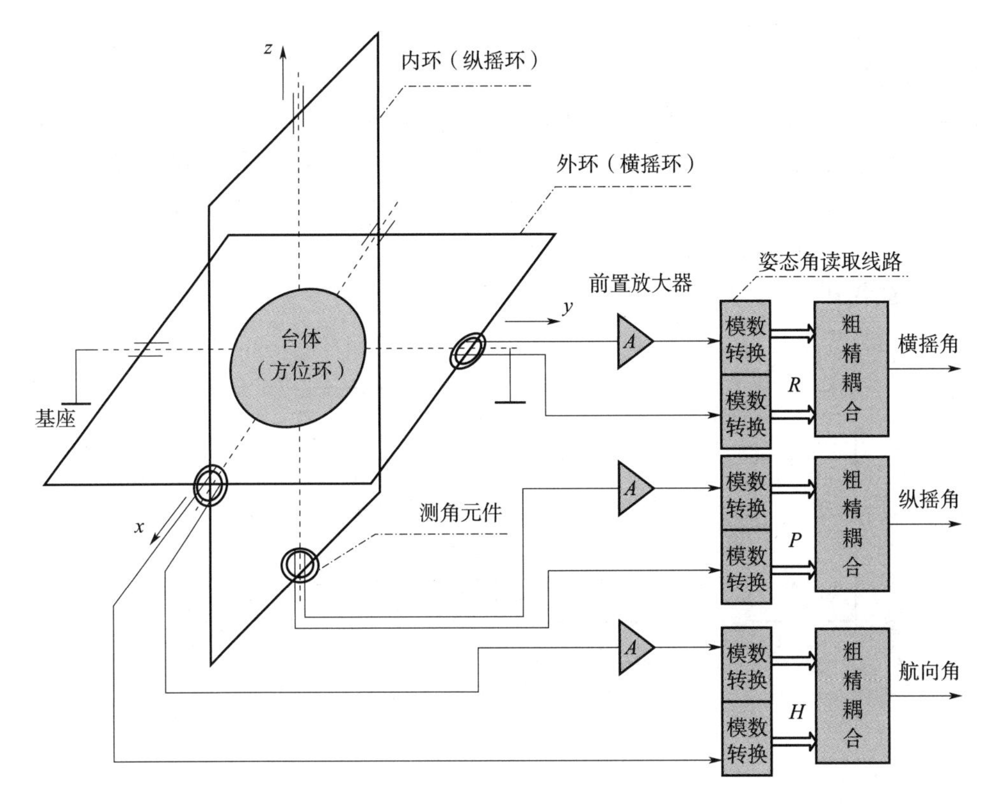

图 4-37　姿态测量示意图

3）结构复杂，体积庞大。由于框架系统的存在，使结构复杂，体积庞大，系统的功耗增大，元件增多，整体的可靠性受影响。

4.5.2.4　捷联惯性导航系统

(1) 概述

捷联式惯导系统中不存在实际的物理平台，而是将惯性敏感元件（陀螺仪和加速度计）直接固连在运载体的壳体上，依靠算法建立起导航坐标系，构建的虚拟“数学平台”替代了真实的机械平台。陀螺仪和加速度计分别用来测量运载体的角运动信息和线运动信息，计算机根据这些测量信息解算出运载体的速度、位置、姿态及航向。

载体运动的航向角和水平姿态角是载体相对地理坐标系定义的。陀螺仪和加速度计测量的是载体系的参数，故需要把载体系的参数变换成地理坐标系的参数，才能解算出航向角和水平姿态角，这种变换是通过坐标变换实现的，由于载体是运动的，两者之间的坐标关系一直处在变化的状态，所以要进行快速的计算，因此，捷联式惯导系统之所以能快速发展，同近年来计算机技术日新月异的发展是密不可分的。

捷联式惯导系统的工作原理如图 4-44 所示，在载体运动过程中，陀螺仪测定载体相对于惯性参考系的运动角速度，经导航计算机计算得到载体坐标系至导航坐标系的坐标变换矩阵，即姿态矩阵，这相当于建立起数学平台。从姿态矩阵的元素中可以计算出载体的姿态和航向信息。加速度计测得的比力信息通过姿态矩阵变换到导航坐标系后进行导航解算，得到运载体的速度和位置信息。

（2）姿态矩阵更新算法

由图 4－38 知，捷联式惯导系统算法主要包括姿态矩阵解算和导航解算两部分，其中导航解算主要进行载体速度和位置的解算，同平台式惯导系统的导航解算算法基本相同，因此，姿态矩阵解算是捷联式惯导系统的核心算法。根据描述载体坐标系与导航系关系所采用的参数个数，通常把姿态矩阵解算算法分为三类，即欧拉角法、方向余弦法和四元数法。各种方法各有特点，目前得到普遍应用的是四元数法，本文以四元数法为例简要介绍姿态矩阵更新算法。

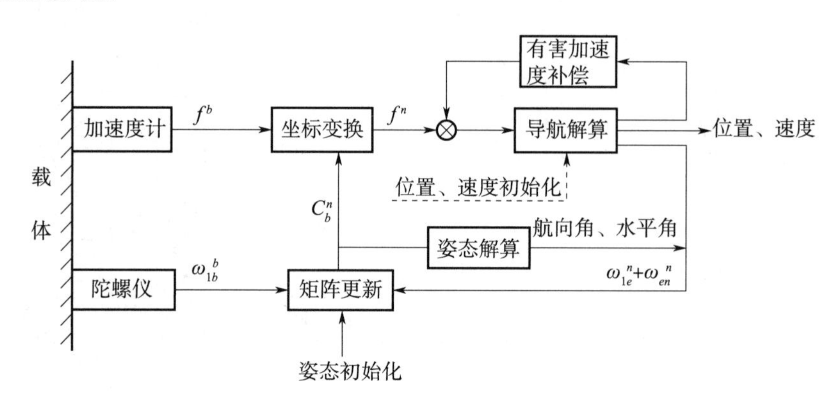

图 4－38 捷联式惯导原理图

若 t 时刻载体相对导航坐标系的转动四元数为

$$Q(t)=q_0+q_1\cdot i+q_2\cdot j+q_3\cdot k$$

式中，四元数的基 i，j，k 与载体坐标系的基一致；q_0，q_1，q_2，q_3 为姿态四元数 Q 的分量。$Q(t)$ 的即时修正可通过求解下面四元数的微分方程来实现[10]

$$\begin{bmatrix}\dot{q}_0\\\dot{q}_1\\\dot{q}_2\\\dot{q}_3\end{bmatrix}=\frac{1}{2}\begin{bmatrix}0&-\omega_x^b&-\omega_y^b&-\omega_z^b\\\omega_x^b&0&\omega_z^b&-\omega_y^b\\\omega_y^b&-\omega_z^b&0&\omega_x^b\\\omega_z^b&\omega_y^b&-\omega_x^b&0\end{bmatrix}\begin{bmatrix}q_0\\q_1\\q_2\\q_3\end{bmatrix}\tag{4-98}$$

式中 ω_x^b，ω_y^b，ω_z^b——分别为载体相对导航系的角速度在 x，y，z 方向的分量。

若已知载体 3 个姿态角初始值 θ_0，Ψ_0，γ_0，则可由下式求出初始四元数

$$\begin{cases}q_{00}=\cos(\theta_0/2)\cos(\Psi_0/2)\cos(\gamma_0/2)-\sin(\theta_0/2)\sin(\Psi_0/2)\sin(\gamma_0/2)\\q_{10}=\sin(\theta_0/2)\cos(\Psi_0/2)\cos(\gamma_0/2)-\cos(\theta_0/2)\sin(\Psi_0/2)\sin(\gamma_0/2)\\q_{20}=\cos(\theta_0/2)\sin(\Psi_0/2)\cos(\gamma_0/2)+\sin(\theta_0/2)\cos(\Psi_0/2)\sin(\gamma_0/2)\\q_{30}=\cos(\theta_0/2)\cos(\Psi_0/2)\sin(\gamma_0/2)+\sin(\theta_0/2)\sin(\Psi_0/2)\cos(\gamma_0/2)\end{cases}\tag{4-99}$$

有了初始值就可以进行微分方程求解，早期常采用毕卡算法求解式（4－99），为减小不可交换误差的影响，提高解算准确度，目前多采用等效旋转矢量法求解。

根据求得的即时四元数，可计算即时姿态矩阵 $\boldsymbol{C}_b^n$ 的各元素

$$\begin{cases} C[1,1]=q_0^2+q_1^2-q_2^2-q_3^2, & C[1,2]=2(q_1q_2-q_0q_3), & C[1,3]=2(q_1q_3+q_0q_2) \\ C[2,1]=2(q_1q_2+q_0q_3), & C[2,2]=q_0^2-q_1^2+q_2^2-q_3^2, & C[2,3]=2(q_2q_3-q_0q_1) \\ C[3,1]=2(q_1q_3-q_0q_2), & C[3,2]=2(q_2q_3+q_0q_1), & C[3,3]=q_0^2-q_1^2+q_3^2-q_2^2 \end{cases} \tag{4-100}$$

为减小 $\boldsymbol{C}_b^n$ 不正交误差，计算出即时四元数后，需要先正交归一化处理，然后再计算即时姿态矩阵 $\boldsymbol{C}_b^n$ 的各元素。

常用的正交归一化计算公式为

$$Q^*(t)=\frac{Q(t)}{\|Q(t)\|} \tag{4-101}$$

式中　$Q^*(t)$——归一化计算后的四元数。

根据即时姿态矩阵，就可实求解出载体的姿态角

$$\begin{cases} \theta(t)=\arcsin(C[3,2]) \\ \Psi(t)=-\arcsin(C[3,1]/C[3,3]) \\ \gamma(t)=-\arcsin(C[1,2]/C[2,2]) \end{cases} \tag{4-102}$$

式中　$\theta(t)$，$\Psi(t)$，$\gamma(t)$ 分别为载体 t 时刻的纵摇角、横摇角和航向角。

(3) 捷联惯性导航系统特点

与平台式惯性导航系统相比，捷联式惯性导航系统的优点在于：

1）系统的体积、质量和成本大大降低。

2）系统可直接给出载体轴向的加速度、角速度信息。

3）便于惯性元件重复布置，容易实现冗余技术。

惯性元件直接固定在载体上，也带来一些新的问题，主要表现在：

1）由于惯性元件直接承受载体的振动和冲击的影响，其输出的信息会产生严重的动态误差。

2）由于其应用算法建立数学平台，增加了算法的复杂性，而且计算量急剧增大，对计算机性能的要求相对较高。

4.5.2.5　惯导系统误差特性分析

惯性导航系统是一个较为复杂的系统，误差来源也是多种多样的。主要误差源按性质可划分为：惯性元件误差、安装误差、初始值误差、原理和方法误差、计算误差、重力场模型误差等。这些误差尽管来源不一样，但有的对惯性导航系统的影响很相似，可进行合并。由于陀螺漂移和加速度计误差对惯性导航系统性能影响最大，因此无论是平台式惯性导航系统，还是捷联式惯性导航系统，陀螺漂移和加速度计误差都是决定惯性导航系统性能的决定因素。

满足舒勒调谐条件的惯性导航系统称为无阻尼惯性导航系统，无阻尼惯性导航系统误差不受载体运动速度和加速度的影响，但其误差具有三种周期振荡特性，即 84 min 的舒勒周期、24 h 地球周期和 24 · $\sec\varphi$ 的傅科周期。傅科周期和载体所在的纬度有关，当载体纬度为 30 度时，付科周期为 48 h。对于工作时间较短的惯性导航系统（如飞机惯性导

航系统、导弹惯性导航系统），载体的速度和加速度较大，采用无阻尼惯性导航系统是合适的。但对于工作时间较长，载体速度和加速度又不大的惯性导航系统（如舰船惯性导航系统），系统误差会逐渐积累，并致使误差振荡幅度越来越大，影响了惯性导航系统性能的发挥，为此常引入外速度对舒勒振荡进行阻尼，称为水平阻尼[11,12]。有些系统还利用外速度对地球振荡进行阻尼，称为方位阻尼。

若仅考虑陀螺漂移和加速度计零位，且令东向陀螺漂移 $\varepsilon_e=0.002$（°）/h、北向陀螺漂移 $\varepsilon_n=0.002$（°）/h、方位陀螺漂移 $\varepsilon_z=0.002$（°）/h，东向加速度计零偏 $\nabla_e=0.000\ 05\ g$，北向加速度计零偏 $\nabla_n=0.000\ 05\ g$，则无阻尼惯性导航系统经纬度误差、速度误差、航向角误差和定位误差的 24 h 仿真曲线如图 4-39 所示；水平阻尼惯性导航系统经纬度误差、速度误差、航向角误差和定位误差的 24 h 仿真曲线如图 4-40 所示。

仿真结果表明，惯性导航系统定位误差是随时间累积发散的，方位角误差是随时间呈 24 h 周期振荡的[13]。

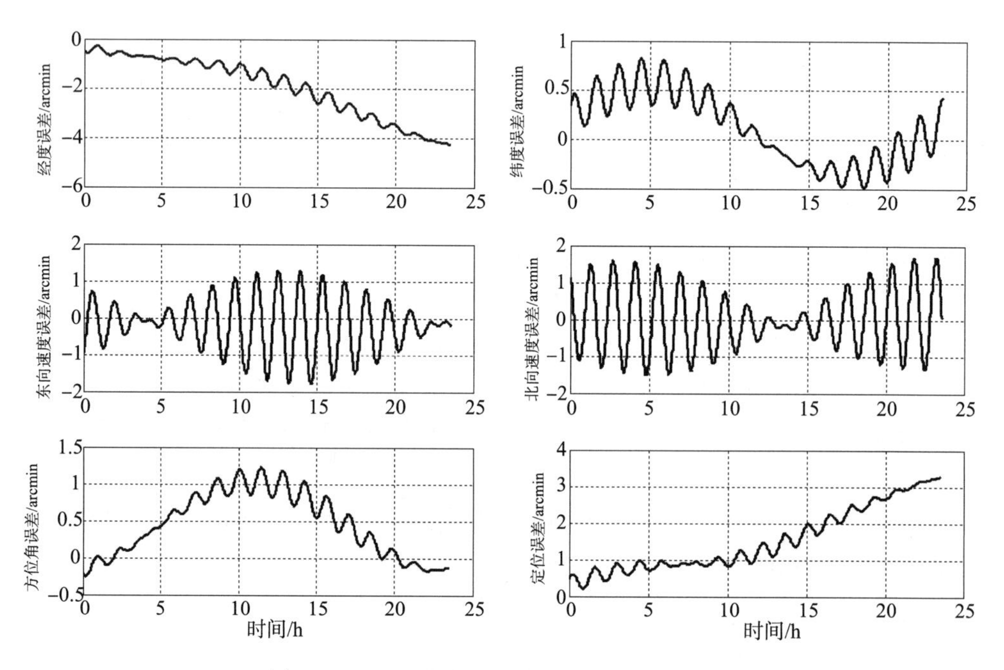

图 4-39　无阻尼惯性导航系统误差仿真曲线

4.5.2.6　*初始对准*

惯性导航系统是一种推算系统，需要采用积分算法求解微分方程，所以必须有初始值才能进行积分运算，包括初始位置、初始速度和初始姿态，初始位置和初始速度容易得到，如何得到初始姿态是通过初始对准完成的。

根据对准过程中载体的运动状态不同，惯性导航系统的初始对准可分为固定基座上的对准、摇摆基座对准和载体行进中的对准。固定基座对准要求载体在陆地上处于基本静止状态，又称陆上对准；摇摆基座对准是指载体在摇摆的情况下进行的初始对准，如舰船在码头系泊状态下进行的惯性导航系统初始对准，故又称码头对准；载体行进中的对准是指

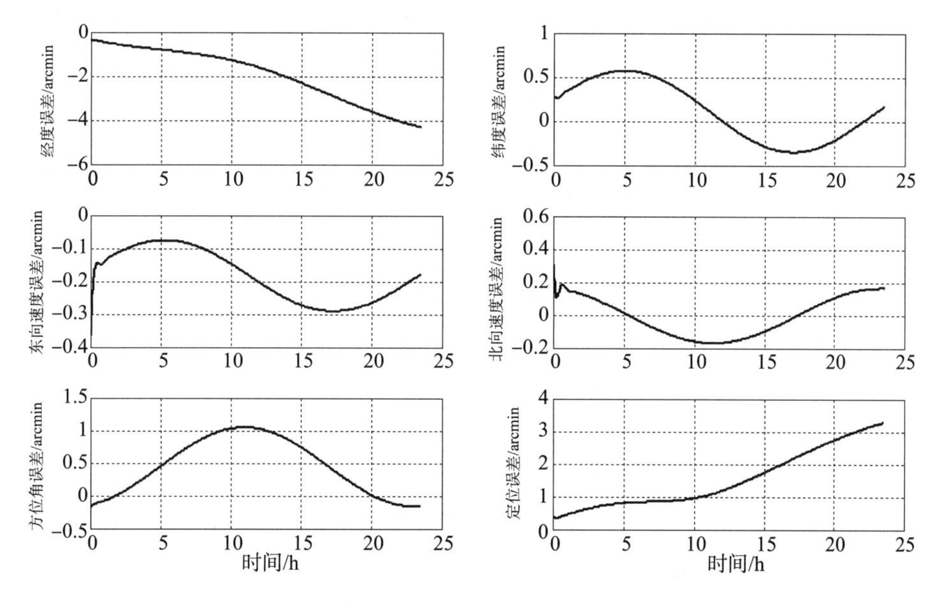

图 4-40　水平阻尼惯性导航系统误差仿真曲线

载体在行进过程中进行的初始对准，如飞机在飞行过程中或舰船在航行过程中进行的惯性导航系统初始对准，故又称空中对准或海上对准。

根据对准时采用的信息源不同，惯性导航初始对准分为自对准和传递对准，高准确度惯性导航系统以自对准方式为主，能获得高准确度外部导航信息的中低准确度惯导初始对准通常采用传递对准方式，本文主要介绍自对准方式的初始对准。

无论是固定基座上的对准、摇摆基座对准，还是载体行进中的对准，都是以地球重力加速度和地球自转角速度为参考基准进行对准的，不同的是摇摆基座对准需要采用低通滤波器，滤掉载体摇摆运动的影响，载体行进中的对准需要载体的外参考速度，补偿掉载体行进的影响。平台式惯性导航系统的初始对准一般通过给平台力矩电机加控制力矩，使平台坐标系与选定的导航系物理重合，而捷联式惯性导航系统的初始对准是通过陀螺仪和加速度计的输出值，解析出导航坐标系与载体坐标系的夹角，其基本原理是一致的。

惯性导航系统初始对准包括水平粗对准、方位粗对准、水平精对准和方位精对准四个过程。

(1) 水平粗对准

水平粗对准是利用水平加速度计敏感重力矢量来进行的，可以采用图 4-41 所示的工作原理实现。静基座情况下，当惯性平台垂线与当地地垂线不一致时，即平台不水平时，东向、北向加速度计敏感重力加速度分量为

$$
\begin{aligned}
A_{pe} &= -\sin\beta \cdot g \\
A_{pn} &= \sin\alpha \cdot g
\end{aligned}
\tag{4-103}
$$

平台式惯性导航系统中，A_{pe}，A_{pn} 通过放大环节放大，给水平陀螺仪力矩器施矩，使陀螺仪产生进动，再通过平台的稳定回路带动平台转动，直到平台垂线与当地地垂线相一

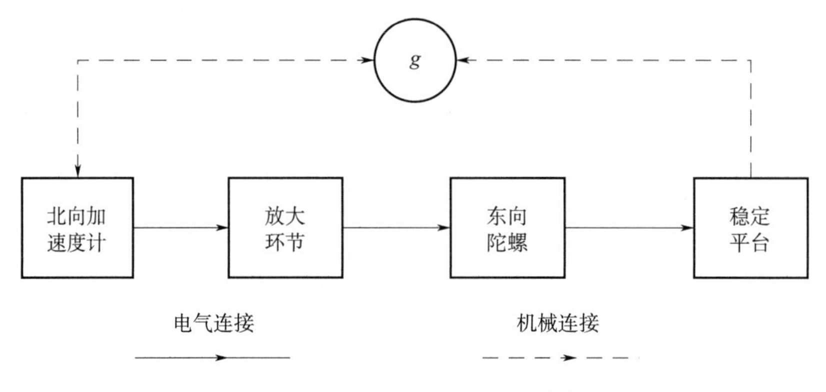

图 4-41　水平粗对准示原理框图

致，水平加速度计输出信号为零，此时平台误差角 α，β 接近于零，完成水平粗对准，水平粗对准的准确度约为几十角分；捷联式惯性导航系统中，可以利用 A_{pe}，A_{pn} 的测量值直接解算出 α，β，并进行补偿。

（2）方位粗对准

粗水平后，平台已接近水平，此时东向陀螺和北向陀螺敏感到的地球自转角速度分量分别为

$$\begin{cases} \omega_{e0} \approx \Omega\cos\varphi\cos k \\ \omega_{n0} \approx \Omega\cos\varphi\sin k \end{cases} \tag{4-104}$$

得

$$K = \arctan\frac{\omega_{n0}}{\omega_{e0}} \tag{4-105}$$

以 K 为基准，调整惯性导航系统的航向角 K_c 与 K 相一致，工作原理如图 4-42 所示，利用 K_c 与 K 的差值来控制惯性导航系统方位陀螺仪的力矩器，再通过方位稳定回路控制平台绕垂直轴转动，改变惯性导航系统航向 K_c，直到 $|K_c - K| \leqslant 1°$，完成方位粗对准。

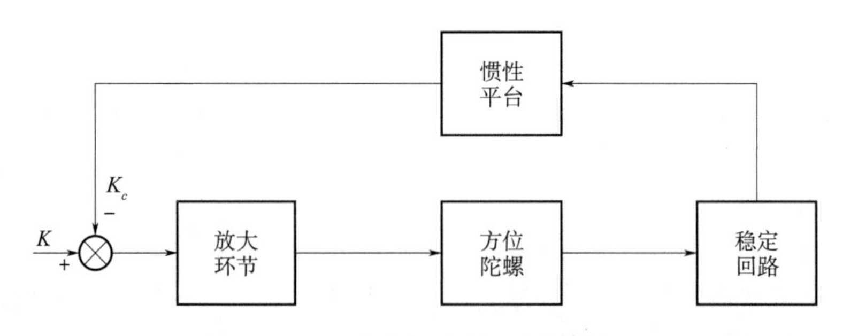

图 4-42　方位粗对准原理方框图

捷联式惯性导航系统中，可以利用计算的 K 值直接进行航向角更新。

（3）水平精对准

惯性导航系统要进行水平精对准，必须有一个水平基准，重力矢量便可用来确定水

平。精基座情况下，单通道水平精对准原理如图 4－43 所示[14]。

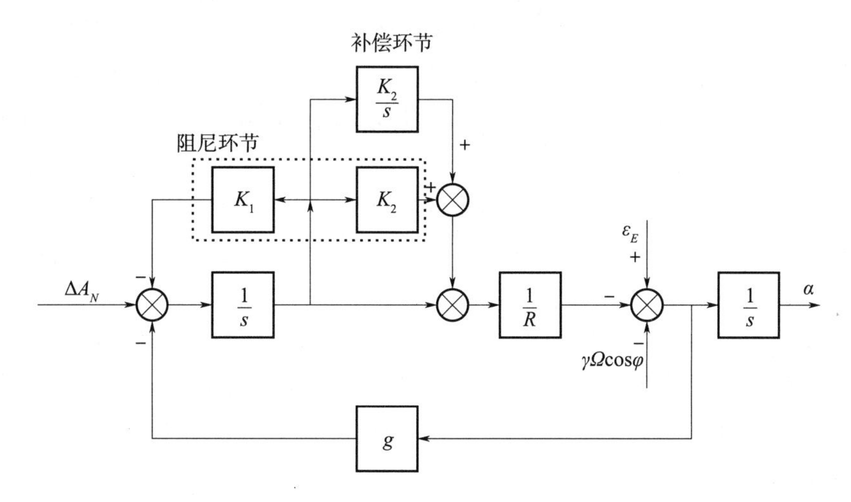

图 4－43　单通道三阶水平精对准回路方块图

图 4－43 中，K_1，K_2 为阻尼环节，加速度计的输出信号，经过一次积分后，经过比例系数 K_1 进行负反馈到使系统得到阻尼，K_1 的作用是控制系统阻尼的大小。通过引入 K_2 使系统的振荡周期缩小 $\sqrt{1+K_2}$ 倍，K_2 的作用是控制系统振荡周期的长短。K_3 为误差补偿环节，K_3 的引入在陀螺仪力矩器输入端增加了一积分环节，这便可以消除 $\varepsilon_E-\gamma\Omega\cos\varphi$ 常值引起的误差。

由图 4－43 可得平台偏差角和上述干扰量之间的传递函数为

$$\alpha(s)=\frac{1}{\Delta(s)}\{s(s+K_1)[\varepsilon_E(s)-\gamma_0(s)\Omega\cos\varphi(s)]+[s^2(s+K_1)\alpha_0(s)]-\left[\frac{s(1+K_2)}{R}+K_3\right]\Delta A_N(s)\}\tag{4-106}$$

式（4－106）中

$$\Delta(s)=s^3+K_1s^2+(1+K_2)\omega_s^2S+K_3R\omega_s^2\tag{4-107}$$

为三阶水平对准回路的特征方程式。如果所有干扰量均假定为常值，则根据终值定理可求得 α 的稳态误差为

$$\alpha_s=\frac{\Delta A_N}{g}\tag{4-108}$$

若设加速度计的零偏误差为 $\Delta A_N=10^{-5}g$。

则水平对准回路稳态误差为

$$\alpha_s=-\frac{10^{-5}g}{g}=10^{-5}\text{rad}=2.06''\tag{4-109}$$

（4）方位精对准

方位精对准是利用罗经效应原理进行的。当平台方位有失调角 γ 时，东向陀螺将感受到地球自转角速度 $\gamma\Omega\cos\varphi$，由于平台工作在空间积分状态，导致平台产生绕东向轴的水

平误差角 α，这时北向加速度计将感受到重力加速度分量 $g\sin\alpha$，该分量经过积分产生北向速度误差，然后利用北向速度误差信号控制方位陀螺进动，使平台绕方位轴向 γ 角减小方向进动，直至回到平衡位置，这样一个物理过程就是罗经效应。罗经效应所依据的物理事实是重力加速度矢量和地球自转角速度矢量不共线，因此，基于罗经效应的方位初始对准方法在极区是不能实现的。

东向陀螺之所以能感受到地球自转角速度分量 $\gamma\Omega\cos\varphi$，是因为方位失调角 γ 的存在。地球自转角速度 Ω 在地理系真北轴上的投影为 $\Omega\cos\varphi$（φ 为当地纬度）。当平台坐标系与地理坐标系存在方位角失调 γ 时，$\Omega\cos\varphi$ 将在平台坐标系的东向轴上产生分量 $\Omega\cos\varphi\cdot\sin\gamma$。因 γ 在方位精对准前较小，一般在一度以内[15]，所以 $\Omega\cos\varphi\cdot\sin\gamma\approx\Omega\cos\varphi\cdot\gamma$。可见，交叉耦合项是因为方位失调角 γ 的存在而产生的。由于平台东向轴上存在交叉耦合项 $\gamma\Omega\cos\varphi$，所以安装在平台东向轴上的东向陀螺仪将敏感到 $\gamma\Omega\cos\varphi$。图 4 - 44 给出了方位对准回路原理方块图。

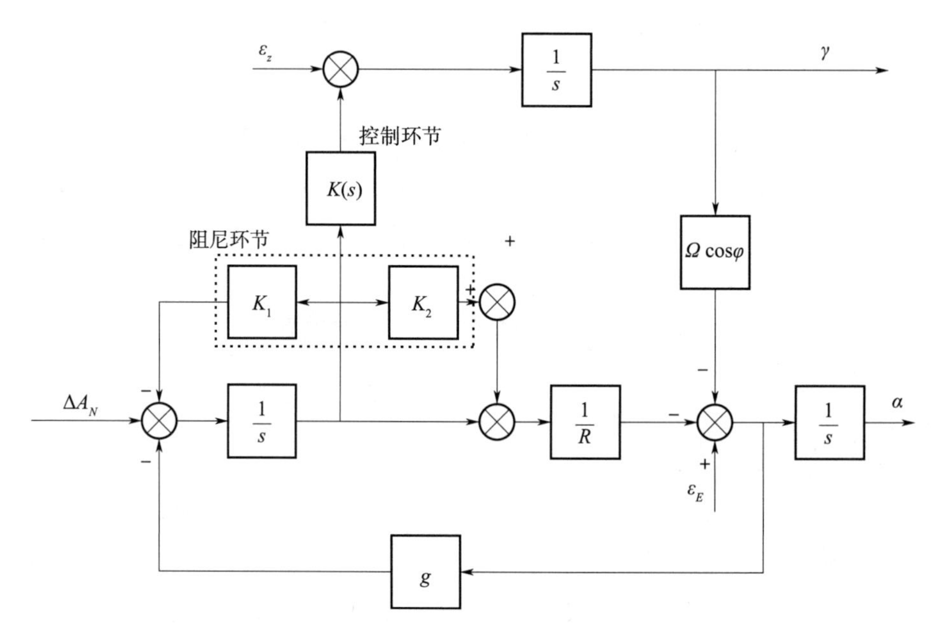

图 4 - 44　方位精对准原理方块图

水平精对准中，为了消除 $\gamma\Omega\cos\varphi$ 对水平对准的影响，增加了一个补偿环节 $\frac{K_3}{s}$；但在方位精对准中，需要敏感到 $\gamma\Omega\cos\varphi$ 对水平角的影响，因此就不能再有补偿环节 $\frac{K_3}{s}$，而需要增加控制环节 $K(s)$ 给方位陀螺仪施矩，实现负反馈控制。

通常 $K(s)$ 的定义如下

$$K(s)=\frac{K_3}{\omega_e\cos\varphi(s+K_4)} \tag{4-110}$$

若各干扰源为常值，利用终值定理，可以得出方位对准的稳态误差表达式为

$$\gamma_s=\frac{\varepsilon_E}{\omega_e\cos\varphi}+\frac{(1+K_2)\ K_4}{RK_3}\varepsilon_z \tag{4-111}$$

由式（4－111）可以看出，惯性导航系统寻北准确度主要取决于东向陀螺漂移 ε_E 的大小，而方位陀螺漂移 ε_z 的影响可以通过适当地选择参数 K_2，K_3，K_4 而降到最小程度；此外，由式（4－111）可以看出，惯性导航系统寻北准确度还和测点的纬度有关，纬度越高，寻北准确度越低，当纬度大于 80°的时候，惯性导航系统寻北准确度随纬度的增加将急剧降低，因此，采用罗经寻北方法进行方位对准的惯性导航系统系统工作范围通常在南北纬 80°之间。

4.5.2.7　提高惯性导航系统定向准确度的两种方法

影响惯性导航系统定向准确度的主要因素是陀螺漂移，因此提高惯性导航系统定向准确度的关键是减小陀螺漂移影响。减小陀螺漂移影响的方法有两种：一种是利用其他导航信息估计出陀螺漂移，进行补偿，这种方法称为组合导航法，组合导航法应用的是卡尔曼滤波估计技术，与卡尔曼滤波法初始对准原理一样，此处就不再赘述；另一种方法是旋转调制法，即设计一个旋转机构，控制安装陀螺仪的惯性平台或惯性组合体旋转，使与旋转轴正交的低频陀螺漂移被调制成随时间周期正弦变化，从而减小陀螺漂移对系统方位保持准确度的影响。若陀螺漂移为每小时千分之二度，则旋转调制前，惯性导航系统方位保持准确度曲线如图 4－45，旋转调制后，性导航系统方位保持准确度曲线如图 4－46。

由图 4－45 和图 4－46 可以看出，旋转调制后，惯性导航系统方位保持准确度得到提高，提高幅度的大小取决于被调制的低频误差源的大小。

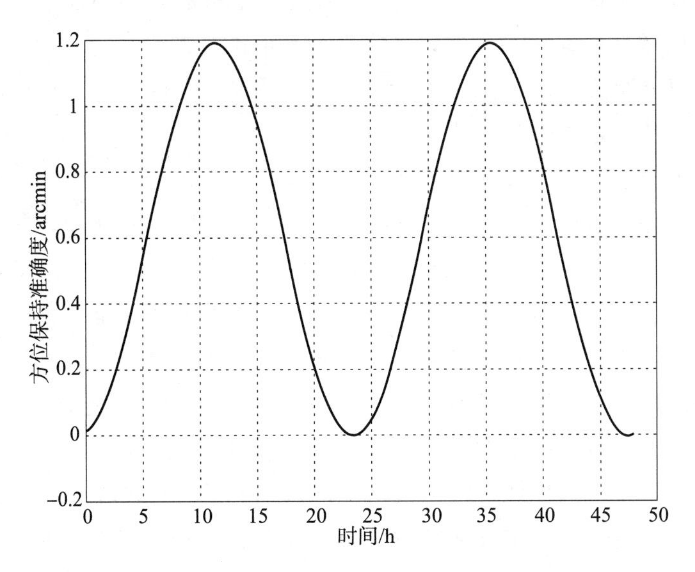

图 4－45　旋转调制前，性导航系统方位保持准确度曲线

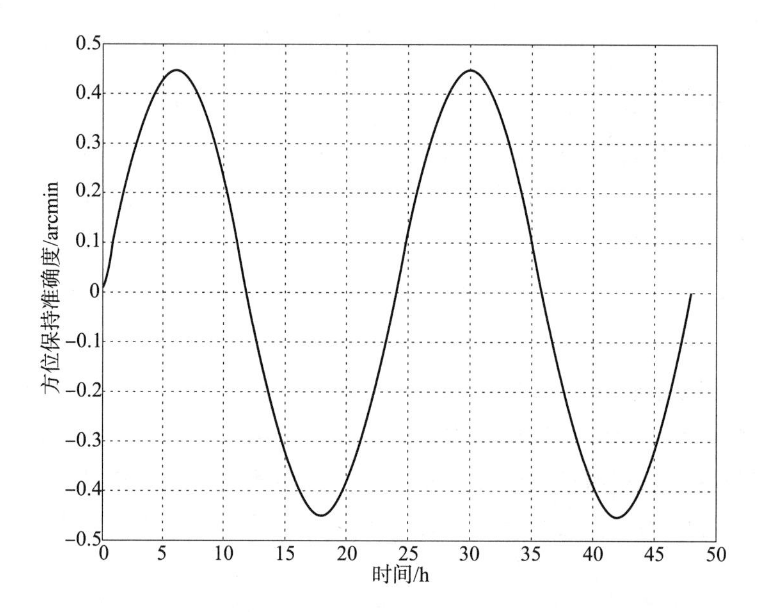

图 4－46　旋转调制后，性导航系统方位保持准确度曲线

4.5.3　陀螺罗经

4.5.3.1　指北原理

利用陀螺仪特性和地球自转角速度及重力特性，使陀螺旋转时的主轴能自动寻北并保持在子午面内的找北装置，称为陀螺罗经。陀螺罗经是指示方向的仪器，其基本原理是把陀螺仪的特性和地球自转运动联系起来，自动地找北和指北。

陀螺仪之所以能制成指向仪器——陀螺罗经，是因为陀螺仪有着自己的、独特的动力学特性，这些特性就是定轴性和进动性。

实际上，在地球上的陀螺仪，它的基座随着地球一起转动，它的主轴 OX 在惯性空间所指的方向不变，相对地球而言是改变方向的。如图 4－47（a）所示，若将自由陀螺仪放在 A 点，使其主轴位于子午面内并指恒星 S，由于地球自西向东转，经过一段时间后，它转到 B 点，因定轴性，陀螺仪主轴仍将指恒星 S 方向但相对子午面来说，主轴指北端已向东偏过了 α 角。再如图 4－47（b）所示，是在赤道处，将陀螺仪主轴 OX 水平东西向放置（A 点），随着地球自转，它将转到 B，C，D，…，同样由于它有定轴性，无论转到哪里，主轴都将永远保持空间原来的指向不变。但是它相对地平面来说，却在不断地变化方向，如 a 端，开始时是指东，因地球自转不断抬高，六小时后，a 端就指天顶了，再过六小时它就指西了……。这说明主轴相对地球不但有方位上的变化，而且也还有高度上的变化。人们在地球上看不到地球的自转，但却能看到陀螺仪主轴的这种运动，称为陀螺仪的视运动，地球自转才是真运动。人们生活中所看到旭日东升、夕阳西下，实际上是太阳视运动，也是这个道理。从图 4－47（b）的实例中，不难看出陀螺仪的视运动速度与地球真运动速度大小相等，方向相反。

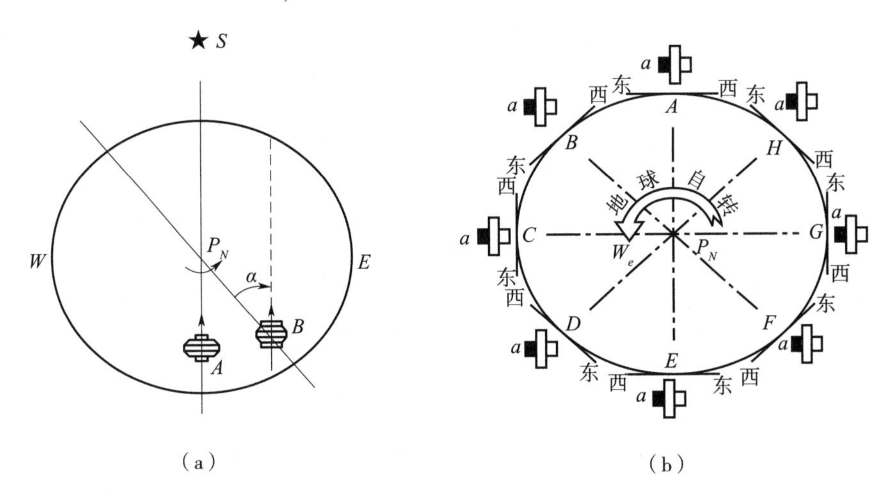

图 4-47　陀螺仪视运动示意图[16]

陀螺仪的视运动是由地球自转和载体线运动引起的。要想使陀螺仪稳定指北，必须要克服视运动的影响。比如说在北纬则应设法使陀螺仪主轴指北端以 $\omega_2=\omega_e\sin\varphi$ 的速度向西偏转，跟随上子午面北半平面的向西偏转，则主轴相对子午面而言稳定在子午面内，也就是说这时陀螺仪的主轴指示地理南北方向成为陀螺罗经了。为使陀螺仪主轴指北端向西与子午面北半平面同步偏转，自然应想到用陀螺仪的进动特性，对陀螺仪施加一个力，产生一个力矩 M_Y，利用陀螺仪进动特性控制陀螺仪绕 OZ 轴进动，并满足

$$\omega_{PZ}=\frac{M_Y}{H}=\omega_2 \tag{4-112}$$

使陀螺仪主轴稳定指北，这就是陀螺罗经指北的基本原理。在水平轴 OY 上施加的力矩 M_Y，称之为控制力矩。对于控制力矩 M_Y 应有如下几点要求：首先它应是自动产生，根据进动的需要，大小和方向都要合适；其次，因 $\omega_2=\omega_e\sin\varphi$ 是随纬度变化的，所以 M_Y 也应能随纬度的变化，自动地进行调整，使式（4-112）始终得到满足。

为克服地球自转角速度的垂直分量 ω_2 对陀螺罗经的影响，陀螺仪必须设置专门的控制设备用以产生控制力矩 M_Y。目前使用的陀螺罗经一般都是利用重力摆效应，获得控制力矩，故把这种陀螺罗经称为摆式陀螺罗经，如安修茨系列陀螺罗经。当然有些陀螺罗经的控制力矩不是直接由地球重力作用获得控制力矩，而是利用专门电磁元件产生控制力矩，这种罗经称为电磁式罗经，如阿玛—勃朗型陀螺罗经。此外，近年来随着光学陀螺得快速发展，相继研制出光纤罗经和激光陀螺罗经，如美国研制的 Navigat 2100 型陀螺罗经、法国研制的 OCTANS 罗经等。

4.5.3.2　摆式陀螺罗经

上节分析可知，在控制力矩 M_Y 作用下，主轴将绕 OZ 轴进动，其进动线速度为 u_2。当主轴指北端高于水平面时，u_2 的方向指西，主轴向西进动；当主轴低于水平面时，u_2 的方向指东，主轴向东进动。u_2 的大小与主轴偏离水平面的高度角 θ 成正比，当主轴位于水平面时，$u_2=0$。放置在南北纬处重心下移的陀螺仪，在 ω_1，ω_2 重力矩 M_Y 的共同作用

下，罗经主轴指北端将围绕真北方向作等幅摆动，主轴的摆动轨迹为一椭圆。主轴指北端作椭圆摆动一周所需的时间称为等幅摆动周期（或称椭圆运动周期、无阻尼周期）。其大小为

$$T_0=2\pi\sqrt{\frac{H}{M\omega_e\cos\varphi}}=2\pi\sqrt{\frac{H}{M\omega_1}} \tag{4-113}$$

可见，等幅摆动周期 T_0 与罗经结构参数 H，M 及船舶所在地理纬度 φ 关，而与主轴起始位置无关 α 当罗经结构参数 H，M 确定后，T_0 随纬度增高而增大。

为了消除摆式罗经的动态误差，同惯性导航系统一样，在罗经设计上必须使 $T_0=84.4\ \mathrm{min}$,此时的 T_0 称之为舒拉周期。

由于仅有控制力矩作用的摆式罗经能够自动地找北，但不能稳定地指北，因此还不是真正的陀螺罗经。欲使摆式罗经主轴能自动地返地找北且稳定的指北，必须变等幅摆动为减幅摆动，当摆动的幅值为零时，主轴稳定地指北。在陀螺罗经中，是对陀螺仪施加阻尼力矩，使主轴的方位角 α 和高度角 θ 按减幅摆动规律变化，便能自动抵达其应有的稳定位置。根据这一原理，对陀螺罗经的自由振荡可有两种阻尼方法。一种叫水平阻尼法，即压缩椭圆长轴的方法，这时阻尼力矩应施加于陀螺仪的水平轴上；第二种叫垂直阻尼法，即压缩椭圆短轴的方法，这时阻尼力矩应施加于陀螺仪的垂直轴上。

（1）水平轴阻尼法

进动线速度用符号 u_3 表示。根据对阻尼力矩的要求，在水平轴阻尼法中，罗经主轴指北端的阻尼进动线速度 u_3，其方向总是指向子午面的。因此，当罗经主轴北端位于子午面之东摆动时，阻尼进动线速度 u_3 的方向指西；当罗经主轴北端位于子午面之西摆动时，阻尼进动线速度 u_3 的方向指东，如图 4-48 所示。于是，在第 1 和第 3 象限内，因 u_3 的作用而加快主轴指北端抵达子午面的速度，故当主轴指北端抵达子午面时的高度角 θ 减小，亦即主轴指北端抵达子午面时高度角 $\theta_{减幅}<\theta_{等幅}$。在第 2 和第 4 象限内，因 u_3 的作用将减弱主轴指北端偏离子午面的速度，故使主轴指北端到达水平面时的方位角减小，亦即主轴指北端抵达水平面方位角 $\alpha_{减幅}<\alpha_{等幅}$。控制进动速度 u_2 和阻尼进动速度 u_3 的方向如图 4-54 所示。

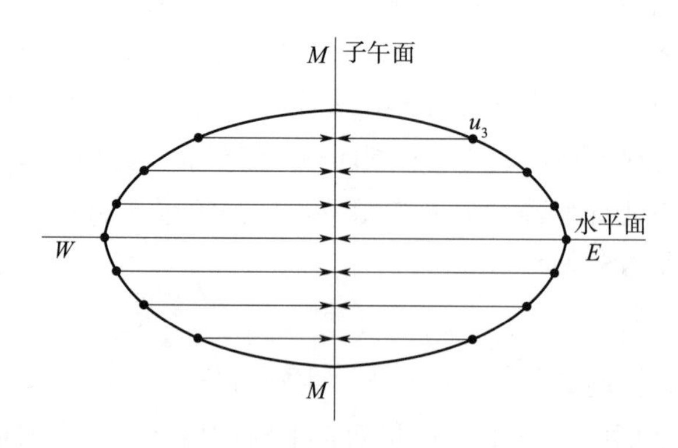

图 4-48　平阻尼示意图

这样，在整个四个象限内，罗经主轴北端的高度角 θ 和方位角 α 渐次衰减，并最后使主轴指北端抵达其稳定位置。

安修茨系列罗经均采用水平轴阻尼法。

摆式罗经装上阻尼器以后，主轴指北端的运动轨迹不再是图 4-48 那样的椭圆了。由于阻尼力矩作用，增加了一个向子午面的阻尼力矩引起的进动速度 u_3，主轴不会再通过 B，C，…等点，而是应向子午面方向靠近，即缩短了摆动的长轴，或者说缩小了方位角 α。由于椭圆扁率是一个常数，在长轴缩短的同时，短轴也相应的缩短，即高度角 θ 也相应减小，主轴逐渐靠近子午面，最后到达 r 点——稳定位置，这样主轴端点的运动轨迹就变成收敛的螺旋线了，如图 4-49 所示。在稳定位置时 $V_1=0$，V_2 向东，u_2 向西，u_3 向东。由于稳定时主轴北端高，由于重力摆得作用，产生向东的力矩 M_{dY}，主轴北端将向东进动，即有 u_3 向东。为平衡这一进动，主轴北端尚须再抬高一些，以增强重力矩，即增大 u_2。因此在 r 处最终线速度的平衡关系是 $u_2=V_2+u_3$，主轴跟随子午面同步运动。现在我们看到重心下移的陀螺仪，不但有自动寻找子午面的性能，而且还能自动抵达子午面里的稳定位置；并保持跟随子午面同步转动即指北，成为名符其实的陀螺罗经。

水平阻尼法的特点是，不会引起罗经在稳态时产生附加方位角 α 偏差（$\alpha_r=0$），但阻尼装置的结构比较复杂。当采用液体阻尼器时，找北力矩与阻尼力矩之间的理想相位关系要经过很长的时间以后才能建立起来，而且相位关系很难严格做到恰好相差 $\pi/2$，所以阻尼效果要受影响。

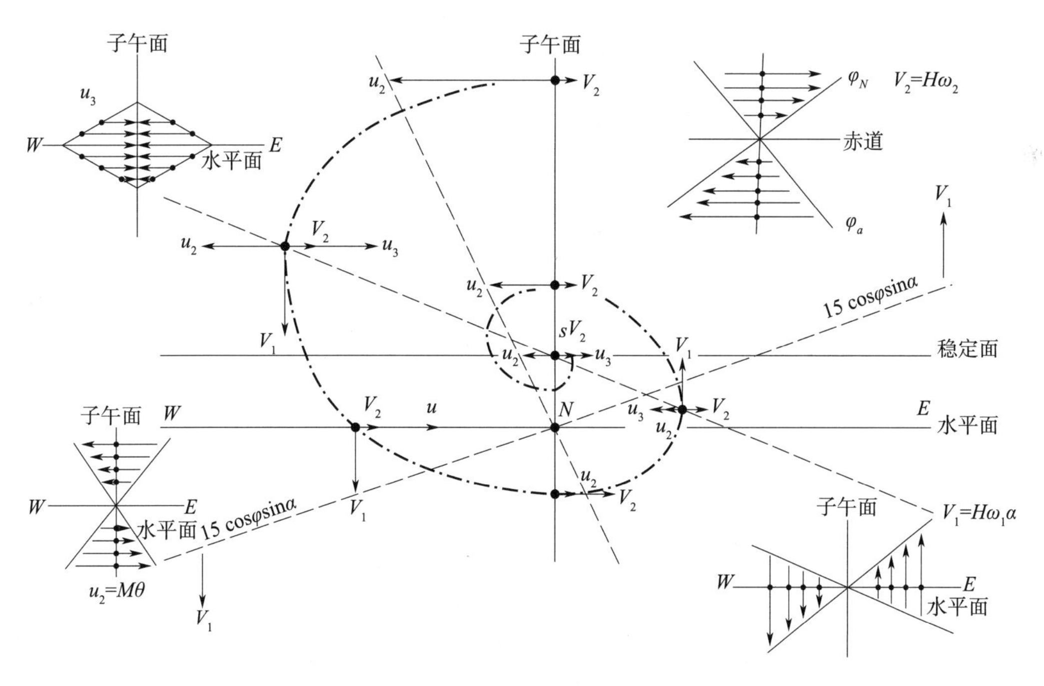

图 4-49　水平阻尼轨迹图[16]

(2) 垂直轴阻尼法

由阻尼设备产生的阻尼力矩作用于罗经的垂直轴 OZ 上以实现阻尼的方法，称为垂直轴阻尼法。显然，在施加于垂直轴上的阻尼力矩的作用下，将使罗经主轴北端 OX 产生绕水平轴 OY 的阻尼进动。主轴指北端做阻尼进动的线速度用符号 u_3 表示之。

同样，根据对阻尼力矩的要求，在垂直轴阻尼法中，罗经主轴指北端的阻尼进动线速度 u_3 的方向总是指向水平面的。因此，当罗经主轴指北端在水平面之上摆动时，阻尼进动线速度 u_3 的方向向下，当罗经主轴指北端在水平面之下摆动时，阻尼进动线速度 u_3 的方向向上，于是在第 1 和第 3 象限内，由于 u_3 的作用将减弱主轴指北端偏离水平面的速度，因此当主轴指北端抵达子午面时的高度角 θ 减小了，亦即主轴指北端抵达子午面的高度角 $\theta_{减幅}<\theta_{等幅}$。而在第 2 和第 4 象限内，仍 u_3 的作用将加快主轴指北端抵达水平面的速度，因而当主轴指北端抵达水平面时的方位角 α 减小了，亦即主轴指北端抵达水平面时的方位角 $\alpha_{减幅}<\alpha_{等幅}$。这样，在第 1、第 2、第 3 和第 4 四个象限内使主轴指北端的高度角 θ 和方位角 α 得到渐次衰减，并最后使主轴指北端抵达其稳定位置 r 处。

斯伯利系列罗经和勃朗系列罗经，通常均采用垂直轴阻尼法。

垂直轴阻尼主轴衰减振荡轨迹图，如图 4 - 50 所示（位于北纬）。

设在初始时刻，主轴指北且指高 θ 角，这时有产生找北控制力矩 $M\theta$ 与阻尼力矩 $M_D\theta$，其中找北力矩使主轴指北端，产生的水平线速度 u_2 向西，阻尼力矩产生的垂直线速度 u_3 向下，图 4 - 50 中画出了主轴指北端的运动线速度 V_1，V_2，u_2 与 u_3 相互关系。在这四个运动的共同作用下，经过几个循环后，主轴就稳定在平衡位置 r 处。

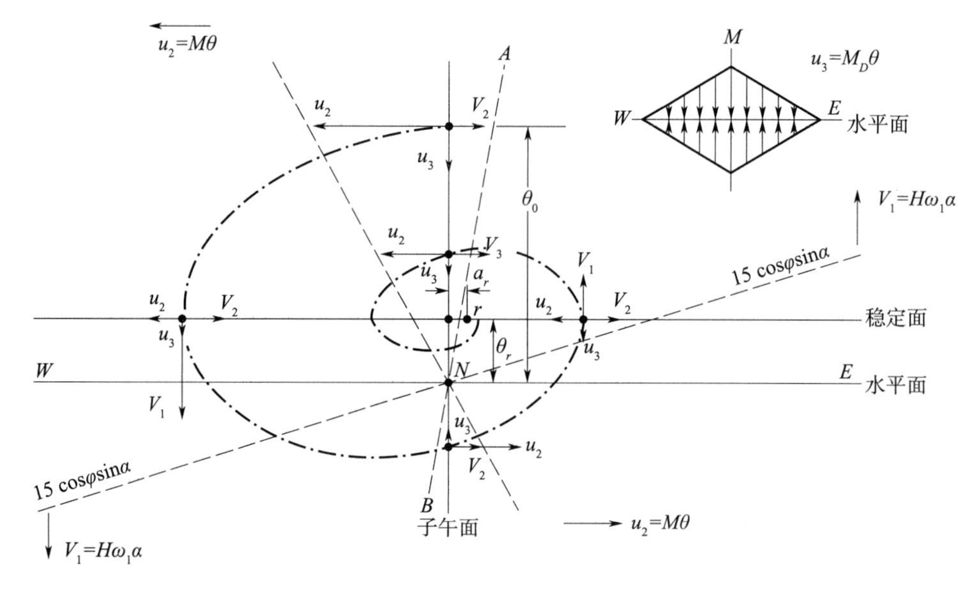

图 4 - 50　垂直阻尼轨迹图

垂直轴阻尼法的优点之一是阻尼效果好，这是因为在结构上能准确地保证阻尼力矩与方位挂制力矩二者在空间互相垂直。此外，垂直轴阻尼法实现起来也比较方便。但使用垂直轴阻尼法的罗经在稳态时要产生一个附加的方位偏差，需要设置附加的补偿装置。

4.5.3.3　电磁控制式陀螺罗经

电磁控制式罗经简称电控罗经。它是在平衡陀螺仪结构上设置一套电磁控制装置的一种新型陀螺罗经。电磁控制罗经与摆式罗经相比较，根本区别在于施加力矩的方式不同。摆式罗经是采用机械控制方法直接给陀螺仪施加力矩，而电磁控制式罗经是通过一套电磁控制装置间接给陀螺仪施加力矩的。

电磁控制式罗经的主要优点有：其一，其结构参数的选择不受舒勒条件的限制，并可根据需要予以改变。启动时，增大施加于水平轴和垂直轴的力矩电控系数 K_y 与 K_Z 之值，即减小阻尼周期 T_D 之值，使电磁控制式罗经工作于强阻尼状态，用以缩短其稳定时间；待主轴接近其稳定位置时，再将 K_y 和 K_Z 值恢复至正常工作的数值，使电磁控制式罗经工作于弱阻尼状态，用以提高罗经的指向准确度。其二，在补偿和消减有害力矩的干扰等均可用电路实现，这将有利于简化罗经的机械结构和提高指向准确度。

图 4－51 为电磁控制式罗经的工作原理图。三自由度平衡陀螺仪的主轴 OX 水平放置，其动量矩 H 矢端沿主轴 OX 的正端，即指北。在水平轴 OY 上安装一电磁摆 1，在水平轴 OY 和垂直轴 OZ 上安装一力矩器 3 和 5，在电磁摆与力矩器之间接入方位放大器 4 和倾斜放大器 2。所谓力矩器，是将输入量为电信号变为输出量为力矩的变换装置。电磁控制式罗经是利用电磁摆 1 和水平力矩器 3、垂直力矩器 5 所组成的电磁控制装置将罗经主轴引向其稳定位置。当电磁控制式罗经主轴指北端偏离子午面某一方位角 α 时，因水平面在空间的转动，主轴指北端将向上或向下偏离水平面。当主轴指北端自水平面上升或下降一高度角 θ 时，电磁摆也倾斜相同的高度角 θ，它将产生并输出与高度角 θ 成正比的摆信号，经方位放大器和倾斜放长器放大后分别输至水平力矩器及垂直力矩器。水平力矩器将产生与高度角 θ 成比例的作用于水平轴向的控制力矩 $K_Y\theta$。与此同时，垂直力矩器将产生与高度角 θ 成比例的作用于垂直轴节的阻尼力矩 $K_Z\theta$。K_Y 与 K_Z 分别称为施加于水平轴向和垂直轴向的力矩电控系数，$K_Y\theta$ 将使主轴具有找北之性能，而 $K_Z\theta$ 将使主轴的摆动得到衰减。

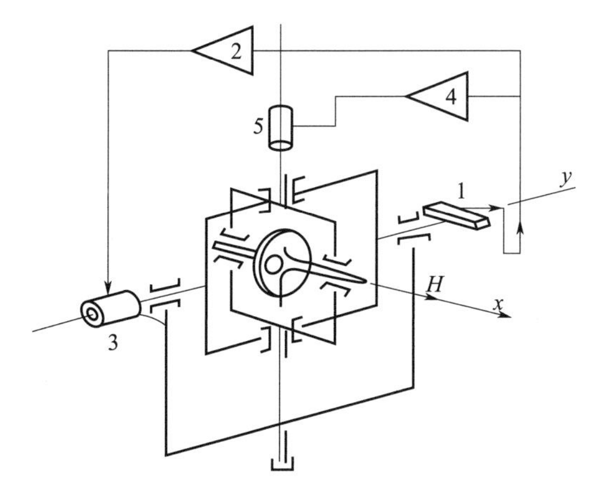

图 4－51　电磁控制式罗经的工作原理图

当主轴指北端低于水平面 θ 角时，电磁摆将有摆信号输出，经方位放大器和倾斜放大器放大后，分别输至水平力矩器和垂直力矩器。水平力矩器将产生沿水平轴负向作用的控制力矩，即 $M_y=-K_Y\theta$；垂直力矩器将产生沿垂直轴正向作用的阻尼力矩，即 $M_Z=K_Z\theta$。

可见，采用垂直轴阻尼法的电磁控制式罗经，在北纬 φ 处静止基座上稳定时主轴指北端自水平面上升 $\theta_r=-\dfrac{H\omega_2}{K_Y}$ 角并自子午面偏东 $\alpha_r=-\dfrac{K_Z}{K_Y}\tan\varphi$ 角。对于参数 K_Y 与 K_Z 已确定的罗经言之，主轴指北端在方位角 α 上的稳定位置 α_r 仅与纬度 φ 有关，故称为纬度误差，用符号 $\alpha_{r\varphi}$ 表示。

在静止基座电磁控制式罗经的减幅摆动和摆式罗经是相同的。但在摆式罗经中最大阻尼力矩 $M_。$ 和最大控制力矩 M 一经确定，都无法改变，因此阻尼周期是不能调节的。而电磁控制式罗经则不然，结构参数 K_Y 与 K_Z 都是可以改变的。启动时增大 K_Y 与 K_Z 之值，减小阻尼周期 T_p，即可使罗经主轴快速进入稳定状态；待罗经主轴即将稳定时，将 K_Y 与 K_Z 之值恢复至其正常值，亦即阻尼周期 T_p 调回到常工作之数值。这样，既可缩短罗经的稳定时间，又可减少外界干扰的影响，无疑将能提高罗经的指向准确度。这是电磁控制式罗经的一个明显的优点。

4.5.3.4　光纤陀螺罗经

随着光纤陀螺大批量生产和技术的日趋成熟，光纤陀螺罗经已成为船用定向仪器中的新成员，美国利顿航海系统集团研制成功的光纤陀螺罗经——Navigat 2100 型陀螺罗经和姿态基准系统，是专为现代化综合船桥和先进的高速船设计的世界上第一套采用光纤陀螺的固态、全电子数字陀螺罗经。此后，法国 IXSEA 公司研制的 OCTANS 光纤罗经也迅速得到了推广应用。光纤罗经采用的是一种完整的没有旋转部件和活动部件的固态设计。它具有很高的可靠性，在工作寿命期间不需要维修和保养，从而揭开了船用陀螺罗经百年历史上的崭新的一页。

光纤陀螺罗经是基于 Sagnac 效应研制的。由于光纤陀螺是基于对角速度的敏感，所以光纤陀螺罗经不仅能起到传统罗经的指向作用，而且能直接反映旋转的角速度。所以光纤陀螺罗经又叫光纤陀螺罗经与姿态参考系统。光导纤维绕成的线圈被用作测量地球转速的十分灵敏的速率传感器。一般光纤陀螺罗经除了在 Z 轴方向装有敏感元件外，还在 X 轴、Y 轴装有敏感元件，它可以测量三轴动态与姿态，通过平面电子感应器，可以反映船舶的横摇、纵摇和转向运动。Navigat 2100 光纤陀螺罗经是由感应器、控制及显示器和相关接口电路组成。感应器是光导罗经的主要组成部分，它主要由光感及光电电路组成，按其功能分，可分为三部分：电源及导航信号处理、平面电子感应器及三轴光导陀螺仪。其中，三轴光导陀螺仪由 X，Y，Z 轴三个独立的陀螺仪组成。根据来自三个陀螺仪的信号和来自平面电子感应仪的信号，经过 Kalman 滤波，就能计算出地球的转动方位，从而得到地球真北方向。由于采用捷联式技术设计，光纤陀螺罗经可直接安装在船体上，从而取消了传统陀螺罗经中最繁复的平衡环系统。同时，由于光纤陀螺罗经是基于旋转速率的，启动稳定时间很短，动态准确度高且没有北向速度误差，因此，它尤其适用于高速舰船。

4.5.3.5　陀螺罗经误差及补偿

(1) 纬度误差

采用垂直轴阻尼法的陀螺罗经，稳定时其主轴不是指向子午面，而是偏离子午面一个方位角 α，从而产生纬度误差，纬度误差的大小与罗经型号有关。

摆式罗经的纬度误差 $\alpha_{r\varphi}$ 为

$$\alpha_{r\varphi}=\frac{M_D}{M}\cdot\tan\varphi \tag{4-114}$$

电控罗经的纬度误差 $\alpha_{r\varphi}$ 为

$$\alpha_{r\varphi}=\frac{K_z}{K_y}\cdot\tan\varphi \tag{4-115}$$

式（4-115）中，φ 为当地纬度；$\frac{M_D}{M}$或$\frac{K_z}{K_y}$是陀螺罗经阻尼力矩与控制力矩的比值，由罗经结构参数决定。

纬度误差的补偿有外补偿法和内补偿法。外补偿法是指在主罗经上加装纬度误差校正器，通过纬度误差校正器调整罗经刻度盘示度，使主罗经航向及分罗经指向不含有纬度误差，而罗经主轴的指向并不改变。外补偿法要增加设备，使用烦琐，目前陀螺罗经已很少采用。内补偿法是目前陀螺罗经普遍采用的一种消除纬度误差的方法，向陀螺球（仪）水平轴或垂直轴施加纬度误差补偿力矩，此补偿力矩的大小、方向及变化规律完全与纬度误差相适应。在纬度误差补偿力矩的作用下，罗经主轴向子午面进动并稳定指示子午面，纬度误差就被消除了。

(2) 速度误差

当船舶向北（或南）航行时，船速北向分量 V_N 将使陀螺罗经所在水平面之北半部分下降（或上升），若把水平面看作静止不动，船速北向分量 V_N 将使陀螺罗经主轴相对水平面上升（或下降）。

船舶向东（或西）航向航行时，船速东向分量 V_E 将使陀螺罗经所在水平面之东半部分下降（或上升），若把水平面看作静止不动，当罗经主轴偏离子午面一个方位角 α 时，主轴也会相对水平面的上升或下降。

同样道理，船舶在其他航向航行时，也会引起陀螺罗经主轴相对水平面的上升或下降。我们把船速使陀螺罗经主轴上升或下降，导致罗经主轴偏离子午面一个方位角 α，这个方位角 α 就是陀螺罗经的速度误差 α_{rv}，大小为

$$\alpha_{rv}=\frac{V\cos C}{R\cos\varphi} \tag{4-116}$$

式中　V——船速；

C——舰船的航向；

R——地球半径；

φ——当地纬度。

速度误差的方法主要有三种。一种是查表计算法，据速度误差计算公式（4-116），

编制成速度误差表。以船舶当时的船速 V、纬度 φ 和航向 C 为引数查速度误差表，查得速度误差 α_n 并进行补偿。第二种方法是外补偿法，在主罗经上加装速度误差校正器，通过速度误差校正器调整罗经刻度盘示度，使主罗经航向及分罗经指向不含有速度误差，而罗经主轴的指向并不改变。第三种是内补偿法。向陀螺球（仪）水平轴或垂直轴施加纬度误差补偿力矩，此补偿力矩的大小、方向及变化规律完全与速度误差相适应。在速度误差补偿力矩的作用下，罗经主轴向子午面进动并稳定指示子午面，速度误差就被消除了。

（3）冲击误差

船舶机动航行（变速变向）时，船舶的机动惯性力作用于罗经，使罗经主轴在船舶机动过程中和机动终了后的一段时间内偏离其稳定位置而产生冲击误差。

冲击误差通过陀螺罗经阻尼自动消除，通常在船舶机动过程中和机动终了后约 1 小时经阻尼作用自动消失，但在阻尼过程中，陀螺罗经仍存在冲击误差。

（4）摇摆误差

船舶在海上航行受风浪的影响而产生摇摆，安装在船上的陀螺罗经就会受船舶摇摆产生的惯性力的影响而产生指向误差。

各种罗经一般都从结构上采取消除摇摆误差的措施，大大提高了陀螺罗经的指向准确度。安修茨系列陀螺罗经将灵敏部分制成双转子陀螺球，当船舶摇摆时，不产生摇摆误差。斯伯利系列罗经采用在液体连通器内充入高黏度液体的措施，较好地消减了摇摆误差。阿玛-勃朗系列电控罗经把电磁摆密封在盛有高黏度硅油的金属容器内，较好地消减了摇摆误差。

参考文献

[1] 《惯性导航系统》编著小组．惯性导航系统．北京：国防工业出版社，1983.

[2] 高钟毓．静电陀螺仪技术［M］．北京：清华大学出版社，2004.

[3] 张桂才．光纤陀螺原理与技术［M］．北京：国防工业出版社，2008.

[4] Dussy S，et al. MEMS Gyro for Space Applications－Overview of European Activites. AIAAGN&C Conference and Exhibit，San Francisco，CA，2005.

[5] 裴荣，周百令，等．基于谐振原理的高精度石英加速度计的设计技术［J］．东南大学学报，2006，36（5）：732－735.

[6] 陀螺经纬仪组．陀螺经纬仪基本原理、结构与定向［M］．北京：煤炭工业出版社，1982。

[7] 刘为任，等．惯导系统方位回路动基座标度因数估计［J］．中国惯性技术学报，2008，16（5）：518－522.

[8] 张维叙．光纤陀螺及其应用［M］．北京：国防工业出版社，2008.

[9] 秦永元．惯性导航［M］．北京：科学出版社，2007.

[10] 张树侠，孙静．捷联式惯性导航系统［M］．北京：国防工业出版社，1988.

[11] 刘为任，庄良杰．惯性导航系统水平阻尼网络的自适应控制．天津大学学报，2005，38（2）：146－149.

[12] 刘为任，庄良杰．惯性导航系统水平阻尼网络的适应式混合智能控制．哈尔滨工业大学学报，2005，37（11）：1586－1588.

[13] 刘为任，庄良杰．潜用惯性导航系统误差估计研究．应用科学学报，2005，23（3）：324－326.

[14] 黄德鸣，程禄．惯性导航系统［M］．北京：国防工业出版社，1993.

[15] 刘为任，庄良杰．H_∞控制在惯导系统动态对准中的应用．中国控制与决策学术年会论文集．沈阳：东北大学出版社，2004.

[16] 任茂东．船用陀螺罗经［M］．大连：大连海事学院出版社，1993.

第5章　GNSS全球卫星导航系统定位法定向

5.1　GNSS全球卫星导航系统

5.1.1　GNSS全球卫星导航系统概述

1957年10月4日，苏联成功发射了世界上第一颗人造地球卫星，标志着空间科学技术的发展从此进入到了一个崭新的时代，为人类利用卫星进行导航定位创造了条件。各国竞相发展自己的卫星导航系统，卫星导航系统的发展过程经历了两个阶段，即以子午仪卫星定位系统为代表的第一代卫星导航系统和以GPS为代表的第二代卫星导航系统。

5.1.1.1　子午仪卫星定位系统

第一颗人造地球卫星发射后不久，美国霍普金斯大学应用物理实验室在对卫星发射的无线电信号进行监听时发现，当地面接收站的位置一定时，接收信号的多普勒频移曲线与卫星轨道有一一对应关系。这种对应关系表明当地面接收站的坐标已知时，只要测得卫星的多普勒频移，就可确定卫星的轨道。依据这项实验成果，该实验室设计了一个“反向观测方案”。若卫星运行轨道是已知的，那么根据接收站测得的多普勒频移，便能确定接收站坐标。

1958年12月，美国开始研制子午仪卫星定位系统。该系统于1964年9月研制成功并投入使用，于1967年7月向民用开放。

子午仪卫星定位系统的卫星星座由分布在6个轨道面内的6颗低轨卫星组成，轨道高度为1 075 km，轨道面倾角为90°，运行周期107 min。轨道通过地球南北极上空，与地球子午线一致，故称为“子午仪卫星定位系统”。

作为第一代卫星导航系统，子午仪卫星定位系统为全球范围内各种军用、民用船舶提供全天候导航定位，并在大地测量、高准确度授时、监测地球自转等方面得到了广泛的应用，显示了卫星导航定位的优越性。但是该系统具有许多明显的缺点，主要是：

1）只能提供二维导航解，不能用于高程未知的空中用户；

2）卫星数目较少，不能实现连续实时导航定位；

3）单次定位观测时间长，不能用于高动态用户；

4）卫星轨道高度低，难以实现精密定轨；

5）信号频率低，难以补偿电离层效应的影响。

5.1.1.2　GPS系统

为了突破第一代卫星导航系统的应用局限，满足海、陆、空三军和民用部门全球、全天候、高准确度的导航需求。子午仪卫星定位系统投入使用不久，美国海军和空军就已着手进行新一代卫星导航系统的研发工作。1973 年，美国国防部正式批准海陆空三军共同研制新一代卫星导航系统——全球定位系统（GPS）。1993 年 12 月 GPS 建成。GPS 由空间星座、地面监控和用户接收机三部分组成。GPS 实现了全球、全天候、连续、实时、高准确度导航定位。目前已广泛应用于各类导航、高准确度授时、大地测量、工程测量、地籍测量、地震监测等领域。

5.1.1.3　GLONASS 系统

1976 年，苏联开始研制自己的卫星导航系统，1996 年初俄罗斯宣布 GLONASS 系统组星完毕并正式投入使用，打破了在卫星导航定位领域由美国 GPS 一统天下的局面。但与 GPS 相比，GLONASS 存在以下差异：

1）在轨卫星由于老化而工作不稳定，卫星工作寿命短，在轨卫星较少，很多地区无法单独完成定位；

2）高纬度地区覆盖性好；

3）由于 GLONASS 采用的是频分多址的方式，占用频率资源较多，用户接收机复杂；

4）采用 UTC 时间系统。

5.1.1.4　GALILEO 系统

伽利略卫星导航系统（GALILEO）是欧洲计划建设的新一代民用全球卫星导航系统，也是世界上第一个专门为民用目的设计的全球性卫星导航系统。伽利略卫星导航系统则提供五种服务：公开服务（OS）、生命安全服务（SoLS）、商业服务（CS）、公共特许服务（PRS）以及搜救（SAR）服务。伽利略卫星导航系统提供的公开服务定位准确度通常为 15～20 m（单频）和 5～10 m（双频）两个档次。公开特许服务有局域增强时能达到 1 m，商用服务有局域增强时为 10 cm～1 m。

与 GPS 相比，伽利略卫星导航系统将更显先进、更加有效、更为可靠。它的总体思路具有四大特点：自成独立体系；能与其他的 GNSS 系统兼容互动；具备先进性和竞争能力；公开进行国际合作。

5.1.1.5　北斗卫星导航系统

20 世纪 90 年代，我国开始建设自主的卫星导航系统。2000 年，北斗卫星导航试验系统（即北斗一代卫星导航系统）初步建成，标志着中国成为继美、俄之后世界上第三个拥有自主卫星导航系统的国家。

北斗卫星导航系统（COMPASS）是中国正在实施的自主发展、独立运行的全球卫星导航系统。系统建设目标是：建立独立自主、开放兼容、技术先进、稳定可靠、覆盖全球的北斗卫星导航系统，促进卫星导航产业链形成，形成完善的国家北斗卫星导航应用产业支撑、推广和保障体系，推动卫星导航在国民经济社会各行业的广泛应用。

北斗卫星导航系统按照“三步走”的发展战略稳步推进。第一步，2000 年建成了北斗卫星导航试验系统，使中国成为世界上第三个拥有自主卫星导航系统的国家。第二步，建设北斗卫星导航系统（即北斗二代卫星导航系统），形成覆盖亚太大部分地区的服务能力。第三步，北斗卫星导航系统形成全球覆盖能力。

北斗卫星导航系统提供的服务有：精密定位、实时导航、简短通信、精确授时。北斗卫星导航试验系统自 2003 年正式提供服务以来，在交通运输、海洋渔业、水文监测、气象测报、森林防火、通信时统、电力调度、救灾减灾和国家安全等诸多领域得到广泛应用，产生显著的社会效益和经济效益。在南方冰冻灾害、四川汶川和青海玉树抗震救灾、北京奥运会以及上海世博会中已经发挥了重要作用。2011 年 12 月 27 日，北斗卫星导航系统正式提供试运行服务。

5.1.1.6 其他卫星导航系统

目前具备卫星导航系统的国家还有：日本准天顶卫星导航系统和印度区域卫星导航系统。

日本准天顶卫星导航系统覆盖日本国本土及周边海域。主要功能是提供一个兼具导航定位、移动通信和广播功能的卫星系统，旨在为在日本上空运行的美国 GPS 卫星提供“辅助增强功能”，包括两方面：一是可用性增强，即提高 GPS 信号可用性；二是性能增强，即提高 GPS 信号的准确度和可靠性。空间段由三颗 IGSO 卫星组成，卫星采用大椭圆轨道（Highly Elliptical Orbit，HEO），3 个轨道平面半长轴 $a=42\ 164$ km，偏心率 $e=0.099$，倾角 $i=45°$，升交点赤经 Q 相差 120°。地面控制段由 GPS 主监测站、QZSS 和 GPS 联合主监测站、遥测遥控及导航电文上行注入站组成。坐标系采用日本卫星导航地理系统 JGS，与 GPS 所采用的 WGS—84 质心坐标系统之间的误差小于 0.02 m。部署时间 2010 年 9 月 11 日 20：17（JST），2010 年 9 月 27 日，引路号卫星成功到达“准天顶”预定设计轨道，计划到 2015 年完成总共 3 颗的发射部署。定位准确度通过播发差分修正数据以及实验导航信号等辅助导航定位信号，QZSS 系统可使覆盖区域内的 GPS 接收机达到亚米级定位准确度。

印度区域卫星导航系统覆盖南亚次大陆及周边地区。空间段计划布设 7 颗同步轨道卫星，其中 3 颗为地球同步轨道卫星，卫星轨道位置分别为东经 34°E、83°E 及 132°E；另外 4 颗为与地球相对位置不变的倾斜轨道卫星，倾斜轨道卫星远地点高度 24 000 km，近地点高度 250 km，轨道倾角 29°，在东经 55°E 和 110°E 处穿过赤道，以确保 7 颗卫星均在印度地面控制段无线电可视范围内。地面控制段由一个主控中心（Master Control Center，MCC）以及若干个卫星遥测遥控站（IRNSS Telemetry Tracking & Command stations，TT&C）。定位准确度在印度洋区域优于 20 m，在印度本土及邻近国家定位准确度优于 10 m。计划 2012 年年底前发射首颗导航卫星，争取在 2014 年年底前完成太空卫星导航网的部署。根据设计，印度太空卫星导航网将覆盖周围大约 1 500 km 内的区域，包括南亚次大陆及周边地区，为用户提供全天候导航服务。

5.1.2 卫星导航的特点

相对于其他导航技术，卫星导航具有其突出的特点。

（1）全球覆盖、全天候服务

目前卫星导航系统满足了全球定位的需求，能够作用到边远地区，如沙漠、高山、远离大陆的岛屿等。卫星导航系统可在任意时间、任意气候条件下提供导航服务。

（2）功能多

卫星导航可以提供用户三维位置、三维速度、时间、姿态等信息，可广泛应用于车辆、飞机、船舶、航天器的导航以及武器的制导。

（3）准确度高

相对于传统导航手段，卫星导航定位准确度有了很大提高，目前可以达到 m 级到 cm 级甚至更高的准确度。

（4）操作简单

卫星导航设备自动化程度高，使用简便，卫星信号的搜索、接收、测量数据的存储都由接收机自动完成。

5.1.3　卫星导航时空基准

卫星导航的最基本任务是确定用户在空间的位置，实际是确定用户在某特定坐标系的坐标。由于卫星导航主要的观测对象是以每秒数千米运动的卫星，对观测者而言它的位置和速度都在不断地迅速变化，因此任何观测量都必需给定取得观测量的时刻。由此可见，坐标系统与时间系统是描述卫星运动和确定用户位置的基础。坐标系统在第 3 章已经介绍，此处简要介绍时间系统的有关问题。

（1）世界时

地球在空间的自转运动是连续的，而且比较均匀。所以人类最先建立的时间系统，便是以地球自转运动为基准的世界时（UT）系统。世界时是地球自转的反应，由于地球自转的不均匀性和极移引起的地球子午线变动，世界时的变化是不均匀的。

（2）国际原子时

原子时是基于原子的量子跃迁产生电磁振荡定义的时间。国际单位制（SI）的时间单位将原子时的一秒定义为，铯原子的同位素 133 原子基态的两超细级间跃迁辐射 9 192 631 770周期所经历的时间。国际原子时（TAI）是国际时间局（BIH）于 1972 年 1 月 1 日引入的，原点为 1958 年 1 月 1 日 0 时，在这一瞬间国际原子时和世界时相差0.003 9 s。

由于受相对论、地域因素等条件的影响，单个原子钟所决定的原子时有不同的准确度，但通过多钟组合可以保持高准确度。国际原子时使用了大量的原子钟，由许多独立国际时间服务机构和标准实验室来维持，是国际所接受的基本时间尺度。

（3）协调世界时

目前，在许多应用部门仍采用以地球自转为基础的世界时。由于地球自转速度存在变慢的趋势，为了避免发播的原子时与世界时之间产生过大的偏差，从 1972 年便采用了一种以原子时秒长为基础，在时刻上尽量接近于世界时的一种折中的时间系统。这种时间系统称为协调世界时（UTC），简称协调时。

UTC 采用闰秒（或跳秒）的方法，使 UTC 与世界时的时刻相接近，闰秒一般在 12 月 31 日或 6 月 30 日末加入，具体日期由国际地球自转服务组织安排并通告。

（4）GPS 时

GPS 时是美国 GPS 系统采用的时间基准，属于原子时，原点为 UTC 时刻 1980 年 1 月 6 日 0 时 0 分 0 秒。GPS 时通常以 GPS 周（星期）和周内秒的形式给出。GPS 时与国际原子时之间相差 19 秒，与 UTC 之间的差异是一个变化的整秒数。

（5）GLONASS 时

GLONASS 时是俄罗斯 GLONASS 系统采用的时间基准，属于 UTC 时间系统，但是以俄罗斯维持的世界协调时 UTC（SU）作为时间度量基准。UTC（SU）与国际标准 UTC、UTC（BIPM）相差在 1 微秒以内。GLONASS 时与 UTC（SU）之间存在 3 个小时的整数差，在秒上，两者相差1 ms以内。

（6）北斗时

北斗时（BDT）是我国北斗卫星导航系统采用的时间基准，属于原子时，其时间起点为军用标准时间频率中心产生的协调世界时 UTC（CMCT），2006 年 1 月 1 日 0 时 0 分 0 秒，无闰秒。

5.2　卫星导航定位基本原理

5.2.1　卫星导航系统构成

卫星导航系统一般由空间星座、地面监控和用户设备三部分组成，如图 5－1 所示。空间星座包括在轨工作卫星和备份卫星，向用户设备提供测距信号和数据电文。地面监控作用是跟踪和维护空间星座，调整卫星轨道，计算确定用户位置、速度和时间需要的重要参数。用户设备完成导航、授时和其他有关的功能。各个卫星导航系统的各组成部分虽然在实施细节上各不相同，但其构成及功能大体相同。

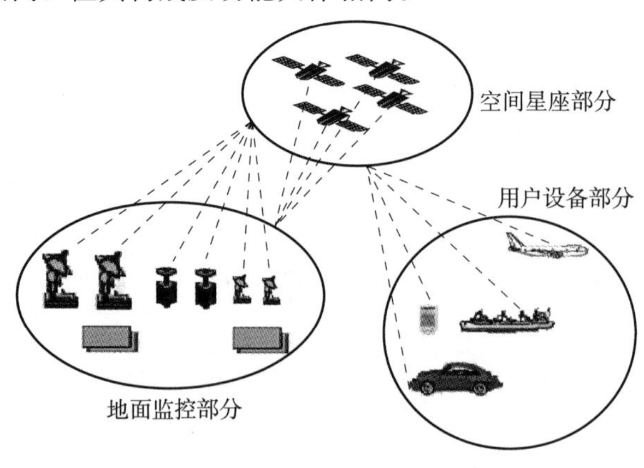

图 5－1　卫星导航系统组成示意图

5.2.1.1　空间星座

空间星座的功能是接收和存储地面监控系统传输的导航信息，并向用户发播导航信号。它还接收来自地面监控系统的控制指令，并向地面监控系统发射卫星的遥测数据。

美国 GPS 系统设计星座共有 24 颗卫星，其中包括 3 颗备用卫星，如图 5－2。卫星分布在 6 个轨道面上，每个轨道面上有 4 颗卫星，轨道的平均高度为 20 200 km。卫星的运行周期为 11 h 58 min。目前在轨运行主要为 Block Ⅱ－A，Block Ⅱ－R，Block ⅡR－M 和 Block Ⅱ－F 工作卫星，如图 5－3 所示。

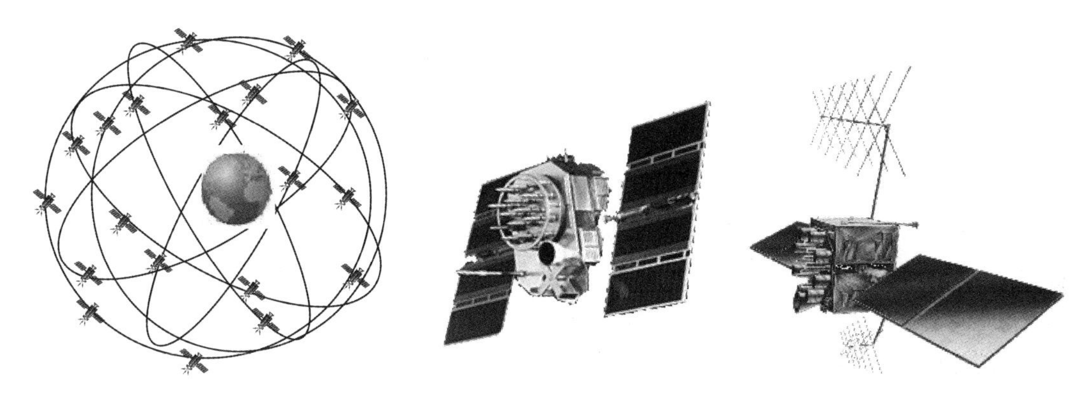

图 5－2　GPS 卫星星座示意图　　图 5－3　GPS 卫星（左为 Block II－A 工作卫星，右为 Block IIR 卫星）

俄罗斯的 GLONASS 系统设计星座是由 21 颗工作卫星和 3 颗备用卫星组成，平均分布于 3 个轨道面上，每个轨道面有 8 颗卫星，运行周期为 11 h 15 min，轨道高度为 25 510 km。目前在轨卫星主要为 GLONASS－M，GLONASS－K 等卫星，如图 5－4、5－5 所示。

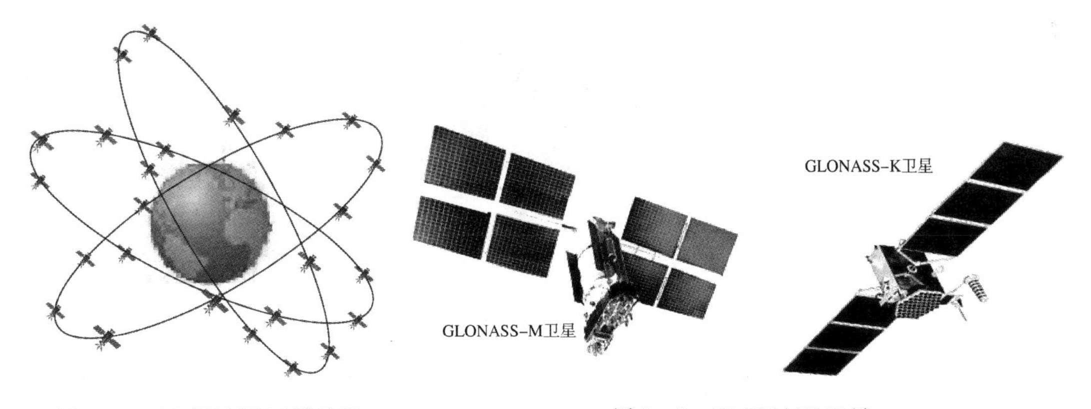

图 5－4　GLONASS 卫星星座　　图 5－5　GLONASS 卫星

欧盟 GALILEO 系统设计星座是由 30 颗 Walker 星座组成，均匀分布在三个中等高度圆形地球轨道上，每个轨道 10 颗卫星，其中 9 颗为工作卫星，1 颗为备用卫星，运行周期为 14 h 4 min，轨道高度为 23 616 km。目前已发射两颗伽利略试验卫星 GIOVE－A、GIOVE－B 以及两颗在轨验证卫星，如图 5－6、图 5－7 所示。

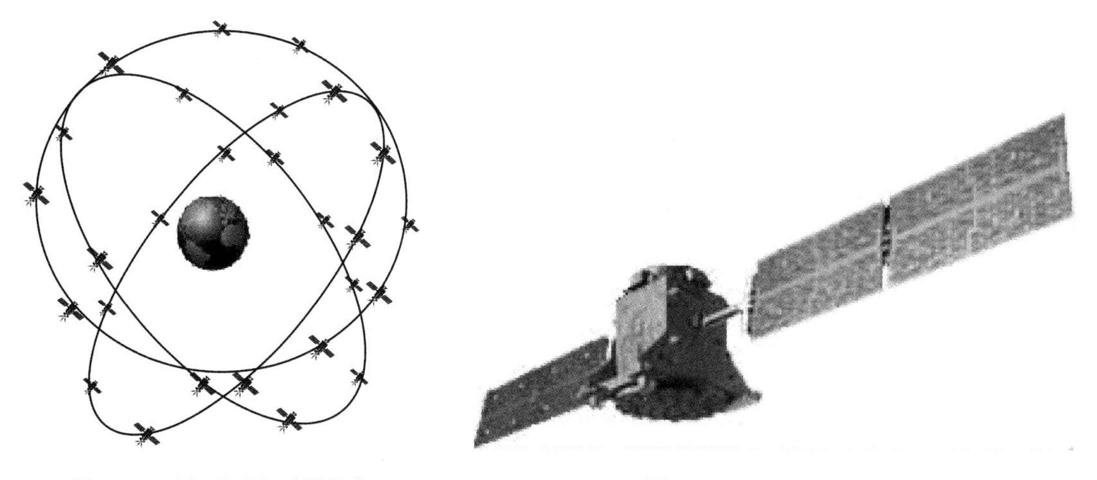

图 5-6　GALILEO 卫星星座　　　图 5-7　GALILEO 卫星

我国北斗卫星导航系统全球星座由 5 颗地球静止轨道卫星（GEO）和 30 颗非静止轨道卫星组成。5 颗地球静止轨道卫星高度为 36 000 km，30 颗非静止轨道卫星由 27 颗中地球轨道卫星（MEO）和 3 颗倾斜同步轨道卫星（IGSO）组成。27 颗中地球轨道卫星分布在 3 个轨道面，轨道高度为 21 500 km，如图 5-8 所示。

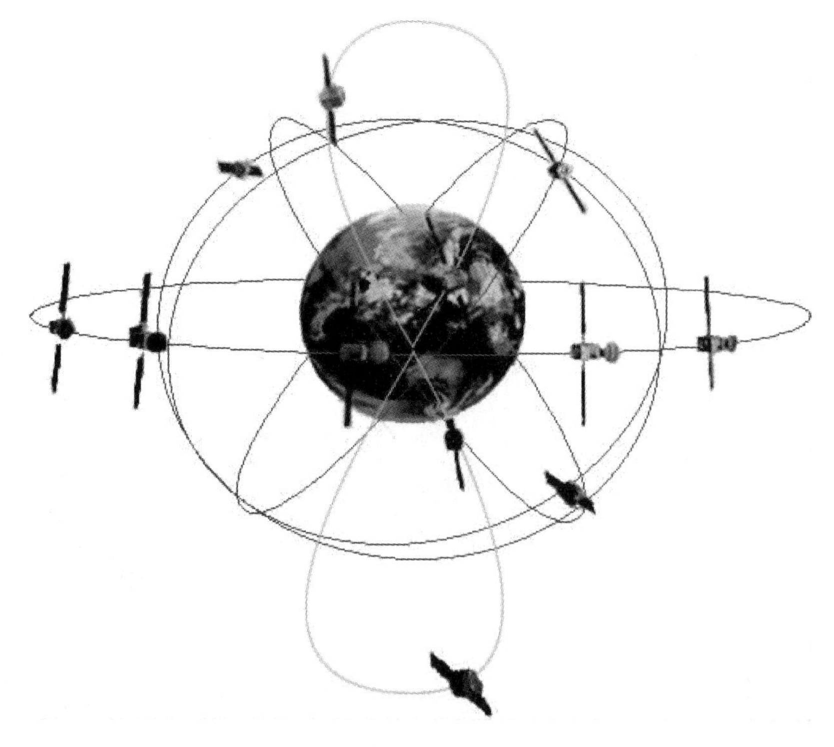

图 5-8　北斗卫星导航系统卫星星座

导航卫星一般由 7 部分组成：电源部分，姿态、速度控制部分，遥测、跟踪与指令部分，温控部分，结构部分，反作用控制/入轨发动机部分，导航部分。主要功能有：

1）接收并执行地面监控站发射的指令；

2）接收和存储地面监控站发来的导航信息；

3）利用星载处理器进行必要的数据处理；

4）利用高准确度星原子钟提供高准确度的时间标准；

5）向用户发播卫星信号。

5.2.1.2　地面监控部分

地面监控的主要功能是收集来自卫星及与系统工作有关的信息源数据，并对数据进行处理计算，产生导航信号和控制指令，再由地面注入站注入卫星。

主控站是整个系统的核心部分，负责地面控制站的全面控制。主控站设有精密时钟，是时间基准，各监控站和各卫星的时钟都必须与其同步。主控站设有计算中心，根据各监测站送来的各种测量数据，编制卫星星历参数，然后将卫星星历参数发送到注入站。

监测站装备有用户接收机、环境数据传感器、原子频标、计算机及同主控站相联系的通信设备。监测站一般是无人值守的数据收集中心，在主控站遥控下，监测站的天线能自动跟踪视界中的所有卫星，并接收来自卫星的导航信号。环境数据传感器收集当地的气象数据，以便用于参数修正。监测站的原子钟与主控站原子钟同步，作为监控站工作的精密时间基准。

注入站将主控站送来的卫星星历数据注入卫星，所有这些数据均被存入卫星上的存储器中，以更新原来相应数据，并形成卫星向用户发送的新导航信息。注入站还负责监测注入卫星的导航信息是否正确。

美国 GPS 系统地面监控部分包括 1 个主控站、5 个监测站和 3 个注入站，分别位于科罗拉多、关岛、夏威夷、迭戈加西亚以及阿森松群岛。

俄罗斯 GLONASS 系统地面监控部分主要包括 1 个设于莫斯科的主控站和 9 个监测站。监测站主要分布在彼得罗巴甫洛夫斯克、乌苏里斯克、乌兰乌得、雅库茨克、艾尼萨斯克、沃尔库塔、阿克托别、莫斯科、圣彼得堡。

欧盟 GALILEO 系统地面监控部分包括 2 个主控站，5 个 S 波段遥测、跟踪、遥控站，10 个 C 波段任务上行注入站，29 个监测站。

我国北斗卫星导航系统地面监控部分包括主控站、注入站和监测站，其分布分别位于北京、喀什、三亚、成都、哈尔滨等地。

5.2.1.3　用户设备

用户设备通过接收和处理导航信号，进行定位解算，完成用户导航。用户设备通常由信号接收单元、信号处理单元、显示单元等组成。信号接收跟踪接收卫星发来的微弱信号，信号处理单元解调出卫星轨道参数和定时信息等，并计算出用户的位置坐标（二维坐标或三维坐标）和速度，显示单元显示用户位置等信息。

用户设备分为船载、机载、车载和手持等多种形式接收机。不同类型和不同结构的接收机适应于不同的准确度要求、不同的载体运动特性和不同的抗干扰环境。尽管各种类型接收机的结构复杂程度不同，但都必须完成下列基本功能：选择卫星、捕获信号、跟踪和测量导航信号、校正传播效应、计算导航解、显示及传输定位信息。

5.2.2　卫星定位基本原理

卫星导航定位主要采用三球交会原理进行定位。如果以导航卫星的已知坐标为球心，以卫星到用户接收机之间的距离为半径，可以画出一个球，用户接收机的位置在这个球上。当以第二颗卫星到用户之间距离为半径，也可以画出一个球，两球相交得到一个圆，则进一步可以确定用户接收机的位置在这个圆上，当有第三颗卫星到用户之间距离为半径画出一个球，与前两个球相交，则能够确定用户接收机位置，如图 5－9 所示。

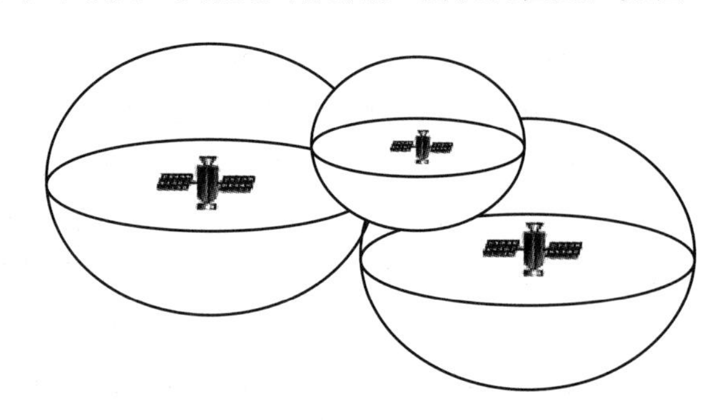

图 5－9　三球交会原理图示意图

卫星导航系统定位需要测量从卫星到接收机天线之间的距离，一般采用测量时间延迟的方法来获得距离

$$\rho = c \cdot \Delta t$$

式中　Δt——卫星发射的测距信号从卫星到达用户接收机天线的传播时间；

c——光速。

用户设备可以获得每颗卫星到用户的距离量 ρ'（如图 5－10），利用已知的卫星位置，在用户接收机和卫星时间系统严格同步情况下，可以列出如下方程

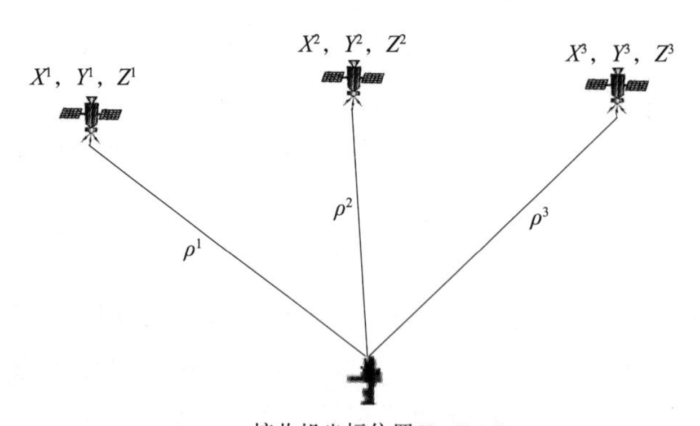

图 5－10　卫星定位原理图示意图

$$\rho^1 = \sqrt{(X^1 - X)^2 + (Y^1 - Y)^2 + (Z^1 - Z)^2} \tag{5-1a}$$

$$\rho^2 = \sqrt{(X^2 - X)^2 + (Y^2 - Y)^2 + (Z^2 - Z)^2} \quad (5-1b)$$

$$\rho^3 = \sqrt{(X^3 - X)^2 + (Y^3 - Y)^2 + (Z^3 - Z)^2} \quad (5-1c)$$

式中　(X^1, Y^1, Z^1)，(X^2, Y^2, Z^2)，(X^3, Y^3, Z^3) ——卫星位置，可通过卫星导航电文解算获得；

(X, Y, Z) ——用户接收机位置，是未知量，通过联立求解方程则可计算用户位置坐标。

但由于卫星和用户接收机都与真正的卫星导航系统标准时间存在时间差异，这种差异分别为卫星发射信号钟面时与标准时刻之差 δt^j，接收机钟面时与标准时之差 δt_r，用 $\tilde{\rho}^j$ 表示 j 卫星到接收机之间的观测距离。公式可表示如下

$$\tilde{\rho}^j = \sqrt{(X^j - X)^2 + (Y^j - Y)^2 + (Z^j - Z)^2} + c\delta t_r - c\delta t^j \quad j = 1,2,3,\cdots \quad (5-2)$$

式中　δt_r—— 接收机的钟差，是未知量；

$\tilde{\rho}$—— 观测量，卫星位置 (X^j, Y^j, Z^j)、卫星钟差 δt^j 可通过卫星导航电文解算获得，是已知量。

方程中共有4个未知量，至少需要观测4颗或4颗以上卫星，才可以解算出用户位置。利用GPS的测距信号可以进行实时动态定位，实现动态导航，但测量结果的准确度并不能满足大地测量的需要。于是，就有学者提出用分辨率比测距信号高的GPS载波进行定位。利用GPS载波相位的定位方式和数据处理方法有多种。

5.2.3　GPS信号

GPS信号有三种：测距码、载波和导航电文。利用频率为10.23 MHz的卫星基准频率还可以产生其他信号。

5.2.3.1　载波

对于两个载波

L1：$f_{L1} = 154 \times f_0 = 1\ 575.42$ MHz　波长：$\lambda_1 = 19.03$ cm

L2：$f_{L1} = 120 \times f_0 = 1\ 227.42$ MHz　波长：$\lambda_2 = 24.42$ cm

之所以要选择这样两个频率的载波，原因是综合使用两个载波可以大幅度消弱电离层折射的影响。

5.2.3.2　测距码

测距码包括粗码（C/A码）和精码（P码、Y码等）。

（1）测距码的产生过程

C/A码和P码都是一种伪随机码。所谓伪随机码也称伪噪声码，是可以人工控制生成的噪声码，其统计特性具有随机特性。伪随机码一般由某些带有特定反馈的移位寄存器产生。

GPS所用的伪随机码是 m 序列。m 序列是最长线性移位寄存器序列的简称，周期为移位寄存器的最长重复周期。

（2）m 序列的特性

1）m 序列的统计特性如下：

a）一个周期内 0 和 1 的个数基本相同；

b）游程为 n 的个数比游程为 $n+1$ 的个数多一倍（连续出现 n 次同一元素叫作一个长度为 n 的游程）；

c）在一个周期内，元素为 1 的个数比元素为 0 的个数多 1，因为一个周期内不可能出现元素全为 0 的情况。

2）平移等价序列的循环相加特性。m 序列是周期序列，将一个 m 序列 a_m 平移若干码元 q（或延迟若干码元 q）所得的序列 a_m+q 仍是原系列，只是初相不同，这样的两个序列 a_m 和 q_m+q 称为平移等价序列。

所谓循环相加特性就是一个 m 序列 a_m 与其平移等价序列 a_m+q 进行计算后，所得结果仍是一 m 序列 a_m+q。

3）相关特性。周期为 T 的函数 $S_1(t)$ 的自相关函数 $R(\tau)$ 和标称自相关函数 $\rho(\tau)$ 定义如下

$$\begin{cases} R(\tau) = \int_0^{\tau} S_1(t) S_1(t-\tau)\mathrm{d}t \\ \rho(\tau) = \dfrac{R(\tau)}{T} \end{cases} \tag{5-3}$$

式中　τ——时间延迟。

m 序列的标称自相关函数具有二值性

$$\begin{cases} \rho(\tau) = 0 \quad \tau = 0 \\ \rho(\tau) = -\dfrac{1}{P} \quad \tau \neq 0 \end{cases} \tag{5-4}$$

式中　P——一个周期内的码元数目。

这一特性在 GPS 中有非常重要的应用，GPS 主要用 m 序列的自相关特性进行星信号识别、跟踪和锁定。

5.2.3.3　复合码

由两个或两个以上码的逻辑函数所构成的码序列。

5.2.3.4　Gold 码

Gold 码是一种复合码序列，它克服了 m 序列不具有良好互相关特性的缺点，具有良好的自相关与互相关特性，且有足够的序列供 GPS 码分多址使用。其定义如下

设两个具有相同码长 $P=2^{r-1}$ 的 m 序列 a 与 b，则

$$G(a,b) = a \oplus bT^r \tag{5-5}$$

式中$\oplus$为模 2 运算符号的加法运算符。（其含义是：移位寄存器中的每一级可能有两种不同的数（或状态），并以 0 和 1 表示，前者表示输出为低电平，后者表示为高电平。对于这样只有两种状态的运算可以采用模 2 运算。模 2 运算可以看做为不进位的二进制元算。

如 0⊕0＝0，0⊕1＝1，1⊕0＝1，1⊕1＝0。）这样形成一个周期序列，其码长仍为 P，称为 Gold 码序列。式中 T 表示其左边的码序列左移 i 个码元。

5.2.3.5　导航电文

导航电文也称作数据码（D 码）。导航电文是用户用来定位的数据基础，它包括卫星钟差、卫星轨道参数、大气折射影响以及由 C/A 码捕获 P 码的信息等。这些信息以每秒 50bit 的数据流形式调制在载波上。

（1）导航电文的格式

导航电文依照规定的格式，以主帧的形式向外发播。每帧电文且有 1 500 bit。GPS 导航电文发播的比特率为 50 bps，所以播发一帧电文的时间需要 30 s。每主帧电文含有 5 个子帧。每子帧长 6 s，共 300 bit。第 1、2、3 子帧的内容每 30 s 重复一次，每小时更新一次；第 4，5 子帧各有 25 页，共有 300×25×2＝15 000 bit，其内容只有卫星注入新的导航数据后才会更新。

（2）导航电文的内容量

每帧导航电文中，各子帧的主要内容是：

1）遥测字。位于各子帧的开头，作为捕获导航电文的前导。其中所含的同步信号，为各子帧提供了一个同步的起点，使用户便于解译电文数据。

2）交接字。紧接着各子帧开头的遥测字，主要向用户提供从 C/A 码捕获 P 码的 Z 计数。所谓 Z 计数，就从每星期六/日子夜零时起算的时间计数，它表示下一子帧开始瞬间的 GPS 时。但为了使用方便，Z 计数一般表示为从每星期六/日子夜零时开始发播的子帧数。因为每一子帧播送延迟的时间为 6 s，所以，下一子帧开始的瞬间为 $6\times Z$。

3）数据块Ⅰ。含有关于卫星钟改正参数及其数据龄期、星期的周数编号、电离层改正参数和卫星工作状态等信息。

4）数据块Ⅱ。包含在 2、3 子帧里，主要向用户提供有关计算卫星位置的信息。该数据块一般称作卫星星历。

5）数据块Ⅲ。包含在 4、5 子帧里，主要向用户提供 GPS 卫的概略星历及卫星工作状态的信息，也称作卫星的历书或预报星历。

5.2.4　GPS 的定位方法

5.2.4.1　绝对定位与相对定位

（1）绝对定位

绝对定位也称单点定位，这里是指用一台 GPS 接收机，单独测定测站点在 GPS 坐标系中的位置一种方法。其参考点可认为与地球质心重合。其定位结果因受误差影响较大，所以准确度比较低，但是作业方法简单方便，数据处理简单，故广泛应用于低准确度测量。

（2）相对定位

相对定位是利用两台或多台 GPS 接收机，同步跟踪相同的 GPS 卫星，来确定各测站间相对位置（坐标增量）的定位方法，其测站互为参考点。由于同步观测，便可利用误差的相关性，通过站间星间的双差分，使许多误差如卫星钟差、星历误差和卫星信号传播误差等，在相对定位中可以消除或大大减弱，因而定位准确度高。但是，相对定位的作业实施和数据处理都比单点定位复杂得多。相对定位在大地测量、工程测量和地壳变形监测等精密定位领域内得到广泛的应用。

5.2.4.2 静态定位与动态定位

（1）静态定位

静态定位是相对于动态定位而言。具体可以这样认为，如果待定点相对于周围的固定点，没有可察觉到的运动，在处理观测数据时，认为待定点在地固坐标系中的位置是固定不动的，即接收机处于静止状态，而确定这些待定点的位置则称为静态定位。用GPS建立大地控制网就是静态定位。由于静态定位时，待定点的位置被认为是固定不动的，故可通过重复观测来提高定位准确度。因而，静态定位广泛应用于精密测量领域。随着快速解算整周未知数技术的出现，快速静态定位将广泛应用于普通测量和一般工程测量等领域。

（2）动态定位

动态定位是指把GPS接收机置于运动的载体（如运动中的车、船或飞行器）上，实时测定出载体的位置。也就是说，在观测过程中，若待定点相对于周围的固定点是运动的，因而在处理观测资料时，待定点的位置是随时间变化的。而确定这些运动的待定点的位置就称为动态定位。这种定位方法广泛应用于导航和国防建设等领域。GPS动态定位，总的趋势是向着高准确度、实时性和可靠性方向发展。GPS动态定位最简单的定位模式，即单点动态定位，或称绝对动态定位，只需在任意时刻同时接收到4颗以上卫星的伪距测量信息，就可解算出该时刻接收机的三维位置。

5.2.4.3 实时伪距差分定位

实时伪距差分定位，分为单站差分、广域差分和广域增强系统三种。

（1）单站差分

实时伪距差分单站定位，简称DGPS，即将一台GPS接收机设置在地面已知点上，作为基准点，其余接收机分别设置在需要确定其位置的运动载体上。已知点上的静止接收机与个流动站接收机实现同步观测，根据基准点的已知坐标，即可求出定位结果的坐标改正数（位置差分），或求出距离改正数（距离差分），通过基准点和流动用户之间的数据链，把这些改正数实时地传送给流动用户，以便用户对流动接收机的定位结果进行改正，从而提高定位准确度和可靠性。在差分定位中，所采用的数学模型仍然是单点定位的数学模型，但又是接收机在基准点和流动站之间进行同步观测，并利用误差的相关性来提高定位准确度，因而又具有相对定位的某些特性。所以，实时差分定位是介于单点定位和相对定位之间的一种定位模式。被广泛应用于近距离导航、动态定位和水下地形测量等领域。因单基准站差分GPS作用距离有限，20世纪80年代末提出了差分GPS网的概念，主要是考虑差分网站的多个伪距观测值加权计算出伪距修正值。实践证明，这一方法将差分准确度（2σ）从5～10 m提高到了1～5 m，作用距离从200 km增加到600 km。但是，无论是单基准站 DGPS 或差分 GPS 网，所提供的差分改正信息中，均不区分各种误差源及其影响的大小，并认为在一定的范围内，基准站和流动站的伪距观测值存在相关性，因而随着距离的增加，定位准确度有逐渐下降的趋势。

（2）广域差分

广域差分（WADGPS）则对定位误差源加以区分，并将各种误差源模型化，分别计算卫星星历修正、卫星钟差修正和区域大气延迟（电离层和对流层）模型参数，以取代参考站提供的伪距修正信息并发送给用户，从而使动态用户的定位误差，在更大范围内不受基准站与流动站间距离的影响。WADGPS 实时传播修正信号的通信手段，是中、长波无线电信标台、短波电台及调频台，由于数据通信受到距离、信号干扰、覆盖范围的制约，因而也难以保证大范围的连续可靠性导航。

（3）广域增强系统

在 WADGPS 的基础上，又发展出广域增强系统（WAAS）。WAAS 仍采用与 WADGPS 相同的准确度处理手段，而通信手段则是采用卫星通信（一般选用地球同步卫星），广播电文中除差分修正信息外，还包括卫星完善性信息。电文调制在类似于 GPS 的 L－1 频段上，因而广播卫星也能供测距之用，从而增加了导航卫星星座中的卫星数目，相应地提高了系统的可靠性和连续服务性。而在用户设备方面，只要将 GPS 接收机作相应的修改，增加一个接收广播卫星的通道，加设 WAAS 电文提取和处理程序即可。

5.2.4.4　静态相对定位

利用 GPS 进行绝对定位，其准确度受到卫星轨道误差、时钟同步误差及信号传播误差等诸多因素的影响，尽管其中一些系统误差可以通过模型加以削弱，但其残差仍不可忽略。实践表明，目前静态绝对定位的准确度仅为米级，这一准确度远不能满足精密定位的要求。

静态相对定位是把两台或多台接收机，分别设置在各固定不动的测站上，同步观测相同的 GPS 卫星。每两个测站组成一条基线，利用这些观测量确定基线两端点在协议地球坐标系中相对位置或基线矢量。

因为设置在每条基线两端点的两台接收机，同步观测相同的卫星，在这种情况下，存在着 3 部分误差：第一部分是与卫星有关的误差，例如，卫星钟差、星历误差；第二部分是与信号传播路径有关的误差，包括电离层误差、对流层误差等；第三部分为各用户接收机所固有的误差，例如接收机钟差内部噪声、多路径效应等。为提高相对定位的准确度，当前普遍采用的是在观测值之间求差的方法来实现的。

（1）站间单差

即对不同测站，同步观测相同卫星所得观测量之差。由于两个测站在同一时刻对某一颗卫星来说，其卫星钟差，星历误差等与卫星有关的误差是相同的，所以站间单差可以消除与卫星有关的误差。另外，对于两万千米以上的卫星来说，地面测站之间的距离通常只有几千米至几十千米，因而卫星到两测站之间的路径基本相同，也就是说，大气折射误差对两测站的同步观测值具有一定的相关性。当两测站的距离越小时，其相关性越大。所以，对单差观测量的影响将显著减弱，尤其当基线短小于 20 km 时，这种有效性更为显著。

（2）星间单差

即在同一测站，对不同卫星的同步观测量之差。这样可以使与测站有关的误差，如接收机钟差的影响，大大削弱甚至消除。星间单差法可用于单点定位，以提高绝对定位的准确度，在此不再详细介绍。

（3）双差解

即在站间单差的基础上再次在星间求差。在测站间求差，可以消除或大大减弱与卫星和传播介质有关的误差影响；而在卫星间求差，又可消除或大大减弱与测站有关的误差影响，所以接收机钟差影响便可忽略。因此，站星双差观测量准确度很高，主要用于相对定位。

（4）三差解

对二次差继续求差称为三次差。所得结果叫做载波相位观测值的三次差或三差。常用的求三次差是在接收机、卫星和历元之间求三次差。三差模型消去了整周未知数，因而可快速提供测站的近似坐标。但是，由于三次求差使观测方程的数目明显减少，这对未知参数的解算，可能产生不利的影响。所以，在实际工作中，一般不采用三差模型，而多采用站星双差模型。

GPS 静态相对定位，是一种高准确度的定位方法，被广泛应用于大地测量、精密工程测量、地球动力学的研究。

5.2.4.5 实时动态定位

实时动态（Real Time Kinematic，RTK）测量系统，是 GPS 测量技术与数据传输相结合而构成的组合系统。RTK 的问世，是 GPS 测量技术发展中的突破。RTK 测量技术，是以载波相位测量为依据的实时差分测量技术。它既具有静态测量的准确度，又具有实时性。也就是说，它既能实时地提供动态用户在指定坐标系中的三维位置，又具有厘米级的高准确度。

RTK 测量的基本原理，如图 5－11 所示。即在基准站上设置一台 GPS 接收机，对所有可见 GPS 卫星进行连续观测，并将其相对位置值及坐标信息，通过无线电传输设备，实时地发送给用户观测站。用户站上的 GPS 接收机，在同步接收 GPS 卫星信号的同时，通过无线电设备，接收基准站传输的观测数据及坐标信息，然后根据相对定位原理，实时计算并显示用户站的三维坐标及其准确度。于是，便可通过计算出的定位结果，实时地监测基准站与用户站观测成果的质量和解算结果的收敛情况，以判定解算结果是否成功。从而可减少多余观测，以缩短观测时间。所以，RTK 测量不仅可以保障测量成果的可靠性，对于作业效率的明显提高更具有重要的现实意义。

RTK 测量系统，主要由 GPS 接收设备、数据传输系统和软件系统构成。

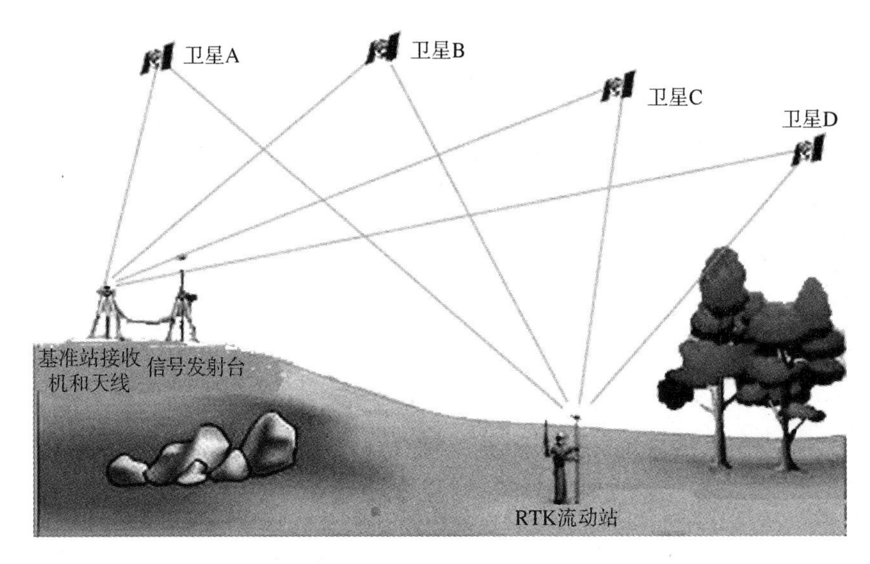

图 5－11　RTK 测量原理示意图

（1）GPS 接收设备

在基准站和用户站上，应分别设置双频 GPS 接收机。因为，双频观测值不仅准确度高，而且有利于快速准确地解算整周未知数。当基准站为多用户服务时，其接收机的采样率应与用户接收机采样率最高的相一致。

（2）数据传输设备

数据传输设备（也称数据链），由基准站的无线电发射台与用户站的接收台组成，它是实现实时动态测量的关键设备。数据传输设备，要充分保证传输数据的可靠性，其频率和功率的选择主要取决于用户站与基准站的距离、环境质量、数据的传输速度。

（3）软件系统

支持实时动态测量的软件系统的质量和功能，对于保障实时动态测量的可行性，测量结果的可靠性和精确性，具有决定意义。这种软件系统突出的功能是能够快速解算和动态中解算整周未知数，能选择快速静态、准动态和实时动态等作业模式，实时完成对解算结果的质量分析与评价。

当前市场上出现的 RTK 测量系统，属于实时动态载波相位差分 GPS 技术的范畴，是 GPS 定位技术发展到现在的最高点。该系统集计算机技术、数字化通信技术、无线电技术和 GPS 定位技术为一体，完美地体现了 GPS 定位的实时性高准确度和多功能等特性。RTK 测量技术被广泛应用于城市、矿山等区域性的控制测量、工程测量、地籍测绘、工程放样、航道测量、航空摄影测量以及运动目标的精密导航等。

利用 RTK 技术测图可以省去先作测图控制网的工作，实现一步成图。因为流动站所到的每个点的精确位置都可即时获得，所以在开阔地区，具有 RTK 技术的 GPS 接收机可作测图全站仪使用。

5.2.4.6　连续运行参考站系统（CORS）

常规 RTK 定位技术是一种基于单基站的载波相位实时差分定位技术。进行常规 RTK

工作时，除需配备参考站接收机和流动站接收机外，还需要数据通信设备。参考站需将自己所获得的载波相位观测值及站点坐标，通过数据通信链（如电台、无线通信网等）实时播发给在其周围工作的动态用户。流动站数据处理模块使用动态差分定位的方式确定出流动站相对参考站的坐标差，然后根据参考站的坐标求得自己的瞬时绝对位置。

常规 RTK 定位技术虽然可以满足很多应用的要求，但是还是有其局限性和不足。常规 RTK 作业需要的设备比较多。除一些城市可采用常年的参考站外，外业参考站一般要每天重新架设。每次作业时工作人员都要带上一套笨重的基准站仪器和多套流动站。对于在城市里作业，由于无线电传输受建筑、复杂的元线电环境干扰的影响，半天可能就要搬动几次基准站位置，这就大大影响了生产效率、加重了工作人员的工作负担。这类参考站电台发射功率不可能很大，又常常不可能架在高处，再加上受地形限制，所以虽然理论上常规单站 RTK 定位可在 10 km 范围内达到厘米级的准确度，而实践中常常不超过数千米的范围。即使电台功率够大，当流动站与参考站的距离超过 10 km 后，定位准确度便显著降低，当距离大于 50 km 时，常规 RTK 单历元解一般只能达到分米级的定位准确度。

随着人们对定位准确度和作业效率要求的不断提高，人们希望有更加简单的 RTK 作业技术，希望能在更大的范围内实现高准确度动态定位。因此必须寻找一种新的、高效的、廉价的、实时高准确度动态定位方式。网络技术、计算机技术、无线通信技术近年来迅猛发展，使得大量数据实时传输和处理成为可能。在这些需求和条件下，网络 RTK 技术应运而生，它的实用系统就是连续运行参考站系统（Continuously Operating Reference Stations，CORS），简称 CORS。

（1）CORS 系统的组成

连续运行参考站系统由一个数据管理中心、若干个 GNSS 连续运行参考站、用户应用设备和相应的数据通信系统设备等部分组成。各个参考站点与数据处理中心之间有网络连接，数据处理中心从参考站点采集数据，利用参考站网软件进行处理，然后向各种用户自动提供相关服务。

1）数据管理中心。数据管理中心是 CORS 系统的控制、计算、通信中枢。数据管理中心的主要硬件设备包括：站点管理服务器（接入各个参考站）、网络管理和网络解算服务器、用户接入及 RTK 实时播发服务器以及网络通信设备。数据管理中心和各参考站之间通过高速宽带通信网络建立连续数据链接。数据管理中心利用参考站网络管理和分析软件将实时发回的各参考站观测数据进行文件存档、格式转换、自动分发、实时计算和实时播发。用户可以通过元线通信网络（GSM、GPRS、CDMA）或互联网接入数据管理中心的实时播发服务器，在经过认证后即可获得相应的实时定位服务。

2）参考站。每个参考站的组成包括：GNSS 接收机、天线、数据存储和网络通信设备。参考站 24 h 连续观测，并实时将观测数据通过宽带网送往数据管理中心。

3）用户应用设备。用户应有网络 RTK 型 GNSS 接收机，该机装有网络 RTK 软件，手机通信软件，装有手机卡并开通手机通信业务。普通 RTK 接收机一般要进行软硬件的升级才能应用于网络 RTK 的作业。

(2) 网络 RTK 技术

目前，网络 RTK 系统服务技术主要有主辅站技术、虚拟参考站技术和区域改正参数技术 3 种。

①主辅站技术（MAX）

主辅站技术（MAX）是由瑞士保卡测量系统有限公司基于“主辅站概念”推出的新一代参考站网软件 SPIDER 的技术。主辅站技术的基本概念就是从参考站网以高度压缩的形式，将所有相关的、代表整周未知数水平的观测数据，如弥散性的和非弥散性的差分改正数，作为网络的改正数据播发给流动站。它是 RTCM3.0 版网络 RTK 信息的基础。

主辅站技术的基本要求就是将参考站的相位距离简化为一个公共的整周未知数水平。如果相对于某个卫星与接收机“对”而言，相位距离的整周未知数已经被消去，或被平差过，那么当组成双差时，整周未知数就被消除了，此时，我们就可以说两个参考站具有一个公共的整周未知数水平。网络处理软件的主要任务就是将网络中（或子网络中）所有参考站相位距离的整周未知数归算到一个公共的水平。一旦此项任务得以完成，接着就有可能为每一对卫星—接收机及为每一个频率分别计算出弥散性的和非弥散性的误差。

为了降低 CORS 系统在无线通信网络中向流动站播发的数据量，主辅站方法发送其中一个参考站作为主参考站的全部改正数及坐标信息，对于网络中的所有其他参考站，即所谓辅参考站，播发的是相对于主参考站的差分改正数及坐标差。主站与每一个辅站之间的差分信息从数量上来说要少得多，而且，能够以较少数量的比特来表达这些信息。差分改正信息可以被流动站简单地用于提高内插用户所在点位的准确度，或重建网络中所有参考站的完整改正数信息。因此，主辅站概念完全支持单向的数据通信，而且不会影响流动站的定位性能。播发数据所需的带宽可以进一步减少，具体方法就是通过分解改正数为两个部分：弥散性的和非弥散性的。弥散性的误差是直接相应于某载波频率的，而非弥散性的误差则对所有的频率来说都是相同的。由于频率相关的电离层误差是已知的，因而对所有频率（L_1，L_2，L_5），它可以表达成完全的改正数。另外，由于我们知道对流层及轨道误差是随时间缓慢变化的，因此非弥散性的部分不必以弥散的误差那样高速率播发，因而可以进一步降低提供网络改正数所需要的带宽。主辅站方法为流动站用户提供了极大的灵活性，能够对网络改正数进行简单的、有效的内插，或取决于它的处理能力，进行更严格的计算。

对于用户来说，主参考站并不要求是最靠近的那个参考站，尽管那样会更好一些。因为它仅仅被用来简单地实现数据传输的目的，而且在改正数的计算中没有任何特殊的作用。如果由于某种原因，主站传来的数据不再具有有效性，或者根本无法获取主站的数据，那么，任何一个辅站都可以作为主站。在任何时候，RTCM3.0 版主辅站网络改正数都是相对于真正的参考站的，因此也是完全可以追踪的。主辅站改正数包含主站的全部观测值，所以流动站即使无法解读网络信息，它仍然可以利用这些改正数据计算单基线解。

②虚拟参考站技术（VRS）

2001 年 Herbert Landau 等提出了虚拟参考站（VRS）的概念和技术。VRS 实现过程分为 3 步：1）系统数据处理和控制中心完成所有参考站的信息融合和误差源模型化；2）流动站在作业的时候，先发送概略坐标给系统数据处理和控制中心，系统数据处理和控制中心根据概略坐标生成虚拟参考站观测值，并回传给流动站；3）流动站利用虚拟参考站数据和本身的观测数据进行差分，得到高准确度定位结果。

③区域改正参数技术（FKP）

区域改正参数（FKP）方法是由德国的 Geo - GmbH 最早提出来的。该方法基于状态空间模型（SSM－State Space Model），其主要过程是数据处理中心首先计算网内电离层和几何信号的误差影响，再把误差影响描述成南北方向和东西方向区域参数，然后以广播的方式发播出去，最后流动站根据这些参数和自身位置计算误差改正数。

（3）CORS 系统的应用

CORS 系统可提供的服务主要包括定位和导航两类。

①静态高准确度定位

单站观测，在不同时间段内重复观测数个时段，每时段大于 3 h，通过事后下载 CORS 参考站观测数据进行基线解算和平差，一般可获得坐标分量不低于 0.1 m 的地心绝对坐标。在 CORS 系统自己的坐标框架内，水平准确度可不低于 5 mm，垂直准确度可不低于 10 mm。基线相对准确度则可达到 10^{-7} 量级。静态高准确度定位适用于大地测量、控制测量、变形观测、精密工程测量等。

②网络 RTK 定位

流动站一般可在 2 min 时初始化，得到 RTK 固定解。此后，接收机天线在待定点上稳定 2～5 s 后，开始记录数据，记录 10 个数据，可获得 CORS 框架内水平 5 cm 垂直 10 cm准确度的点位坐标。网络 RTK 定位适合于低准确度控制测量、工程测量、施工放样、各种测图和 GIS 数据采集。

③导航

随着 CORS 系统的进一步完善，将会提供亚米级的导航服务。

（4）CORS 系统的优越性

相对于普通 RTK 定位，采用网络 RTK 技术的 CORS 系统具有诸多优越性：

1）在 CORS 覆盖区域内，能够实现测绘系统和定位准确度的统一，便于测量成果的系统转换和多用途处理。同时，随着技术进步，参考站本身地心坐标准确度得到提高，用户定位准确度也会随之提高。此两项将被证明会惠及长远。

2）普通 RTK 作业需要自己配备参考站设备，同时每次作业需架设参考站，并要有人员职守，而在 CORS 系统下作业，这一切全都省去了。极大地提高了生产效率，降低了作业成本。

3）不再为四处寻找控制点而苦恼，也省去了纯粹为建立坐标转换参数而进行的测量。

4）扩大了作业半径，并且避免了常规 RTK 随着作业距离的增大准确度衰减的缺点，网络覆盖范围内能够得到均匀的准确度。

5.2.5　载波相位测量[1]

高准确度的观测量是高准确度测量（定位）的基础，不能取得高准确度的观测量就很难做到高准确度的测量。由于美国政府的 GPS 政策，一般（例如我国）不能使用 P 码取得较高准确度的测距观测量；为了能使 GPS 用于高准确度测量，就不得不寻求其他取得高准确度观测量的技术途径。事实上，GPS 发播的信号，除了测距信号之外还有载波，利用载波进行测量，即载波相位测量可以取得毫米级的测量准确度，可以满足大地测量对高准确度观测量的要求。

载波相位测量技术的采用及其发展给高准确度测量提供了一种新的、高准确度的观测量，取得这种观测量，原则上不需要已知 P 码结构（P 码结构是保密的），且载波相位观测量的准确度远高于 P 码，因此这一技术在民用部门和部分军用部门得到了广泛的应用。

应该说明的是，载波相位观测量的准确度很高，但在定位解算中有一些特殊的要求，这些特殊的要求限制了载波相位测量的应用范围，它主要用于相对测量（即由已知点测定未知点），且作用范围（已知点到未知点的距离）也受一定限制。

GPS 载波相位观测量也是一种距离观测量，这种距离观测量是以 GPS 卫星发播的载波（正弦波）的波长来量度的。载波相位测量在测量原理和数学形式上与伪码测距有所不同。

5.2.5.1　载波相位测量原理

相位测量是通过测量正弦波的相位取得观测量的。GPS 卫星所发播的载波是调制波，在载波上调制有伪随机码（P 码，C/A 码）和电文码。经伪随机码调制后的载波已不再是一般正弦波，而是带有移相的正弦波（见图 5－12）。由于移相的存在，不能直接进行相位测量，首先须将这样的调制波还原为原载波（正弦波）才能进行载波相位测量。由于经伪码调制的信号功率谱中基频功率为 0，不能通过窄带滤波取得原载波。可以通过倍频，或其他技术将它变换成标准的正弦波。

$$\sin^2(f+\varphi_0)=0.5[1-\cos(2f+2\varphi_0)] \tag{5-6}$$

式中　f——正弦波的频率；

φ_0——初相，即（$t=0$）的相位。

当相位调制移相为 π 时，经倍频后其相位即变为 2π，对正弦函数而言相当于没有移相。即可取得光滑的正弦波。

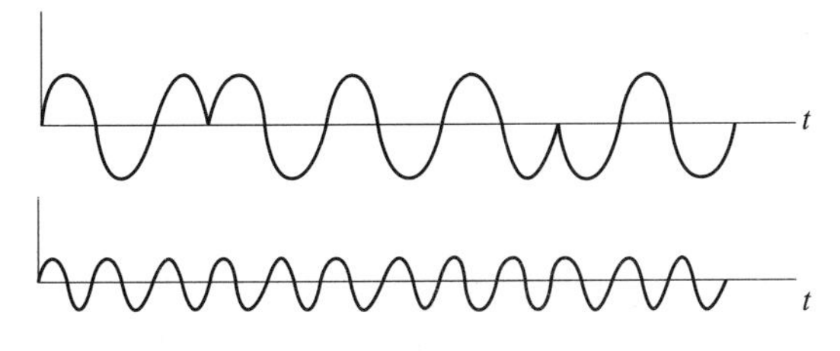

图 5－12　GPS 卫星发播的信号和倍增后的正弦波

从上式可以看出，经倍频后调制的相移被削去了，与之同时频率增加一倍，振幅减小一倍。这意味着信号功率减小 3 分贝，波长减小一倍；这些对相位测量带来不利的因素。这一原理倍频后的正弦波在接收机设计中曾用于 L_2 波段以取得纯净载波。还可采用其他方法取得纯净载波，例如反向调制（适用于已知码结构）等。

如果通过上述处理后的正弦波是

$$S = A\sin^2(f_t + \varphi_0) \tag{5-7}$$

A 为正弦波的振幅。正弦函数 S 的自变量（$f_t+\varphi_0$）就是这里所说的相位。其中 φ_0 是常数；如果正弦波的频率是稳定的，那么 f 也是常数。

可以通过电子技术（锁相环路）测定所接收的正弦波在某一指定时刻的相位。但这种测定只能得到相位（周）的小数部分，即它不包含整数部分。为了取得整数部分，可以采用一个计数器，在正弦波从负电平到正电平通过零点时（正过零），计数器加一；由于每周只有且必有一次正过零，计数器就可以记录下该次相位测定与第一次测定时的整周差。将这种整周差和所测定周的小数部分相加所得到的就是我们所取得的相位观测量。在电子技术中把这种观测叫做采样。

这样的观测量虽然包括了相位的整数周和小数部分，但其整数周部分是本次采样（观测）和第一次采样（观测）的整周差。如果第一次采样的整周数是已知的，那么任一次采样的相位观测量就都包括了整数和小数部分。但第一次采样的整周数是不能使用电子技术取得的，只能认为它是未知的，通常把未知的第一次采样的整周数作为一个未知数 N，N 是整数，叫做模糊参数或整周模糊参数（也可称为模糊度）。

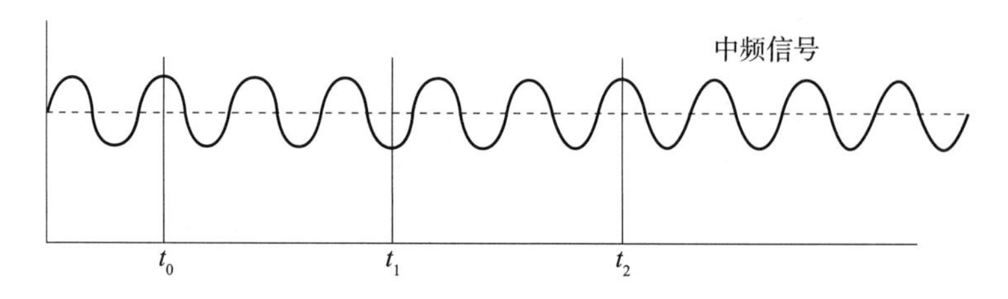

图 5－13　接收信号的相位观测量

如图 5－13 所示，在多次采样时的相位观测量为

采样时间	相位观测量
t_0	$N+0.251$
t_1	$N+2+0.751$
t_2	$N+5+0.25$
⋮	⋮

其中 N 是整周模糊参数，其后的整数和小数分别为计数器的整周计数和锁相环路所测的周以下小数。自上例可出，在一个测站上，对同一卫星不论观测多少次，只包含一个未知参数 N。显然，对不同的卫星，由于其距离不同，它们的整周模糊参数就不相同。同样，不同的测站对同一卫星或不同卫星的相位观测量中的整周模糊参数也是不同的。

我们把在测站 k 于 T_i 时，观测 j 卫星的相位观测量写为

$$\Phi_k^j(T_i) = N_k^j + \varphi_k^j(T_i) \tag{5-8}$$

式中　上标 j——所测卫星序号；

　　下标 i——接收机（测站点）序号。

如前所述，载波相位观测是通过锁相环路测相和整周计数等电子技术进行相位测量的。对于象 GPS 载波这样高的频率（15 742 MHz），很难实现前述的测相和计数。通常可以采用变频的方法降低频率，然后再进行锁相和计数。所谓变频就是将接收信号与接收机本身所产生的本振信号相乘，两个正弦信号相乘的结果为[1]

$$\begin{aligned}&\sin(f_1t+\varphi_{10})\sin(f_2t+\varphi_{20})\\&=0.5\{\sin(f_1t-f_2t+\varphi_{10}+\varphi_{20})+\sin[(f_1t-f_2t)+(\varphi_{10}-\varphi_{20})]\}\end{aligned} \tag{5-9}$$

可以通过滤波取得式中右端第二项，该正弦函数的频率为原二频率之差。如本振频率接近卫星的载波频率，可以将频率降为低频，以便于处理（锁相、测量）。但此时所测的相位是接收信号和本振信号的相位差：即

$$\Phi_k^j(T_i) = N_k^j + \varphi_k^j(T_i) - \varphi_k(T_i) \tag{5-10a}$$

或写为

$$\Phi_k^j(T_i) - N_k^j = \varphi_k^j(T_i) - \varphi_k(T_i) \tag{5-10b}$$

这就是 GPS 接收机所取得的观测量。

可见，GPS 载波相位测量所取得的观测量，并非接收机所收到的卫星载波信号的相位，而是所接收的卫星载波信号与接收机本身所产生的本振信号的相位之差。

GPS 载波相位测量就是以载波来量度距离的。和前面讨论的伪距测量的原理一样，它也是以信号传播时间来测量距离的，所不同的是对每一卫星还包括了一个第一次采样的整周模糊参数 N。事实上，前述使用 C/A 码进行伪距测量也包括模糊参数，只不过伪距测量中一个整周对应的距离为 300 km，而不是相位测量中的几十厘米，以测站的近似值就可以确定下来。

5.2.5.2　载波相位测量的基本数学模型

载波相位观测量和其他形式的观测量一样，是接收机和卫星位置（速度）的函数。只有确定它们之间的函数关系才能由观测量求解接收机（或卫星）的位置。

假设卫星发播的载波信号为 $A\cos(\omega t+\varphi')$，其中 ω 为载波的角频率；t 为 GPS 系统时；φ' 为初相，它可等效为卫星钟的钟差。所谓卫星发播的载波相位，就是上述余弦函数的自变量（$\omega t+\varphi'$）。

卫星在某一时刻 T 发播的相位事件经传播延迟后为接收机所接收，或是说，在接收机钟面时为 T_k 时所接收到的相位事件是卫星在 GPS 时间系统 T 时刻的相位事件。

$$\Phi_k^j(T_k) = \varphi^j(T) \tag{5-11}$$

而

$$T = T_k + \delta t_k - \tau_k^j(T) \tag{5-12}$$

式中　T_k——接收机钟面时相对 GPS 系统时的钟差；

δt_k——用户接收机转发信号的时延；

τ_k^j（T）——卫星 j 到接收机 k 的传播延迟。

在地固坐标系中，传播延迟取决于接收机与卫星的位置，而它们又是时间的函数。

将式（5－12）代入式（5－11）

$$\Phi_k^j(T_k) = \varphi^j[T_k + \delta t_k - \tau_k^j(T)] \tag{5-13}$$

再代入式（5－10）可得接收机 k 在其钟面时 T_k 瞬间观测卫星 j 所取得的相位观测量为

$$\Phi_k^j(T_k) = N_k^j + \Phi^j[T_k + \delta t_k - \tau_k^j(T)] - \varphi_k(T_k) \tag{5-14}$$

式中 N_k^j——第一次观测时相位测量的整周数，通常称为模糊度参数。

事实上，利用周期性事件进行测量时，大多包含这样的模糊度参数。这里稍有不同的是在载波相位测量中所观测的相位是连续计量的。即从第一次开始，在以后的观测中，其观测量不仅包括相位的小数部分（以周为单位）而且包括了累计的整周数。因此，在其他时刻的观测（非第一次观测），其数学模型中不再引入新的模糊参数，仍只含第一次观测时的模糊参数 N_k^j。

显然，对于不同的接收机、不同的卫星其模糊参数是不同的。此外，一旦观测中断（例如卫星不可见或信号中断），因不能进行连续的整周计数，即使是同一接收机观测同一卫星，也不能使用同一模糊参数。这就是说，同一接收机对同一卫星的不同批观测不能使用同一个模糊参数。

在式（5－14）中包括了信号传播延迟，它是以 GPS 系统时 T 为参数的，与其他项的时间参数 T_k 不同，为了避免因时间参数的不统一而带来的不便，可以将 $\tau_k^j(T)$ 中的参数改变为接收机钟面时 T_k，即将式（5－14）写为

$$\Phi_k^j(T_k) = N_k^j + \Phi^j\{T_k + \delta t_k - \tau_k^j[T_k + \delta t_k - \tau_k^j]\} - \varphi_k(T_k) \tag{5-16}$$

利用级数展开，并考虑到 $\frac{\mathrm{d}\Phi}{\mathrm{d}t} = f, \tau_k^j = \frac{\rho_k^j}{c}$

其中 f—— 载波频率；

ρ_k^j—— 卫星到接收机的距离；

c—— 光速，可得

$$\begin{aligned}\Phi_k^j(T_k) = {} & N_k^j + \Phi^j(T_k) + f^j\delta t_k - \frac{1}{c}f^j\rho_k^j(T_k) - \frac{1}{c}f^j\dot{\rho}_k^j(T_k)\delta t_k - \\ & \frac{1}{c^2}f^j\dot{\rho}_k^j(T_k)\rho_k^j(T_k) - \varphi_k(T_k)\end{aligned} \tag{5-17}$$

式中 N_k^j—— 模糊度参数；

$\Phi^j(T_k)$—— 测站 k 于 T_k 时，观测 j 卫星的相位观测量；

f^j——j 卫星的载波频率；

ρ_k^j——j 卫星到 k 接收机的距离；

$\dot{\rho}$—— 表示$\frac{\mathrm{d}\rho}{\mathrm{d}t}$；

δt_k—— 用户接收机转发信号的时延；

φ_k——T_k 时的相位。

式（5－17）即为相位测量的基本数学模型。式中包括了卫星至接收机的距离 ρ_k^j 及其时间变化率，它们是卫星位置和接收机位置的函数。或者说，在载波相位测量的观测量中包含了卫星位置和接收机位置的信息，这正是可以利用载波相位观测量进行接收机定位的理论基础。同样，如接收机位置已知，它也是测定卫星位置或卫星轨道的理论基础。

由于式（5－17）的所有时刻都是接收机时钟的钟面时，有时为了使表达式简洁，可以略去表示接收机钟的下标。

式中 φ_k（T_k）为在采样时刻接收机本振的相位值。由于接收机钟即是由接收机本振分频计数得到的，故通常在整秒采样时它应为 0。

此外式中的第 5、第 6 两项分别含有 1/c 或 $1/c^2$ 因子，其量值很小，使用 C/A 码的定位和钟差解就可以足够的准确度求定，即可以将它们看作为已知的。为了简化，令

$$\delta\varphi_k^j = \frac{1}{c} f^j \dot{\rho}_k^j(T_k)\delta t_k + \frac{1}{c^2} f^j \dot{\rho}_k^j(T_k)\rho_k^j(T_k)$$

此时

$$\Phi_k^j(T_k) = N_k^j + \Phi^j(T_k) + f^j\delta t_k - \frac{1}{c} f^j \rho_k^j(T_k) - \delta\varphi_k^j \tag{5-18}$$

式（5－18）是以简洁形式表示的相位测量基本数学模型。在分析式（5－18）时，要考虑的一个因素是相位观测量的准确度为毫米级，也就是说，式（5－18）要保持毫米级准确度。式中右端第一项 N_k^j 为模糊参数，是未知值；第二项 Φ^j（T_k）是在 T_k 时刻卫星发播的相位值，考虑到卫星钟频率稳定度不足以使其影响小到可以不计，且初相未知，只能认为是未知的了；第三项中 δt_k 是接收机钟差，由于要乘以频率 f_i，虽有导航解但准确度不够，也要视为未知值；最后一项 $\delta\varphi_k^j$ 可自初始值以足够的准确度求出，是已知的；式中第四项中的 f^j 隐含了卫星坐标和测站（接收机）坐标，而测站坐标是我们要求定的。式（5－18）是联系观测量与解的基本方程，是载波相位测量的基本数学模型。

由于式（5－18）中包含了诸多未知数，除测站坐标和模糊参数外，它们都是随时间而变的；也就是说，随着观测次数的增加，这些未知数也在增加，不能靠增加观测来得到解。

5.2.6 载波相位测量的同步观测解

同步观测是指两站或多站同时进行 GPS 载波相位测量。由于站间距离相对站与卫星间距离不是很远，它们所测的卫星基本上是相同的，将两站或多站对共同卫星的观测数据一并处理可以得到相对定位解。参加同步观测的站中有一个（或部分）点为已知（位置）时，可以求得其他参加同步观测未知点的位置，称为相对定位。两站同步观测是其中最简单的情况，常把两点同步观测的相对定位称为基线测定。与大地测量中基线测量只测定两点间距离不同，这里基线测定是相对已知点测定另一未知点的三维坐标（或坐标差）。实际上，大地测量中的基线测量仅是测量三维坐标差中的一个分量。

载波相位测量是联系接收机和卫星位置的观测量。它可用于解多种卫星大地测量学问题。基线的测定是应用中的一种，是最早成功地应用载波相位测量于精密定位的一种形式。

在载波相位测量的数学模型式（5－18）中涉及卫星发播信号的相位、接收机钟差、模糊度等参数。但只有接收机位置（隐含于 ρ 之中）是定位问题所最关心的，也是必须解出的。通常将相位观测量作某些线性组合，可以消去一些不需解出的参数，并可简化数据处理过程。常用的线性组合方法有单差、双差和三差。不同的组合方法，目的是减弱有关误差的影响，提高观测数据的准确度。

5.2.6.1 单差观测量及其基线解

在 1，2 两个测站设置接收机，于约定时刻 T_i 观测卫星 j，取得的载波相位观测量分别为

$$\Phi_1^j(T_i) = N_1^j + \Phi^j(T_i) + f^j\delta t_1 - \frac{1}{c}f^j\rho_1^j(T_i) - \delta\varphi_1^j \tag{5-19}$$

$$\Phi_2^j(T_i) = N_2^j + \Phi^j(T_i) + f^j\delta t_2 - \frac{1}{c}f^j\rho_2^j(T_i) - \delta\varphi_2^j \tag{5-20}$$

式中　N_k^j—— 模糊度参数；

$\Phi^j(T_i)$—— 测站 i 于 T_i 时，观测 j 卫星的相位观测量；

f^j——j 卫星的载波频率；

δt_k—— 用户接收机转发信号的时延；

ρ_k^j——j 卫星到 k 接收机的距离；

$\delta\varphi_k^j$——T_i 时的相位。

由于式(5－18) 中时间参数均为接收机钟面时，省略了表示时间系统的下标，式中 T_i 的下标 i 表示观测序号。考虑到接收机的晶振短期稳定度及准确度问题及钟差在数学模型中的作用(乘以载波频率)，取为瞬时钟差 $\delta t(T_i)$。

定义单差观测量为两个接收机在同一的接收机钟面时对同一卫星取得的相位观测量之差。自式(5－19) 和式(5－20) 可得到单差观测量的数学模型

$$\begin{aligned}\Phi_{12}^j(T_i) &= \Phi_2^j(T_i) - \Phi_1^j(T_i)\\ &= N_{12}^j + f^j[\delta t_2(T_i) - \delta t_1(T_i)] - \frac{f^j}{c}[\rho_2^j(T_i) - \rho_1^j(T_i)] - [\delta\varphi_2^j - \delta\varphi_1^j]\end{aligned} \tag{5-21}$$

式中

$$\delta\varphi_k^j = \frac{1}{c}f^j\dot{\rho}_k^j(T_k)\delta t_k + \frac{1}{c^2}f^j\dot{\rho}_k^j(T_k)\rho_k^j(T_k) \tag{5-22}$$

$$N_{12}^j = N_2^j - N_1^j$$

式(5－21) 与式(5－19) 或式(5－20) 比较，单差观测量的数学模型中消去了卫星发播信号的相位。接收机钟差参数仍然保留，只是其主项是以站间钟差的形式出现。令

$$\delta t_{12}(T_i) = \delta t_2(T_i) - \delta t_1(T_i)$$

则

$$\Phi_{12}^j(T_i) = N_{12}^j + f^j\delta t_{12}(T_i) - \frac{f^j}{c}[\rho_2^j(T_i) - \rho_1^j(T_i)] - [\delta\varphi_2^j - \delta\varphi_1^j] \tag{5-23}$$

式中　各符号的意义同式（5－20）。

式（5－23）中接收机间的钟差互差要乘以1.575 42×10^9的系数。这意味着钟差互差有0.1 ns的变化将引起0.16周的模型误差。多数GPS接收机采用石英晶体振荡器作为频率标准，即使采用时间参数的多项式也难于保证这样的准确度。在模型中它只能作为待定的瞬时值，即有多少次观测就引入多少个钟差互差参数。假定1，2两接收机分别置于已知点和待定点，对M个卫星进行了N次观测，用式（5－21）建立了$M \times N$个观测方程。其中包括待定的参数有：待定点坐标3个，模糊参数M个及钟参数N个。多次观测可使$M \times N > 3 + M + N$，即可用最小二乘法解出待定参数。

5.2.6.2　双差、三差观测量及其基线解

对观测量的进一步组合，还可得到双差和三差观测量，这使解算进一步简化。

（1）双差观测量及其基线解

在单差观测量的数学模型中包括了观测历元钟差参数。每个观测历元对应一个钟差参数，这种钟差参数数量很大（通常观测历元可以达到几十到几百），给数据处理工作带来一些麻烦。

事实上可以通过观测量的适当组合简化这一数据处理过程。

单差观测量的数学模型为

$$\Phi_{12}^{j}(T_i) = N_{12}^{j} + f^{j}[\delta t_2(T_i) - \delta t_1(T_i)] - \frac{f^{j}}{c}[\rho_2^{j}(T_i) - \rho_1^{j}(T_i)] - [\delta\varphi_2^{j} - \delta\varphi_1^{j}] \tag{5-24}$$

GPS相位测量接收机可以同时对多颗卫星进行相位测量，对于同一观测历元T_i所测的k卫星也可得到同样的单差观测量

$$\Phi_{12}^{k}(T_i) = N_{12}^{k} + f^{k}[\delta t_2(T_i) - \delta t_1(T_i)] - \frac{f^{j}}{c}[p_2^{k}(T_i) - \rho_1^{k}(T_i)] - [\delta\varphi_2^{k} - \delta\varphi_1^{k}] \tag{5-25}$$

式中的f^j，f^k是j，k卫星的载波频率。一般情况下它们是相同的，其差为十分之几赫兹。可以把所有卫星的载波频率都视为相同而不会带来实质性误差。必要时可用卫星星历中的频偏参数加以修正，修正值纳入其中。

取两个卫星同一历元的单差观测量之差构成双差观测量

$$\begin{aligned}\Phi_{12}^{jk}(T_i) &= \Phi_{12}^{k}(T_i) - \Phi_{12}^{j}(T_i)\\ &= N_{12}^{jk} + \frac{f}{c}[\rho_2^{k}(T_i) - \rho_1^{k}(T_i) - \rho_2^{j}(T_i) + \rho_1^{j}(T_i)] - (\delta\varphi_2^{k} - \delta\varphi_1^{k} - \delta\varphi_2^{j} + \delta\varphi_1^{j})\end{aligned} \tag{5-26}$$

式中各符号的意义同上。

与单差观测量的数学模型相比较，双差观测量消去了观测历元钟差参数项。尽管钟差参数在以后项中仍然保留，如单差观测量分析中已讨论的那样，在这些项中使用具有一定准确度的先验值即可满足准确度要求。

（2）三差观测量及其基线解

三差观测量是在双差观测量的基础上作线性组合以消去模糊参数。取两个观测历元

（通常是相邻的两个观测历元）的双观测量之差构成三差观测量

$$\begin{aligned}\Phi_{12}^{jk}(T_{i+1},T_i) &= \Phi_{12}^{jk}(T_{i+1}) - \Phi_{12}^{jk}(T_i) \\ &= \frac{f}{c}[\rho_2^k(T_{i+1}) - \rho_1^k(T_{i+1}) - \rho_2^j(T_{i+1}) + \rho_1^j(T_{i+1}) - \rho_2^k(T_i) + \rho_1^k(T_i) + \\ &\quad \rho_2^j(T_i) - \rho_1^j(T_i)] \cdot [-\delta\varphi_2^k(T_{i+1}) + \delta\varphi_1^k(T_{i+1}) + \delta\varphi_2^j(T_{i+1}) - \\ &\quad \delta\varphi_1^j(T_{i+1}) + \delta\varphi_2^k(T_i) - \delta\varphi_1^k(T_i) - \delta\varphi_2^j(T_i) + \delta\varphi_1^j(T_i)]\end{aligned} \tag{5-27}$$

在三差观测量中，模糊参数已被消去。

5.2.7 GPS 导航定位采用的坐标系统

5.2.7.1 WGS-84 坐标系

GPS 导航定位采用的坐标系为 WGS-84 坐标系。坐标原点与地球质心重合，Z 轴指向地球平北极，X 轴指向平格林尼治天文台子午面与地球平赤道的交点，Y 轴和 Z，X 构成右手坐标系。WGS-84 坐标系是美国 GPS 监控站采用的坐标系，用 GPS 卫星发播的广播星历计算的卫星位置也属 WGS-84 坐标系，进而使用 GPS 所获得的测量结果也属 WGS-84 坐标系。

WGS-84 坐标系是美国第四代世界大地坐标系，产生于 20 世纪 80 年代。自 1987 年 1 月起，美国国防部制图局（DMA）的 GPS 广播星历用这个系统计算。由于空间技术的发展，尤其国际地球自转服务（IERS）利用这些技术产生了国际地球参考框架（ITRF）后，发现 WGS-84 定义的地心存在 0.5 m 以上的偏差，主要原因：其一是 WGS-84 框架在对 NSWC92-2 参考框架进行修改时实现的；其二是 WGS-84 参考框架的一组测站顾及了地球板块运动影响；其三是 GM 的影响，原 WGS-84 定义 GM$=3\,986\,005\times10^8\ \mathrm{m^3/s^2}$，此值与 IERS 标准规定值差 $0.582\times10^8\ \mathrm{m^3/s^2}$。这一影响对 GPS 轨道产生 1.3 m 偏差。为此，WGS-84 坐标系须不断地进行精化。

构成 WGS-84 框架的坐标，是 DME 的五个坐标和美国空军的五个跟踪站的坐标，共十个跟踪站的坐标。

第一次精化，将 WGS-84 直接纳入 ITRF91，所以精化后的 WGS-84 参考框架实际上属于 ITRF91 框架，定义为 WGS-84（G730）。G730 表示：“G”表示这个框架由 GPS 数据产生；“730”表示 DEA 从 GPS 第 730 周开始使用这个框架进行轨道处理。GPS 第 730 周的第一天对相应于 1994 年 1 月 2 日。WGS-84（730）正式启用于 GPS 工作控制段的日期是 1994 年 6 月 29 日。

第二次精化，该项工作于 1996 年完成。除以上 10 个跟踪站之外，增加了中国北京的房山人卫站和美国的海军天文台。精化是使用了以上 12 个跟踪站和经挑选的 IGS 核心站。数据处理时，将 IGS 站约束到它们所在 ITRF 框架。通过约束得出 DOD 测站的坐标及由这些坐标隐含的且与 ITRF 具有良好一致性的参考框架。12 个站的坐标分量精度约在5 cm 水平。第二次精化后的 WGS-84 参考框架取名为 WGS-84（873），其正式应用于 GPS

工作控制段的日期是 1997 年 1 月 29 日

第二次精化后的精度与 ITRF94 进行比较得出以下结论：1）其轨道准确度方面，两框架的一致性好于 2 cm；2）测站坐标比较方面，17 个站坐标和原有 ITRF94 坐标准确度为 2 cm；3）两种方法检验显示，WGS-84（730）与 ITRF 之间系统偏差不大于 10 cm。WGS-84 经过 1994 和 1996 两次精化已有明显改进，产生了 WGS-84（873）参考框架和 EGM96 地球重力场模型。

5.2.7.2　ITRF 地球参考框架

地球参考框架是地球参考系的具体实现，即地面若干台站构成了实现某参考系的框架。ITRF 地球参考框架是 IERS（国际地球自转服务）建立的全球性协议地球参考框架，因此 ITRF 是综合应用各种空间大地测量技术的结果。由于各台站的长期监测，观测资料不断积累，IERS 几乎每年处理一次各网资料，而且每年有一个新的 ITRF 公布。如：ITRF0，…，ITRF96，…，ITRF2000 等。到 2000 框架后，其变化率很小，为了稳定该框架的应用，决定到 2000 以后，根据实际变化程度，再推出新的框架。

事实上，到目前为止，WGS-84 坐标系与 ITRF 框架的准确度已经一致，一般作为工程测量中，所确定的点位，就是该坐标系中的坐标，只有讨论大地网或者作为科学研究时，才采用 ITRF 框架。

5.3　GPS 测定大地方位角

传统大地测量中，一切任务都是为了求得点的坐标，而点的坐标传算，是根据一已知点（或原点）作为起算点，根据锁网的结构（三角网或导线网）测量角度或测量角度＋距离，连续的向外扩展，以便求得全国控制网点位坐标。为了不使控制网变形，要增加控制条件，即控制方位误差和距离误差的传播。一般情况下，要求在锁网中，要以一定的密度（距离）进行独立的拉普拉斯点（在大地点上实测天文经纬度和天文方位角），和距离的实地测量。控制网平差时，将天文方位角经垂线偏差修正，求得边的大地方位角作为方位控制条件；将距离化算到高斯平面，作为距离控制条件。而 GPS 控制网的坐标传算方式不同，它是直接观测点间的坐标差，因此不再有控制条件的要求，也就降低了布设控制网中独立测定大地方位角的必要性。但是，在工程和军事应用中（远程武器发射及飞行器的发射、工程施工等），独立测定大地方位角还有着重要作用。

通过以上的讨论可知，大地方位角不是直接测量所得，而是计算所得。在所有的方位角中，只有天文方位角可以直接测量所得，但是天文方法测量天文方位角，要求在测前、测后进行人差测定，还要求观测时必须是昼夜天气晴朗无云，气象条件稳定下进行，受到很多条件的限制，效率较低，很难满足工程和军事上的需要。因此研究采用 GPS 测量大地方位角方法，是十分必要的。使用 GPS 测定大地方位角，不但效率高，而且准确度也是有保证的，这是本节讨论主要问题。

通过 3.1.3.5 的讨论可知，在椭球面上表示一条边的方位采用大地方位角 A，即过测站的子午线与该边（大地线）的夹角。GPS测量结果，是两点的大地坐标 B 、L ，因此可以解算大地方位角。而点的坐标测量，必须严格执行国家的标准规范，在满足准确度的前提下进行。所以首先介绍有关GPS点（网）的布测有关规定及要求。

5.3.1　GPS网的布测

5.3.1.1　GPS布测的技术指标

各级控制网的技术指标，按《全球定位系统GPS测量规范》GB/T 18314－2009提出的要求布测，按其准确度划分为A，B，C，D，E级。

A级GPS网由卫星定位连续运行站构成，其准确度不低于表5－1的要求

表5－1　A级网的准确度要求

级别	坐标年变化率标准偏差		相对准确度	地心坐标各分量年平均标准偏差/mm
	(mm/a)	(mm/a)		
A	2	3	1×10^{-8}	0.5

B，C，D和E级的准确度应不低于表5－2的要求。

表5－2　B，C，D和E级网的准确度要求

级别	相邻点基线分量标准偏差		相邻点间平均值距离/km
	水平分量/mm	垂直分量/mm	
B	5	10	50
C	10	20	20
D	20	40	5
E	20	40	3

用于建立国家二等大地控制网和三、四等大地控制网的GPS测量，在满足表5－2规定的B，C，D级准确度要求的基础上，其相对准确度应分别不低于 1×10^{-7}，1×10^{-6}，1×10^{-5}。各级GPS网相邻点的GPS测量大地高差的准确度，应不低于表5－2规定的各级相邻点基线垂直分量的要求。

5.3.1.2　各等级GPS测量的用途

A级用于国家一等大地控制网，进行全球性的地球动力学研究、地壳形变测量和精密定轨等的GPS测量。

B级用于建立国家二等大地控制网，建立地方或城市坐标基准框架，区域性的地球动力学研究、地壳形变测量、局部形变监测和各种精密工程测量等的GPS测量。

C级用于建立三等大地控制网，以及建立区域、城市及工程测量的基本控制网等的GPS测量。

D级用于建立四等大地控制网的GPS测量。

D，E级用于中小城市、城镇以及测图、地籍、土地信息、物控、勘测、建筑施工等

控制测量的 GPS 测量。

5.3.1.3　控制网布设原则

1）各级 GPS 网一般采用逐级布设，在保证准确度、密度等技术要求时可跨级布设。

2）各级 GPS 网的布设应根据其布设目的、准确度要求、卫星状况、接收机类型和数量、测区已有的资料、测区地形和交通状况以及作业效率等因素综合考虑，按照优化设计原则进行。

3）各级 GPS 网最简单异步观测环或附和路线的边数不大于表 5－3 的规定。

表 5－3　闭合环或附和路线的规定

级别	B	C	D	E
闭合环或附和路线的边数/条	6	6	8	10

4）各级 GPS 网点位应均匀分布，相邻点间距离最大不宜超过该网平均点间距地 2 倍。

5）新布设的 GPS 网应与附近已有的国家高等级 GPS 点进行联测，联测点数不应少于 3 点。

6）为求定 GPS 点在某一参考系中坐标，应与该参考坐标系中的原有控制点联测，联测的总点数应不少于 3 点。在需用常规测量方法加密控制网的地区，D，E 级网应有 1～2 个方向通视。

7）A，B 级网应逐点联测高程，C 级网应根据区域似大地水准面精化要求联测高程，D，E 级网可依据具体情况联测高程。

8）A，B 级网的高程联测准确度应不低于二等水准测量准确度，C 级网的高程联测准确度应不低于三等水准测量准确度，D，E 级网点按四等水测量或与其准确度相当的方法进行高程联测。各级网高程联测的测量方法和技术要求应按 GB/T 12898 规定执行。

9）B，C，D，E 级网布设时，测区内高于施测级别的 GPS 网点均应作为本级别 GPS 网的控制点（或框架点），并在观测时纳入相应级别的 GPS 网中一并施测。

10）在局部补充、加密低等级的 GPS 网点时，采用的高等级 GPS 网点点数应不少于 4 个。

11）各级 GPS 网按观测方法可采用基于 A 级网点、区域卫星连续运行基准站网、临时运行基准站网等的点观测模式，或以多个同步观测环为基本组成的网观测模式。网观测模式中的同步环之间，应以边连接或点连接的方式进行网的构建。

12）采用 GPS 建立各等级大地控制网时，其布设还应遵循以下原则：

a）用于国家一等大地控制网时，其点位应均匀分布，覆盖我国国土。在满足条件的情况下，点位宜布设在国家一等水准路线附近或国家一等水准网的连接处。

b）用于国家二等大地控制网时，应综合考虑应用服务和对国家一、二等水准网的大尺度稳定性监测等因素，统一设计，布设成连续网。点位应在均匀分布的基础上，尽可能与国家一、二等水准网的结点、已有国家高等级 GPS 点、地壳形变监测网点、基本验潮站等重合。

c）用于三等大地控制网布设时，应满足国家基本比例尺测图的需要，并结合水准测量、重力测量技术，精化区域似大地水准面。

5.3.1.4　GPS 网的布设种类

GPS 控制网的布设，一般根据接收机设备的数量和作业的要求，有以下几种作业模式。基于连续运行的基准站（国际 IGS 站或陆态网基准站）、分区布网和“GPS 绝对定位”等作业模式。由于作业模式不同，所使用的仪器、观测方法也略有不同。无论采用哪种方法作业，必须保证准确度和投入产出比最高为基本原则。

5.3.1.5　点位要求

1）交通方便，便于利用和长期保存。

2）地势开阔，点位周围地平仰角 15°以上无障碍物。

3）距点位 100 m 范围内无高压输电线、变电站，1 km 范围内无大功率电台、微波站等电辐射源。

4）避开在两相对发射的微波站间选点。

5）点位应避开大型金属物体、大面积水域和其他易反射电磁波物体等，以避免产生多路径效应误差。

6）点位应避开地壳断裂带、避开松软的土层。点位应尽量选在岩石或坚硬的土质上。

7）利用原有点位，应检查标石或观测墩是否完好；利用原有点位的点名，原则上采用原点名，如确需更改点名，则在新点名后用括号附上旧点点名。

8）点位联测。控制网点应尽量选在有水准高程或能进行水准联测、交通方便的三角、导线点附近；如果是新选择的 GPS 点位，应尽量选择交通便利，以便于水准联测。

9）特殊情况的选点。在高程异常变化剧烈地区或地壳断裂带或地震频发区，其点位密度应根据地质情况进行布设，此类地区的选点，原则上尽量选择基岩点或地质结构稳定的点位，不受点间距的限制。

10）下列地区不宜选点：a）即将开发的地区；b）易受水淹、潮湿或地下水位较高的地点；c）距铁路 200 m、公路 50 m 以内的地点；d）易于发生滑坡、沉降、隆起等地面局部变形的地点。

5.3.2　GPS 接收机及其检验

5.3.2.1　GPS 接收机的结构及其功能

用户设备主要指 GPS 接收机，此外可根据需要配备气象仪器及微机等。在用户设备中，接收机是用户利用 GPS 进行导航和定位的关键设备。鉴于 GPS 接收机属于现代化的高科技产品，它涉及无线电技术、微电子学、数字通信技术等方面的专门知识。这里只简要介绍 GPS 接收机的基本构成。

GPS 接收机的种类较多，但从仪器结构分析，则可概括为天线单元和接收单元两大部分，如图 5-14 所示。对测量型接收机而言，一般将图示的两个单元分别安装成两个独立的部件，以便天线单元安设在测站上，接收单元置于测站点附近的适当位置，用电缆将两者联成一个整体。现对两个单元的主要部件及功能分别介绍如下[4]。

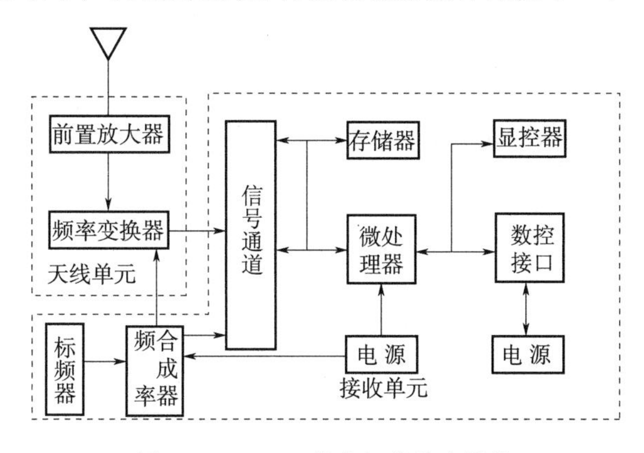

图 5－14　GPS 接收机的基本结构

（1）天线单元

天线单元由接收天线和前置放大器两个部件组成。其基本功能是接收 GPS 卫星信号，并把卫星信号的能量转化为相应的电流量，经过前置放大器，将微弱的 GPS 信号电流予以放大，送入频率变换器进行频率变换，以便接收机对信号进行跟踪和量测。

①对天线的要求

1）天线与前置放大器一般应密封为一体，以保障其在恶劣的气象环境中能正常工作，并减少信号损失。

2）天线均应成全圆极化，使天线的作用范围为整个上半球，在天顶处不产生死角，以保证能接收来自天空任何方向的卫星信号。

3）天线必须采取适当的防护和屏蔽措施，以最大限度地减弱信号的多路径效应，防止信号被干扰。

4）天线的相位中心与几何中心之间的偏差应尽量小，且保持稳定。由于 GPS 测量的观测量，是以天线的相位中心为准的，而在作业过程中，应尽可能保持两个中心的一致性和相位中心的稳定。

②天线的类型

目前，GPS 接收机的天线有多种类型，其基本类型见图 5－15 所示。

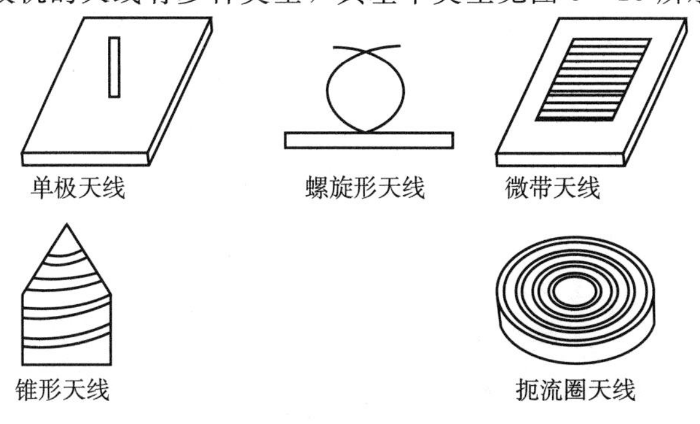

图 5－15　天线类型

1）单极天线。这种天线属单频天线，具有结构简单、体积小的优点。需要安装在一块基板上，以利于减弱多路径的影响。

2）螺旋形天线。这种天线频带宽，全圆极化性能好，可接收来自任何方向的卫星信号，但也属于单频天线，不能进行双频接收，常用作导航型接收机天线。

3）微带天线。微带天线是在一块介质板的两面贴以金属片，其结构简单且坚固，重量轻，高度低，既可用于单频机，也可用于双频机，目前大部分测量型天线都是微带天线。这种天线更适用于飞机、火箭等高速飞行物上。

4）锥形天线。这种天线是在介质锥体上，利用印刷电路技术在其上制成导电圆锥螺旋表面，也称盘旋螺线型天线。这种天线可同时在两个频道上工作，主要优点是增益性好。但由于天线较高，而且螺旋线在水平方向上不完全对称，因此天线的相位中心与几何中心不完全一致。所以，在安装天线时要仔细定向，使之得以补偿。

5）带扼流圈的振子天线，也称扼流圈天线。这种天线的主要优点是，可以有效地抑制多路径误差的影响。但目前这种天线体积较大且重。

（2）接收单元

图 5 - 14 绘出了接收单元的主要部件，现择要介绍。

①信号通道

信号通道是接收单元的核心部件，它不是一种简单的信号通道，而是一种由硬件和相应的控制软件相结合的有机体。它的主要功能是跟踪、处理和量测卫星信号，以获得导航定位所需要的数据和信息。随着接收机的类型不同，接收机所具有的通道数目不等。每个通道，在某一时刻只能跟踪一颗卫星的一种频率信号，当接收机需同步跟踪多个卫星信号时，原则上可能采用两种跟踪方式：一种是接收机具有多个分离的硬件通道，每个通道都可连续地跟踪一个卫星信号；另一种是接收机只有一个信号通道，在相应软件的控制下，可跟踪多个卫星信号。当前信号通道的类型有多种，若根据通道的工作原理，即对信号处理和量测的不同方式，则可分为码相关型通道、平方型通道和码相位型通道。若根据跟踪卫星信号的不同方式，则可分为序贯通道、多路复用通道和多通道。

②存储器

接收机内设有存储器，以存储一小时一次的卫星星历、卫星历书，接收机采集到的码相位伪距观测值、载波相位观测值及人工测量数据。目前，GPS 接收机都采用 PC 卡或内存作为存储设备。在接收机内还装有多种工作软件，如自测试软件、天空卫星预报软件、导航电文解码软件、GPS 单点定位软件等。

为了防止数据溢出，当存储设备达到饱和容量的 95％时，便会发出“滴滴”的报警声，以便提醒作业人员。

③计算与显控

图 5 - 14 中的显控器，通常包括一个视屏显示窗和一组控制键盘，它们有的安设在接收单元的面板上，有的作为一个独立的终端设备。它是人机对话的窗口，通过它，可对接收机进行配置，让接收设备按照配置的要求去工作。通过它可输入一些必要的信息，如测

站名、天线高、点的坐标等。当然也可以通过它调用存储在接收机里的数据信息和功能，它是 RTK 作业流动站的必不可少的工具。接收机内的处理软件是实现 GPS 定位数据采集和通道自校检测自动化的重要组成部分，它主要用于信号捕获、环路跟踪和点位计算。在机内软件的协同下，微处理机主要完成下述计算和数据处理：

1）接收机开机后，立即指令各个通道进行自检，适时地在视屏显示窗内展示各自的自检结果，并测定、校正和存储各个通道的时延值。

2）接收机对卫星进行捕捉跟踪后，根据跟踪环路所输出的数据码，解译出 GPS 卫星星历。当同时锁定 4 颗卫星时，将 C/A 码伪距观测值连同星历一起计算出测站的三维位置，并按照预置的位置数据更新率，不断更新（计算）点的坐标。

3）用已测得的点位坐标和 GPS 卫星历书，计算所有在轨卫星的升降时间、方位和高度角，并为作业人员提供在视卫星数量及其工作状况，以便选用“健康”的且分布适宜的定位卫星，达到提高点位准确度的目的。

4）接收用户输入的信号，如测站名、测站号、天线高和气象参数等。

④电源

GPS 接收机的电源有两种：一种是内电源，一般采用锂电池，主要用于为 RAM 存储器供电，以防止数据丢失；另一种为外接电源，主要为传感器和 GPS 接收天线和控制器供电。这种电源常采用可充电的 12 V 直流镍镉电池组，有的也可采用汽车电瓶。当用交流电时，需经过稳压电源或专用电流交换器。当机外电池下降到 11.5 V 时，便自动接通内电池。当机内电池低于 10 V 时，若没有连接上新的机外电池，接收机便自动关机，停止工作，以免缩短使用寿命。在用机外电池作业过程中，机内电池能够自动地被充电。

如果把 GPS 接收机作为用户测量系统，那么按其构成部分的性质和功能，可分为硬件部分和软件部分。

硬件部分，主要系指上述天线单元、接收单元的硬件设备。而软件部分是支持接收机硬件实现其功能，并完成各种导航与定位任务的重要条件。一般来说，软件包括内软件和外软件。所谓内软件是指诸如控制接收机信号通道，按时序对各卫星信号进行量测的软件以及内存或固化在中央处理器中的自动操作程序等。这类软件已和接收机融为一体。而外软件主要是指观测数据后处理的软件系统，这种软件一般以磁盘方式提供。如果无特别说明，通常所说接收设备的软件均指后处理软件系统。

软件部分是构成现代 GPS 测量系统的重要组成部分之一。一个功能齐全、品质良好的软件，不仅能方便用户使用，满足用户的各方面要求，而且对于改善定位准确度，提高作业效率和开拓新的应用领域都具有重要意义。所以，软件的质量与功能已成为反映现代 GPS 测量系统先进水平的一个重要标志。

5.3.2.2　GPS 接收机的类型

GPS 导航与定位技术的迅速发展和应用领域的不断开拓，使得世界各国对 GPS 接收机的研制与生产极为重视。目前世界上 GPS 接收机的生产厂家约有数十家，而接收机的型号超过上百种。根据不同的观点，GPS 接收机有多种不同的分类，现将其常见分类介绍如下：

1）根据接收机所接收的卫星信号的频率，可分为单频接收机（L_1）和双频接收机（L_1，L_2）。

a）单频接收机，只能接收经调制的 L_1 信号。这时虽然可能利用导航电文提供的参数，对观测量进行电离层折射影响的修正，但由于修正模型尚不完善，准确度较差。所以，单频接收机主要用于基线较短（不超过 20 km）的精密定位和导航。

b）双频接收机，可以同时接收 L_1 和 L_2 信号。利用双频技术可以消除或大大减弱电离层折射对观测量的影响，因而在长基线上仍然可以获得高准确度的定位结果。

c）双星接收机，同时接收 GPS 和 GLONASS 双系统卫星信号。

d）多模多频接收机，同时可以接收 GPS，GLONASS 和北斗系统卫星信号。

2）根据接收机的用途，可分为导航型、测量型和授时型接收机。

a）导航型接收机，主要用于确定船舶、车辆、飞机和导弹等运载体的实时位置和速度，以保障这些载体按预定的路线航行。导航型接收机，一般采用以测码伪距为观测量的单点实时定位，或实时差分定位，准确度较低。这类接收机的结构较为简单，价格便宜，其应用极为广泛。

b）测量型接收机，主要是指适于进行各种测量工作的接收机。这类接收机，一般均采用载波相位观测量进行相对定位，准确度很高。测量型接收机与导航型接收机相比，其结构较复杂，价格较贵。

c）授时型接收机，结构简单，主要用于天文台或地面监控站，进行时频同步测定。

另外，还可根据接收机的工作原理和通道类型进行分类等。

5.3.2.3 测地型 GPS 接收机检验

仪器检验的目的是所承担任务的仪器设备，必须符合所承担任务等级要求和仪器处于正常的作业状态。检验应根据《全球定位系统（GPS）接收机（测地型和导航型）校准规范》JJF 1118－2004 的规定执行。

（1）外观及各部件的相互作用

1）天线、基座水准器应正确，光学对中器的对中误差小于 1 mm。

2）锁定卫星能力不大于 15 min，RTK（实时动态测量）与 RTD（实时伪距差分测量）初始化时间不大于 3 min。

（2）数据后处理软件及功能

1）软件应能正常安装、使用。

2）数据后处理软件的功能应有：

a）通信与数据传输；

b）预报与观测计划；

c）静态定位与基线矢量的解算；

d）网平差与坐标转换；

e）RTK 与 RTD 解算。

（3）测地型GPS接收机天线相位中心一致性

天线在不同方位下测定同一基线的变化值 Δd 应小于GPS接收机标称的固定准确度。

（4）测地型GPS接收机的测量标准偏差

①短基线测量

短基线测量的测量准确度应小于GPS接收机的标称标准差。

GPS接收机标称标准差为（$a+b\times D$），则GPS接收机测量结果标准差 σ 用式（5-28）计算

$$\sigma = \sqrt{a^2+(b\times D)^2} \tag{5-28}$$

式中　σ——标准偏差；

a——固定误差；

b——比例误差；

D——所测距离，不足500 m按500 m计算。

②中、长基线测量

（a）基线比对测试

中、长距离测量的准确度 Δd 应符合下列要求：

观测距离 $D\leqslant 5$ km时，$\Delta d_1\leqslant\sigma$

观测距离 $D>5$ km时，$\Delta d_2\leqslant 2\sigma$

式中　Δd_1，Δd_2——基线矢量与已知长度值之差；

σ——GPS接收机标准偏差，按公式（5-28）计算。

（b）RTK与RTD坐标比对测试

RTK与RTD坐标比对测量准确度 Δdx，Δdy 应 $\leqslant 2\sigma$；Δdx，Δdy 为解算出的坐标与已知坐标之差。

（5）导航型GPS接收机的定位准确度

标准点坐标和GPS接收机所测得的坐标应在同一坐标系下用直角坐标进行比较，其定位准确度不大于GPS接收机出厂的标称值。

5.3.2.4　检验标准条件

（1）环境条件

1）GPS接收机校准场应选择在地质结构坚固稳定，利于长期保存，交通方便，便于使用的地方建设。

2）各点位应埋设成强制归心的观测墩，周围无强电磁信号干扰，点位环视高度角15°以上应无障碍物。

3）校准场点位布设应含有超短距离、短距离和中长距离，组成网形以便进行闭合差检验。

（2）校准用标准器及其他设备

1）校准场标准长度的分类如表5-4所示。

表 5-4　标准场标准长度分类表

基线长度分类	长度范围 D
超短基线	200 mm～24 m
短基线	24 m≤D<2 000 m
中、长基线	10 km<D≤30 km

2）校准场各种基线的组成数量为：

a）超短基线可由 4 个以上观测墩组成，观测墩面在同一高程平面上。

b）短基线的长度可在 2 000 m 内任意选取，但不得少于 6 段距离。

c）中、长基线分 10 km，15 km，20 km，25 km，30 km 等长度，可与超短基线、短基线的点相关连组成网，所组成各种长度不少于 2 段。

3）校准场各种距离的标准（偏）差

1）超短基线标准（偏差）误差不得大于 1 mm

2）短基线和中、长基线标准偏差（$a+b\times D$）应满足表 5-5 的要求：

表 5-5　基线长度与限差规定

基线分类	固定误差/（a /mm）	比例误差系数 b
短基线	≤1	≤1
中、长基线	≤3	≤0.01

（4）动态校准和定位准确度校准用小网

在能满足 GPS 仪器观测条件的任意场地上，建立 10～15 个地面点（无须强制对中点），点位之间距离在几十米至数百米范围分布，用高准确度全站仪进行距离和坐标的确定。标准偏差按上述指标控制。

5.3.2.5　校准项目和标准方法

在使用 GPS 仪器进行测量时，应按有仪器操作要求和 GPS 测量规范（GB/18314-2002）的要求进行工作。一般情况下将仪器的采样率设置为 15 s，高度角设置为 15°。

当开机工作后，应记录开机时间，观察仪器的显示，检视仪器的工作状况。正常锁住卫星的时间不大于 15 min。RTK 和 RTD 初始化时间不大于 3 min。

（1）外观及各部件的相互作用

用目测及实验方法检验各部件的相互作用关系的顺序如下。

①数据后处理软件的功能

通过目测及实例计算进行检验。

②测地型 GPS 接收机天线相位中心一致性（天线任意指向）

用相对定位法检定天线相位中心一致性时，在超短基线或短基线上先将 GPS 接收机、天线按 GB/18314 要求正确安置，按统一约定的方向指向北，观测一个时段。然后固定一个天线，其余天线依次转动 90°，180°，270°，各观测一个时段。分别求出各时段基线矢量，最大值与最小值之差应小于 GPS 接收机的标称固定标准差。

（2）测地型GPS接收机的测量准确度

在GPS校准场上，分短基线测量和中、长基线进行测量。

①短基线测量

在GPS检定场的短基线上进行。按GPS仪器的正确操作方法工作，调整基座使GPS接收机天线严格整居中，天线按约定统一指向正北方向，天线高量取至1 mm。每台GPS接收机必须保证同步观测时间在1 h以上，两台套的测试结果不得少于3条边长，经随机软件解算出的基线与已知基线值比较，其差值应小于GPS接收机的标称标准差。若GPS接收机标称值为（$a+b\times D$），则GPS接收机测量准确度的最大允许误差σ按式（5-28）计算。

②中、长距离测量

已知长度比较测量。在已知中、长距离上按静态测量模式进行观测，最短观测时间见表5-6。

表5-6 中长基线观测时间表

基线长度分类	最短观测时间/h
$D\leqslant 5$ km	1.5
5 km$<D\leqslant 15$ km	2.0
15 km$<D\leqslant 30$ km	2.5
$D>30$ km	4.0

观测数据用随机处理软件进行解算，所解得的基线矢量与已知基线值之差作为校准结果。

③已知坐标比较测量

GPS接收机放在标准检定场的已知坐标上，按测量规范规定进行观测。所解算出的坐标与已知坐标之差作为校准结果。

（3）导航型GPS接收机的定位准确度

在GPS校准场上进行。按仪器操作要求正确安置和操作仪器，记录测量数据，经解算GPS接收机所得点位坐标与标准点的坐标在同一坐标系下用直角坐标进行比较，定位准确度δ由式（5-29）计算

$$\delta=\sqrt{(x_i-x_0)^2+(y_i-y_0)^2} \tag{5-29}$$

式中 δ—— 定位准确度；

x_i—— 测试数据x轴方向分量；

y_i—— 测试数据y轴方向分量；

x_0—— 标准点x轴方向分量；

y_0—— 标准点y轴方向分量。

5.3.2.6 RTK仪器检验

RTK测量系统主要检验项目有：内符合标准偏差检验、RTK测量外符合标准偏差检验、RTK测量初始化时间检验和RTK测程检验。检验方法介绍如下。

(1) RTK 测量内符合标准偏差检验

将作为参考站的 GNSS 接收机精确安置在基准点上，输入精确的 WGS－84 坐标，开启数据发射电台。流动站的 GNSS 接收机初始化后，把天线精确安置在检测点上，得到固定解后，记录检测点的平面坐标和高程 X_1,Y_1,H_1。将天线离开检测点数米距离，再次回到检测点，精确测量检测点的平面坐标和高程 X_2,Y_2,H_2。如此方法在同一个检测点上测量 n 次，得到 n 组数据，计算出平均值为 X_0,Y_0,H_0，各组数据与平均值的差值为 V_X,V_Y,V_Z

$$\begin{cases} V_X = X_i - X_0 \\ V_Y = Y_i - Y_0 \\ V_Z = Z_i - Z_0 \end{cases} \tag{5-30}$$

式中　X_i,Y_i,H_i—— 每次测量结果；$i = 1,2,3,\cdots,n$。

按照公式(5－31) 和式(5－32) 计算平面点位标准偏差 u_p(内) 和高程标准偏差 u_h(内)

$$u_p(\text{内}) = \sqrt{\frac{\sum(V_X^2 + V_Y^2)}{n-1}} \tag{5-31}$$

$$u_h(\text{内}) = \sqrt{\frac{\sum V_H^2}{n-1}} \tag{5-32}$$

式中　u_p(内)—— 平面位置的内符合标准偏差；

u_h(内)—— 高程的内符合标准偏差。

检定时，流动站距离参考站应大于 1.5 km，参考站和流动站的卫星天线对点误差、量高误差均应小于 2 mm；重复测量次数 $n \geqslant 15$，测量结果应符合仪器标称值的要求。内符合标准偏差一般可达到平面 4 mm、高程 6 mm。

(2) RTK 测量外符合标准偏差检定

在 GNSS 检定场选一已知点作为参考站，精确安置 GNSS 接收机，输入精确的WGS－84 坐标，开启数据发射电台，把流动站天线精确安置在检测点上，输入精确的坐标转换参数或者转换点坐标，得到固定解后，记录检测点的平面坐标和高程 X_i,Y_i,H_i，分别与检测点的已知坐标比较，得到各检测点的坐标差值 $\Delta_X,\Delta_Y,\Delta_h$，按公式(5－33)、(5－34) 计算外符合标准偏差

$$u_p = \sqrt{\frac{\sum(\Delta_X^2 + \Delta_Y^2)}{n}} \tag{5-33}$$

$$u_h = \sqrt{\frac{\sum \Delta H_h^2}{n}} \tag{5-34}$$

式中　u_p—— 平面位置的外符合标准偏差；

u_h—— 高程的外符合标准偏差；

n—— 检测点数；

$\Delta_X = X_{\text{测量}} - X_{\text{已知}}$，　$\Delta_Y = Y_{\text{测量}} - Y_{\text{已知}}$，　$\Delta_h = h_{\text{测量}} - h_{\text{已知}}$。

检定时，流动站距离参考站应大于 1.5 km。参考站和流动站的卫星天线对中误差、量高误差均应小于 2 mm。检测点数 $n \geqslant 8$。参考站和流动站已知坐标和高程的平面点位标

准偏差应小于 5 mm，高程标准偏差应小于 10 mm。u_p 和 u_h 检定结果均应符合工程需要的技术要求。外符合标准偏差一般可到达平面 10 mm、高程 22 mm。

（3）RTK 测量初始化时间检定

RTK 测量的初始化时间是流动站接收机从冷启动开机到锁定足够数量卫星信号，并且获得标称定位精度结果的时间，它反映 GNSS 接收机捕获卫星的速度和实时解算整周模糊度的速度。进行此项检定时，要求参考站和流动站的天空开阔，环视条件良好。首先安置好参考站接收机和数据发射电台，开始信号发送后，在距离基准站 1～5 km 的地方设置流动站的各种参数，关闭接收机，再次开机，从冷启动开机开始计时，直到显示获得固定解标志为止，记录这段时间为 t_1，关闭接收机，流动站移动 10 m，再次开机进行 RTK 测量，记录初始化时间 t_2，关闭接收机，再次移动流动站 10 m，开机进行 RTK 测量，得到第 3 次初始化时间 t_3，在 t_1，t_2，t_3 中选择最大时间为最后结果 T

$$T = \max(t_1, t_2, t_3)$$

T 不大于标称数值为合格。

（4）RTK 测程试验

在视野开阔，远离大功率无线电发射源，足够高度的地方设置参考站，启动数据发射电台。根据 GNSS 接收机出厂标称的 RTK 测程，到达距离基准站标称测程的地方，选择天空开阔处设立流动站，开机进行 RTK 测量，连续进行 5 个点定位，检查记录初始化时间和定位精度。如果工作正常，结果达到标称要求，则测程试验成功结束。如果接收不到基准站的电台信号，或者失锁严重，难以达到标称定位精度，则判定此项目不合格。

（5）随机软件检验

1）接收机与计算机连接，启动数据传输软件，查看数据传输性能是否完好。

2）对随机后数据处理软件进行安装，检查安装光盘能否正确安装。

3）软件能够方便地导入观测数据，精确地解算基线矢量，对基线矢量构成的控制网进行合理正确的平差计算，并检查其配置的各种功能齐全，运行是否良好。

4）在 GNSS 综合检定场观测 3 个点，进行基线处理和网平差，处理结果与已知结果比较，检查软件处理精度，并与其他类型的后处理软件进行比较。

5.3.3　GPS 测量主要误差

用户利用导航卫星所测得的自身地理位置坐标与其真实的地理位置坐标之差称为定位误差，它是卫星导航系统最重要的性能指标。各种误差按其性质可分为偶然误差和系统误差，按其来源大致可分为 3 种类型。

1）与卫星有关的误差。主要包括卫星的星历误差、卫星钟的误差、地球自转的影响和相对论效应的影响等。

2）信号传播误差。因为 GPS 卫星是在距地面 20 000 km 的高空中运行，GPS 信号向地面传播时要经过大气层，因此，信号传播误差主要是信号通过电离层和对流层的影响。此外，还有信号传播的多路径效应的影响。

3）观测误差和接收设备的误差。通常可采用适当的方法减弱或消除这些误差的影响，如建立误差改正模型对观测值进行政正，或选择良好的观测条件，采用恰当的观测方法等。

在研究误差对 GPS 测量的影响时，往往将误差化算为卫星至测站的距离，以相应的距离误差表示，称为等效距离。此处按 3 类误差的影响作适当的介绍[2,6]。

5.3.3.1　与卫星有关的误差

（1）卫星钟差

尽管卫星上采用的是原子钟（铠钟和伽钟），但是，由于这些钟与 GPS 标准时之间会有偏差和漂移，并且随着时间的推移，这些偏差和漂移还会发生变化。而 GPS 定位所需要的观测量都是以精密测时为依据。卫星钟的误差会对伪码测距和载波相位测量产生误差。卫星钟偏差总量可达 1 ms，产生的等效距离误差可达 300 km。

GPS 定位系统通过地面监控站对卫星的监测，测试卫星钟的偏差。用二项式模拟卫星钟的变化，即

$$\delta t^{s} = a_0 + a_1(t - t_{0c}) + a_2(t - t_{0c})^2 \tag{5-35}$$

式中　t_{0c}——卫星钟修正的参考历元；

a_0，a_1，a_2——卫星钟的钟差、钟速、钟速变化率。

这些参数可以从卫星导航电文中得到。

用二项式模拟卫星钟的误差只能保证卫星钟与标准 GPS 时间同步在 20 ns 之间。由此引起的等效偏差不会超过 6 m。要想进一步削弱剩余的卫星钟残差。可以通过对观测量的差分技术来进行处理。

（2）卫星星历误差

卫星星历是 GPS 卫星定位中的重要数据。卫星星历是由监控站跟踪监测 GPS 卫星求定的。由于地面监测站测试的误差，以及卫星在空中运行受到多种摄动力影响，地面监测站难以充分可靠地测定这些作用力的影响，使得测定的卫星轨道会有误差；另外由地面注入站给卫星的广播星历和由卫星向地面发送的广播星历，都是由地面监测的卫星轨道外推计算出来的。使得由广播星历提供的卫星位置与卫星实际位置之间有差。在无 SA 技术时广播星历误差为 25 m，（当执行 SA 技术后，广播星历误差会到 100 m）。广播星历的误差对相对定位影响为 1×10^{-6}，即对于长度为 10 km 的基线会产生 10 mm 的误差。对于 1 000 km 的基线，将产生 1 m 的误差。从中可以看到，对于长基线，广播星历误差将是影响定位准确度的重要原因。另外，卫星星历误差对相距不太远的两个测站定位影响大体相同。因此，采用同步观测求差，即采用两个或多个测站上对同一卫星信号进行同步观测，然后求差，就可以减弱卫星轨道误差的影响。所以，在实用中，对于基线不很长、定位准确度要求不很高的情况下，如相对定位准确度为（1～2）$\times10^{-6}$时，采用相对定位，广播星历就可以了。但是，对于长距离、高准确度相对定位，广播星历误差就不够了。这就需要精密星历，可以向美国国家大地测量局（NGS）购买。为了提高 GPS 定位准确度，我国将在上海、武汉、长春、乌鲁木齐和昆明建立我国的 GPS 跟踪网，通过跟踪监测 GPS 卫星信号解算精密星历。为满足 1 000 km 基线或相对定位准确度 1×10^{-8}的要求，精

密星历要求能达到 0.25 m。

5.3.3.2　与传播有关的误差

（1）电离层折射的影响

从地面向上 50 km 到 1 000 km 的大气层顶部都为电离层。在这一层中，由于太阳的作用，使大气发生了电离，所以在电磁波传播中，电离会使传播的速度和方向发生改变，而产生传播延迟。电磁波在电离层中产生的各种延迟都与电磁波传播路径上的电子总量有关。电离层中的电子密度是变化的，它与太阳黑子活动状况、地球上的地理位置、季节变化和时间有关。据有关资料分析，白天电离层电子密度约为夜间的 5 倍；一年中，冬季为夏季的 4 倍；太阳黑子活动最激烈时的电子密度比最小时大 4 倍。另外，电磁波传播延迟还与电磁波传到 GPS 天线的方位有关。水平方向比天顶方向延迟最大可差 3 倍。

对于电离层延迟的影响，可以通过以下途径解决：

1）利用电离层模型加以改正。在导航电文中提供电离层改正模型，该模型一般用于单频接收机，用目前所提供的模型可将电离层延迟影响减少 75%。

2）利用双频接收机减少电离层延迟。

3）用两个观测站同步观测量求差。当两台 GPS 接收机天线相距不太远时，由于卫星到两个站电磁波传播路径很相似。因此，通过求差，可以削弱电离层延迟的影响。例如两点距 10 km 之内，求差后测定基线长度残差为 1×10^{-6}，当基线距离越长，或太阳黑子活动越激烈，电离层延迟影响就增大。因此，一般单频 GPS 接收机只用于 15 km 之内的基线测量。

（2）对流层折射的影响

从地面向上 40 km 为对流层，大气层中质量 99%都集中在此层中。这一层也是气象现象主要出现的地区。电磁波在其中的传播速度与频率无关，只与大气的折射率有关，还与电磁波传播方向有关，在天顶方向延迟可达 2.3 m，在高度角 10°时可达 20 m。

对流层大气折射率与大气压力、温度和湿度有关。一般将对流层中大气折射率分为干分量和湿分量两部分。干分量与大气的温度和气压有关，湿分量与信号传播路径上的大气湿度和温度有关。减少对流层折射对电磁波延迟影响方法有：

1）利用模型改正。实测地区气象资料利用模型改正，能减少对流层对电磁波延迟达 92%～93%。

2）当基线较短时，气象条件较稳定，两个测站的气象条件一致，利用基线两端同步观测求差，可以更好地减弱大气折射的影响。目前，短基线、准确度要求不很高的基线测量，只用相对定位即可达到要求。

（3）多路径效应影响

GPS 卫星信号从 20 200 km 高空向地面发射，若接收机天线周围有高大建筑物或水面时，建筑物和水面对于电磁波具有强反射作用。天线接收的信号不但有直接从卫星发射的信号，还有从反射体反射的电磁波，这两种信号叠加作为观测量，定位会产生误差，该误差为多路径效应。为减少多路径效应影响，在安置天线时，尽量避开强反射物，如水面、平坦光滑地面和平整的建筑物。另外，为减弱多路径影响，可采取选用防多路径效应的天线，多路径效应对 GPS 定位影响可达 cm 级。

5.3.3.3　观测误差和仪器误差

（1）观测误差

观测误差与仪器硬件和软件对卫星信号观测能达到的分辨率有关。一般认为，观测的分辨误差为信号波长的 1%，各种不同观测准确度如表 5－7 所示。

表 5－7　观测准确度

信号	波长 λ	观测准确度
P 码	29.3 m	0.3 m
C/A 码	293 m	2.9 m
载波 L_1	19.02 cm	2.0 mm
载波 L_2	24.45 cm	2.5 mm

观测准确度还与天线的安置误差有关，即天线对中误差、天线整平误差及量取天线高的误差。例如天线高 2.0 m，天线整平时，即圆水准气泡略偏一格，对中影响为 5 mm，所以，在精密定位中，应注意整平天线，仔细对中或采取带有强制观测标志的观测墩。

（2）接收机钟差

一般 GPS 接收机内时标采用的是石英晶体振荡器。其稳定度为（1～5）$\times 10^{-5}$，若采用温补电路，能达到（0.5～1）$\times 10^{-6}$。若要准确度更高，可采用恒温晶体振荡器，但也只能达到（0.5～1）$\times 10^{-9}$。但其体积大，耗电量大，并且要长时间预热。早期 GPS 接收机采用恒温晶体振荡器，目前都用温补晶体振荡器。如果卫星钟与地面接收机钟同步准确度为 1μs（1×10^{-6}s），引起等效距离误差为 300 m，这个误差很大。解决接收机钟差办法如下：在单点定位时，将钟差作为未知数在方程中求解；在载波相位相对定位中，采用对观测值的求差（星间单差、星站间双差）的方法，可以有效地消除接收机钟差：在高准确度定位时，可采用外接频标的方法，为接收机提供高准确度时间标准，如外接铠钟、伽钟等，最后一种方法常用于固定站。

（3）天线相位中心偏差

在 GPS 测量中，其伪距和相位观测值都是测量卫星到接收机天线相位中心间的距离。而天线对中都是以天线几何中心为准。所以，要求天线相位中心应与天线几何中心保持一致。但是，天线相位中心的瞬时位置会随信号输入的强度和方向发生变化，所以观测时，相位中心的瞬时位置（称为视相位中心）与理论上的相位中心会不一致。天线视相位中心与几何中心的差称为天线相位中心的偏差，这个偏差会影响定位准确度。所以，在天线设计时，应尽量减少这一误差（一般控制在 5 mm 之内），并且要求在天线盘上指定指北方向。这样，在相对定位时，可以通过求差削弱相位中心偏差的影响。所以，在野外观测时，要求天线要严格对中、整平，同时还要将天线盘上方向指北（偏差在 3°～5°之内）。

为了消除以上的误差带来的影响，利用误差在相近的距离内大致相同的特性，通过两站求差来消除或大幅度削弱其影响的方法，即为差分定位。卫星差分定位技术的发展十分迅速，从最初的单基准站差分系统发展到具有多个基准站的区域性差分系统和广域差分系统，以更好地满足不同用户的需求。

局域差分技术在处理过程中都是把各种误差源所造成的影响合并在一起加以考虑的，而实际上不同的误差源对差分定位的影响方式是不同的。并且随着用户离基准站距离的增加，各种误差源的影响将变得越来越大。从而使上述矛盾变得越来越显著，导致差分定位准确度的迅速下降。

广域差分技术在广大区域内能够提高导航准确度。广域差分技术主站和用户站的间隔可以从 150 km 增至 1 000～1 500 km，而且定位准确度没有显著的降低，广域差分的定位准确度可达 1 m 左右。

5.3.4　GPS 测量

GPS 测量涉及诸多问题，如测前准备、计划安排、控制网设计、观测要求及注意的问题、手簿记录、数据下载、质量检核等。应该说每一个环节，都涉及是否能圆满、保质保量的完成任务。这里介绍 GPS 测量的基本工序及方法。

5.3.4.1　测前准备

出测前的准备工作，对于整个工程项目的完成起到了非常重要的作用。主要内容包括：观测小组的划分、技术学习、仪器检验、后勤准备、出发计划等内容。每一个环节都不能疏忽，而且必须做到严谨科学。

5.3.4.2　观测技术规定

《全球定位系统（GPS）测量规范》GB/T 18314－2009 中规定，对于 B，C，D，E 级 GPS 网观测基本技术规定见表 5－8。

表 5－8　B，C，D，E 级 GPS 网观测基本技术规定

项　目	级　别			
	A	B	C	D
卫星高度截至角/（°）	10	15	15	15
同时观测有效卫星数	≥4	≥4	≥4	≥4
有效观测卫星总数	≥20	≥6	≥4	≥4
观测时段数	≥3	≥2	≥1.6	≥1.6
时段长度	≥23 h	≥4 h	≥60 min	≥40 min
采样间隔/s	30	10～30	5～15	5～15

注：①计算有效观测卫星总数时，应将各时段的有效观测卫星数扣除期间的重复卫星数。

②观测时段长度，应为开始记录数据到结束的时段。

③观测时段数≥1.6，指采用网观测模式时，每站至少观测一时段，其中二次设站点数应不少于 GPS 网内总点数的 60%。

④采用基于卫星定位连续运行基准点观测模式时，可连续观测，但观测时间应不低于表中规定的各时段时间和。

5.3.4.3 观测时为减弱各种误差的影响应采取的措施

GPS 观测结果质量受外界条件的影响很大。影响结果质量的因素及克服或减弱误差的影响见本章 5.3.3。除此之外，在观测时还需要特别强调以及下几个问题。

（1）减弱天线相位中心误差的影响措施

在 GPS 观测过程中，接收机天线接收卫星信号是天线整体作用的结果，很难确切地定义所得的观测值是对应于天线上哪一点，只能等效地对应一个点，这就是通常说的天线相位中心或电气中心。这种相位中心随卫星信号入射方向不同而变动。在 GPS 观测时，只能取一个几何点对中测量标志，即天线的几何中心。几何中心一般由生产厂在对天线进行各种条件的测试后给定，这种几何中心只是相位中心的平均位置。这显然会对精密定位带来误差。

由于天线相位中心的变动与卫星相对接收机的方向有关，每次观测卫星方向可能有较大的不同，用仪器测定修正值来改正效果不是很好。由于工艺上的原因，同一批天线其相位中心随卫星方向变化的漂移是相近的，当同步观测的天线指向相同时，在相对测量中可以削弱天线相位中心漂移的影响。因此，在天线出厂时其几何中心相对天线保持一致并给出了方向标志。作业时，使各接收机的天线方向标志指向一致（一般指北），即可减弱这一影响。

如果有条件时，尽量利用同一种型号的仪器组网作业，以减少天线相位标准偏差的影响。

（2）克服多路径效应影响的措施

由于地面（或水面）或其他能造成电波反射的物体的存在，使天线接收到的信号除从卫星直线传播的外，还有经反射体反射的信号，这就使相位观测值含有误差。一般情况下，由于反射信号的振幅远小于正常信号，叠加的结果使接收信号有一附加延迟，即多路径效应。为了削弱多路径效应误差，在实际工作中，选择的点位其周围高度角 10°～15°以上无障碍物；远离公路、高压线、大功率电台和大面积水面；由于人体也是可能造成多路效应的介质，观测时应注意不要走近并高于天线；在测站周围不要发动汽车、启动发电机或使汽车在周围跑动等。

（3）减少已知点位置误差的影响措施

同步观测解算采用同一已知点坐标时，不论对观测量还是解都有系统性影响，不同卫星因观测方向不同而有些差异。在大范围多同步区测量中，尽量采用国际 IGS 站或陆态网工程的点位并进行差分测量。

（4）减少对中误差的措施

天线的对中误差直接影响点位的定位准确度。因此，观测前天线要精密对中，每一测段之间要检查天线的对中情况。如果有条件时，尽量采取在观测墩上观测，对中标志采用统一标准制作，以减弱对中误差的影响。对于要求特别高的控制网观测，对中方法采用强制对中方法。

（5）消除或减小天线量高误差的措施

天线的量高误差，对结果的影响是直接的。为了消除或减弱量高误差的影响，观测时应采取以下措施：1）采取测前、测中、测后量取天线高的措施；2）每次量取必须按规定，在天线的三个不同位置分别量取，然后取中数采用；3）如果外界条件发生变化或对量高产生怀疑时，随时对天线高度进行量取并认真记录；4）如果有条件时，采取在观测墩上观测，对中标志采取统一标准制作。

5.3.4.4　GPS 操作要求

（1）仪器设置

在观测前，除要求天线精密对中外，还对接收机参数按作业方案的要求进行设置。主要参数设置有：接收机号、天线号、天线高、所测点号、采样间隔、卫星高度角、测量方式等。

（2）观测中的要求

接收机开始记录数据后，观测员可使用专用功能键和选择菜单，查看测站信息、接收卫星数、卫星健康状况、各通道信噪比、相位测量残差、实时定位的结果及其变化。

（3）气象观测仪器

气象仪器应位于测站附近与仪器等高处，悬挂地点应通风良好，避开阳光直接照射，便于操作读数。空盒气压表可置于仪器天线等高处。

（4）一时段观测过程中禁止操作的内容

一时段观测过程中禁止操作的内容如下：

1）接收机关闭又重新启动；

2）进行自测试；

3）改变卫星高度角；

4）改变数据采样间隔；

5）改变天线位置；

6）按动关闭文件和删除文件等功能。

5.3.4.5　天线高的量取

量取天线高，目的是解决在实际观测时，观测仪器不能直接放置到指定位置（标志或标石）上，必须量取脚架（或连接杆）的高度，将其观测结果归算到指定位置（标志或标石）的一种措施，称为天线高量取，天线高的量取误差，对准确度影响是直接的。因此，在量取天线高时，必须严格操作而且采用多次量取的结果作为最后结果。

天线高量取一般分为两种情况，一种是仪器架设在观测墩、一种是仪器架设在脚架上。量取的天线高是指测量标志到天线相位中心的垂直距离，图 5－16 所示是以 Ashtech Z－12 平板天线为例。

（1）三脚架上天线高量测

三脚架上天线高的量取方法一般有两种，一种是直接量取法，即用量高杆从标石中心量至天线底座，然后加上天线常数，$h'=h+a$，见图 5－16 所示。另一种方法是用量高杆从标石中心量至天线的外边沿的上沿，根据天线的半径用勾股定理求出天线的垂直高，$h'=\sqrt{h_1^2-R^2}$，见图 5－17 所示。

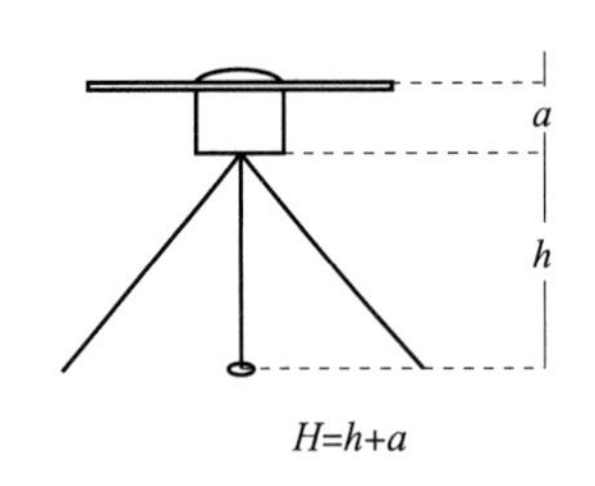

图 5－16　三脚架直接量高示意图

H－天线高；h－量测值；a－天线常数

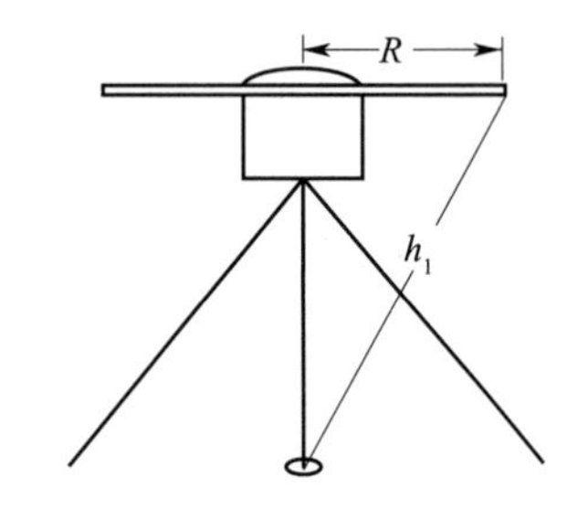

图 5－17　三脚架间接量高示意图

R－天线半径；h_1－量测斜距

（2）观测墩上天线高量测

当天线安置在观测墩上时，可用直尺直接量取天线高，见图 5－18 所示。

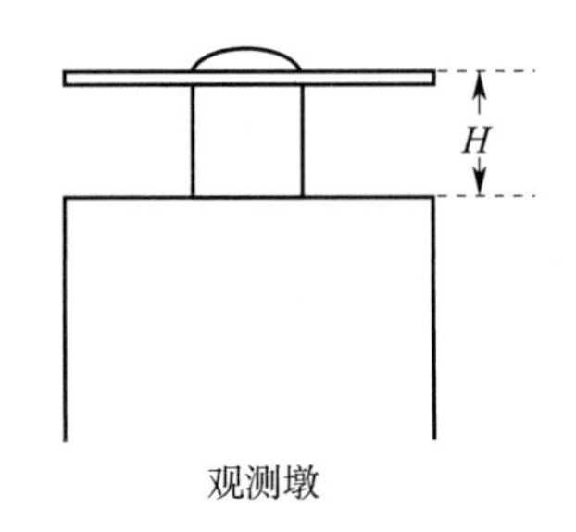

图 5－18　观测墩量高示意图

5.3.4.6　归心元素测量

归心元素的测量。在实际观测时，仪器中心没有（或不能）放置到指定位置（标志或标石）中心，二者偏离了一定的距离，即仪器中心偏离了指定位置（标志或标石），如图 5－19中 B 为仪器设站观测的中心点，A 为已知点，p 为应测标志中心点，要将 A 点测量结果归算到 p 点的方法，称为归心元素测量。归心元素测量方法一般分为混合观测归心方法、纯 GPS 测量方法和三角联测方法等。

（1）混合观测归心方法

如图 5－19 所示，P 为标志中心，B 为 GPS 设站观测点（偏心点），A 为 GPS 已知点。

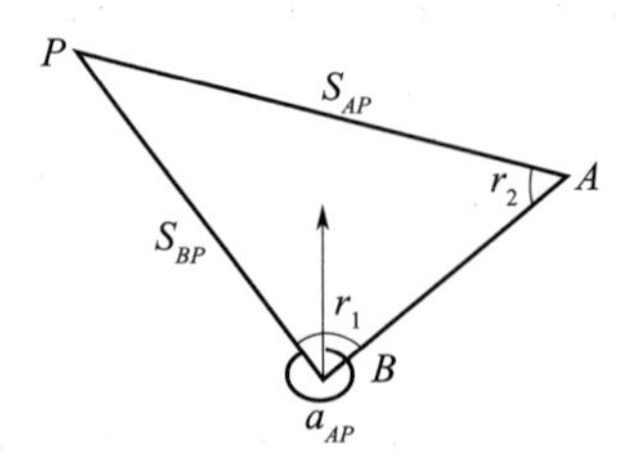

图 5－19　GPS 归心测量示意图

在 A,B 点上安置接收机,观测一时段后,交换天线,再观测一时段,共两时段,获得 A,B 点 WGS-84 坐标。用经纬仪以三等三角测量的要求观测水平角 r_1,r_2 各 4 测回,用红外测距仪观测 4 测回,得到 AP 间的距离 S_{AP} 与 BP 间的距离 S_{BP},用水准测量或经纬仪高程测量方法分别测出 PA 间的高差 h_{AP} 与 PB 间的高差 h_{BP},即可计算出归心元素 ΔX_A,ΔY_A,Δh_{AP} 与 α_{AP}。

(2) 纯 GPS 测量方法

在 A,P 点上安置接收机,观测一时段后,交换天线再观测一时段,共两时段,获得 A,P 点间的 WGS-84 坐标系坐标差 ΔX_{AP},ΔY_{AP},ΔZ_{AP}。时段长度:双频接收机不得少于 30 min,单频接收机不得少于 1 h。

(3) 三角连测法

若已知 P 点至某一方向(A)的大地方位角,可通过 P 点对该方向与 PA 方向间角度观测求出 α_{PA},进而得到 α_{AP},以代替 GPS 归心方法,通过测角求 α_{AP} 的方法。按三等三角测量要求,角度观测 4 测回。

(4) 归心元素计算

在图 5-19 中,A 为已知点的 WGS-84 卫星直角坐标别为 X_A,Y_A,Z_A,B 为仪器设站观测点(偏心点),求 B 点在 A 点站心坐标系中的站心地平坐标系

$$\begin{bmatrix} X_B \\ Y_B \\ Z_B \end{bmatrix} = \begin{bmatrix} -\sin B_A \cos L_A & -\sin B_A \sin L_A & \cos B_A \\ -\sin L_A & \cos L_A & 0 \\ \cos B_A \cos L_A & \cos B_A \sin L_A & \sin B_A \end{bmatrix} \begin{bmatrix} X_B - X_A \\ Y_B - Y_A \\ Z_B - Z_A \end{bmatrix} \tag{5-36}$$

式中

$$B_A = \arctan(Z_A / \sqrt{X_A^2 + Y_A^2})$$

$$L_A = \arcsin(Y_A / \sqrt{X_A^2 + Y_A^2})$$

然后按下式计算 α_{AP}

$$\begin{cases} \alpha_{BA} = \mathrm{acrtan}\ y_B / x_B \\ \alpha_{AP} = \alpha_{BA} + (360° - r_1) \\ \alpha_{PA} = \alpha_{AP} - 180° = \alpha_{BA} + 180° - r_1 \\ \Delta X_A = S_{AP} \cos\alpha_{PA} \\ \Delta Y_A = S_{AP} \sin\alpha_{PA} \\ \Delta Z_A = \Delta h_{AP} = h_{AP}(A\text{ 点高于 }P\text{ 点时取正,反之取负}) \end{cases} \tag{5-37}$$

用类似的公式和方法,可求得归心元素 ΔX_B,ΔY_B 与 α_{BP}。

为检核 ΔX_A,ΔY_A 与 α_{AP} 计算的正确性,可按下列两式分别求出 P 点球心直角坐标。

$$\begin{bmatrix} X_{PA} \\ Y_{PA} \\ Z_{PA} \end{bmatrix} = \begin{bmatrix} -\sin B_A \cos L_A & -\sin L_A & \cos B_A \cos L_A \\ -\sin B_A \sin L_A & \cos L_A & \cos B_A \sin L_A \\ \cos B_A & 0 & \sin B_A \end{bmatrix} \begin{bmatrix} \Delta X_A \\ \Delta Y_A \\ \Delta Z_A \end{bmatrix} + \begin{bmatrix} X_A \\ Y_A \\ Z_A \end{bmatrix} \tag{5-38}$$

$$\begin{bmatrix} X_{PB} \\ Y_{PB} \\ Z_{PB} \end{bmatrix} = \begin{bmatrix} -\sin B_B \cos L_B & -\sin L_B & \cos B_B \cos L_B \\ -\sin B_B \sin L_B & \cos L_B & \cos B_B \sin L_B \\ \cos B_B & 0 & \sin B_B \end{bmatrix} \begin{bmatrix} \Delta X_B \\ \Delta Y_B \\ \Delta Z_B \end{bmatrix} + \begin{bmatrix} X_B \\ Y_B \\ Z_B \end{bmatrix} \tag{5-39}$$

$$\begin{bmatrix}\Delta X_P\\ \Delta Y_P\\ \Delta Z_P\end{bmatrix}=\begin{bmatrix}X_{PA}-X_{PB}\\ Y_{PA}-Y_{PB}\\ Z_{PA}-Z_{PB}\end{bmatrix} \tag{5-40}$$

则

$$\Delta R=\sqrt{\Delta X_P^2+\Delta Y_P^2+\Delta Z_P^2} \tag{5-41}$$

ΔR 应小于 $4\sqrt{3}$ mm。

5.3.4.7　数据下载

接收机所获得的观测数据一般存储在接收机的内存中。观测结束后的第一步工作，就是将接收机内存中的观测数据，提取出或拷贝到用户指定的计算机硬盘子目录内。数据包括广播星历数据，采样历元、相应的伪距、相位观测数据、测站信息数据。可以按日期或日期加测段号设置子目录，也可由调度人员统一规定，其主要目的是便于管理。要求把需要处理的同步观测所有接收机的数据拷贝在同一子目录下。数据从接收机内存中下载时，使用接收机随机所带的数据通信软件，按软件的操作要求进行。

5.3.4.8　质量检查

对于单测站的观测数据质量检查（专用软件），主要是检查观测数据的连续性，即一测段中有无中断情况、中断的次数及长度、接收机设置的参数是否正确以及卫星信号有无异常情况等。

5.3.4.9　大地方位角解算基本原理[1]

两点间的 GPS 测量结果可以解算点间的大地方位角。如果在 GPS 观测网中的任意两点，只要按照规范标准观测，就可以求得相当高准确度的大地方位角结果，其基本原理如下。

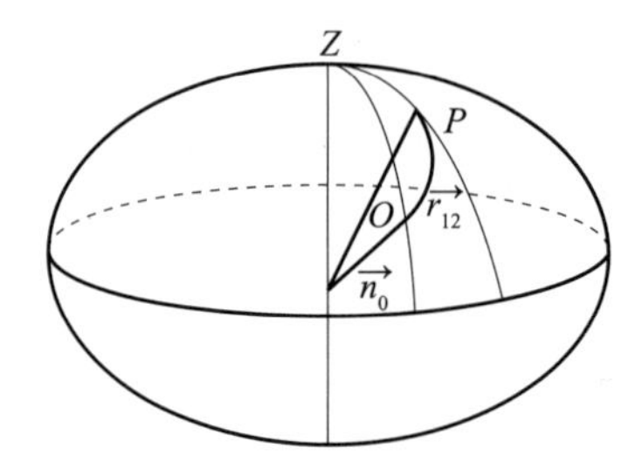

图 5－20　法截面与法截面方位角

如图 5－20 所示，在 O,P 两点进行 GPS 相对测量，可以得到点间矢量 $\boldsymbol{r}_{12}$，它与 O 点法线 $\boldsymbol{n}_0$ 所构成的平面即为 O 点过 P 点的法截面，法截面与子午面的夹角即是 O 至 P 的法截面方位角。O 点的法线可以表示为

$$\boldsymbol{n}_0=\begin{bmatrix}x_0\\ y_0\\ z_0+N_0e^2\sin B_0\end{bmatrix} \tag{5-42}$$

OP 点间的矢量为

$$\vec{r}_{12}=\begin{bmatrix}x_p-x_0\\y_p-y_0\\z_p-z_0\end{bmatrix}\tag{5-43}$$

式中　x_0,y_0,z_0 和 x_p,y_p,z_p——O 和 P 点的坐标；

N_0,B_0——O 点的卯酉曲率半径和大地纬度；

e—— 参考椭球的偏心率。

$$N_0=\frac{a}{1-e^2\sin^2 B_0}$$

式中　a—— 椭球长半径。

Z 坐标轴的单位矢量为

$$\boldsymbol{Z}=\begin{bmatrix}0\\0\\1\end{bmatrix}\tag{5-44}$$

子午面法线和法截面法线的单位矢量分别为

$$\begin{aligned}\boldsymbol{f}_1&=\frac{\boldsymbol{n}_0\times\boldsymbol{z}}{\boldsymbol{n}_0\cdot\boldsymbol{z}}\\\boldsymbol{f}_2&=\frac{\boldsymbol{n}_0\times\boldsymbol{r}_{12}}{\boldsymbol{n}_0\cdot\boldsymbol{r}_{12}}\\\cos\boldsymbol{A}&=\boldsymbol{f}_1\cdot\boldsymbol{f}_2\end{aligned}\tag{5-45}$$

式中　子午面法线 $n_0=\sqrt{x_0^2+y_0^2+z_0^2}$。

二平面法线的夹角 A 即为 O 至 P 点的法截面方位角。

以反三角函数求 A 时涉及象限判断，当 $\cos A>0$ 时 A 为 Ⅰ,Ⅳ 象限，反之为 Ⅱ,Ⅲ 象限；当两点经差 $L_1-L_2>0$ 时 A 为 Ⅲ,Ⅳ 象限，反之为 Ⅰ,Ⅱ 象限，见表 5-9 所示。

表 5-9　方位角 A 象限计算与判别

象限	Ⅰ	Ⅱ	Ⅲ	Ⅳ
位置	$\cos A>0,L_1-L_2<0$	$\cos A<0,L_1-L_2<0$	$\cos A<0,L_1-L_2>0$	$\cos A>0,L_1-L_2>0$
A	A	$90°+A$	$180°+A$	$360°-A$

也可以用图 5-21 进行判别。

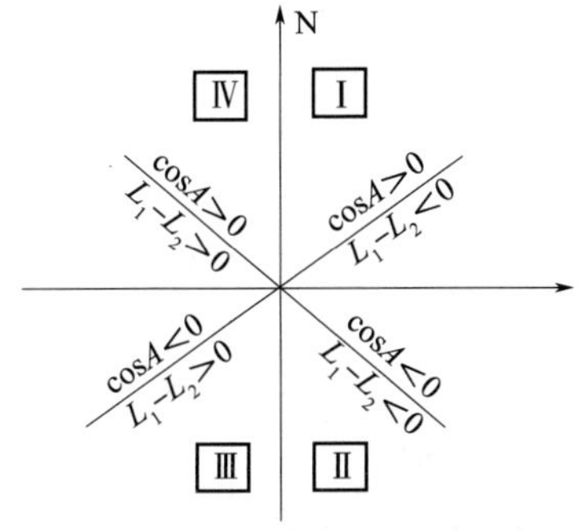

图 5-21　方位角象限判别示意图

以上各点的经度可用下式计算

$$L_i = \operatorname{arccot}\frac{y_i}{x_i} \tag{5-46}$$

这样取得的方位角是法截面方位角。理论上，大地方位角与法截面方位角不同，它们的差异主要与两点间距离有关，在中纬度地区二者差别见表 5－10 所示。

表 5－10　法截面方位角与大地方位角差别

距离/km	两种方位角差别/（″）
25	0.002
50	0.007
100	0.026

从表 5－10 中可以看出，在距离不大时，两者的差异可以忽略不计，所以一般工程测量中可以认为，法截面方位角就是大地方位角。

（1）大地方位角的准确度分析

通过以上讨论可知，大地方位角不是直接观测得到的，而是通过点的坐标求得，因此无论是整个网的观测数据，还是为了某项工程所测得点位，都可以计算大地方位角，其准确度如何？分析如下。[1]

GPS 测定方位角计算中涉及两个量，一是测站 O 点的法线单位矢量$\boldsymbol{n}_0$，一是点间单位矢量$\boldsymbol{r}_{12}$。测站 O 点的法线矢量$\boldsymbol{n}_0$ 取决于点位坐标的准确度，作为 GPS 测量的起算点，一般其准确度不低于米级，法线矢量$\boldsymbol{n}_0$ 的方向准确度不低于 0.1″。点间矢量的方向准确度可以用其相对准确度表示。点间矢量的相对准确度与边长有关，就千米级的边长而言，边长越长准确度越高，当边长不小于 600 m 时，相对准确度可达 1/20 万，这相当于方向 1″的误差。当边长达到 1～2 km 时，点间矢量的相对准确度可以接近 1/100 万，也就是说，理论上可以达到优于 0.5″的方位角测定准确度。

由 GPS 相对测量准确度分析可知，在短边测量时，天线相位中心的误差是一项主要误差源。就是这一原因，使得小于 1 km 边长的相对定位准确度明显下降（天线相位中心误差为 5 mm 时，对于 1 km 边长引起 1″误差）。同样原因，在使用 GPS 测定大地方位角（尤其是短边方位角）时，应在测前进行天线相位中心误差的检验，必要时可以采用天线配对的方法以求减弱该项误差。有条件时，采用扼流圈天线可以大大降低该项误差。

当边长过短又希望取得较高准确度时（例如 300～500 m），可以采用交换天线的方法（所谓的天线交换方法，就是在观测工程中，观测时段之间交换天线位置。如 A,B 仪器分别架设在 1,2 两点,需要观测 4 个时段,那么在单数测站,A 仪器在 1 号点上观测,B 仪器在 2 号点上观测;在双数测站时,则将 A 仪器放置在 2 号点上观测,B 仪器放到 1 号点上观测)。如果天线相位中心误差在两测段间不变,交换天线可以使其误差对点间矢量的影响反号,以测段中数削弱其影响。由于天线相位中心误差随所测卫星的方向有一些变化,这种削弱是不彻底的。如在相邻日期的相同时间进行交换天线测量,由于所测卫星的空间图形相近,这种削弱效果较好。

（2）GPS 测定方位角注意的问题

为了工程建设的需要，往往不是网，而是观测大地方位角所需要的边，进而求得大地方位角。因此，为了提高 GPS 测定方位角的准确度，应注意的问题有：1）方位边点要建造带有强制对中装置的观测墩（克服或减弱对中偏差的影响）；2）为了便于归心测量，方位观测点的设置离设备点近些，并能直接通视；3）方位边边长的设置在 1 km 左右；4）观测环境和观测条件符合 GPS 观测对环境的要求。

实施测量时，按《规范》规定的等级实施。注意的问题有：1）时段之间要交换仪器和天线；2）各观测时段测前测后要读取气象数据和精确量取天线高；3）观测结束后，必须使用 GPS 数据质量检核软件对观测数据进行检核，以确保观测数据的质量。

5.3.4.10　GPS 测定垂线偏差方法

垂线偏差是重力方向和椭球体法线方向的差异，是联系一点的物理量（重力）和几何量（位置）的重要参数。由于一点的重力方向，即垂线方向与表示位置的参考椭球法线方向相近，又是唯一便于探测、复制的，它被广泛用做一点的测量（观测）基准。大地测量的基本任务之一是利用观测量取得点间的几何位置关系，几何位置关系是以参考椭球法线为准的，于是产生数据处理和观测量基准不一致的问题。垂线偏差是统一两种基准必不可少的参数。

传统的垂线偏差测定，在同一点上采用天文测量和大地测量的方法进行。取垂线为基准的天文经纬度与以参考椭球法线为基准的大地经纬度之差得到垂线偏差。这样取得的垂线偏差准确度比较高，但是工作量大，而且要求昼夜天气晴朗，所以效率低。研究使用 GPS 的方法测定垂线偏差有着非常重要的现实意义。

（1）GPS 测定垂线偏差的基本原理

测定垂线偏差另外的技术途径应能分别敏感垂线和法线。可以用 GPS 测量方法和常规大地测量方法天顶距测量求得垂线偏差。GPS 测量可以取得点间矢量；它和点位法线矢量的数性积可以取得点间法线天顶距 Z_G，常规的天顶距测量（辅助测量）得到的是点间垂线天顶距 Z_Z，它们的差异就是垂线偏差在该方位的分量，见图 5－22 所示。组合该差异在不同方位的值就可以解算垂线偏差。

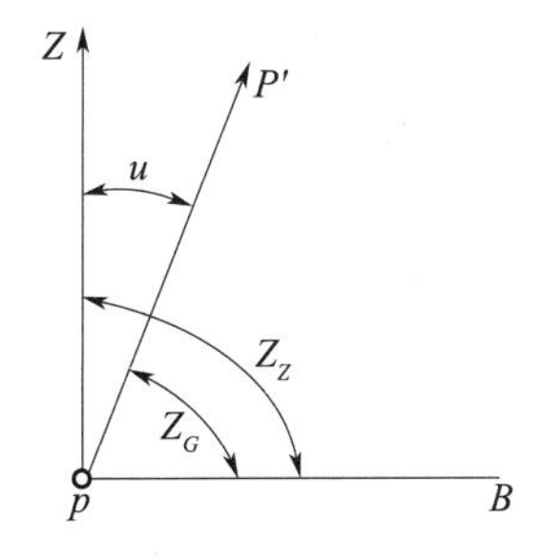

图 5－22　两种天顶和垂线偏差分量

这种方法涉及天顶距测量，它不可避免地要受到大气折光的影响，需设法削弱。

高差与天顶距有着密切联系，在已知距离时它们之间可以互相化算。测量高差可以使用受大气折光影响较小的水准测量，可按 GPS 测量给出的距离求得垂线天顶距。由于要受到水准路线上垂线偏差变化的影响。在归算中要假定垂线偏差在一个不大范围内变化不大或呈线性变化。这种假定限制该方法不适用于地形复杂的地区[1]。

一般而言，在平原地区宜采用水准测量作为辅助测量取得垂线天顶距，可以获得较好的垂线偏差测定准确度；在山区宜采用实测天顶距作为辅助测量。

（2）以天顶距和 GPS 测量测定垂线偏差

①天顶距和 GPS 测量测定垂线偏差的数学模型

所谓法线天顶距，是指测站 P 到目标点 B 的直线与 P 点法线的夹角。其中 P,B 点进行了 GPS 测量可以得到点间矢量 $\boldsymbol{r}_{PB}$，则 P 至 B 的法线天顶距为 Z_G，可自点间矢量和法线矢量的数积求得

$$\cos Z_G = \frac{|\boldsymbol{r}_{PB} \cdot \boldsymbol{n}_P|}{|\boldsymbol{r}_{PB} \cdot \boldsymbol{n}_P|} \tag{5-47}$$

垂线天顶距则可自观测取得，但应加入大气折光改正。

$$\delta Z = Kf(D, Z, R)$$

式中 K 为大气折光系数，大气折光改正是两点间距离 D、天顶距 Z 和大气分布球层曲率半径 R 的函数。在实际工作中 Z 近于 90°，可以采用近似公式

$$\delta Z = KZ/R$$

式中 R—— 地球半径。

D 和 R 都是已知的，由于大气折光系数在不同地区和时间有较大的变化，把它视为待定的参数。

$$Z_Z = Z' + \delta Z$$

式中 Z'—— 天顶距实际观测值。

如 PB 的方位角为 A，则在此法截面上垂线偏差 ζ 分量为

$$u_A = Z_Z - Z_G$$

$$u_A = \xi\cos A + \eta\sin A + KD/R + Z' - Z_G \tag{5-48}$$

式中有三个待定的参数 ξ,η 和 K。如果在 n 个方向进行了这样的测量，且认为大气折射系数在天顶距施测时间内对各方向是不变的，则可列出一组方程式

$$u_A = \xi\cos A_i + \eta\sin A_i + KD_i/R + Z'_i - Z_{Gi} \tag{5-49}$$

当 $n \geqslant 3$ 时方程可解出三个待定参数。通常可以选择 $n = 4$，即有一个多余观测，有条件时多测几个方向对解算的准确度有利。这时可应用平差的方法确定垂线偏差，写出矩阵形式如下。

$$\boldsymbol{X} = \boldsymbol{B}^{\mathrm{T}}\boldsymbol{B}^{-1}\boldsymbol{L} \tag{5-50}$$

$$\boldsymbol{X} = \begin{bmatrix} \xi \\ \eta \\ K \end{bmatrix} \quad \boldsymbol{B} = \begin{bmatrix} \cos A_1 & \sin A_1 & D_1/R \\ \vdots & \vdots & \vdots \\ \cos A_i & \sin A_i & D_i/R \\ \vdots & \vdots & \vdots \\ \cos A_n & \sin A_n & D_n/R \end{bmatrix} \quad \boldsymbol{L} = \begin{bmatrix} Z' & - & Z_{1G} \\ Z_i' & - & Z_{iG} \\ Z_N' & - & Z_{nG} \end{bmatrix} \tag{5-51}$$

一般而言，解的准确度取决于数学模型的精确程度、观测量的准确度和方程组系数阵的

结构。

由于大气折射是物理过程，用数学模型化总是存在一定偏差的。在模型化的过程中，我们规定在测定天顶距的过程中各方向大气折射系数是一致的。事实上，在不同的时间大气折射系数是有变化的；此外，不同方向（方位）会因植被的不同有所变化。为了使模型化更接近实际，在进行天顶距测量时，按上半测回观测顺序 $1,2,\cdots,n$，下半测回观测顺序 $n,\cdots,2,1$；观测时间应在清晨进行，以减少不同植被的影响。

②提高观测量准确度采取的措施

1）削弱度盘分划误差的影响。要采用全度盘读数的电子经纬仪进行天顶距测量，削弱度盘分划误差的影响。

2）选取适当的边长。边长过长则不利于削弱大气折射的影响，边长过短则 GPS 测定法线天顶距的准确度可能降低。一般可以选择 500 m 到 1 000 m 左右。在地形条件许可，视线高出地面较多，有利于保持不同方向大气折射系数一致的情况下（例如丘陵地区），也可以采用更长的边长。

3）精确量取仪器高和标志高。为了获取仪器或标志高度，可以采用一次性设置脚架，在观测天顶距时脚架上放置经纬仪和照准标志，在进行 GPS 测量时换置天线。在全部观测过程中保持脚架的高度稳定。采用这一方法时应在仪器检验时测定经纬仪和各照准标志的高差。可以固定两个脚架，交换经纬仪和照准标志并测量标志的天顶距算得经纬仪和照准标志的高差

$$\mathrm{d}h = (\cos Z_1 + \cos Z_2)/2D \tag{5-52}$$

式中　$\mathrm{d}h$—— 仪器和标志的高差；

Z_1 和 Z_2—— 交换仪器和标志前后所测的天顶距；

D—— 两脚架的距离。

提高 GPS 短边测量的准确度，采用适当的测段数和测段长。此外，使用扼流圈天线有利于减少天线相位中心变化的准确度。

显然，方位的分布影响解的几何强度，较均匀的方位分布对提高解的准确度有利。从式（5－48）可以看出，当方位角为 0°或 180°时，对 ξ 解的贡献大，对 η 解无贡献；当方位角为 90°或 270°时，对 η 解的贡献大，对 ξ 解无贡献；当界于它们之间时，对 ξ 和 η 解的贡献相当。实际工作中因受场地、地形的限制，只要近似保持近于正交的方向，即可取得对 ξ 和 η 较好的解算强度。此外，和解算准确度有关的另一个问题是参数间的相关性问题。我们要求的是垂线偏差分量 ξ 和 η，但待估参数中还有大气折射系数 K。如果 K 和另两个参数 ξ，η 的解存在较大的相关性，即协方差阵中协方项较大，则在有观测误差的情况下会产生参数解间的相关移动问题，即 K 和其他待估参数共同或反向变动（取决于正相关或负相关）。这显然对求解 ξ 和 η 不利。事实上，只要在选边时采用两两对向（近于 180°），这时 K 的系数基本不变（边长相近时），而 ξ 和 η 的系数反号，就可以很好地解决参数间相关性问题。

综合以上所述，为了提高垂线偏差的测定准确度，应采取的措施有：1）提高天顶距测量准确度，并选择集中、有利的观测时间；2）提高 GPS 测量准确度；3）解决好仪器

和照准标志的量高问题；4）成对（对向）选择测量边，所选边对数≥2，并使各边在方位上有较均匀的分布。对数的冗余对提高准确度有利。

实际工作中很难作到全面满足上述要求，尤其是选择测量边受场地和地形的限制，只能做到近似满足。

（3）以水准和GPS测量测定垂线偏差

和天顶距测量一样，水准测量也可以敏感铅垂线方向，结合敏感法线的GPS测量也可以解算垂线偏差。

假定在所讨论的范围内，例如距垂线偏差测量点 P 在300～600 m范围内，垂线偏差是不变的，即变化率为0。参考椭球和大地水准面均可视为球的一部分，垂线偏差变化率为0，即意味着两个球面的曲率半径是相等的；P 点的垂线偏差仅是两个球面的定向不同所致。

图5－23中 B''、B' 分别是 B 点到大地水准面和椭球面的投影，$\mathrm{d}h$ 和 $\mathrm{d}H$ 分别为正常高差和大地高差，利用弦切角为圆弧之半，并考虑到两椭球的曲率半径相等和几何关系可以得到

$$\angle POZ = B''OB' = \zeta$$

而

$$\angle B''OB' = (\mathrm{d}h - \mathrm{d}H)/D$$

即

$$u = \frac{\mathrm{d}h - \mathrm{d}H}{D} \tag{5-53}$$

即已求得垂线偏差在所测方向的分量 u，就可得到类似（5－48）式的垂线偏差求解方程。

$$u_A = \xi\cos A + \eta\sin A \tag{5-54}$$

这时只要进行了两个方向的GPS测量和水准测量得到，求得大地高差和取得正常高差，就可以解算垂线偏差。

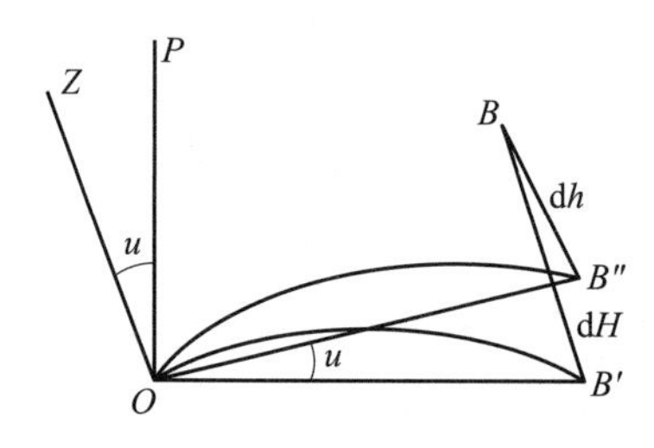

图5－23　椭球面、大地水准面和垂线偏差

以上是假定不存在垂线偏差变化，即垂线偏差变化率为0的前提下得到的。在实际工作中，例如在平原地区，也有可能接近这种情况，至少在所考虑的准确度范围内，这种近似是允许的。考虑到在其他地区的适用性和大地水准面的变化不仅取决于地形（地下的密度变化也起作用），还应进一步探讨垂线偏差变化率不为0的情况。

所进行的水准测量是以水准仪设站点的铅垂线为测量基准的。可以认为，垂线偏差变化是通过水准测量影响垂线偏差测量结果的。就所讨论的范围而言，两点间的水准高差与

所测路径无关，可以假定沿所测边的断面进行水准测量的情况进行分析见图 5-24。此外，考虑到所讨论问题为几百米范围，可以简化地认为垂线偏差变化只有一阶项，即线性变化。

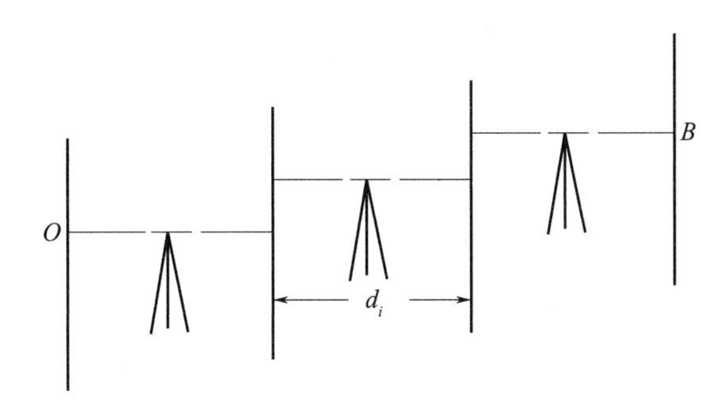

图 5-24　水准测量示意图

一站水准测量因垂线偏差变化所引起的测量偏差为

$$\Delta h_i = S_i d_i \frac{\mathrm{d}u}{\mathrm{d}s}$$

$$\sum_{i=1}^{n} \Delta h_i = \sum_{i=1}^{n} S_i d_i \frac{\mathrm{d}u}{\mathrm{d}s} \tag{5-55}$$

式中　S_i—— 自 O 点到水准测量设站点的距离；

d_i—— 该站水准标尺的距离；

$\mathrm{d}u/\mathrm{d}s$ 为垂线偏差变化率所测方位的分量。

垂线偏差变化与水准测量路径无关，可以假定水准测量是按等间距设站的，即 d_i 均相等，以 d 表示，水准测量的偏差为

$$\Delta h = \left[\frac{d^2}{2} + \frac{1}{2}nd^2(n-2)\right]\frac{\mathrm{d}u}{\mathrm{d}s} \approx \frac{1}{2}D^2 \frac{\mathrm{d}u}{\mathrm{d}s} \tag{5-56}$$

式中　D—— 水准路线全长，可对此项偏差进行量级的估计，以估计它对垂线偏差沿 OB 方向分量引起的测量偏差。

$$\Delta u = \frac{1}{2}D\frac{\mathrm{d}u}{\mathrm{d}s} = \frac{1}{2}(u_B - u_P) \tag{5-57}$$

它将以两点间垂线偏差之差的 1/2 影响 u 的测定。例如，当 0，B 两点垂线偏差线性变化 $2''$ 时，它将引起 $1''$ 的测定偏差。

可以在同方向选择两个点进行测量见图 5-25，例如 B_{11}，B_{12}。由于它们到 P 点的距离不同，可以解算垂线偏差在该方向的变化率。

设在 P_i 方向测量 j 点，则此方向的 j 个观测为

$$u_{ij} = \xi\cos A_i + \eta\sin A_i - \frac{1}{2}D_{ij}\frac{\mathrm{d}u}{\mathrm{d}s}\cos A_i u + \sin A_i \eta - \frac{1}{2}D_{ij}\frac{\mathrm{d}u_i}{\mathrm{d}s} + \left(\frac{\mathrm{d}H_{ij} - \mathrm{d}h_{ij}}{D_{ij}}\right) \tag{5-58}$$

观测点数，即方程式个数为 $i \times j$，待估参数个数为 $i+2$，方程组可解。

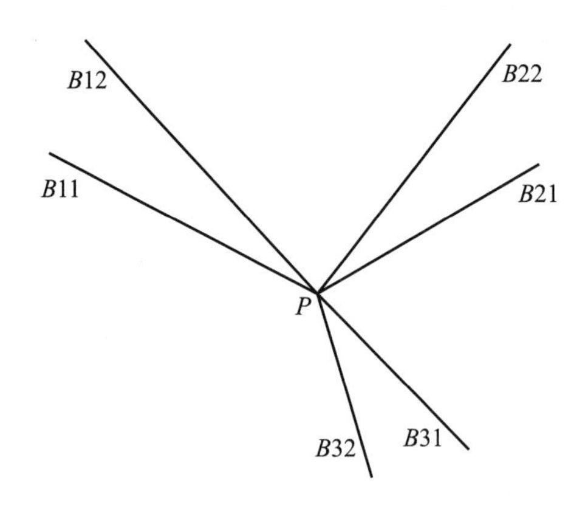

图 5-25 GPS与水准测量测定垂线偏差的点位示意图

考虑到方程组的结构，其 i 个方向的方位角宜较均匀地分布；考虑到具体工作量，i 可选为 3，j 可选为 2。其中同方向的点以近似于等距离分布。垂线偏差的解为

$$\boldsymbol{X} = (\boldsymbol{A}^{\mathrm{T}}\boldsymbol{A})^{-1}\boldsymbol{L} \tag{5-59}$$

$$\boldsymbol{A} = \begin{bmatrix} \cos A_{11} & \sin A_{11} & -\dfrac{D_{11}}{2} & 0 & 0 \\ \cos A_{12} & \sin A_{12} & -\dfrac{D_{12}}{2} & 0 & 0 \\ \vdots & \vdots & \vdots & \vdots & \vdots \\ \cos A_{i1} & \sin A_{i1} & 0 & 0 & -\dfrac{D_{n1}}{2} \\ \cos A_{i2} & \sin A_{i2} & 0 & 0 & \dfrac{D_{n2}}{2} \end{bmatrix} \quad \boldsymbol{X} = \begin{bmatrix} \xi \\ \eta \\ \dfrac{\mathrm{d}u_1}{\mathrm{d}s} \\ \vdots \\ \dfrac{\mathrm{d}u_i}{\mathrm{d}s} \end{bmatrix} \quad \boldsymbol{L} = \begin{bmatrix} \Delta H_{11} - \Delta h_{11} \\ \Delta H_{12} - \Delta h_{12} \\ \vdots \quad \vdots \\ \Delta H_{i1} - \Delta h_{i1} \\ \Delta H_{i2} - \Delta h_{i2} \end{bmatrix}$$

在施测中，所谓同方向是指大体方向相同，以便在该方向上选用同一的 $\mathrm{d}u/\mathrm{d}s$。

不考虑垂线偏差变化率的方法相比，基本不增加水准测量的工作量，相当于增设一个中间节点，却增加了 GPS 测量的工作量。这样做法，主要目的与其说是为了提高准确度，倒不如说是为了在不确知该地区的垂线偏差变化率是否可以忽略其影响时，提高垂线偏差测定可靠的措施。如果确知其影响可以忽略，例如平原地区，可以采用不考虑垂线偏差变化率的方法。

5.3.4.11 GPS 动态测定方位角的准确度试验

GPS 动态测定方位角的准确度试验，采用 RTK 实时动态测量方法，以已知标准方位角为基准，和 GPS 差分定向输出的动态实时值相比较，得到动态定向误差。

试验装置及试验方法如下：在一个天文点的观测墩上，采用强制对中方法，把 GPS 接收机天线直接拧在天文点观测墩的连接螺杆上，作为固定站；另一点为运动站，如图 5-26所示，天文点的观测墩上安装电动导轨[6]，GPS 天线固定在电动导轨的滑块上，当电机通电时，带动无活动间隙的滚珠丝杠旋转，使滑块沿着导轨以设定的速度做直线运动，当运动至接近导轨的极限位置时，通过弹簧片触动微动开关，使电机反向通电，滑块作反向直线运动，因此滑块及滑块上安装的 GPS 天线作往复直线运动，试验的关键是对

中采样脉冲的发生，当运动至运动站 GPS 天线中心与基准点中心，即观测墩上的连接螺中心重合时，需发出“采样脉冲”，以采集对中时差分 GPS 的实时定位测量值，通过软件计算，得到差分 GPS 定向的实时大地方位角，和已知的标准方位角比较，即可得到差分 GPS 定向的动态误差。

图 5-26　动态定向准确度试验运动站装置图

1—GPS 天线；2—电动导轨；3—天文点观测墩

对中采样脉冲发生器见图 5-27，永久磁铁 1 和磁铁的衔铁 2 固定在电动导轨的滑块上，衔铁的作用一是把尺寸较大的永久磁铁变成狭磁极，以便于准确对准，二是通过结构设计和装调，便于保证狭磁极和滑块上安装 GPS 天线的连接螺的中心重合，使狭磁极能代表运动站的天线中心；接收器包括霍耳开关 4 和衔铁 3，都装在天文点观测墩的连接螺杆上，是固定不动的，当霍耳开关感受到的永久磁铁的磁场强度大于阈值时，其输出电平产生跳变，通过单稳态电路即可转变为采样脉冲，霍耳开关和接收器衔铁 3 贴合，衔铁 3 同样是为了便于对准及保证与观测墩上的连接螺中心重合，使衔铁狭面能代表天文测量点、即固定站的天线中心，因此两衔铁都具有刀口形状，当导轨的滑块运动至两衔铁的刀口对准时，发出“采样脉冲”。

差分 GPS 的输出是动态值，而两天文测量点系固定的静态测量标准，用静态标准测出动态误差，因此这种方法称为“动、静态比较法”。

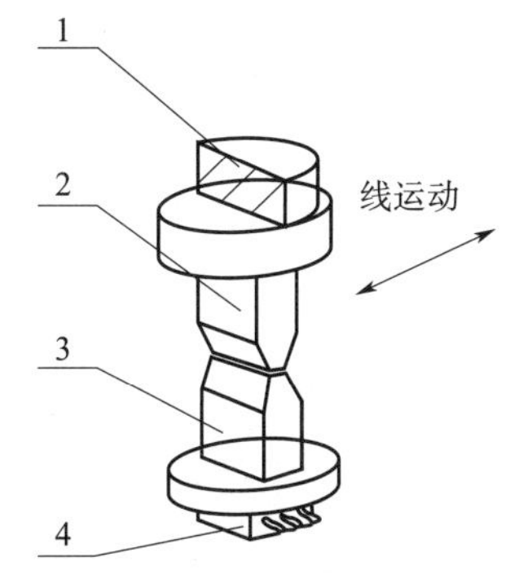

图 5-27　对中采样脉冲发生器

1—永久磁铁；2—永久磁铁的衔铁；3—接收器衔铁；4—霍耳开关

一般 GPS 接收机信号输出的时间间隔较长，常见的为 100 ms，会增大动态误差，进行“线性内插”功能，方法是对中采样脉冲到达时，采下到达前的一组经度、纬度和高程数据，以及对中脉冲距该输出点的时间，再采集对中脉冲到达后的一组数据，按下式进行内插

$$A = A_1 + (A_2 - A_1) \times t/T \tag{5-60}$$

式中　A—— 内插后的大地方位角；

A_1—— 按对中脉冲到达前一组经纬度和高程数据,计算出的大地方位角；

A_2—— 按对中脉冲到达后一组经纬度和高程数据,计算出的大地方位角；

t—— 对中脉冲到达时,距离前一点的时间；

T——GPS 接收机输出数据的时间间隔。

采用天文测量点作为标准，以电动导轨产生往复直线运动，由永久磁铁和霍耳开关产生对中采样脉冲的试验方法，完成了 GPS 动态测定方位角准确度的初步试验，证明这种方法是可行的。永久磁铁和霍耳开关产生采样脉冲的方法具有推广应用价值，初步试验的试验数据见本书第 1 章绪论中 1.3.3 GNSS 卫星导航系统定位法定向。由于 GPS 测定方位角的动态准确度试验尚处“起步”阶段，还存在不少缺点与问题，例如：直线运动的线速度较低，只能模拟较低的角速度，因此 GNSS 卫星导航系统定位法定向的动态准确度试验，尚需继续研究、改进与发展。

参考文献

[1] 许其凤．空间大地测量学［M］．北京：解放军出版社，2001.

[2] 王俊勤，申慧群．航天靶场大地工程测量［M］．北京：解放军出版社，2007.

[3] 杨国清，等．大地测量［M］测绘行业职业技能培训教材．北京：测绘出版社．2009.

[4] GB/T 18314－2009. 全球定位系统（GPS）测量规范［S］．北京．测绘出版社．

[5] 王俊勤，王姜婷．GPS测量布网方式精度与效益的探讨［R］．深圳．工程测量分会学术年会报告，2003.

[6] 北京航天计量测试技术研究所．一种GPS运动站电动导轨：中国，ZL 2012 2 0442107.8［P］. 2013－03－20.

第6章　方位角的传递方法

6.1　平行光准直法

平行光准直法包括“平行光准直法”和“平行光自准直法”两种，用于近距离时测量仪器、反光器件的垂直度或平行度的测量。测量两平行光测量仪器光学轴线间的平行度，采用准直法；测量平行光测量仪器光学轴线对反光器件的垂直度，采用自准直法。

6.1.1　工作原理

平行光准直法的工作原理见图6-1。发光点O位于物镜焦面上，并和光学轴线重合，因此O点发出的光经物镜后，出射的是和光轴平行的平行光，经反光器件反回，反射回来的平行光经物镜后，成O点的像于物镜焦面上，如果平行光测量仪器的光轴和反光器件垂直，即平行光测量仪器的光轴和反光器件敏感方向的法线平行时，则O点的像和O点重合，如图6-1（a）所示。这种用同一仪器发出、并接收平行光光束的方法，称为自准直法，反回光形成的O点的像，称为自准直像。按光线可逆与共轭的原理，由图6-1（a）还可看出：O点的自准直像，相当于反光器件形成的平行光测量仪器发光点O的虚像O'，因此O和O'是大小相同的两点，即自准直法是1∶1成像，为了便于观察与对准，用目镜进行放大。

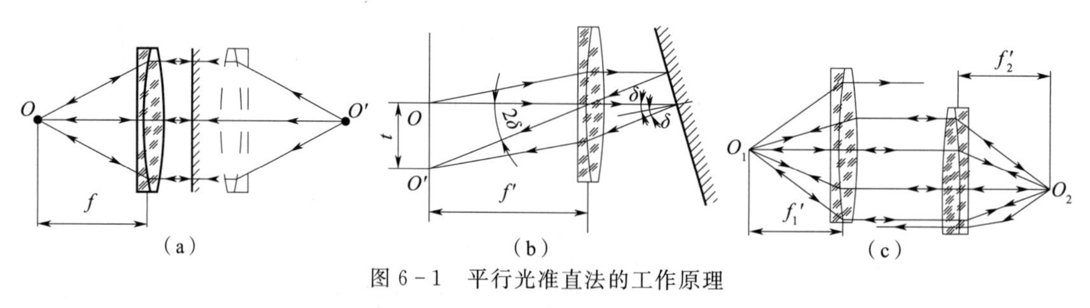

图6-1　平行光准直法的工作原理

如果反光器件在敏感方向上，和平行光测量仪器的光轴不垂直，即测量仪器光轴和反光器件敏感方向上的法线不平行，具偏差角δ时，见图6-1（b），则按反射定律，反射光以2δ角反回，自准直像O'和发光点O不再重合，两者的偏离距离为t，由此可求出偏差角δ，小角度时

$$\delta = \frac{t}{2f'} \times \rho'' = \frac{t}{2f'} \times 206\ 265 \qquad (6-1)$$

式中　δ——平行光测量仪器光轴和反光器件敏感方向法线的夹角，单位为（″）；

t——自准直像的偏离量，由测量仪器的机械或光电测量装置测出，单位为mm；

f'——测量仪器的物镜焦距，单位为 mm。

式（6-1）中，分母为 $2f'$，即自准直像的偏离量放大了二倍，因此自准直法的灵敏度提高了二倍，系数 2 一般包含于自准直测量仪器的定标值中。

式（6-1）用 $t/2f$ 代替 $\tan 2\delta$，具有一定的原理误差，但在小角度范畴，可以忽略不计，代替的原因是避免正切函数引起的 t 测量的非线性。

如果不装反光器件，也就不存在平行光测量仪器的虚像，当设置另一台平行光测量仪器，两者对瞄，即两台测量仪器相互接收对方测量仪器发出的平行光，这种方法称为准直法，如图 6-1（c）所示，当两测量仪器的光学轴线平行时，一台测量仪器的发光点和另一台测量仪器发光点的像重合，即 O_1 和 O_2 的像重合，O_2 和 O_1 的像重合。从图 6-1（c）还可看出：当两台测量仪器的光学轴线不同轴，具有偏离值时，只要两光轴平行，成像关系不变，仍能保持一台测量仪器的发光点和另一台测量仪器发光点的像重合，这说明准直法和自准直法只能测量平行，不能测出重合、只敏感角度、不敏感平移。这种特性是非常有用的，例如在惯性平台动基座试验时，三轴摇摆台的台面不可能和三轴的摇摆中心重合，因此除了所需的角位移外，还有相当大的线位移，而自准直法的特点正好是只敏感角度，因此可在角位移和线位移混淆在一起的情况下，提取角位移信号，而消减线位移的影响。但在这种使用状态时，物镜的通光口径需大幅度增大，以免线位移使反光器件越出物镜通光口径而丢失信号，从而形成一种特殊的测量仪器——大口径光电自准直仪。

准直法直接测出的是两测量仪器光轴的夹角，没有二倍关系，即准直法用式（6-1）表达时，分母没有“2”，因此准直法的灵敏度低于自准直法。准直法也不一定是 1∶1成像，成像关系由两测量仪器的物镜焦距决定，在 O_1 点处，O_2 点像大小的系数是 f_1'∶f_2'；在 O_2 点处则是 f_2'∶f_1'，而成像大小和像的位移量是对应的，如 $f_1'=2f_2'$，则如在 O_1 处观察，不仅 O_2 点的像的大小放大了二倍，而且当光轴有角度变化时，O_2 点像的位移量也是二倍关系。

由上可知，平行光准直法和平行光自准直法具有基本相同的工作原理和性能特点，因此统称为平行光准直法。常用的采用平行光准直法的测量仪器有：各种自准直仪，准直经纬仪和平行光管，其中准直经纬仪既可用于和反光器件自准直，又能用于两台准直经纬仪以准直法对瞄，平行光管一般不具自准直功能，常用作实验室内的无穷远测量目标。

6.1.2　等效距离

平行光是定性的术语，任何测量仪器都不可能出射完全的平行光，都具有一定的平行偏差，出射光的平行度，是自准直仪等平行光测量仪器的一项重要技术指标；是误差分析的一项重要参数。因为在误差分析时，如果以∞代入，相应的误差项就往往会等于零。为了误差分析的方便，出射光的平行度以等效距离[1]表达：即自准直仪出射光的平行度，和距离为 L 的远方发散光发光点、在自准直仪物镜通光口径内的平行度相等。因此即使自准直仪和反光器件紧挨着，仍与观察距离为 L 的远方目标等效，从而在近距离测量时，能获得高准确度，出射光平行度的测量及换算方法见图 6-2。

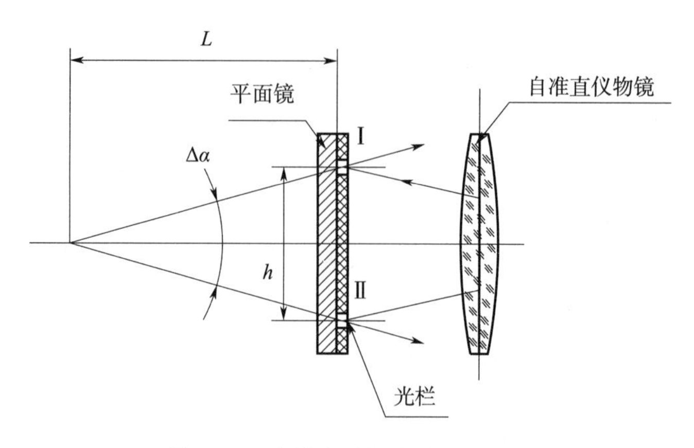

图 6-2　出射光平行度测量原理图

自准直仪通过双孔光栏和高平面度的平面镜自准直，双孔轮流挡住一孔，只让一个孔通光进行自准直，记下自准直仪读数，按式（6-2）计算平行度及等效距离

$$\begin{cases}\Delta\alpha=\alpha_2-\alpha_1\\ L=\dfrac{h}{\Delta\alpha}\times\rho''=\dfrac{h}{\Delta\alpha}\times 206\ 265\end{cases}\tag{6-2}$$

式中　$\Delta\alpha$——出射光的平行度，单位为角秒；

α_2——光栏仅孔Ⅱ通光时，自准直仪的读数值，单位角秒；

α_1——光栏仅孔Ⅰ通光时，自准直仪的读数值；

L——等效距离，单位为 mm；

h——光栏上两通光孔的距离，单位 mm。

一般情况下，自准直仪出射光的平行度为角秒级，等效距离为公里级。自准直仪的相对孔径，即物镜通光口径和焦距之比越小、焦距越长，发光面或焦面上的发光或照明光班越小，光学系统的像差越小，装调越准，则出射光的平行度越高。例如当光学系统的球差较大时，焦点的弥散圆直径较大。这就很难把准直分划板调在准确位置，从而影响出射光的平行度。

出射光具有平行误差，准直经纬仪的调焦误差越大、越接近物镜边缘的出射光，其平行度越差。为减小对测量的影响，准直经纬仪对瞄时，应先按千米级远距离的物体调焦至物体象最清晰，即调焦至无穷远，再进行对瞄；对准后，还要逐台朝近处调焦，观察对面准直经纬仪望远镜物镜的实物像，是否也已基本对准，如发现实物像偏离，可平移其中一台准直经纬仪，或分别转动两台对瞄的准直经纬仪，直至无穷远像和物镜实物像都对准，这样不仅两光轴平行，而且中心大致重合，这样可减小出射光平行度的影响，当与平面镜、三棱镜自准直时，也应这样操作，观察的是反光器件的实物像。

6.1.3　视场切割

平行光准直法的最小工作距离可以是零，即反光器件和物镜紧挨着，而最远工作距离则由“视场切割现象”决定，其原理见图 6-3。实际照明的不是一个“点”，而是一个

“照明光斑”。在图示直径为 a，a'的照明光班中，只有中心点 O 既在焦面上，又和光轴重合，因此出射的是与光轴平行的平行光（O）－（O）。其余各点虽在焦面上，但与光轴不重合，因此出射的平行光与光轴成小夹角，如 a 点出射的平行光是（a）－（a），a'点出射的平行光是（a'）－（a'），都和光轴不平行。当反光器件离测量仪器距离较近时，所有这些光经反光器件反回后，都能进入物镜通光口径，因此形成的反射光班和照明光班直径相等，能把视场充满。当反光器件和测量仪器的距离逐渐增远时，a 和 a'点发出的倾斜平行光（a）－（a）和（a'）－（a'）经反光器件反射后，不能进入物镜通光口径。只有离光轴较近的 b，b'发出的倾斜平行光经反光器件反射后，才能进入物镜。从而反射光班的直径减小，反射光斑小于照明光斑，不能把视场充满。随着距离继续增大，反射光斑的直径继续减小，直至不能分辨，这就限制了平行光准直法的最远工作距离。一般的准直经纬仪，当以自准直法测量时，最远工作距离约为 15～20 m，具体由不同的仪器结构参数确定。当采用准直法时，最远工作距离是其两倍。

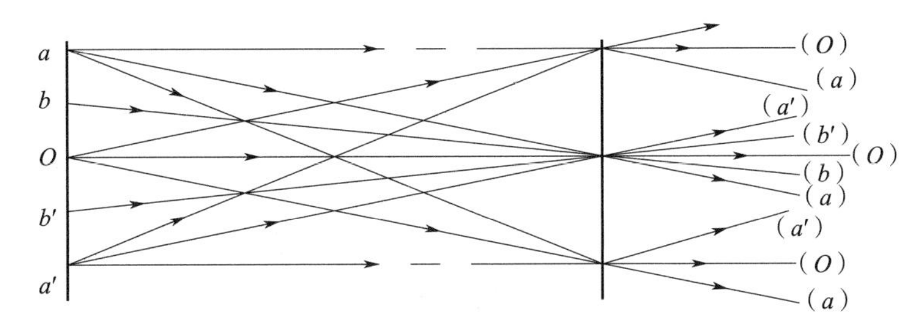

图 6－3　视场切割原理图

在测量仪器结构设计时，某一部位通光口径取得过小，也会在该处引起视场切割，但这属匹配不当、不正常的切割。为增大平行光准直法的最远工作距离，最有效的方法是增大物镜的通光口径，但这会增加费用，同时增大测量仪器的体积和重量，造成运输和使用不便。因此一般测量工作，如果只为了增大工作距离，尽量采用发散光投射等其他方法。而在特殊需求时，如动基座试验具线位移的使用状态，则必需增大物镜的通光口径。

6.2　发散光投射法

平行光准直法用于近距离测量，发散光投射法正好与之衔接，能增大测量距离，又不需加大测量仪器的物镜通光口径。发散光投射法能用于十余米至千米级测量距离。当距离增大时，采用加大光源功率和减小光束发散角两项措施，使反回光具有所需的能量，因此距离较近时，用发光二极管作为光源，远距离时则用半导体激光器。

6.2.1　工作原理

发散光投射法的光源装于测量仪器的物镜之外，光源的发光面中心和望远镜等测量仪器的光学轴线重合，以消减“视场切割现象”的影响，并保持正确的几何关系。出射光由反光器件反回，当调焦至测量仪器和反光器件间距离的两倍时，就能得到清晰的发光面象，见图6－4。

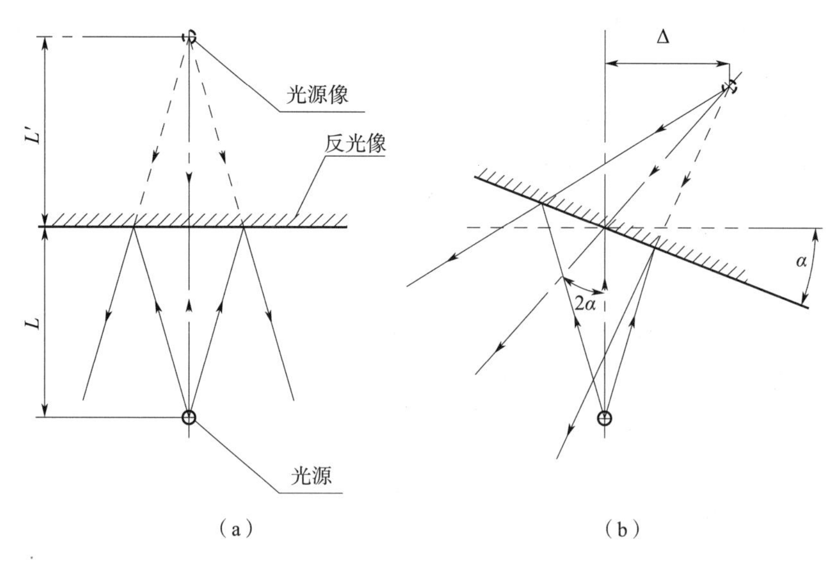

图 6－4　发散光投射法工作原理图

以经纬仪望远镜物镜端装投射光源为例，光源发出一束发散光，由平面反光镜或三棱镜把光束反回，把反回光延长后，在经纬仪和反光器件距离的两倍处，得到一个交点，就是由反光器件形成的光源虚像。把望远镜调焦后就能看到此虚像，当望远镜的光轴和反光镜垂直时，光源像和望远镜的目镜分划板竖丝重合，说明已进行了准直，如图 6－4（a）所示。如果反光镜对光轴的垂直度具 α 角偏差时，则反射光以 2α 角反回，所得的光源像对望远镜光轴具 Δ 的偏离量，即光源像和望远镜目镜分划板竖丝不再重合，如图 6－4（b）所示。因此发散光投射法可以用于对反光器件的准直，由于是对准反光器件形成的光源虚像，因此又称为镜像法。光源像的偏离量 Δ 与 α 角的关系式为

$$\Delta = (2\times L\times\alpha)/206\ 265 \tag{6-3}$$

式中　Δ——光源像对望远镜光轴的偏离量，单位 mm；

L——望远镜上的光源至反光器件的距离，单位 mm；

α——反光镜对光轴垂直度的偏差角，单位（$''$）。

列出式（6－3）是为了说明其工作原理，测量时并不需要测量 Δ 与 L，当发现光源像偏离时，微动经纬仪对准即可，可以看出在反光器件敏感方向反射时，同样具有两倍关系；而且距离越远，同样偏差角的偏离量越大，灵敏度越高。反之，在近距离时，投射法的测量灵敏度不高。例如在 1 m 的距离时，如要分辨 $1''$的偏差角，按式（6－3）需分辨的偏离量为 0.01 mm，这对一般的经纬仪望远镜是很难分辨的，而且投射光源一般采用附件化设计，可拆卸结构的配合间隙已大于 0.01 mm，因此投射法不宜用于近距离测量。

用望远镜以投射法测量时，能以较小功率的光源获得较远的测量距离。这是由于发光二极管、半导体激光器等光源，其发光面都很小，接近于点光源。按几何光学点光源的原

理，当用望远镜观察点光源目标时，主观亮度可大幅度提高，而背景的照度可以降低 40% 至 50%，如式（6－4）所示

$$\begin{cases} \mathrm{d}F'/\mathrm{d}F = (a/p)^2 \\ E'/E = K \times (a/p)^2 \end{cases} \tag{6-4}$$

式中　$\mathrm{d}F'/\mathrm{d}F$——用望远镜和不用望远镜，目标的相对亮度；

E'/E——用望远镜和不用望远镜，背景的相对亮度；

a——望远镜入射光瞳的半径，单位 mm；

P——人眼睛的瞳孔半径，单位 mm；

K——系数，$K=0.5 \sim 0.6$。

6.2.2　测量方法

投射法不仅可用于对反光器件在敏感方向上的准直，还可用于两台测量仪器的对瞄。投射法和不同的反光器件配合，可以进行多种测量工作：和平面反光镜配合，可进行双向准直测量；和三棱镜可进行一向准直、一向重合测量；和角锥棱镜可进行双向重合测量；当用于千米级远距离时，可以不调焦，因为测量距离已和平行光测量仪器的等效距离相当。因此投射法还可用于自准直仪等平行光测量仪器的千米级远距离测量。投射法虽然用途较多，但其基本测量方法可分为：对瞄法、准直法和重合法三种。

6.2.2.1　对瞄法

平行光对瞄只保证两台测量仪器的光学轴线平行，但为了减少边缘出射光平行度的影响，要求两光轴既准确平行又大致重合。采用投射法可以保证两光轴比较准确地重合，因此近距离用平行光对瞄时，用互相观察对方测量仪器上投射光源的方法调整重合，可达到较高的重合度；距离较远时，平行光对瞄难以实施，可只用投射法对瞄，就能保证两光轴的平行并重合，而且操作方便。

A，B 两台测量仪器对瞄，由 A 观察 B 上的投射光源，其发光面应和 A 的目镜分划板竖丝对准；同时，由 B 观察 A 上的投射光源，其发光面也应和 B 的目镜分划板竖丝对准，这样就完成了投射法对瞄。由于一个“点”不能确定方向，其出射光又是发散光束，在出射光发散角范围内，另一台测量仪器都可与投射光源对准，如图 6－5 所示。图中测量仪器 B 已和测量仪器 A 上的光源对准，但并不处于测量仪器 A 的光轴上。这种现象由测量仪器 B 是不能发现的，但是从测量仪器 A 观察测量仪器 B 上的投射光源时，却可发现具有 Δ 的偏离量。因此对瞄的准则是：参与对瞄的两台测量仪器都同时对准，方为有效。

由于对瞄时对两台测量仪器的转动都没有限制，因此总能转到两台测量仪器光轴重合的位置，而且不需增加导轨等工具，但两台测量仪器都需转动，不能只转一台，重合位置是唯一的，但在两测量仪器的通光口径能大部重合的前提下，平行有无穷多个位置。

投射法对瞄实质是一种重合法，由于不用反光器件，因此不存在敏感方向反射时的二倍关系，式（6－3）应去掉分子的“2”，L 为两台测量仪器间的距离。

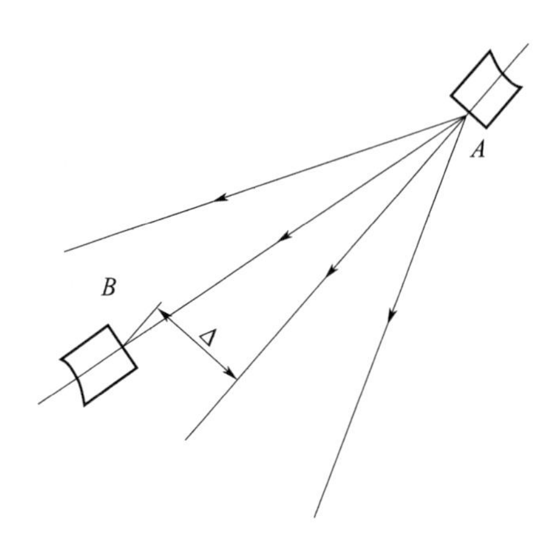

图 6－5　投射法对瞄原理图

6.2.2.2　准直法

准直法是指测量仪器光轴和反光器件在其敏感方向上垂直，6.2.1 节所述的原理是准直法的原理。测量仪器和反光器件准直时，当反光器件的转动受到限制、不能任意转动时，则测量仪器需安装在导轨上，用测量仪器的转动，结合导轨的平移，才能实施准直。以经纬仪和棱线水平状态安装的三棱镜用投射法自准直为例，由于三棱镜往往不允许任意转动，即转至预定方位角后不准再转，或根本不准转动，因其方位角是由其他系统决定的，这样只转经纬仪是难以准直上的，因此经纬仪需装在导轨上，而且导轨位置的设置需保证准直位置在导轨的移动范围以内。

采用准直法时，需有合适的捕捉目标的方法和找准方法，才能比较迅速地完成准直操作。要捕获目标，即表示测量仪器接收到了三棱镜的反回光。当经纬仪的望远镜对准三棱镜的实物像后，如果三棱镜的棱线和望远镜光轴的垂直偏差太大，则望远镜物镜中心光源发出的光束，经三棱镜反射后，反回光不能进入望远镜的通光口径，望远镜中看不到反回光，此时需找出三棱镜的倾斜方向，才能采取相应的调整措施。方法是再用一个可移动光源，称为“边灯”，把边灯在物镜的左边和右边来回移动，当移至某一位置，在望远镜中能看到边灯经三棱镜的反回光时，即可按图 6－6 的调整方法，使边灯至物镜的距离逐渐减小，直至出现中心光源的反回光，再调焦至中心光源反回光的亮像最清晰，并把该像和望远镜目镜分划板竖丝对准。例如：边灯在左边某一位置，在望远镜中能看到经三棱镜反回的边灯光，说明对望远镜光轴，三棱镜偏差角为“正”，即三棱镜顺时针转了个角度。因此调整方法为：当三棱镜不动时，经纬仪应顺时针转动，才能和三棱镜准直上；同时应移动导轨、使装有经纬仪的导轨滑板向左平移，以保持望远镜不离开三棱镜。如果不转经纬仪，而转三棱镜时，则三棱镜需反时针转动，这样调整几次后，就能出现中心光源的反回光，从此可不再使用边灯，完全按中心光源反回像对准，但需经常用望远镜调焦，观察三棱镜的实物像，并平移导轨把望远镜和三棱镜实物像的中心基本对准。

采用边灯捕捉目标的方法，等效于扩大了捕捉目标时经纬仪望远镜的通光口径，从而成为一种不增大经纬仪类仪器的体积、而增大通光口径的方法。既可将边灯制成一种找目标工具，也可将其和发散光投射器制成一体，成为附件化的测量器具。左、右边灯还可采用不同颜色的发光二极管，例如：左、右边灯分别采用红色和绿色，中心光源采用白光，这样更便于分辨。

观察到的边灯位置	三棱镜位置		三棱镜不动时，经纬仪调整方向		经纬仪不动时，三棱镜的转动方向
	位置图示	角度偏差	经纬仪转动方向	导轨相应移动方向	
在观察者的左边	2 M 1 3	"+"		左←右 观察者	
在观察者的右边	2 M 1 3	"−"		左→右 观察者	

图 6-6　捕捉目标方法图

6.2.2.3　重合法

当测量距离接近 1～2 km 时，即使采用了三棱镜，在敏感方向上也是很难捕获目标的。在千米级远距离时，可行的反光器件是角锥棱镜，因为无论是平行光或发散光，角锥棱镜都能把光束原路反回，从而能获得反回光。但是角锥棱镜对双向角位移都是不敏感的，但能敏感角锥棱镜顶点的线位移，用双向角度来跟踪、对准与测量。采用的方法是：发散光投射的重合法，其原理见图 6-7 所示。

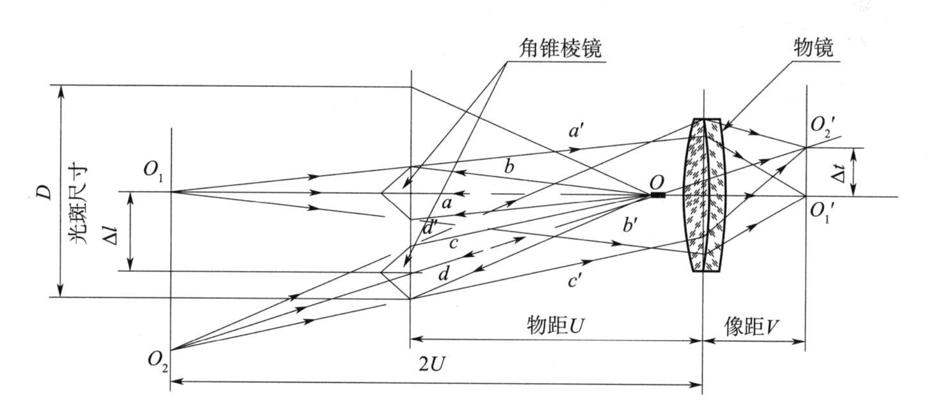

图 6-7　重合法测量原理图

图 6-7 中 O 为装于物镜中心的光源，发出一束发散光，在距离为 U 处，光斑尺寸为 D，出射光由角锥棱镜反回。如果角锥棱镜的顶点位于光轴上，出射光束中射至角锥棱镜通光口径的两边缘光线为 a，b，按角锥棱镜能把光线平行反回的特点，光线 a 的反回光线 a' 与 a 平行，光线 b 的反回光线 b' 与 b 平行。把反回光 a'，b' 延长，得到交点 O_1，O_1 是中

心光源经角锥棱镜形成的虚像，观察反回光，相当于观察发光点 O_1，O_1 的发散光经物镜后，在像距 V 处成 O_1 的像 O_1'，O_1'也在光轴上。当角锥棱镜有线位移 Δl 时，出射光束中进入角锥棱镜通光口径的边缘光成为 c，d。同理，其反回光为与之平行的 c'，d'。c'，d' 的延长线交点为 O_2，物镜的像点为 O_2'，像点与光轴产生的位移为 Δt，相应的角位移为 $\Delta\alpha$

$$\Delta\alpha=\frac{\Delta t}{V}\times 206\ 265 \tag{6-5}$$

式中 $\Delta\alpha$——与角锥棱镜线位移相应的角位移，单位为（″）；

Δt——测量仪器测出的像点的线位移，单位 mm；

V——测量仪器的像距，单位 mm。

式（6－5）表明：不需知道角锥棱镜的位移量 Δl 与物距 U，用测量仪器常用的测量象位移 Δt 的方法，就可得到相应的角位移 $\Delta\alpha$。但是式中的像距 V 随测量距离变化，也难以在使用现场测定，距离越远越接近物镜焦距 f'，不能用焦距代替时，可采用静态“综合定标”的方法，例如：测量方位角，测量仪器是经纬仪类仪器，像位移 Δt 又是用光电方法测量时，则可在角锥棱镜顶点的铅垂线上，固定一个发光二极管，在角锥棱镜移动前，测量仪器的望远镜和发光二极管对准，读出水平角与光电元件测量像点位移的初始值；移动角锥棱镜后，先读出像点位移的测量值，减去初始值后为 Δt_0 值，再转动测量仪器再次和发光二极管对准，读出水平角读数值，减去初始值后为标准角 $\Delta\alpha_0$，计算定标系数 k。

$$\begin{cases}k=\Delta\alpha_0/\Delta t_0\\ \Delta\alpha=k\times\Delta t\end{cases} \tag{6-6}$$

式中 k——定标系数，单位（″）/mm；

$\Delta\alpha_0$——定标时测量仪器测出的标准角，单位（″）；

Δt_0——定标时测量仪器测出的像位移量，单位 mm；

Δt——使用时测出的像位移量，单位 mm。

式（6－6）消去了像距 V，但是系数 k 能适用的距离有一定范围，需于定标时试出，不同的距离范围有不同的系数，使用时还需测出大致的距离，以选用系数。

当距离 U 为大于 500 m 的远距离时，$V\approx f'$

$$\Delta\alpha=\frac{\Delta t}{f'}\times 206\ 265 \tag{6-7}$$

式中 $\Delta\alpha$——与角锥棱镜线位移相应的角位移，单位为（″）；

Δt——测量仪器测出的像点的线位移，单位 mm；

f'——测量仪器的物镜焦距，单位 mm。

式（6－7）和平行光准直法的公式一致，说明只有在反光器件的敏感方向上反射时，反射角才是反光器件偏斜角的两倍，在非敏感方向上无此关系。

这种发散光重合法可以实现远距离的动态对准与测量。当测量仪器用 CCD 或 PSD 等光电元件测量像位移 Δt 时，则其输出信号可以作为测量仪器自动跟踪的依据，而且可以测出“偏零量”，即采样时光电元件有一定的输出值，仪器的读数值是其测角系统读数值和偏零量之和，从而对跟踪系统的要求，可以不跟踪至零位，只跟踪至光电元件的敏区范围之内，这就方便了跟踪系统的设计。

重合法的测量原理，不仅适用于对角位移双向不敏感的角锥棱镜，对单向不敏感的三棱镜也同样适用。在三棱镜的非敏感方向上，当微动测量仪器时，在平行光路中，反射像是完全不动的，在发散光路中，像随之移动，当反射像和测量仪器目镜分划板横丝对准时，则和三棱镜的棱线重合。

6.3 方位角导引法

方位角导引法是依据已知方位角的测量线，采用导线形式所构成的图形，测量转折角，导出待测测量线的方位角。

6.3.1 测量方法

测量方法[2]见图 6－8 所示。

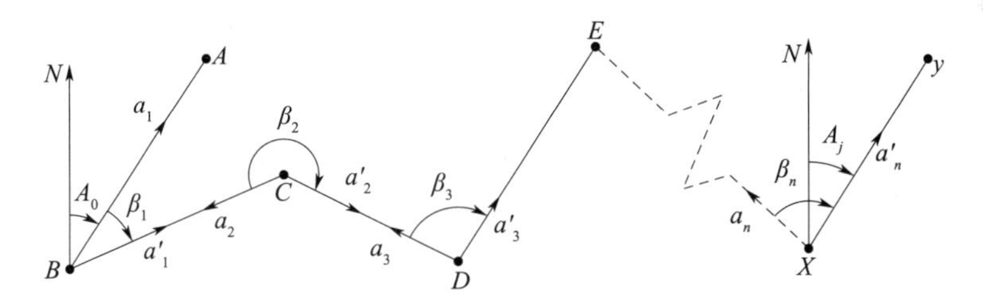

图 6－8　方位角导引法原理图

B，A 两点是标石固定点，B 点架设经纬仪类仪器，A 点架设标杆仪，$B \to A$ 的方位角 A_0 已由大地测量法测得，要通过方位角导引法，导出 $x \to y$ 的方位角 A_j，这实质是通常情况下的方位角的传递，如遇到具较大高度差等特殊情况时，则需采用垂直传递等特殊方法。

B 点上的准直经纬仪对准 A 点标杆时的水平角读数值为 a_1，在 C 点架设一台准直经纬仪，C，B 两点的准直经纬仪对瞄，B 点准直经纬仪读数值为 a_1'，C 点为 a_2。再在 D 点架一台准直经纬仪，C，D 对瞄，C 读数为 a_2'，D 读数为 a_3。D 点的准直经纬仪可把 B 点的准直经纬仪搬至 D 点使用。以减少测量所需的经纬仪数量，因在 B 点已完成了传递工作，D 点和后一点对瞄时的读数值为 a_3'，依此类推，直至最后一点。准直经纬仪设在 x 点上，对准 y 点。如 y 是三棱镜，则 $x \to y$ 是指向三棱镜棱线的法线，A_j 是指向三棱镜棱线的法线的方位角。当采用平行光准直法时对瞄时，C，D，E，…，x 各点都不需设置地面点，有时在地面上制个标记，只是为了重复测量时便于找目标，由各点准直经纬仪的读数值，可求得各传递角

$$\beta_1 = a_1' - a_1；\ \beta_2 = a_2' - a_2，\ \beta_3 = a_3' - a_3，\ \cdots，\ \beta_n = a_n' - a_n$$

$$A_j = A_0 + \sum_{i=1}^{n} \beta_i - (n-1) \times 180° \tag{6-8}$$

式中　A_j——所求线的方位角，单位为（°）；

A_0——已知线的方位角，单位为（°）；

β_i——第 i 个传递角的实测值，i 为传递角的序号，从 1 至 n，共 n 个传递角，单位为（°）。

当以经纬仪的读数值表达时，如式（6－9）所示：

$$A_j = A_0 + \sum_{i=1}^{n} (a_i{}' - a_i) - (n-1) \times 180° \tag{6-9}$$

式中　A_j——所求线的方位角，单位为（°）；

A_0——已知线的方位角，单位为（°）；

i——传递角的序号，从 1 至 n，共 n 个传递角；

a'_i——测量第 i 个传递角的经纬仪，按传递顺序的后一个读数值，单位为（°）；

a_i——测量第 i 个传递角的经纬仪，按传递顺序的前一个读数值，单位为（°）。

方位角导引法的方法本身及计算公式既适用静态测量，也适用于动态测量。但具体的实施方法及设备，则需按测量的环境条件选用，例如定向方法，静态测量时可用大地测量法定向，动态测量时则需用 GNSS 卫星导航系统定位法定向或惯性导航平台定向。如在动基座条件下传递，则准直经纬仪应装在自调平工作台上。如传递的最终目标是动参数或动态误差，则与之准直的经纬仪类仪器需装有 CCD 或 PSD 等光电测量与输出装置，还需有同步采样脉冲，以采集动态实时数据。如被测目标的变化量较大，则经纬仪类仪器还需有双向角度自动跟踪机构。

方位角导引法的测量误差计算公式如下

$$\sigma = \sqrt{(\sigma_0^2 + n \times \sigma_i^2)} \tag{6-10}$$

式中　σ——方位角导引法导出的被测角的测量误差，以标准偏差表达，单位（″）；

σ_0——定向测出的对“北”方位角的测量误差，即定向误差，以标准偏差表达，单位（″）；

σ_i——各个传递角的测量误差，i 为传递角的序号，$i=1, 2, \cdots, n$，以标准偏差表达，单位（″）；

n——传递角的数目，共 n 个传递角。

式（6－10）中，测量各传递角时，采用相同的设备和方法，具有相同的测量误差，属“等精度测量”。

6.3.2　注意事项

方位角导引法在测量和计算时的注意事项如下：

1）合理选择定向方法，既要满足准确度要求，也要满足测量环境条件要求。例如：用 GNSS 卫星导航系统定位法定向时，既要保持两天线有足够远的距离，以满足所需的定向准确度，又要便于用经纬仪类仪器和远方天线上的标灯等目标对准，把定向得到的方位角传递至后续环节，降低对气象条件“能见度”的要求，减小气流影响。

2）按“最短尺寸链原则”，在保证完成方位角传递的前提下，尽量减少传递次数，即减少传递角个数，以减小传递误差，提高工作效率。

3）在动态测量时，需对各个传递环节进行分析，确定其特点及动态参数，采取相应的措施，在动态传递的测量链中，各个环节往往具有不同的特点，为便于分析，把动态测量分成动参数、动基准和动态误差三种。一般情况下，传递链的首环往往是动参数，其变化范围较大，变化速度也较快；末环往往是动态误差，变化的范围和速度都较小；中间各环是动基准，需采取保持测量仪器工作基准的措施，或采用对动基座不敏感的方法，如：折转光管平移；垂直传递只传零位、不测角，不以大地水平作为工作基准等，而传递的关键又往往是首环和末环。

4）按照测量距离选择对准方法，进行测量仪器之间的对瞄，以及测量仪器与反光器件的准直。近距离时采用平行光准直法，中等距离时采用发散光投射法，远距离时采用准平行光重合法。具体的距离数据，应按测量仪器物镜的通光口径、反光器件的通光口径、光源的功率及发散角、气象条件等因素确定。大致数据为：当测量仪器与反光器件对准，发光功能与接收功能由同一台仪器完成时，平行光自准直法用于 0～15 m；发散光投射法用于 15～500 m；准平行光重合法用于 500～2 000 m。测量仪器之间的对准，即对瞄，其测量距离约是以上数据的二倍。

5）方位角是从“北”起始，顺时针转动至测量线的角度，这和大地测量的极性规定、经纬仪顺时针转动为角度递增的特点是一致的。在方位角导引时，是从已知方位角的测量线顺时针转动至下一测量线的角度，不允许出现“－”值，也不允许出现大于 360°的值，如计算中出现“－”值，应加 360°，如出现大于 360°的值，则应减 360°。

6）用方位角导引法计算同一点的经纬仪所测的传递角时，应按传递顺序以该经纬仪后一点的读数值减去前一点的读数值得到。在式（6－9）中，后一点读数值以 a'表示，前一点读数值以 a 表示。

7）方位角导引法测得的测量线的方位角的坐标系，和已知方位角的坐标系相同。如已知方位角为大地方位角，则导出的也是大地方位角，即导线测量不改变坐标系，适用于各种坐标系。

8）当已知 $B\to A$ 的方位角时，不能简单地＋180°，就作为 $A\to B$ 的方位角，这是由于 A，B 点不在同一子午线上，见图 6－9，$B\to A$ 的方位角是依据 B 点的“北”，即 B 点的子午线确定的，而 $A\to B$ 的方位角是依据 A 点的“北”，即 A 点的子午线确定的。而通过

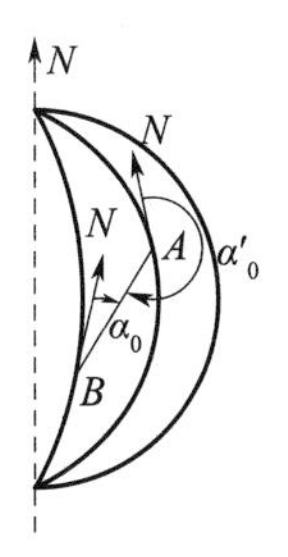

图 6－9　不同子午线对方位角影响原理图

B 点的子午线和通过 A 点的子午线是互不平行的，这和海上相距一定距离的两点，其大地水平面是不平行的相似。因此 $B \to A$ 与 $A \to B$ 的方位角差值接近 180°，但不等于 180°，由于其差值和各点的坐标有关，而方位角导引法只传递方位角，并不测量坐标，因此如需得到准确的差值，需提交大地测量部门完成。

6.3.3 应用举例

方位角导引法是方位角传递的基本方法，具有较广泛的应用。在以下应用举例中，经纬仪的读数值，在静态测量时均为经纬仪盘左、盘右读数的平均值。图 6－10 是把方位角传递至无窗厂房中的平面镜。

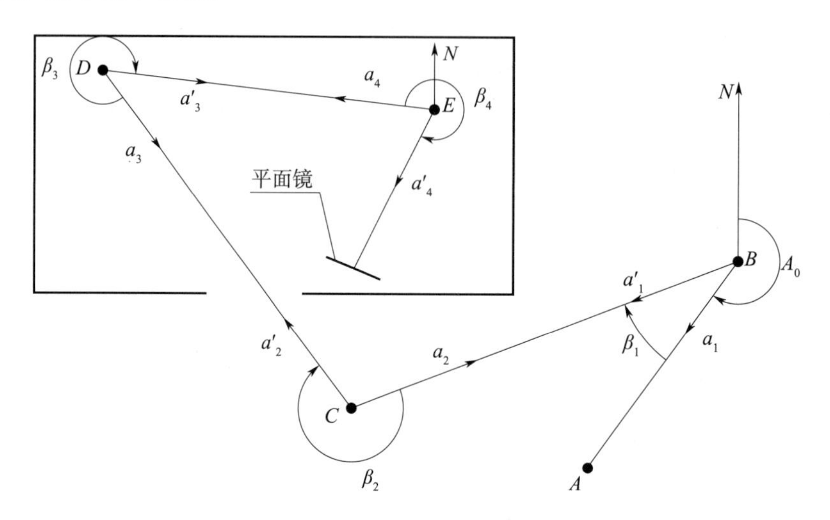

图 6－10 方位角传递至无窗厂房中的平面镜

在厂房外场坪上，建立 B，A 两标石，$B \to A$ 的方位角 A_0 由大地测量法测出。B 点经纬仪对准 A 点标杆时读数值为 a_1。在 C 点架设经纬仪和 B 点经纬仪对瞄，B 读数值为 a'_1，C 读数值为 a_2。在 D 点架设经纬仪和 C 点经纬仪对瞄，C 读数值为 a'_2，D 读数值为 a_3。E 点架经纬仪和 D 点经纬仪对瞄，D 读数值为 a'_3，E 读数值为 a_4。最后，E 点经纬仪和平面反光镜自准直，读数值为 a'_4，传递完毕。按式（6－8）或式（6－9）计算指向平面反光镜的法线的方位角，如；

由 $A_0 = 184°0'8.2''$，$a_1 = 5°12'4''$，$a_1' = 24°2'18.8''$

算出 $\beta_1 = a_1' - a_1 = 24°2'18.8'' - 5°12'4'' = 18°50'14.8''$

由 $a_2 = 10°34'2''$，$a_2' = 243°37'57.7''$

算出 $\beta_2 = 233°3'55.7''$。由 $a_3 = 5°31'5.2''$，$a_3' = 351°56'57.9''$

算出 $\beta_3 = 346°25'52.7''$

由 $a_4 = 20°49'11.2''$，$a_4' = 278°59'55.2''$

算出 $\beta_4 = 258°10'44''$

传递角数目 $n=4$，按式（6－8）计算

$A_j = 184°0'8.2'' +$（$18°50'14.8'' + 233°3'55.7'' + 346°25'52.7'' + 258°10'44''$）－（$4-1$）×

180°＝140°30′55.4″

指向平面反光镜的法线方位角为：140°30′55.4″

6.4　折转光管平移法

“折转光管平移法”是用折转光管把光束平行移动一段水平距离或垂直距离，作为方位角传递链的一环。折转光管平移法具有结构简单、准确度高、能适应动基座条件、不需进行人工测量、能在狭窄的空间条件下越过障碍物对准测量光路、能减小经纬仪俯仰角等特点。但一种折转光管，原则上只适合一种平移距离，测量时的实际距离对该平移距离的允许差别量较小。

6.4.1　工作原理

折转光管平移法的工作原理见图 6－11 所示。

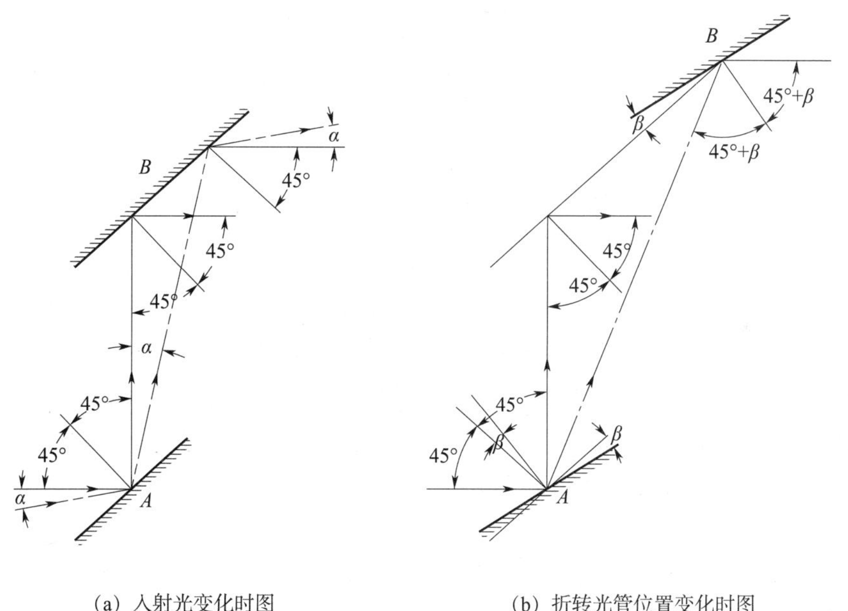

(a) 入射光变化时图　　(b) 折转光管位置变化时图

图 6－11　折转光管平移法的工作原理图

折转光管是用壳体把两块平行的平面反光镜联成一体，当光线和下反光镜 A 的法线成 45°入射时，按反射定律，出射光和上反光镜 B 的法线的夹角也是 45°，即出射光和入射光平行，但平移了一段等于折转光管中心长度的距离。如果入射角增大了 α 角，见图 6－11（a）所示，即入射角为 $45°+\alpha$ 时，则对反光镜 B 法线的出射角也为 $45°+\alpha$。也就是说，当入射光的入射角改变时，出射光仍能与入射光保持平行。如入射光不变，而折转光管由于安装误差，动基座等因素，折转光管的位置变化了 β 角时，如图 6－11（b）所示，入射角为 $45°+\beta$，则出射角也为 $45°+\beta$，即当折转光管的位置变化时，仍能保持出射光和入射光平行。此例说明折转光管对安装位置的要求是很低的，也说明折转光管能适应动基座引起的位置变化，保持出射光和入射光平行，即保持出射光和入射光的方位角相等。而且其反应是灵敏的，当产生图 6－11（a）所示的入射光方位方向或俯仰方向角度变化时，出射光即随之变化。折转光管这种特性是由于两平行面的双面反射形成的，折转光管可以水平安装，平移一段水平距离，也可垂直安装，平移一段垂直距离。

6.4.2　应用举例

图 6－12 是折转光管在船上的应用举例。

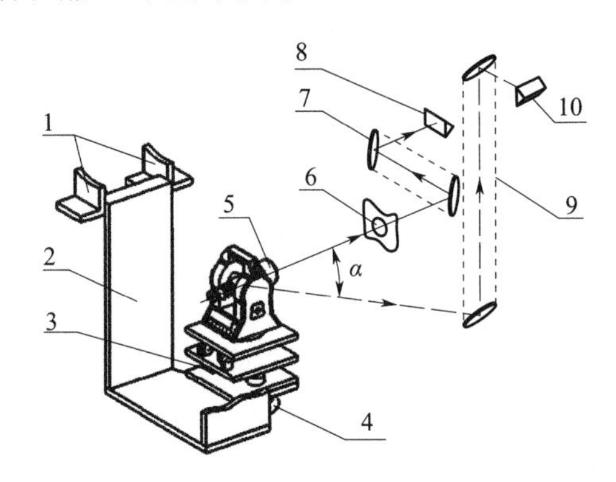

图 6－12　用折转光管传递方位角图

1—结构固定件；2—吊挂夹具；3—双向自调平工作台；4—升降手轮；5—电子经纬仪

6—舱口玻璃；7—水平折转光管；8—标准三棱镜；9—垂直折转光电管；10—被测三棱镜

图 6－12 中 8 为已知方位角的标准三棱镜，要求把方位角传递至被测三棱镜 10，得到被测量三棱镜的方位角，两块三棱镜不仅不在同一铅垂面上、不在同一水平面上，而且不在同一船舱内。经纬仪和被测三棱镜在同一船舱内，标准三棱镜在另一船舱。两船舱间只有舱口玻璃 6 通光，而且舱口玻璃和标准三棱镜还不在同一测量线上，具有一段水平距离。船舱内空间较小，障碍物较多，在这种情况下，用一般的方法是很难进行传递的，但是用折转光管就可比较容易完成传递工作。

经纬仪 5 装在双向自调平工作台 3 上，通过吊挂夹具 2 固定在船舱的结构件 1 上，经纬仪望远镜通过舱口玻璃 6 经水平折转光管 7，与标准三棱镜 8 自准直，再通过垂直折转光管 9，与被测三棱镜 10 自准直，即可测出两三棱镜法线的夹角，完成传递工作。

6.5　五棱镜折转定角法

用五棱镜把光线折转一个固定的角度，准确度高、操作方便、设备体积小、可以简化传递环节，能用于狭小空间。所折转的角度由五棱镜两反射面的夹角决定，是固定值。常用的折转角是 90°，但并非只能是 90°。改变五棱镜的结构参数，也可折转其他角度。五棱镜由于两反射面的互补作用，当入射角改变时，能保持出射光对入射光的转折角不变。

当五棱镜用于方位角传递时，需注意转折角的方向，由于出射光对入射光的转折方向不同，转折角可能是 90°，也可能是 270°。五棱镜使用时，还需保持其壳体基面的水平，否则将引起转折角误差。

五棱镜分为整体式和分体式两种，整体式五棱镜用整块光学玻璃制成，因为有五根棱，所以称为五棱镜。分体式只装两块反光镜，通光介质全为空气，不再存在棱线，严格地讲已不是五棱镜，而应称为定角反射器。

6.5.1　五棱镜的工作原理

整体式五棱镜见图 6－13 所示。

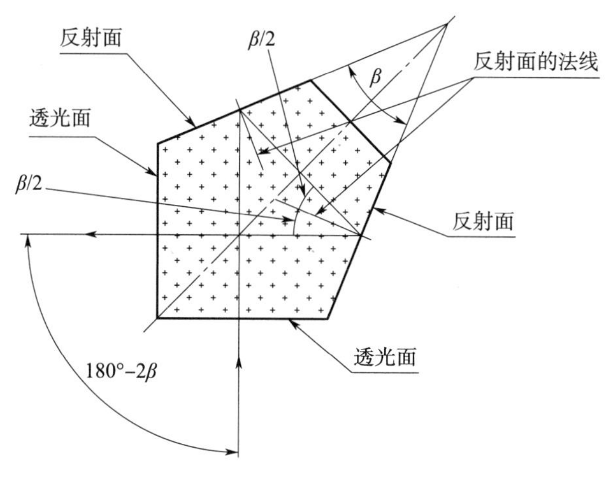

图 6－13　整体式五棱镜

五棱镜的主要工作面是夹角为 β 的两反射面。由图 6－13 中的几何关系可得出：出射光对入射光的转折角为 180°－2β，因此如需转折角为 90°，则两反射面夹角 β 应为 45°，夹角的误差将引起二倍的转折角误差，如：45°角误差为 1″，所引起的 90°转折角误差为 2″。

五棱镜的两反射面具有互补作用，其原理见图 6－14 所示。

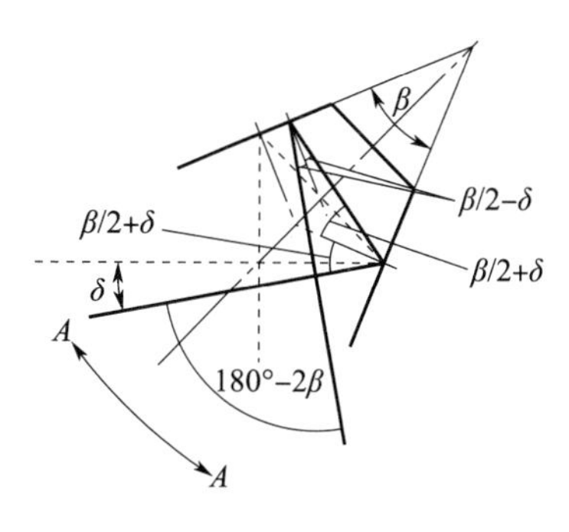

图 6－14　两反射面互补原理图

如图，当入射角变化 δ 角时，第一个反射面的入射角和反射角变为 $\beta/2+\delta$；而第二个反射面的入射角和反射角变为 $\beta/2-\delta$，因此出射光对入射光的转折角仍保持 180°－2β 不变，由此得出五棱镜的一项重要性能：当测量系统或五棱镜的安装引起入射角变化时，能保持转折角不变，因此对五棱镜方位方向安装位置的要求不严，而且捕捉目标方便，转折角可达到较高的准确度。

当五棱镜用于方位角传递时，需注意转折角的方向，见图 6－15 所示。

按“方位角导引法”的要求，转折角应是从入射光起始、顺时针转动至出射光的角度，对反射面夹角为 45°的五棱镜，转折角为 90°或 270°，具体由五棱镜的安装位置及入射光的入射方向确定，图 6－15（a）中的转折角为 90°。当五棱镜的位置不变，仅调换入射光与出射光时，见图 6－15（b）所示，转折角就成为 270°。图 6－15（c）、6－15（d）是改变了五棱镜的位置，同样，当入射光与出射光予以调换时，转折角差值为 180°。

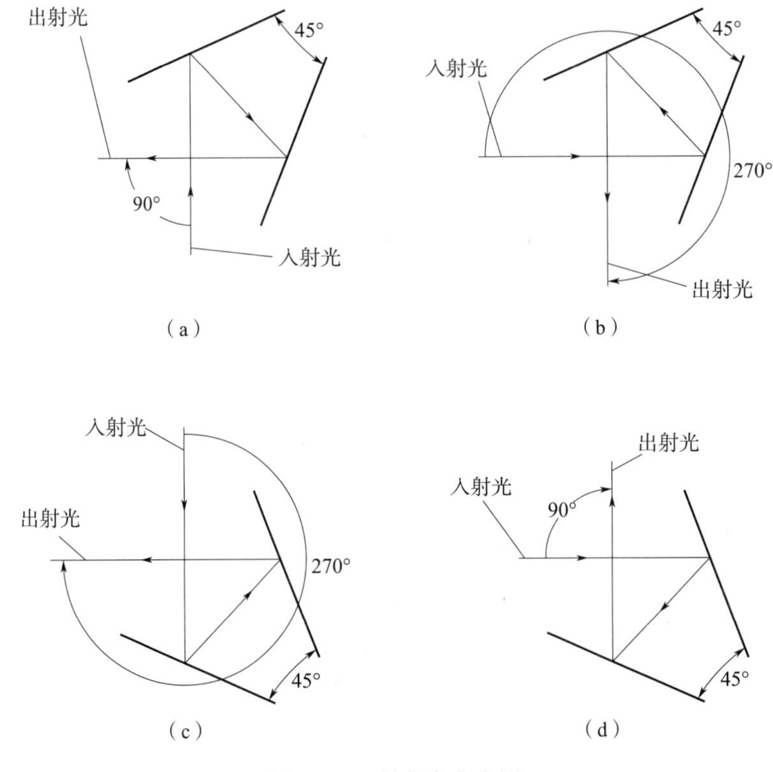

图 6－15　转折角方向图

当五棱镜的夹角 β 为 90°时，转折角 $180°-2\beta$ 为 0°，由于入射光和出射光方向相反，转折角为 180°，这就是第 2 章的 180°反射式三棱镜。

6.5.2　水平度对角度的影响

五棱镜使用时，需保持其底基面或顶基面的水平度，否则两反射面夹角 β 将发生变化，从而引起转折角误差。取五棱镜两反射面延长后的虚交线，即五棱镜的棱线为 z 轴，与 z 轴垂直的 β 角的角二等分线为 y 轴，与 z、y 轴垂直的为 x 轴，则任意方向对水平面的倾斜，都可以分解为绕 x 轴的倾斜 ζ_x 与绕 y 轴的倾斜 ζ_y，分别分析后再予以合成。这种分析方法，不仅适用于五棱镜，也适用于其他测角器具及仪器，如经纬仪、光电编码器等。只要把 β 角看作是要分析的测量角，有关的方法和公式同样适用，这对分析动基座引起的角度动态误差是很有用的。

图 6－16 是绕 x 轴倾斜引起的角度变化的原理图。

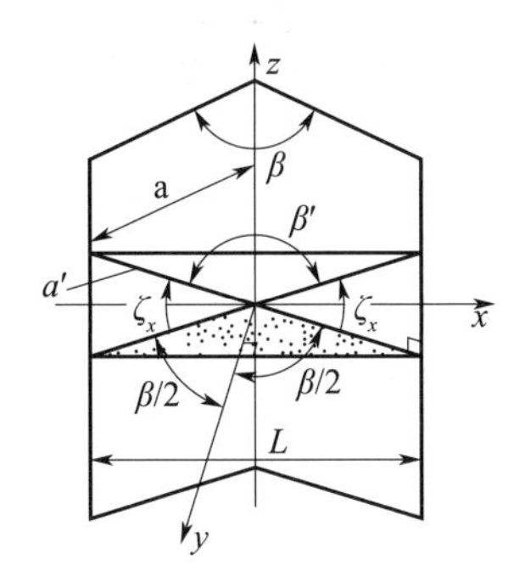

图 6－16　绕 x 轴倾斜引起的角度变化原理

取水平位置时，顶角为 β，两边长为 a 的三角形，当具有绕 x 轴的倾斜角 ζ_x 时，该三角形转动 ζ_x 角，L 不变，而顶角变为 β'，边长变为 a'，由图 6－16 知

$$\sin(\beta/2)=L/2a;\ \cos\zeta_x=a/a'$$

$$\sin\left(\frac{\beta'}{2}\right)=L/(2a')=(L\cos\zeta_x)/2a$$

$$=\sin(\beta/2)\times\cos\zeta_x$$

β 角的误差为

$$\delta\beta_x=2\times\arcsin[\sin(\beta/2)\times\cos\zeta_x]-\beta \tag{6-11}$$

式中　$\delta\beta_x$——由于绕 x 轴倾斜引起的 β 角的误差；

β——水平状态的角度值，对五棱镜则是两反射面的夹角；

ζ_x——绕 x 轴的倾斜角。

如：$\beta=45°$；倾斜角 $\zeta_x=1°$，按式（6－11）计算结果，引起的误差 $\delta\beta_x=-26''$。

绕 y 轴倾斜对角度的影响见图 6－17。

绕 y 轴倾斜 ζ_y 时，β 角变成 β'，但两三角形的高度 h 是相同的，由图 6－17 知

$$\tan\left(\frac{\beta}{2}\right)=L/(2h)$$

$$\cos\zeta_y=L/L'$$

$$\tan(\beta'/2)=L'/(2h)=L/(2h\times\cos\zeta_y)$$

$$=\tan(\beta/2)/\cos\zeta_y$$

$$\delta\beta_y=2\times\arctan\left[\tan\left(\frac{\beta}{2}\right)/\cos\zeta_y\right]-\beta \tag{6-12}$$

式中　$\delta\beta_y$——由于绕 y 轴倾斜引起的 β 角的误差；

β——水平状态的角度值，对五棱镜则是两反射面的夹角；

ζ_y——绕 y 轴的倾斜角。

如：$\beta=45°$，倾斜角 $\zeta_y=1°$，按式（6－12）计算结果，引起的误差 $\delta\beta_y=22.2''$。

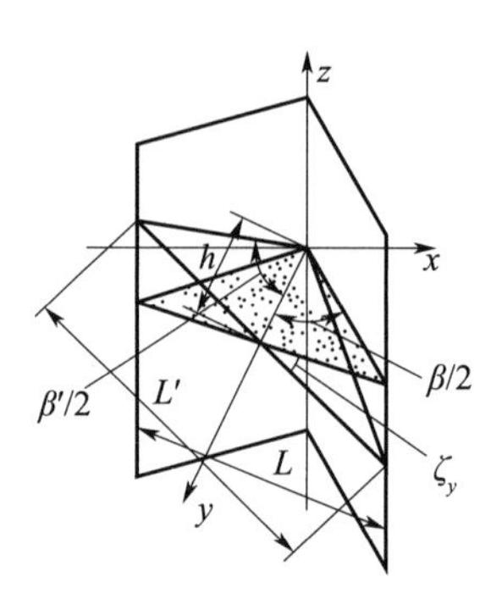

图 6-17　绕 y 轴倾斜对角度的影响原理图

β 角的误差由两倾斜方向的误差合成

$$\delta\beta=\sqrt{\delta\beta_x^2+\delta\beta_x^2} \quad (6-13)$$

式中　$\delta\beta$——绕 x 向和 y 向倾斜误差合成后的 β 角误差，上例合成后的误差为 34.2″。

对于五棱镜而言，转折角的误差为两反射面夹角 β 误差的二倍，即为 $2\delta\beta$，上例的转折角误差为 1′8.4″。因此，五棱镜在使用时应按其顶基面或底基面调水平，但水平的准确度要求并不高，当双向的水平度都在 5′时，引起的转折角误差为 0.5″，当在动基座状态下使用时，由于倾斜角较大，会引起显著的转折角误差，因此宜装在动态准确度为 5′的“自调平工作台”上。

6.6　偏振光垂直传递法

光波是一种横波，即光矢量垂直于传播方向，若光矢量的振动方向在传播过程中始终不变，仅其大小随位相变化，这种光称为线偏振光。自然光可以用两个光矢量互相垂直、大小相同、相位无关联的线偏振光表示，即寻常光线 o（遵守折射定律）和非常光线 e（不遵守折射定律，也不在入射面上）。将自然光变为偏振光的器件称为起偏器，用于检验偏振光的器件称为检偏器。偏振器件分为晶体偏振器件和波片。晶件偏振器件的原理是其各向异性，对不同方向的光振动具有不同的折射率，在晶体内部存在着一个确定的方向，沿着这个方向，寻常光线 o 和非常光线 e 的折射率相等，不产生双折射现象，这方向称为“光轴”。只具有一个光轴的晶体称为单轴晶体，如：方解石、石英等。具有两个光轴的晶体称为双轴晶体，如云母、硫磺等。格兰-汤姆逊棱镜是一种常用的晶体偏振器件，既可用作起偏器，又可用作检偏器（见图6-18所示），它由两块用方解石（单轴晶体）制成的直角棱镜沿斜面胶合而成，其光轴垂直于图面且互相平行，当光垂直于端面入射时，o 光和 e 光均不发生偏折，而对斜面，光线的入射角等于棱镜斜面和直角面的夹角 α，方解石对 o 光和 e 光具有不同的折射率，n_o 约为 1.658，n_e 约为 1.486；胶合面的折射率应大于并接近非常光的折射率，但小于寻常光的折射率，且 α 角大于 o 光在胶合面的全反射临界角，因此 o 光在胶合面全反射，并被棱镜直角面的涂层吸收，e 光则由于折射率几乎不变而无偏折地从棱镜射出，得到一束线偏振光。

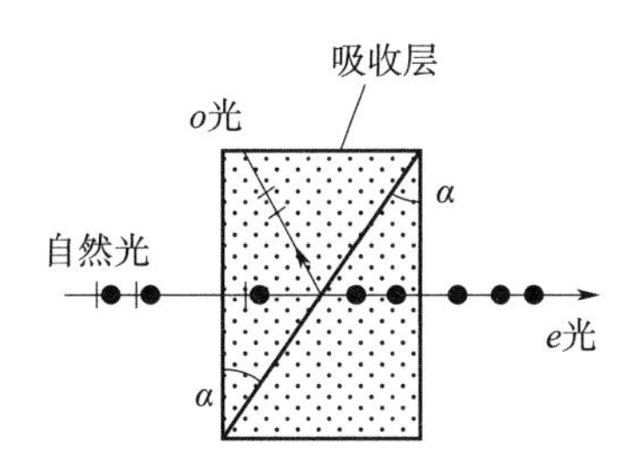

图 6－18　格兰-汤姆逊棱镜

把两块格兰-汤姆逊棱镜同轴安装，一块棱镜作为起偏器，另一作为检偏器，自然光通过起偏器后，成为线偏振光，通过检偏器的线偏振光的光强和两块棱镜光轴的夹角有关，按马吕斯定律，光强如式（6－14）所示

$$I=I_0\times\cos^2\beta \tag{6-14}$$

式中　I——透过检偏器的光强；

I_0——检偏器入射偏振光的光强；

β——起偏器和检偏器光轴的夹角。

把起偏器和检偏器相对转动，就可以改变两光轴的夹角 β，从而使检偏器出射的光强随之变化，当夹角 β 为零度时，输出光强最大，为 90°时输出光强为零，这两个位置是常用的检测点。用 $\beta=0°$ 为起点时为最大光强检测法，关系式见式（6－14），特点是能获得较大的光电信号，但由于是余弦关系，在检测点附近，输出光强随夹角的变化不灵敏，按输出光强变化测定夹角的误差较大。用 $\beta=90°$ 为起点时为最小光强检测法，光强关系式如式（6－15）所示。

$$I=I_0\times\sin^2\beta' \tag{6-15}$$

式中　β'——以 $\beta=90°$ 为起点的夹角，$\beta'=\beta+90°$

最小光强检测法由于是正弦关系，因此在检测点附近，输出光强对夹角变化具有较高的灵敏感度，但光电信号较小。

无论 β 采用为 0°还是采用 90°作为检测点，起偏器和检偏器两光轴的夹角都具有固定的关系，因此如果把两棱镜安装成轴线垂直状态，原理上就可以用于方位角的垂直传递，而且是属于“分离式”结构。起偏的发送部件和检偏的接收部件之间是光学连接，但是仅采用这种简单的系统，其传递误差大，稳定性差。这是因为通过起偏器得到的往往不是完全偏振光，而是部份偏振光，因此当两光轴夹角为 90°时，输出往往不为零；而且光强作为检测参数，本身稳定性就差，从而难以达到工程应用的准确度和稳定性要求。解决的办法是采用调制技术，将起偏器输出的线偏振光调制。调制后的线偏振光通过检偏器由光电元件转变为电信号，当选频放大器检测不到调制频率信号时，即为所需的消光状态，从而将检测光强改为检测频率。采用调制技术后，有效地提高了传递的准确度和稳定性，使偏振光垂直传递法达到了工程应用的水平[3,4]。

对线偏振光进行调制有多种方法，由于磁光调制同步时间短，抗干扰性强，所需电源电压低，不产生强电磁干扰，而且已在偏振光垂直传递设备中得到应用，因此只介绍磁光调制，其原理见图 6－19 所示。

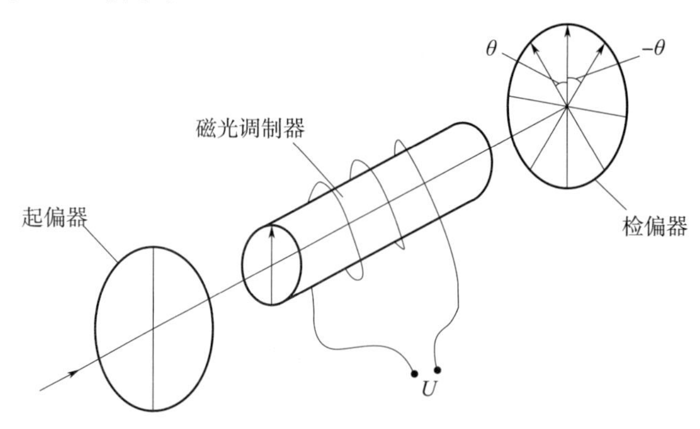

图 6－19　磁光调制原理图

磁光调制器由磁旋光玻璃和外绕在该玻璃上的通电线圈组成，装在起偏器和检偏器之间。物理光学中的旋光性物质是指偏振光通过后，其振动面将旋转一定角度的透明物质，如石英晶件，并不需外加磁场；而磁旋光物质是指在磁场作用下，能使偏振光的光矢量发生偏转的物质，如铅玻璃，这种现象称为磁光效应或法拉弟效应。其特点是光矢量偏转角的大小和方向，可以通过外加磁场进行控制，其关系式为

$$\theta = V \times B \times L \tag{6-16}$$

式中　θ——线偏振光光矢量在磁场中的旋转角度；

V——表征磁旋光介质特性的维尔德常量；

B——磁感强度；

L——光在介质中沿磁场方向传播的距离。

如果所加的磁感强度 B 是一个常数，则光矢量偏转相应的常值角 θ，为了进行调制，在线圈中通上正弦调制信号，从而产生同频交变磁场

$$B = B_m \times \sin\omega t$$

$$\theta = V \times L \times B_m \times \sin\omega t$$

取

$$\begin{cases} \theta = \dfrac{m_t}{2} \times \sin\omega t \\ m_t = 2 \times V \times L \times B_m \end{cases} \tag{6-17}$$

式中　m_t——定义为调制度；

B_m——交变磁感强度的幅值；

ω——角频率；

t——时间。

对某一系统，m_t 是常数，由式（6－17），θ 呈正弦变化，即线偏振光的光矢量作正弦交变摆动，实现了光调制。

检测位置取起偏器与检偏器光轴夹角为 90°处，由式（6－15）知，调制后的输出光

强为

$$I=I_0\times\sin^2(\beta'+\theta) \tag{6-18}$$

当两光轴夹角为准确的90°时，则$\beta'=0$，否则β'为偏离角。

把式（6-18）用贝塞耳函数展开，略去高阶项，滤掉直流信号，偏离角β'取小角度近似后，得到

$$I\approx I_0\times[2\beta'\times J_1(m_f)\times\sin\omega t-J_2(m_f)\times\cos2\omega t] \tag{6-19}$$

式中　$J_1(m_f)$——调制度m_f第一类贝塞耳函数的一阶项，下标为2的二阶项。

由式（6-19）可以看出：输出信号是由调制频率的基频ωt和调制频率的二倍频$2\omega t$组成的，当偏离角$\beta'=0$时，基频项为零，只有二倍频倍号，因此可用检测信号频率成分的方法，确定是否存在偏离角β'，当检测不到调制频率成分时，起偏器和检偏器光轴的夹角为准确的90°，$\beta'=0$，从而用检测频率的方法取代了检测光强，有效地提高了传递准确度和稳定性。

继续进行公式推导，可以得出计算偏离角β'的公式，但在方案设计时，往往不是采用计算偏离角、再按计算数据进行跟踪的办法，而是采用伺服系统直接跟踪至偏离角为零的方法，以简化系统，并避免偏离角测量误差的影响。

检测信号频率的方法，除了有按公式分析的方法外，还可按曲线分析，见图6-20所示。曲线M是光电接收器接收的光强I和偏离角β'的关系曲线。当$\beta'=0$时，起偏器和检偏器光轴为准确的90°，系统处于消光状态，如图中的C点所示。输出信号M_C的频率是调制频率的二倍频。当起偏器和检偏器没有对准时，存在偏离角，即$\beta'\neq0$，系统处于非消光状态，如图中的A点或B点所示。输出信号M_A或M_B的频率为调制频率的基频，但M_A和M_B的相位相差180°，因此根据输出信号是同相还是反相，可判断系统偏离消光状态的方向。据此，可以确定同步机构驱动装置的转动方向，直到转至消光状态，偏离角为零，因此，按曲线和按公式的分析结果是一致的。

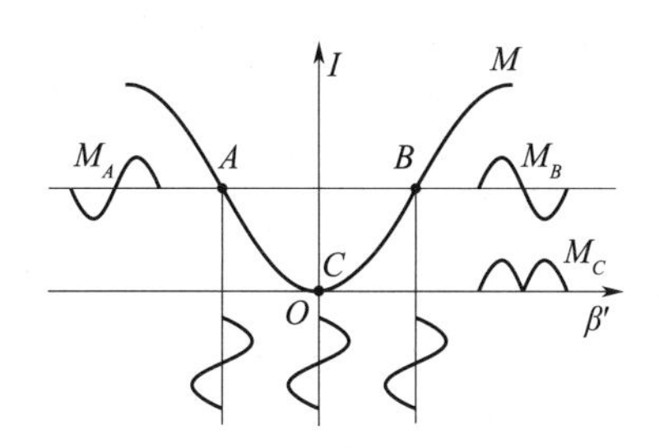

图6-20　磁光调制原理曲线

影响磁光调制稳定性的关键是磁光调制器的热漂移，由于线圈通电，导致磁光调制器温升，使磁旋光玻璃产生旋光漂移，输出信号随之产生漂移，常用的解决办法如下：

1）合理设计热流量。如：增大磁光调制器外表面对流系数及辐射量以改善散热；接触面涂导热硅脂以减小接触热阻等。

2）使温度尽快达到热平衡。如：采用有限元分析法进行热建模，并按分析结果改进结构设计；开机时先用较大的电流对磁光调制器进行予热，使其尽快达到热平衡等[5]。

3）采用热漂移的自动补偿。用分光镜取出一部份调制后的线偏振光信号至补偿光路，检测出漂移量，反馈至调制器，驱动补偿线圈，使线偏振光旋转一个角度，以抵消旋光漂移引起的偏离角信号误差。

6.7　线状激光投射、差分输出垂直传递法

线状激光投射、差分输出垂直传递法[6]采用分离式结构方案，由上、下两部件组成，中间为光电连接，对不同垂直距离的适应能力强。采用只传递零位、不测角的传递方案，可简化结构，并避免在动基座环境条件下产生动态误差，其工作原理见图 6-21 所示。上部件的半导体激光器 1 发出的光束，由聚光镜 2 会聚成一点，经柱面镜 3 成一条激光亮线，投射至下部件，由下部件转臂上的二个单向 PSD 光电位置探测器 4 接收，转变为电信号，将两 PSD 输出信号差分，当差分后信号为零时，说明激光亮线和两 PSD 中心点连线平行，两者的方位角相等；当激光亮线和两 PSD 中心点连线具有夹角时，按夹角的方向，差分信号为正值或负值，因此可按差分后信号的极性，确定下部件转臂的转动调整方向，直至差分后信号为零。这种只要求激光亮线和两 PSD 中心连线平行、不要求重合的方法，降低了对设备安装时的调整要求，方便了使用。

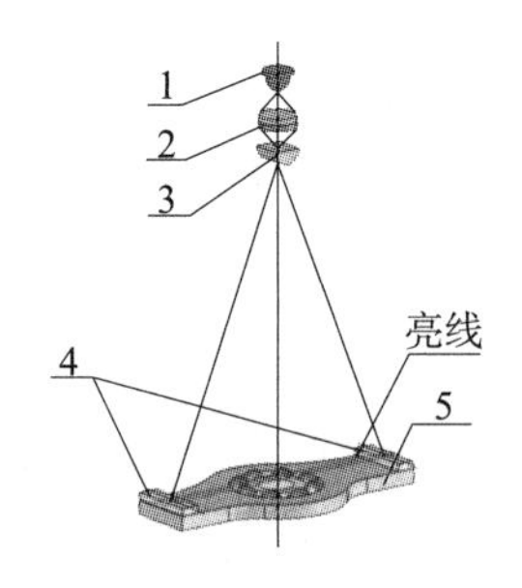

图 6-21　线状激光投射、差分输出垂直传递法原理

1—半导体激光器；2—聚光镜；3—柱面镜；4—PSD；5—转臂

发生激光亮线的组件可以装于上部件，向下投射；也可装于下部件，向上投射。向下投射便于目视观察亮线，而且由于激光组件的体积较小，可装于经纬仪类仪器的竖轴中，但易受环境光干扰，因此 PSD 需装圆筒形挡光罩；向上投射不易受环境光干扰，但不便观察亮线。

激光亮线需具有足够的光能，以驱动 PSD，并保证其输出信号有足够的信噪比，因此半导体激光器需有足够的功率，亮线应清晰，以保证 PSD 输出信号的质量。亮线的宽度应尽量小，以扩大 PSD 的有效敏区范围。产生激光亮线常用两种方法：会聚光及柱面镜法，平行光及折光棱镜法。用会聚光及柱面镜产生激光亮线的原理见图 6-22 所示。

半导体激光器发出的光束经聚光镜聚成一点，打在柱面镜平面的中心上，由柱面镜的平面折射，按折射定律

$$I' = \mathrm{acrsin}\ (\sin I/n)$$

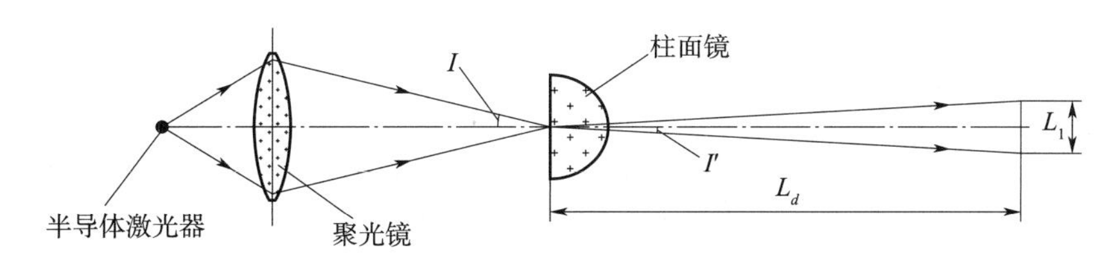

图 6-22　用会聚光及柱面镜产生激光亮线原理图

式中　I'——经柱面镜折射后的光束半角；

I——入射光束的半角；

n——柱面镜的光学玻璃折射率。

由于式中是除以 n，因此折射后的光束发散角有所减小，由于光点处于柱面镜半圆弧的中心上，因此柱面镜的出射光不再折射，直接形成一条激光亮线，亮线的长度为

$$L_l = 2 \times \tan I' \times L_d \tag{6-20}$$

式中　L_l——在距离为 L_d 时的激光亮线长度；

I'——柱面镜的出射光束半角；

L_d——自柱面镜平面至激光亮线使用位置（光电转换位置）的距离。

激光亮线的长度应略大于两 PSD 的间距，但不宜过长，以减少光能损耗，因此激光亮线需按使用距离 L_d 和两 PSD 间距确定，需能调整。调整方法是改变激光器发光面至聚光镜的距离，从而使柱面镜的入射半角 I 产生相应变化，因此聚光镜的焦距需较短，但结构比较复杂。例如：有的聚光镜用四片透镜组成，除了调整聚光镜外，还可调整激光器发光面的使用方向，因为半导体激光器发光面发出的光束，在不同方向上具有不同的发散角。例如：某 30 mW 红光半导体激光器，发光面尺寸为 250 μm×250 μm；垂直方向发散角为 22°（17°～26°），水平方向发散角为 8.5°（7°～11°）。由于双向的发散角不同，因此光斑为长方形，把半导体激光器和聚光镜组件相对于柱面镜转动，即可按需要改变某一方向上的入射角。例如：把激光器发散角较小的方向，转至激光亮线的宽度方向，就可以减小亮线的宽度，增大 PSD 的有效敏区范围。

图 6-22 是使用情况的一种，会聚后的激光亮点正好打在柱面镜的平面上，实际该亮点和柱面镜的平面具有较小的偏离距离时，同样可以工作。因此可观察激光亮线的质量，调整激光亮点和柱面镜平面的距离。

用平行光及折光棱镜产生激光亮线的原理见图 6-23 所示，所用的“平行光”实质是平行度并不高的准平行光。

由于对光束的平行度要求不高，因此常用一块单透镜作为聚光镜。因为半导体激光器的发光面位于聚光镜焦面上，因此激光器发出的发散光变成了准平行光。该光射至折光棱镜后，由折光棱镜把入射光束分成两部分，分别由棱镜的两个成夹角的入射平面折射，折射后的两束光在棱镜中相交，自交点出射一束新的发散光。当自棱镜出射时，再次发生折射，但出射时的折射是使光束的发散角增大，出射的发散光形成激光亮线，出射光发散角和棱镜两折射面夹角的关系式如下

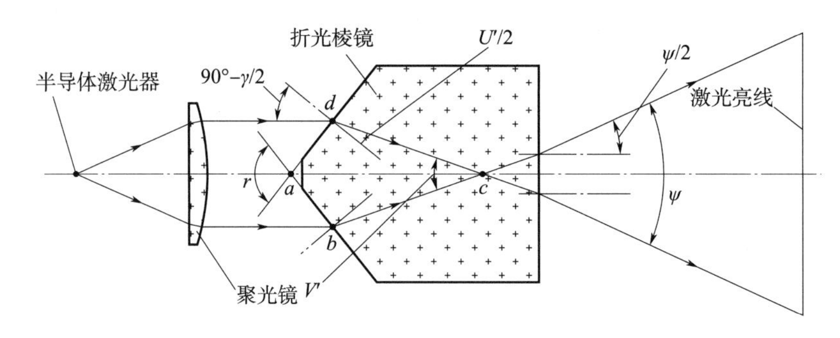

图 6－23　用平行光及折光棱镜产生激光亮线的原理

$$\text{折射角}\quad U'=2\times\arcsin\left[\frac{\cos\left(\frac{\gamma}{2}\right)}{n}\right]$$

$$\text{由四边形 } abcd \text{ 知 } V'=180°-U'-\gamma$$

$$\psi=2\times\arcsin\ [n\times\sin\ (V'/2)] \tag{6-21}$$

式中　γ——折光棱镜两折射面的夹角；

U'——入射光经棱镜折射后，在棱镜内的折射角；

n——折光棱镜的玻璃折射率，取 $n=1.5$；

V'——入射平行光经折射后，在棱镜内的发散角；

ψ——折光棱镜出射光的发散角。

由上式可见，出射光的发散角 ψ 基本由分光棱镜两折射面的夹角 γ 决定，当棱镜夹角 γ 越大时，则出射光的发散角 ψ 越小，如棱镜 $\gamma=90°$时，则 $U'=56.25°$，$V'=33.75°$，出射光发散角 $\psi=51.6°$。当用于垂直传递时，由于垂直距离一般较大，因此该发散角太大了，解决办法是增大折光棱镜两折射面的夹角，为保证折射光束能在棱镜中相交，夹角需小于 180°，如取夹角 $\gamma=176°$，则 $U'=2.67°$，$V'=1.33°$，出射光发散角 $\psi=2°$。当距离为 15 m 时，形成的激光亮线的长度为 523.7 mm，当两光电位置探测器间距为 500 mm 时，激光亮线的长度符合略大于光电位置探测器间距的要求。

用平行光及折光棱镜产生激光亮线，由于入射光束是准平行光，因此激光亮线的宽度较小，即亮线较细，但是一种夹角的折光棱镜只能产生一种出射光的发散角，不能调整，当需改用新的出射光发散角时，就需改用新的相应夹角的折光棱镜。

激光亮线的光电转换常用光电位置探测器（Position Sensitive Detectors，PSD），它是一种特殊的 PIN 光电二极管，其特点是将光敏面制成长条形（单向）或正方形（双向）、且具有二个（单向）或四个（双向）信号输出端，当亮线（单向）或亮点（双向）落在光敏面的任意位置时，都能产生光电流，但其输出信号的比例关系，则由亮线或亮点在光敏面上的位置决定，因此能检测亮线或亮点位置。单向 PSD 的工作原理见图 6－24 所示，图 6－24（a）是结构示意图，由 P，I，N 等三层组成。P 为光敏面，两端接有 I_1 和 I_2 两输出端，光敏面的背面为 N 面，是公共端，接＋压偏置电压，中间为 I 层，用于降低光电二极管的暗电流，改善性能。具有 I 层的光电二极管称为 PIN 光电二极管，是一般 PN 光电二极管的改进型。光电二极管需反向偏置，其＋极加电压时需为－压，－极加电压时需为＋压。当无光照时，P 区和 N 区的电子－空穴都很少，反向电阻很大，反向电流（暗电流）很小。当亮线照在光敏面上时，如果光子能量足够大，产生的光生电子－空穴对，在 P、N 结电场作用下，电子向 N 区运动，空穴向 P 区运动，形成光电流，其流向和反向电流一致，大小和光照度成正比。这种在光线作用下，物体电阻率发生变化的现象，称为内光电效应。由于 P 层具有一定电阻，亮线距输出端的距离越远，则电阻越大，按图 6－24（b）等效电路，亮线偏离 PSD 中心距离为 X_A，所加偏压为 V，单位长度的电阻为 Ω，R_L 为外接负载电阻时，可得出以下关系式

$$V=I_1\times[(L/2+X_A)\times\Omega+R_L]=I_2\times[(L/2-X_A)\times\Omega+R_L]$$

整理后得到

$$X_A=\frac{(I_2-I_1)}{(I_2+I_1)}\times\left(\frac{L}{2}+\frac{R_L}{\Omega}\right) \tag{6-22}$$

式中　X_A——亮线偏离 PSD 中心的值，单位 mm；

I_2——PSD 的 I_2 输出端输出的电流信号；

I_1——PSD 的 I_1 输出端输出的电流信号；

L——PSD 的有效长度，单位 mm；

R_L——外接负载电阻的阻值；

Ω——PSD 单位长度的电阻值。

式中的 L，R_L，Ω 都是常数，$\left(\frac{L}{2}+\frac{R_L}{\Omega}\right)$项可通过元件状态的“综合定标”得到。方法是，在实验室内，用一台能读出准确位移量的仪器作为标准，如万能工具显微镜、三坐标测量机、双频激光等，使 PSD 能对激光亮线作相对移动，测量 PSD 的 I_1 和 I_2 端的输出，先移动至按式（6－22）计算得到 PSD 输出为零，再用仪器把 PSD 或激光亮线相对移动一个标准的 X_A 值，此值应接近 PSD 的最大敏区，不宜太小，以减小定标误差的影响，测出 I_1 与 I_2，就可按式（6－22）算出$\left(\frac{L}{2}+\frac{R_L}{\Omega}\right)$项。注意式中的 L 是 PSD 的有效长度，与样本上的结构长度往往有所不同。

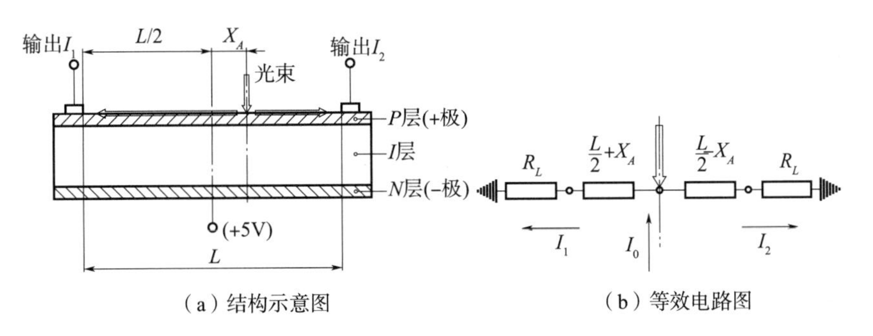

图 6－24　单向 PSD 的工作原理图

将激光亮线照在两个具一定间距的 PSD 上，并把两 PSD 输出接成差分电路，则其几

何关系如图 6 - 25 所示。

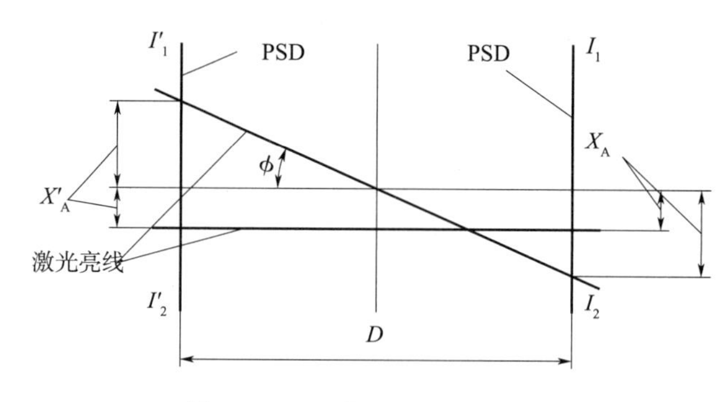

图 6 - 25 差分 PSD 几何关系图

如激光亮线正好与两 PSD 的中心重合，则两 PSD 的输出 X_A，X_A'均为零；如虽不重合，但激光亮线与两 PSD 中心点连线平行，则两 PSD 输出信号的极性相同、大小相等，差分后仍为零，如激光亮线相对于两 PSD 中心点连线具有夹角，则两输出信号的极性相反，差分后不等于零。且具有"+"或"−"号，因此可按差分后信号的极性，确定调整时的转动方向，直至差分后信号等于零。如激光亮线通过中心、但具有夹角 ϕ，则

$\tan\phi=(X_A-X_A')/D$，如 $|X_A'|=|-X_A|$，且为小角度时

$$角度值\ \phi=2X_A\times 206\ 265/D$$

$$分辨力\ \mathrm{d}\phi\approx\frac{2\mathrm{d}X_A}{D}\times 206\ 265 \tag{6-23}$$

式中 ϕ——激光亮线对两 PSD 中心连线的夹角，单位（″）；

X_A，X_A'——两 PSD 的输出值，单位 mm；

D——两 *PSD* 的间距，单位 mm；

$\mathrm{d}\phi$——差分装置的测角分辨力，单位（″）；

$\mathrm{d}X_A$——PSD 的位置分辨力，单位 mm。

PSD 元件分辨力的数据越小，两 PSD 的间距越大，则差分 PSD 装置的分辨力越高。如 PSD 的元件分辨力为 0.001 mm，两 PSD 间距为 500 mm 时，则差分 PSD 的分辨力为 0.8″。

采用差分方案能消减多项误差，诸如半导体激光器的功率漂移、PSD 的温度漂移、气流引起的示值跳动、环境杂光的影响等，还能提高灵敏度，降低上、下部件的同心要求。但是消减误差的效果是以两 PSD 性能的一致性为前提的，因此两 PSD 应进行元件的筛选配对。

6.8 自动补偿方法

在测量器具、仪器设备的结构或测量系统的组成中，采用自动补偿措施，可以有效地扩展性能，减小误差，提高稳定性，方便使用，且往往具有较丰富的高技术和创新的含

量。测量器具的互补结构，如 180°反射式三棱镜的双面反射，当棱线水平安装时，使俯仰方向成为角度非敏感方向，从而能用于测量仪器和三棱镜具较大高度差时的准直。五棱镜的双面反射，使五棱镜绕垂直线摆动时，能保持转折角不变。角锥棱镜的三面反射，能保持反射光和入射光平行，使远距离测量时能捕获目标。折转光管的双面反射，使能把方位角准确平移一段水平或垂直距离，而且对安装位置的要求不严。在仪器设备或测量系统中增设自动补偿环节，如线状激光投射式垂直传递法，采用的两光电元件差动输出措施，对消减误差、提高稳定性具有重大的作用。偏振光垂直传递法采用的旋光漂移的自动补偿，有效地改善了热稳定性，此外，再举两例：自准直仪漂移的差动反光镜补偿法和铅垂度的液体光楔自动补偿法，以便拓宽思路，设计出更多、更好的自动补偿方法。

6.8.1　自准直仪漂移的差动反光镜补偿法

当需长时期保持测量状态或用于组成固定设备时，则此时的关键是需保持稳定性。测量仪器的漂移，安装基座的变形等因素，都会改变测量状态，增大测量误差，针对某种稳定性因素，采用相应的自动补偿方法，能有效地改善稳定性，提高工作效率，保证准确度，扩展性能。

平行光准直法既可用于静态测量，又可用于动态测量。用于动态测量的关键是动态响应速度，用于静态测量的关键则是示值稳定性，示值稳定性有两种：示值漂移和示值跳动。示值漂移是由于自准直仪本身发热和外部环境温度变化等原因引起的示值缓慢的变化。示值跳动是由于气流等原因引起的示值瞬时变化。跳字影响读数的准确性，漂移影响测量数据的重复性，对测量工作都有较大的影响。例如：有的试验工作，所需的试验周期较长，因此往往需设置一块固定反光镜，准确测出其方位角后，作为试验时的角度标准，其他所需的角度按该反光镜导出。为防止试验过程中该镜的角度发生变化。因此固定一台自准直仪与之自准直，只要自准直仪的读数值不变，说明自准直仪和反光镜的角度都未发生变化，但是一旦发现自准直仪的读数值变了，就难以判别是自准直仪还是反光镜发生了变化。采用 CCD 自准直仪、差动反光镜的自校准方法[7]，可以有效地消减自准直仪的示值漂移，对气流引起的示值跳动也有抑制作用，从而可以排除自准直仪的影响。一旦发现自准直仪读数值变化，就可以判定是反光镜变了，其原理见图 6－26 所示，差动反光镜由工作反光镜 1 和参考反光镜 2 组成，参考镜外圆略大于自准直仪的通光口径，两反光镜的反射光形成两个自准直像，分别为参考镜成环形的反射面、工作镜成圆形的反射面所反射。由于安装时两镜在方位方向成一个小角度，因此两自准直像不会重叠在一起，分别处于 CCD 的不同部位，用“面心法”进行细分，并相减作差动输出，如式（6－24）所示

$$N_A=\frac{\sum_{N'=N_3}^{N_4-1}(V_{N'}-V_r)\times N'}{\sum_{N'=N_3}^{N_4-1}(V_{N'}-V_r)}-\frac{\sum_{N=N_1}^{N_2-1}(V_N-V_r)\times N}{\sum_{N=N_1}^{N_2-1}(V_N-V_r)} \tag{6-24}$$

式中　N_A——细分并差动后的 CCD 输出值，即两镜的夹角；

V_r——设置的 CCD 阈值电平；

N_1——参考镜自准直象第一个大于阈值的象元序数；

N_2——从 N_1 开始至第一个小于阈值的象元序数；

N——自 N_1 至 N_2-1 的象元序数；

V_N——自 N_1 至 N_2-1，序数为 N 的象元电平；

N_3——工作镜自准直象第一个大于阈值的象元序数；

N_4——从 N_3 开始至第一个小于阈值的象元序数；

N'——从 N_3 开始至 N_4-1 的象元序数；

$V_{N'}$——自 N_3 至 N_4-1，序数为 N'的象元电平。

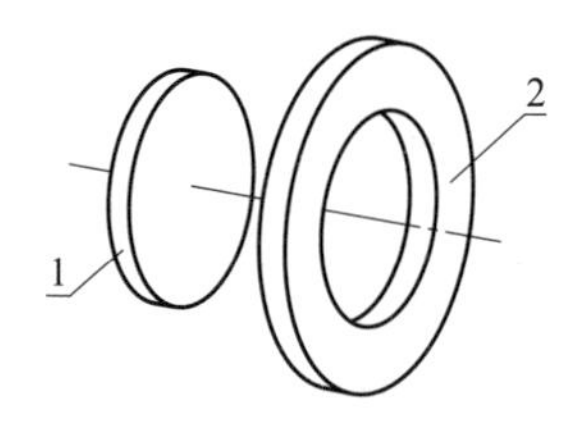

图 6-26　差动反光镜原理

1—工作反光镜；2—参考反光镜

同一自准直仪的漂移，引起的两反光镜自准直象的位置漂移是相同的，因此采用差动法后，可以得到有效消减；气流引起的自准直象位置的瞬时变化，从而引起的示值跳动，两反光镜是相近的，因此差动后，可以得到消减。为了保证差动补偿的效果，参考镜和工作镜的有效反光面积应相等，两镜的安装位置应尽量挨近，使气流的影响尽量一致。但两镜又不能固定成一体，应分别固定，而且参考镜的固定应更可靠，以免两镜同时产生相同的角度变化，用差动法不能发现。差动补偿法的补偿效果。经试验得出结果：自准直仪二小时的漂移，可减少 67%；示值跳动量，以标准偏差表达，可减少 37%。

差动补偿法不仅可用于工作反光镜固定、作为试验时角度标准，还可用于工作反光镜为运动的情况。例如正多面棱体分度误差的计量检定，每个面都和同一块固定的参考镜比较，进行差动，同样可以消减自准直仪的漂移，减少示值跳动，提高读数准确度，并使测量数据容易“回零”。

6.8.2　铅垂度的液体光楔自动补偿法

在工业井等具较大高度差的建筑物中，往往需保持上、下数点的同心，常用的方法是建立一条铅垂的激光基准线。但是激光器的安装座很容易因温度、变形等因素发生变化，使激光束倾斜，采用液体光楔自动补偿器[8]，可以有效地保持激光线的铅垂度，其原理见图 6-27 所示。

两装有相同折射率液体的透明容器和激光器安装在同一基座上，激光束穿过两液体后出射。在分析液体的补偿作用前，先说明角度的极性和以铅垂线或法线起始的角度的换算关系，见图 6-27（a）所示。

1）自铅垂线起始转至法线：以及自铅垂线或法线起始，转至光线的角度，当转动的方向为顺时针时，角度为“＋”值，反时针时为“－”值，图中 i_1，i_c 角为“＋”值，i_f

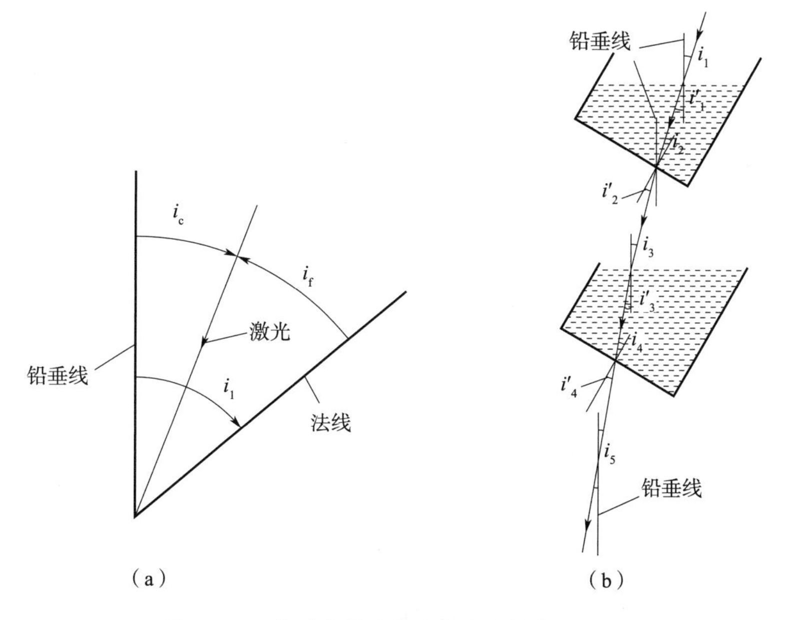

图 6-27　铅垂度的液体光楔自动补偿原理图

为“—”值。

2）自铅垂线起始的激光角度 i_c，转换为自法线起始的角度 i_f 的关系式为

$$i_f = i_c - i_1 \tag{6-25}$$

自法线起始的角度 i_f，转换为自铅垂线起始的角度 i_c 的关系式为

$$i_c = i_f + i_1 \tag{6-26}$$

式中　i_1——自铅垂线起始的法线的角度。

按以上关系，可以分析液体的自动补偿原理，见图 6-27（b）所示。如初始状态已调至激光束铅垂入射、对液面法线的入射角为 0°，当安装基座受外界影响倾斜 i_1 角时，液面仍保持水平，而激光束对液面法线的夹角，即入射角变为 i_1 角，按几何光学的折射定律

$$n \times \sin i = n' \times \sin i'$$

由于是小角度，取

$$n \times i = n' \times i'$$

两液体进行自动补偿的角度关系如下

$$i_1{}' = i_1 / n = i_1 / 1.5$$

式中　n——液体的折射率，如 $n = 1.5$。

当安装基座倾斜 i_1 角时，虽然液体上表面仍保持水平，但下表面受容器的限制，使液体下表面的法线也倾斜了 i_1 角，对上液体下表面法线的入射角为 i_2，按式（6-25）得

$$i_2 = i_1{}' - i_1 = (i_1/1.5) - i_1 = -0.5 \times i_1/1.5$$

i_2 为“—”值，说明自法线转至光线是反时针方向。

$$i_2{}' = 1.5 \times i_2 = -0.5 i_1$$

对下液体铅垂线的入射角为 i_3，按式（6-26）得

$$i_3 = i_2' + i_1 = 0.5i_1$$

$$i_3' = i_3/1.5 = 0.5i_1/1.5$$

$$i_4 = i_3' - i_1 = -i_1/1.5$$

$$i_4' = 1.5i_4 = -i_1$$

把对法线的 i_4'换算成对铅垂线的 i_5，按式（6-26）得

$$i_5 = i_4' + i_1 = 0$$

i_5 是出射激光对铅垂线的夹角，该夹角等于零，说明出射激光位于铅垂线上，因此尽管安装基座变化了 i_1 角，但经过液体补偿，出射激光仍能保持铅垂位置不变。

这种液体补偿方法，当前能达到的准确度为 1/200 000，即在 20 m 垂直距离时，其对中准确度可达 0.1 mm。但由于应用了液面自动保持水平的原理，因此只能用于静态测量，或安装基座虽然有运动，但允许等停止运动、稳定后再进行测量的工作。

6.9　角锥棱镜的工作原理

角锥棱镜是一种具三个反光面的反光器件，其特点是能保持反射光和入射光平行，常用作测距仪、全站仪、激光跟踪仪的靶镜。在千米级远距离自准直测量时，角锥棱镜是较容易接收到反射光、从而捕获目标的反光器件。而且在发散光光路中，它能敏感角锥棱镜顶点的线位移，并将其转变为电信号后。这可作为自动跟踪的依据（有关内容见 6.2.2.3 节中的重合法）因此角锥棱镜是方位角传递时配套使用的重要测量器具，掌握角锥棱镜的工作原理和性能特点是保证正确使用的基础。

6.9.1　结构参数

角锥棱镜结构见图 6-28 所示。

一块玻璃正方体，相邻面均为准确的 90°，各面具良好的平面度，$A-A'$为正方体的对角线，取与 $A-A'$垂直的平面 $B-C-D$ 把角锥 $A-B-C-D$ 切下，切下的角锥就是半成品，把切面研平、抛光；三个三角形的反射面镀全反射膜，涂保护漆，就是一块成品角锥棱镜。

角锥棱镜的三条棱线（两相邻反射面的交线）的长度相等，均为 a，这是确定角锥棱镜尺寸的唯一参数，按图可导出角锥棱镜的其他结构参数。

1）通光口径 d。三个反射面的最大内切圆，按 M 向视图

$$d = \sqrt{2} \times \tan 30° \times a = 0.8165a$$

2）高度 H。自顶点 A（三反射面的交点）至弦面（$B-C-D$ 切面）的垂直距离，按 $E-E$ 剖面

$$H = \sqrt{[(\sqrt{2} \times a/2)^2 - (d/2)^2]} = 0.5773a$$

3）反射面与光轴（正方体对角线 $A-A'$）夹角 β，按 $E-E$ 剖面

$$\beta = \arcsin[d/(\sqrt{2} \times a)] = \arcsin(0.8165a/1.4142a) = 35.26°$$

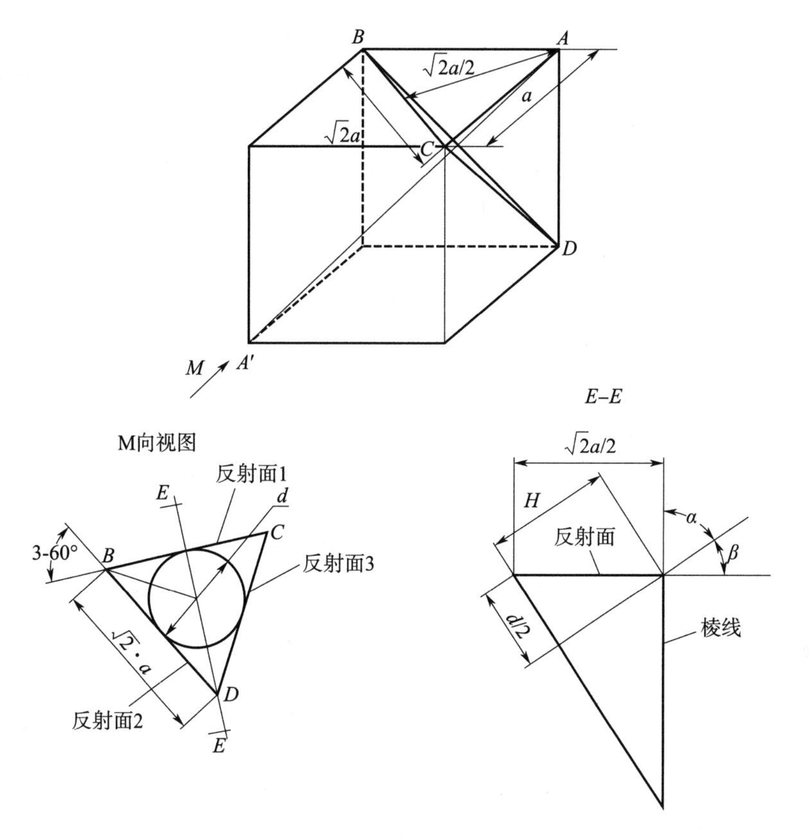

图 6－28　角锥棱镜结构参数图

4）棱线（两相邻反光面的交线）与光轴夹角 α。

$$\alpha=90°-35.26°=54.74°$$

由此得出角锥棱镜的结构参数及性质如下：

三反光面的相邻两反光面均严格垂直；

三反光面的交点称为“顶点”，是角锥棱镜的工作基准；

三条棱线具相等长度 a，是决定角锥棱镜尺寸的惟一参数。

$$\begin{cases}\text{通光口径 } d=0.8165a \\ \text{高度 } H=0.5773a \\ \text{三角形的最大边长 } L=1.4142a \\ \text{反光面与光轴光面 } \beta=35.26° \\ \text{棱线与光轴夹角 } \alpha=54.74°\end{cases} \tag{6-27}$$

6.9.2　工作原理

角锥棱镜的工作原理见图 6－29 及图 6－30 所示。为了便于分析，将第一反光面水平放置作为水平面。通过光轴及第二、三反光面的棱线，并与第一反光面垂直的面为垂直面。入射光与水平面成 35.26°垂直角，即与光轴平行且不具水平分量。如光束中的一根光线，在第一反光面的中心垂直面上入射，则反射光正好射在棱线上，而棱线是不能反光的，因此有效入射光线需偏离棱线。图中是偏向第二反光面的光线，所以入射光经第一反光面反射后，射在第二反光面上，再由第二反光面反射，射在第三反射面上，由第三反射面反射后出射，出射光与水平面成 35.26°垂直角，且不具水平分量，即出射光与入射光平行，光线在角锥棱镜中的行进途径见图 6－29 所示。

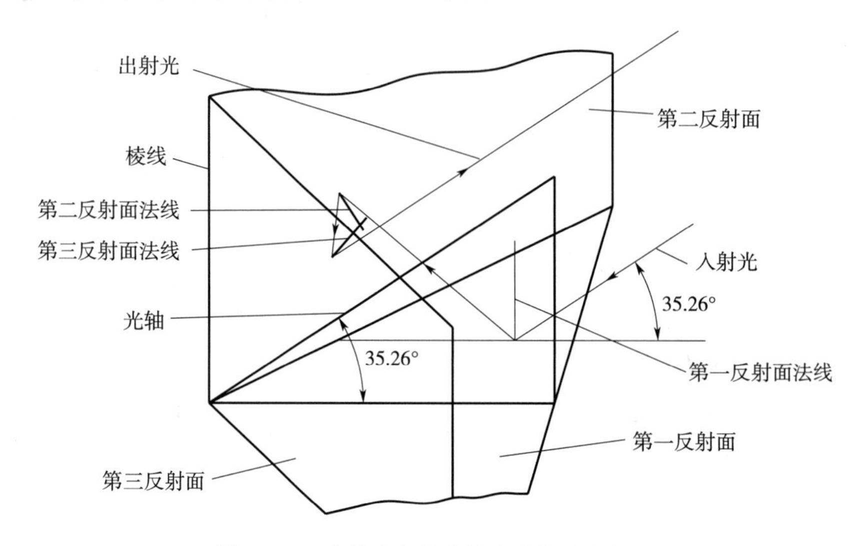

图 6－29　光线在角锥棱镜中的行进途径图

第二反射面是角锥棱镜光线的中转面，见图 6－30 所示。其主要特点是，法线在垂直角方向转了 90°，在水平角方向转了 45°。第一反射面的法线是垂直的，而第二、第三反射面的法线都是水平的。而在分析设置时，把第一反射面置于水平状态，第二、三反射面都与第一反射面处于垂直状态，从而其法线为水平状态。因此光线对于法线的垂直角，当第一反射面为 54.74°时，对第二反射面法线就成了 90°－54.74°＝35.26°；对于第三反射面法线，入射与反射的垂直角都是 35.26°，而法线就是水平线，因此出射光的垂直角也是 35.26°，在垂直角方向与入射光平行。第二反射面实质起到了保持出射光与入射光平行的

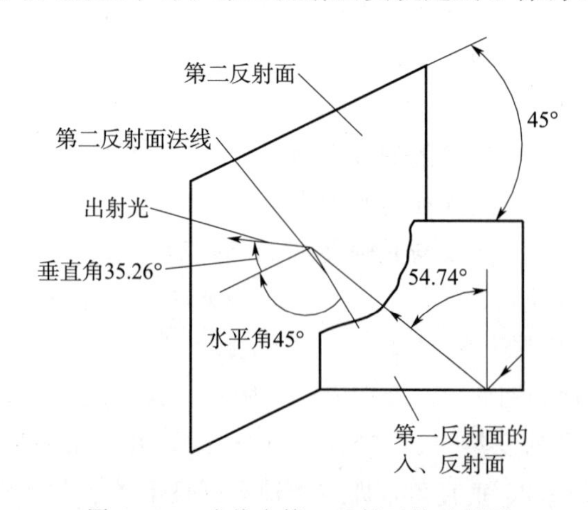

图 6－30　光线在第二反射面的反射图

自动补偿作用。在水平角方向，第一反射面的入、反射面，其方位设为零度，由于该面对第二反射面的水平角为 45°，因此第二反射面的法线对该面的水平角也是 45°，从而在第二反射面上，光线成 90°水平角反射，使光线能射至第三反射面，在第三反射面上，光线与法线的夹角也是 45°，从而棱镜的出射光与入射光在水平角方向也平行。

以上分析时，假定入射光对角锥棱镜光轴只有垂直角，没有水平角（水平角为零），在分析水平角时，同样可假定入射光对光轴只有水平角，没有垂直角，只要把图 6－29 和图 6－30 转过 90°即可，把第一反射面设置成垂直状态，光线的传播途径和角度关系都不变，同样可以说明出射光与入射光平行。

6.9.3　性能特点

由于两反射面相交的棱线不能反光，有效入射光必需偏开棱线，而且角锥棱镜光线的入射面与出射面之间，要通过一个中转面，因此角锥棱镜形成了六个工作区，见图 6－31 所示。

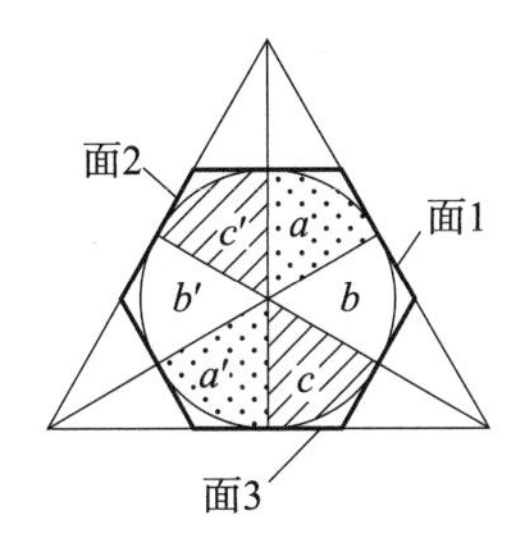

图 6－31　角锥棱镜的六个工作区

当光束从 a 区入射时，从 a' 区出射，反之，从 a' 区入射时，则从 a 区出射，a，a' 两工作区组成 $a-a'$ 一对工作区。同样，b 和 b' 组成 $b-b'$ 工作区，c 和 c' 组成 $c-c'$ 工作区。因此角锥棱镜共有六个、三对工作区。当把角锥棱镜置于平面度干涉仪上观察时，可以明显地看到具有干涉条纹的图示六角形图像。角锥棱镜除了六角形范围之内，三角形的其余三个角部分是非工作区，不能获得出射光，因此有的整体式角锥棱镜把三个角磨掉，使最大直径处成为圆形。

由于角锥棱镜六个工作区的特点，因此角锥棱镜使用时，有局部入射和全口径入射两种工作方式：局部入射是指入射光束的直径较小，射在角锥棱镜反射面的局部范围内，出射光是与入射光平行、但有一定线值偏离的细光束，主要用于较近距离的测量。由于只使用角锥棱镜反射面的局部区域，因此不仅受相邻反射面垂直度的影响，还受反射面平面度的影响。全口径入射是指入射光大于或等于角锥棱镜通光口径的光斑，因此角锥棱镜的六个工作区、全部反射面都参与工作，具有一定的误差平均作用，主要用于远距离测量。

角锥棱镜的主要性能是在平行光路和发散光路中，都能保持出射光与入射光平行，从而容易捕捉目标，且具简单又固定不变的几何关系。因此角锥棱镜的主要技术指标是出射光和入射光的平行度，而平行度的主要影响因素是在三反射面中，各对相邻两反射面的垂

直度，其关系式[9]为

$$\begin{cases} \alpha_a = -\alpha_{a'} = n \times \sqrt{\left[\dfrac{8}{3} \times (\varepsilon_{1,2}^2 + \varepsilon_{1,3}^2 + \varepsilon_{2,3}^2 + \varepsilon_{1,2} \times \varepsilon_{2,3} + \varepsilon_{1,3} \times \varepsilon_{2,3} - \varepsilon_{1,2} \times \varepsilon_{1,3})\right]} \\ \alpha_b = -\alpha_{b'} = n \times \sqrt{\left[\dfrac{8}{3} \times (\varepsilon_{1,2}^2 + \varepsilon_{1,3}^2 + \varepsilon_{2,3}^2 + \varepsilon_{1,2} \times \varepsilon_{2,3} - \varepsilon_{1,3} \times \varepsilon_{2,3} + \varepsilon_{1,2} \times \varepsilon_{1,3})\right]} \\ \alpha_c = -\alpha_{c'} = n \times \sqrt{\left[\dfrac{8}{3} \times (\varepsilon_{1,2}^2 + \varepsilon_{1,3}^2 + \varepsilon_{2,3}^2 - \varepsilon_{1,2} \times \varepsilon_{2,3} + \varepsilon_{1,3} \times \varepsilon_{2,3} + \varepsilon_{1,2} \times \varepsilon_{1,3})\right]} \end{cases} \tag{6-28}$$

式中　α——出射光对入射光的平行度，下标为出射光的工作区，如 α_b 为 b 工作区出射光对入射光的平行度；

n——玻璃的折射率，可取 $n=1.5$，

ε——相邻两反射面的垂直度，下标为两反射面的序号，如 $\alpha_{1,2}$ 为第一反射面和第二反射面的垂直度。

参考文献

[1] 孙方金．自准直仪与反光面准直时的注意事项［J］．计量技术，1999，(10)：33-36.

[2] 李小京，孙方金．导线测量法在航天工业中的应用［J］．宇航计测技术，1995，15 (2)：27-30.

[3] 高立民，马彩文，董晓娜，申小军．实现方位角垂直传递的方法：中国，00135479.5［P］.2002-07-31.

[4] 董晓娜，高立民，申小军，陈良益．利用磁光调制实现方位角垂直传递［J］．光子学报，2001，30 (11)：1389-1391.

[5] 殷纯永．质量工程导论［M］．北京；中国计量出版社，1998.

[6] 张忠武，王震，孙方金．分离式方位角垂直传递装置：中国，CN 101614539 B［P］：2011-05-04.

[7] 张俊杰，王震，李政阳.CCD 自准直仪示值漂移的自校准系统［J］．计量学报，2011，32 (2)：123-125.

[8] 刘洪云．一种能自动安平的液体光楔自动补偿器：中国，CN 201311521［P］.2009-09-16.

[9] 何勇．锥体棱镜的测试［J］．实用测试技术，1997，(3)：26-29.

第 7 章　方位角的传递设备

7.1　关于经纬仪的基础知识

经纬仪是最基本的静态双向测角仪器，也是最常用的方位角静态传递设备。有关经纬仪的基本概念，是使用、改造经纬仪、设计经纬仪类专用仪器的基础。

经纬仪以大地水平面作为工作基准。调水平后，水平测角元件处于水平状态，垂直测角元件处于铅垂状态，因此在测量过程中，无论望远镜如何改变倾斜角，测得的永远是大地水平面上的投影角——水平角和铅垂面上的投影角——垂直角。经纬仪的垂直角以大地铅垂线作为起始线，望远镜光学轴线水平时，垂直角为 90°或 270°，具体由望远镜的位置为“盘左”或“盘右”（又称“正”、“倒”镜）确定。以铅垂线作为起点的垂直角称为天顶距，度数为从零度起连续排列。以大地水平面作为起点的垂直角称为俯仰角，仰角为＋，俯角为－。读出的经纬仪垂直角是天顶距，需要使用俯仰角时要自行换算，不能直接读出。

7.1.1　轴系

经纬仪上有三根相互垂直并相交的基本轴线：视准轴、横轴和竖轴。视准轴是望远镜的光学轴线，横轴和竖轴都是机械轴，三轴位置见图 7－1 所示。

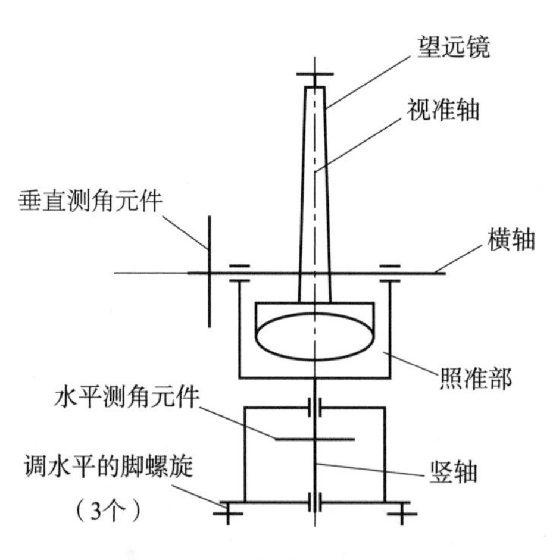

图 7－1　经纬仪三轴位置示意图

横轴是望远镜的回转轴，上装垂直测角元件，和望远镜一起转动，以测量垂直角。竖轴是照准部（经纬仪上连同望远镜作水平转动的部件称为“照准部”）的回转轴，上装水平测角元件，和照准部一起转动，以测量水平角。经纬仪上的其他轴线，无论是仪器原有的，还是按需要外加的，都必需和这三根基本轴线之一保持重合、平行或垂直。例如：观察地面标石刻线的光学对中器，其光学轴线需和竖轴重合。采用发散光投射法时，在物镜前加装的发光二极管，其发光面需和视准轴重合。当在照准部上加装平面镜或三棱镜时，则常用的位置是平面镜的平面或三棱镜的棱线与横轴垂直。

当把照准部上的水准器调至相隔 90°的四个位置上气泡都居中时，此时竖轴处于铅垂状态，横轴处于水平状态，望远镜转动时，视准轴扫动的轨迹是一个铅垂面。如竖轴对铅垂线倾斜，则转动望远镜时，视准轴扫出的是一个与铅垂面成夹角的倾斜面；如横轴和竖轴不垂直，即使竖轴铅垂，横轴仍不水平，望远镜旋转时视准轴扫出的还是倾斜面。竖轴倾斜、横轴和竖轴不垂直，视准轴和横轴不垂直都会引起测角误差[1]，如下式所示。

竖轴倾斜的影响：$\Delta_u = u \times \tan\alpha$

横轴和竖轴垂直度的影响：$\Delta_i = i \times \tan\alpha$

照准差的影响：$$\Delta_c = C/\cos\alpha \tag{7-1}$$

式中　Δ_u——竖轴倾斜引起的测角误差；

Δ_i——横轴和竖轴垂直度引起的测角误差；

Δ_c——照准差引起的测角误差；

α——经纬仪望远镜光学轴线的俯仰角；

u——竖轴对铅垂线的倾斜角；

i——横轴和竖轴的垂直度；

C——视准轴和横轴的垂直度。

竖轴倾斜引起的测角误差 Δ_u，不因望远镜正、倒镜而改变符号，因此不能用正、倒镜平均的方法消减；横轴和竖轴垂直度，视准轴和横轴垂直度引起的测角误差 Δ_i、Δ_c 在正、倒镜测量时误差改变符号，因此静态测量时，可用正、倒镜测量取平均值的方法消减。从式（7-1）还可看出，这三项误差都和望远镜的俯仰角 α 有关，当具有同样倾斜度或垂直度时，俯仰角越大则引起的测角误差越大，因此方位角传递时，要用引入折转光管等方法，尽量减小经纬仪望远镜的俯仰角。

经纬仪的三轴重合度由工艺保证，需设计在装配时保证重合度的定位基面，并注明形位公差，由加工保证，一般不作检测；但经纬仪的三轴垂直度，仅靠加工准确度是不能保证的，因此仪器设计时，需有必要的调整结构。所需的加工准确度是为了调整范围不致过大，调整结构能调得过来，主要的调整项目是视准轴的位置和横轴的倾斜度。

由于视准轴是由望远镜物镜的光心和目镜分划板刻线中心点的连线组成的，因此调整目镜分划板就可以改变视准轴的位置。结构设计时，目镜分划板需有调整结构。水平方向改变分划板竖丝的位置，可调整视准轴和横轴的垂直度（照准差）。垂直方向改变分划板的横丝位置，是调整垂直角“指标差”时的一项重要内容。由于垂直角有固定零位，因此在光学经纬仪的垂直角测角系统中，设有连着专门水准器的指标线，以确定垂直度盘的零位。该水准器的位置偏差称为“指标差”。但只调该水准器只能达到盘左或盘右中一个位置的正确性，必需同时调整分划板的横丝，才能保证当垂直角为 90°和 270°时，望远镜的光学轴线都和竖轴垂直。

在望远镜中增加分光棱镜、准直分划板及照明光源时，就成为“准直望远镜”。图 7－2 是一种目视式准直望远镜的光路图，当调焦至无穷远时，照明的准直分划板刻线经物镜成平行光射出时，反回光经物镜成准直分划板刻线像于目镜分划板的刻划面上，用目镜观察，可和平面镜或三棱镜进行自准直测量。准直分划板一般为暗视场、亮线结构，需和目镜分划板刻线重合，并处物镜焦面上。图示望远镜的参数为：通光口径 45 mm，物镜焦距 229.802 mm，光路全长 151.08 mm，视场角 1°30′，目镜放大率 30×，最短视距 1.8 m。

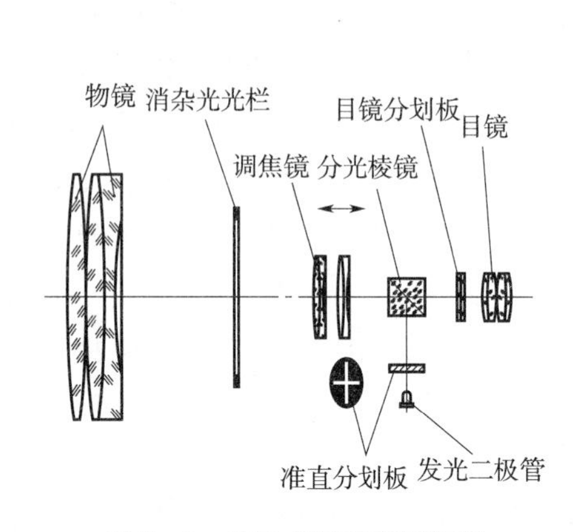

图 7－2　目视式准直望远镜图

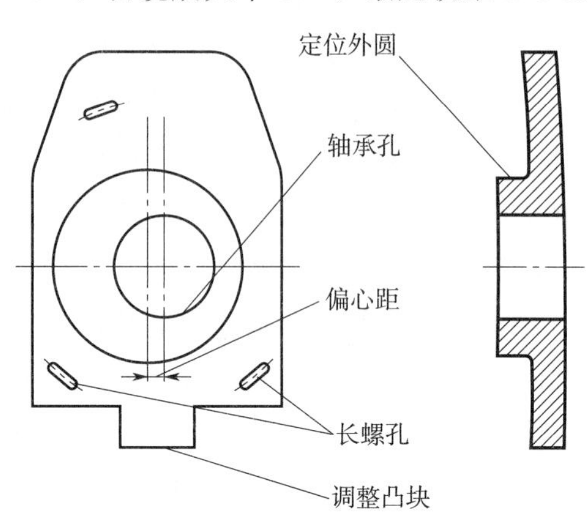

图 7－3　调整横轴倾斜的偏心轴承座

横轴需制成可微调倾斜的结构，即横轴两轴承中有一个可作上、下方向微调，以改变横轴的倾斜状态，调整横轴和竖轴的垂直度。由于常用的横轴结构是圆柱形的轴、孔间隙配合，因此常用偏心轴承座作为调整机构，见图 7－3。照准部支架上两个横轴的安装孔是一次镗出的，以保证同心。但其中一个轴承坐具有图示的偏心结构，其定位外圆和轴承孔具有 1 mm 左右的偏心量。定位外圆和照准部支架的安装孔为滑合。照准部支架上的相应位置有二个螺孔，安装两个顶丝顶在调整凸块的两侧面上。长螺孔中装上固定螺丝，但不完全拧紧，这样通过松、紧两顶丝，就可使偏心轴承坐在安装孔内转动一个小角度。由于偏心的作用，使横轴该端上升或下降，从而改变横轴的倾斜度。调好后把长孔中的固定螺钉拧紧，并拆去顶丝，复查横轴和竖轴的垂直度。

采用偏心方法调整横轴倾斜度，是基于横轴的轴、孔间具有间隙，但该间隙很小，约 0.01 mm 左右，因此调整量不能太大，否则会引起横轴转动困难，甚至卡死。这种偏心调整结构已为多种型号的经纬仪所采用，但当横轴为无间隙的角接触轴承时，就不能采用偏心调整方法。此时可采用精密研磨的方法，按垂直度的检测数据，修研照准部上安装竖轴的端面，同样可以改变横轴对竖轴后的倾斜度，而且具有更高的稳定性。

横轴和竖轴都是机械轴，除了轴系间的相互关系外，还要保证轴系本身的准确度，要选择合理的轴系结构[1]。很多经纬仪的竖轴都采用“半运动式轴系”，见图 7－4 所示。

锥面钢球既有支承照准部重量的作用，又有自动定中心的作用。锥面的顶角一般为

90°，轴系下部的定位面为具微米级间隙的轴、孔滑合，有效配合面的长度较短，约 5 mm，以降低锥面和圆柱面同心度引起卡滞的可能性，并减小摩擦力。该处的间隙会引起轴系的角度变化。轴系含钢球的上端，符合运动学原理，有足够的支点定位，不存在隙动，又无多余支点及多余支点引起的变形。但下端为具间隙的圆柱形轴、孔配合，不符合运动学原理，因此称为“半运动式轴系”。

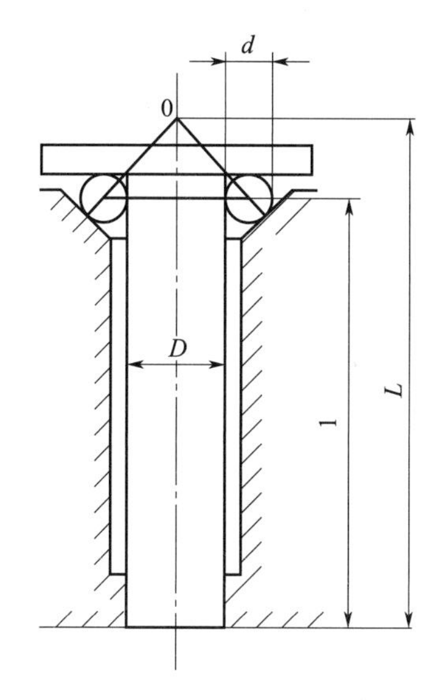

图 7－4　半运动式轴系图

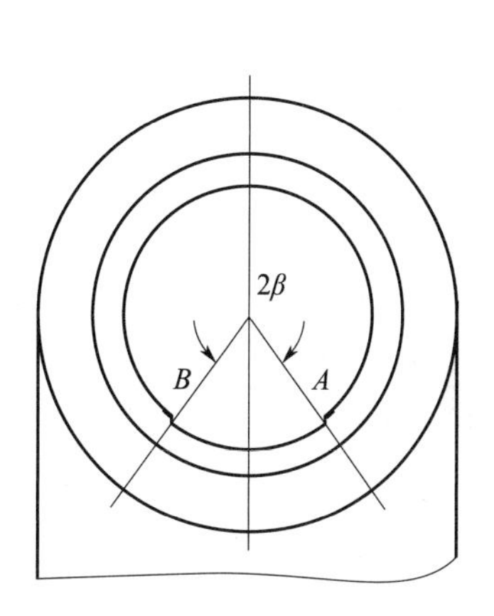

图 7－5　V 形支承的轴承孔

横轴结构大多采用 V 形支承的柱形轴。轴承是圆柱孔，为了减小轴、孔间隙的影响，把轴承孔下部铣去约零点几毫米深，见图 7－5 所示。中心角 2β 为 45°～90°，接触点在 A，B 两处，从而把单线接触且不稳定的轴、孔支承，变成为双线接触、具有一定跨距且比较稳定的 V 形支承圆柱形轴，而 V 形支承的圆柱形轴，符合运动学原理，称为“运动式轴系”。

为了防止横轴发生横向“串动”，望远镜两端的轴、孔都需有配合的端面副，并经逐台配研，即刚装时横轴转动较紧，在两端的端面副中加细研磨膏配研，直至转动灵活，又间隙很小。

轴系的准确度以用回转误差表达。回转误差是指“回转轴线”的漂移运动，即轴系回转时，其回转轴线呈现的径向、轴向和倾角的变化量[2]。轴系回转时，这三种回转误差往往会同时产生，且相互混淆在一起。因其对使用具有不同的影响，因此需按使用特点，确定需重点保证的回转误差。对经纬仪类仪器，径向回转误差影响测角元件的同心度，引起测角元件对读数头组件的偏心。由于同时存在倾角回转误差，在轴系上的不同位置具有不同的径向回转误差值，因此检测点应取在安装测角元件处。轴向回转误差引测角元件对读数头组件的间隙变化，倾角回转误差影响仪器轴系的“指向”准确度。例如：当望远镜对准目标并确定方位角后，再转动望远镜，横轴的倾角回转误差会使方位角发生变化；转动照准部时，竖轴的倾角回转误差会引起铅垂度的变化。由于典型结构轴系的回转误差较小，按经纬仪类仪器的使用准确度，一般不会有明显影响。但是如果轴系的回转误差过大，或经纬仪类仪器的准确度要求很高时，则轴系的回转误差是不可忽视的因素，竖轴常用的半运动式轴系，其倾角回转误差约为 1″。

7.1.2　测角系统

测角系统是经纬仪的重要组成部分，对经纬仪的性能具有重大的影响。经纬仪的测角系统经历了机械式、光学式和光电数字式三个发展阶段。最早的经纬仪为机械度盘式，用游标读数。以后发展为光学经纬仪，用光学刻度盘作为分度元件，用合像光路实施对径合象，以消减光学度盘安装偏心的影响。由于采用了双平板、双光楔等测微光路，因而提高了分辨力，使经纬仪成为应用广泛的测角仪器。随着光电技术、计算机技术的发展，出现了电子经纬仪，有效地改善了经纬仪的性能，提高了测量效率，方便了使用，把经纬仪发展到了新的水平。电子经纬仪的重要特点之一是双向测角系统的数字化、角度读数值的数字显示，避免了目视、手动对线的低效率和主观误差，便于读数值的记录、传输和运算。常用的测角元件为透射式圆光栅和光电编码器，两者的工作原理基本相同，都是黑（挡光）、白（透光）相间的透射式线条。不同点为：光栅是“增量式”计数，除了采用检相式等绝对值式的细分位外，整栅距位是把莫尔条纹信号变成计数脉冲累计而成的，没有固定零位，断电后重新开机时显示值是乱的。当用于垂直角测角元件等使用情况，且必须有固定零位时，需采用“零位光栅”。这种光栅除了一圈黑白相间的光栅线条外，光栅盘和读数头上都设置了“零位窗口”，即一组特殊的黑（0）、白（1）编码，当转至预定的零位时，光栅盘的零位编码和读数头的零位编码产生一个脉冲光强信号，再由光电元件转变为电信号，作为测角装置的“置零”脉冲。零位光栅使一般的光栅盘具有固定零位，但测量前要增加“过零”的操作，一旦遗忘将会引起测量错误。

光电编码器是“绝对值式”测角器件。码盘是由多圈不同线宽的黑白线条组成的，常采用“二进制”。2^1 位在一圈中共有黑线和亮线各一条，黑线和亮线的角宽度相等，都是 180°；2^2 位一圈中共有黑线和亮线各二条，角宽度都是 90°，依此类推。图 7-6 是六位二进制码盘图，码盘上线条最多的一圈，就是光栅盘，即码盘上刻线密度最高、线条最多的一圈，要和光栅盘一样，取出正弦和余弦信号进行细分。光电编码器的位数是包含细分的总位数，例如：2^{22} 位的光电编码器，其最小显示值为 $360°/2^{22}=0.000\,085\,8°\approx0.000\,1°$，或 0.31″。

图 7-6　六位二进制码盘图

由于光电编码器的显示值是由多位图 7－6 所示的绝对值组成的，未采用累计计数，因此断电后再开机，仍能显示正确的角位置值；当受到某一干扰信号而影响显示值的正确性时，增量式仪器将保留并继续错误的计数，而绝对值式仪器最多让示值跳动一下，很快就能恢复正确的显示值。

由于光电编码器具有多圈线条，需保持各圈之间的协调，避免由于线条刻划的衔接误差而产生角度值的进、借位错误，因此常采用增加同步圈和软件判别等方法，保持各位之间的同步与协调。为了方便使用，光电编码器不仅有码制转换功能，把二进制码转变为常用的六十进制。此外还有“电调零”功能，当需保持其零位和某几何位置一致时，如保持盘左状态和望远镜光轴水平时，垂直角的光电编码器应显示 90°。由于光电编码器有安装误差，往往很难一次达到，需经多次调整，而用电调零即可方便地改正，不必再进行光电编码器位置的机械调整。

光栅盘或码盘的光栅圈的重要特点之一是可以采用细分技术，从而有效地提高了测角分辨力。光栅的细分有机械细分、光学细分、电子细分等方法。适用于经纬仪的细分方法是电子细分。电子细分有检幅式和检相式两大类。检幅式是依据输出的正弦和余弦光栅信号的幅值进行细分，电路较简单，但细分数较低，主要细分方法有电阻链细分法、浮动参考电平细分法、计算机软件细分法等。其中计算机细分法由于硬件电路简单，已为多种型号的电子经纬仪所采用，其方法是把正、余弦光栅信号经 A/D 转变为数字量，相除后即可得到电角的正切，再转变为机械角。检相式是依据输出光栅信号的相位进行细分，其特点是细分数高，从而能获得高分辨力，但电路较复杂，有的细分方法会大幅度提高工作频率，有的则需采用稳速或调制等特殊措施。常用的检相式细分方法有相位计法、脉冲填充法和锁相倍频法等。如用相位计检相细分法，测出的相位差 $\Delta\varepsilon$ 为电角度（°），而转过一个光栅角栅距 ϕ_0，相应的相位变化量为 360°电角，因此细分值 $\Delta\phi=\Delta\varepsilon°\times\phi_0/360°$。如果相位计的分辨力为 0.1°电角，则可进行3 600细分。相位计法不仅细分数高，且不会产生工作频率过高的问题，而“脉冲填充”检相式细分法，在方波一个周期 T_0 内，共填充 m 个脉冲，用一个信号的上升沿作为填充脉冲的开门信号，进行脉冲填充，另一信号的上升沿为关门信号，测得的填充脉冲个数 Δm，即反应了相位差，其细分值为 $\Delta=\Delta m\times\phi_0/m$。脉冲填充法电路较简单，细分数也可较高，但当光栅盘是旋转式时，其转速需比较稳定。若采用调制电路，会产生工作频率较高的问题。例如：某光栅盘为 1024 对线，每转的时间 0.33 秒钟，则光栅信号的频率为 3.1 kHz，这就是相位计法的工作频率。但如用脉冲填充法进行细分，则填充脉冲的频率需大幅度提高。如同样进行3 600细分，填充脉冲的频率就需 11.17 MHz。其他方法如“测时法”，其测量和相位差相应的时间间隔和方波一个周期的时间间隔相比，原理上也可进行细分，但同样存在所测的时间间隔太短，即频率过高的问题。

为降低对稳速的要求，或使检相式细分法能用于静态测量，可采用“调制”的方法，先进行幅相转换[3]，再采用检相式细分，其原理框图见图 7－7 所示。

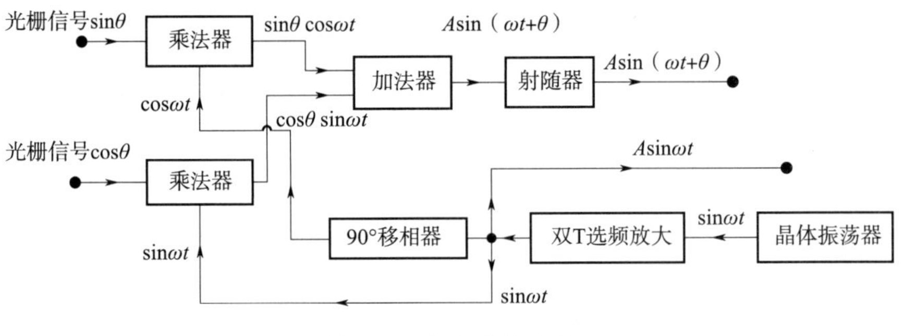

图 7－7 幅相转换原理

以采用模拟量幅相转换为例，输至电路的光栅信号为 $A_\theta\sin\theta$ 和 $A_\theta\cos\theta$，其中 A_θ 为幅值，θ 为与光栅机械转角相应的电角。光栅转过一个角栅距，信号变化一个周期，电角度改变 360°。用晶体振荡器产生较高频率的 $A_\omega\sin\omega t$ 信号，其中 A_ω 为幅值，ω 为调制信号的圆频率，经 90°移相后得到将得到 $A_\omega\cos\omega t$ 信号，将 $A_\theta\sin\theta$ 和 $A_\omega\cos\omega t$ 信号相乘，得到 $A\sin\theta\cos\omega t$；将 $A_\theta\cos\theta$ 和 $A_\omega\sin\omega t$ 相乘，得到 $A\cos\theta\sin\omega t$，再将所得的两信号相加，得到 $A\sin(\omega t+\theta)$ 信号，这个信号的幅值为 A 不变，频率 ωt 为不变，仅其相位角 θ 随光栅转动且做 0～360°电角变化。当光栅不转动时，未经调制的光栅信号是一定的直流电平，调制后是固定频率为 ωt、固定幅值为 A 的交流信号，仅其相位角 θ 保持一定值不变，从而完成了幅相转换，把幅值信号变成了相位信号。输出的 $A\sin(\omega t+\theta)$ 信号就可与参考信号 $A_\omega\sin\omega t$ 比相，采用各种检相式细分电路进行高倍细分，从而获得高分辨力。

经细分后，最小的一位显示值称为“最小显示值”，而测角系统能够测量出的最小被测值称为“分辨力”。以相对误差、即以比例表达的分辨力称为“分辨率”。最小显示值是个参数而不是指标，不等于分辨力，但常小于分辨力。分辨力是技术指标，是需通过计量检定确认的。方法是产生一个等于要求分辨力的小角度，能被测出，即仪器显示值需有相应的变化。

电子经纬仪的测角系统，在光电和计算机技术的基础上，形成了一种“旋转光栅式测角系统”，见图 7－8 所示。这种系统打破了在光学度盘、光栅或码盘上一个对径位置读数的传统方法，采用了测角元件一周中多位置读数的平均值，从而有效地提高了静态测角准确度，使测角标准偏差（1σ）达到了 0.5″。

旋转光栅式测角系统的特点是：无论经纬仪上的相关部件（照准部或望远镜）是否转动，光栅盘都在作匀速转动。在光栅盘刻线的外圈位置，对径设置一对不转动的固定读数头 L_S。在内圈位置，对径设置一对随经纬仪相关部件转动的运动读数头 L_R，（在对径位置各设置一个读数头是为了消减光栅盘安装偏心的影响）。当光栅盘转动时，每个读数头上的光电元件都会输出一个近似正弦波信号，经放大、整形成为方波。光栅盘每转过一个角栅距 ϕ_0，读数头输出一个周期为 T_0 的方波。

系统的粗测值是指角栅距的整数倍值，细分值则是不足一个角栅距的小数位值，这两部分叠加而成角度的读数值，即输出、显示值。

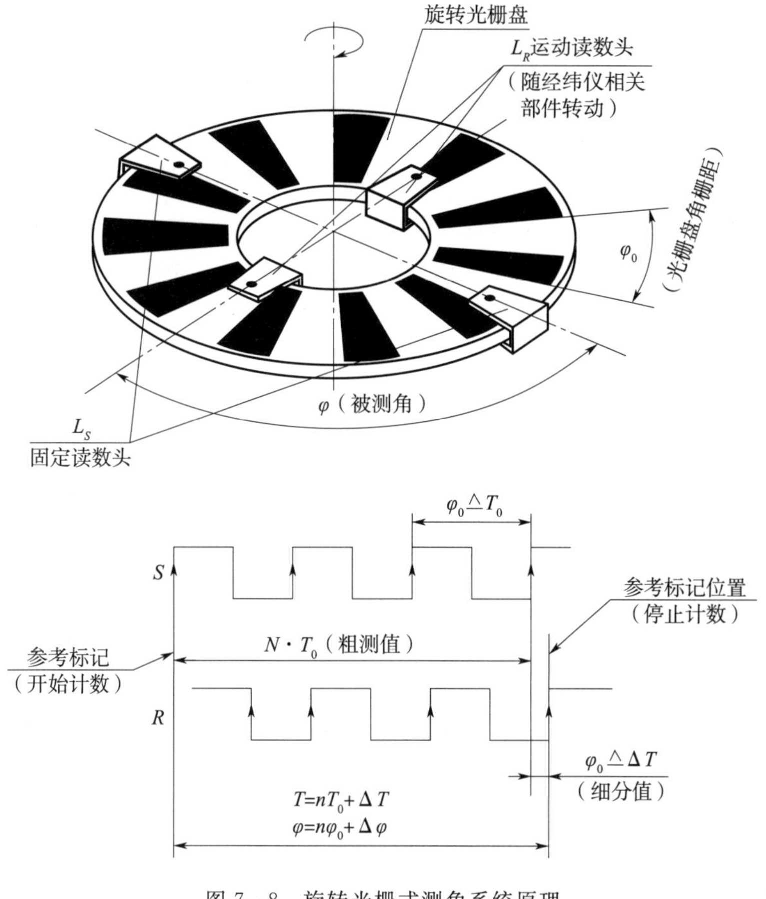

图 7－8　旋转光栅式测角系统原理

测量粗测值采用脉冲计数法，方波的上升沿经单稳态电路产生计数脉冲，方波一个周期（即转过一个光栅角栅距）产生一个计数脉冲。当光栅盘上的参考标记转到被固定读数头接收时开始计数，当转至被运动读数头接收时停止计数，计得 n 个脉冲数，其当量值为 $n\times T_0$，即 $n\cdot\phi_0$，为粗测值。光栅盘每转一周，可得到两个粗测值。由于测角系统的误差不会到达整栅距位，所以这两个粗测值应该是相等的。如果不相等，说明受到了随机性干扰，可通过软件判别、自动重测。旋转光栅式测角系统在粗测时，虽然也采用了增量式的脉冲计数，但由于采用了“刷新”的方法，每次输出读数值时，都要把上次的输出值抹去，因此不会保留干扰造成的错误值。

运动读数头的转动，除了粗测值外，还同时有小于一个角栅距的小数位，即固定读数头与运动读数头两路信号的相位差，需用细分的方法得到，因此称为细分值。测角系统的误差反映在细分位中，为得到细分值，需先把对径两固定读数头信号相加，得到固定读数头信号 S，两运动读数头信号相加，得到运动读数头信号 R，以消减光栅盘安装偏心的影响。再用细分法测出信号 R 和 S 的相位差。细分的方法很多，由于检相式细分可达到高细分数，因此常予采用，测出细分值后，把粗测值和细分值综合成被测角 ϕ。

$$\phi=n\times\phi_0+\Delta\phi \tag{7-2}$$

式中 ϕ——被测角的读数值；

n——计得的计数脉冲个数；

ϕ_0——光栅的角栅距；

Δ_0——与相位差相应的细分角度值。

旋转光栅式测角系统是在光栅盘转动一周的多个位置进行细分测量，得到多个细分值再取平均，例如：某电子经纬仪的光栅盘每转一周，在不同位置上共取细分值 512 个。依据圆分度误差闭合的原理，360°内连续相邻角误差之和为零，因此 512 点平均的结果，可以有效地减小光栅盘刻划误差的影响，提高测角准确度。

7.1.3 水准器

测量水平度的仪器称为水平仪，水平仪可分为目视式、电阻式、电容式和电感式等四种。装于经纬仪上作为观察和调整水平度的测量元件，称为水准器。由于电容式和电感式水平仪的体积较大，不适合作为元件使用，因此经纬仪上的水准器主要是目视式和电阻式两种。这两种水准器具有相同的基本工作原理、基本相同的光学结构，都可分为单向式和能同时测量 90°双向水平的双向式。单向式可制成管状结构，双向式则为圆形结构。目视式管状水准器的结构见图 7－9 所示。

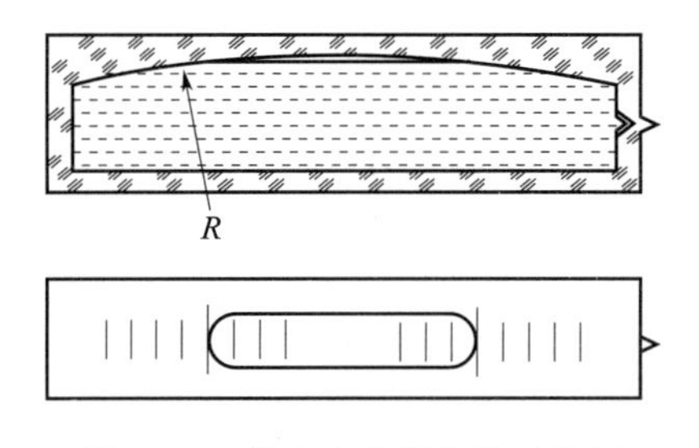

图 7－9 管状水准器结构示意图

水准器是封口的玻璃管，管的内壁制有经研磨的大圆弧面，其半径为 R，管内灌有低冰点液体，如乙醚，但不灌满，留有一定空气，形成一个“气泡”。当水准器水平时，由于液面要保持水平，气泡处于玻璃管外壁刻度的对称位置，即气泡居中；当水准器倾斜时，由于液面要继续保持水平，因此气泡向水准器高的一端移动。气泡一端移动 2 mm 所对应的水准器倾斜角，称为水准器的格值。格值由管内壁的圆弧半径决定，是水准器的主要结构参数，其关系式为

$$R = 2 \times 206\ 265/\phi = 412\ 530/\phi \tag{7-3}$$

式中 R——水准器内壁的圆弧半径，单位为 mm；

ϕ——水准器的格值，单位为 (″)。

例如，格值为 4″的水准器，其内壁的圆弧半径 R 应为 103 132.5 mm，即 103 m。

水准器先装在支架上，成为一个组件，再装于经纬仪上。支架上需有水准器倾斜的调整螺丝。经纬仪的水平是由两个因素构成的：经纬仪的水平度，不水平时应调整经纬仪底坐的脚螺旋；水准器支架不等高时，应调整支架上的水准器调整螺丝。因此，只有当已调

好支架等高且未发生变化时，才能只调脚螺旋就能把经纬仪调平。如支架不等高，只用脚螺旋不能把水准器调至在 90°四个位置都水平。经纬仪使用时，允许调整支架上的调整螺丝，但必须经过定温，达到经纬仪温度和环境温度一致，确认支架不等高后才能进行。判别与调整方法采用“回转 180°法”。操作时，先要确定方向，这时操作手的位置不变，按其左手或右手端确定气泡偏离的方向为左或右。

如转 180°前，气泡居中，转 180°后气泡偏离，则应调经纬仪脚螺旋和支架调整螺丝各一半。

如转 180°前和转 180°后，气泡的偏离方向相同，都偏左或偏右，偏离的格数也相同，则应全部调经纬仪的脚螺旋。

如转 180°前和转 180°后，气泡偏离的方向相反，但偏离的格数相等，则应完全调支架的调整螺丝。

双向水准器常制成圆形，水准器的顶部内壁为大半径球面，气泡为圆形。目视式圆形水准器并不分解成双向的偏离值，气泡直接向偏高的方向移动，常用作经纬仪的粗调整水准器，格值一般为角分级。

在目视式水准器结构的基础上，将玻璃件内壁加装电极，将液体改为导电系数较高的电解液，如氯化锂，就成为电阻式电子水准器，图 7 - 10 是单向电子水准器的原理图，玻璃管内壁贴有四块铂电极，由铂丝引出，接入交流差动电桥。气泡和四块电极组成电桥的两个臂。当气泡居中时，两边的电阻相等，电桥处于平衡状态。当气泡偏离时，电解液相对于电极的接触面积发生变化，气泡偏向的一端，气泡减少了电解液和电极的接触面积，电阻增大，另一端则电阻减小，电桥失去平衡，产生输出信号，经放大、相敏检波后输出。

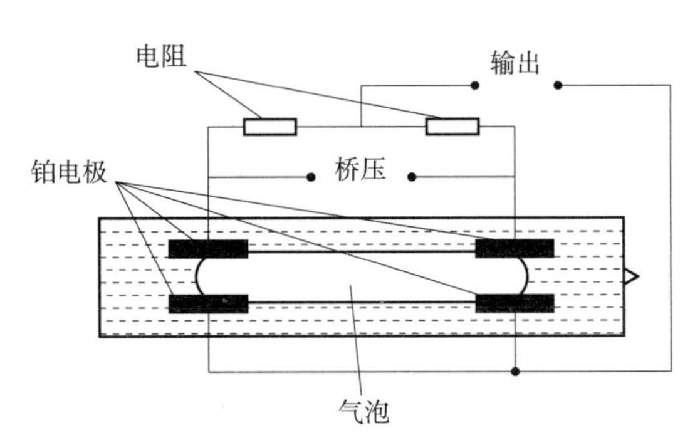

图 7 - 10　单向电阻式电子水准器原理

长形的管状水准器只能用于单向水平度测量，而圆形水准器可制成双向电阻式水准器，进行双向水平度测量，见图 7 - 11 所示。在与壳体绝缘的内球面上，装有四个电极，基座上装公共电极，因此形成四个电阻。当水准器双向水平时，电解液复盖四个电极的面积相同，四个电阻的阻值相等，输出为零。当水准器倾斜时，低端电解液复盖电极的面积增大，电阻减小，高端则复盖面积减小，电阻增大，因此测量电阻即可测出水平度，而且是“差动式”测量。这种水准器又叫“液体摆”，其特点是可测双向水平度，体积可做得很小，可用电信号放大的方法提高灵敏度，使水准器具有较小的格值，便于实施自动测量与自动控制。

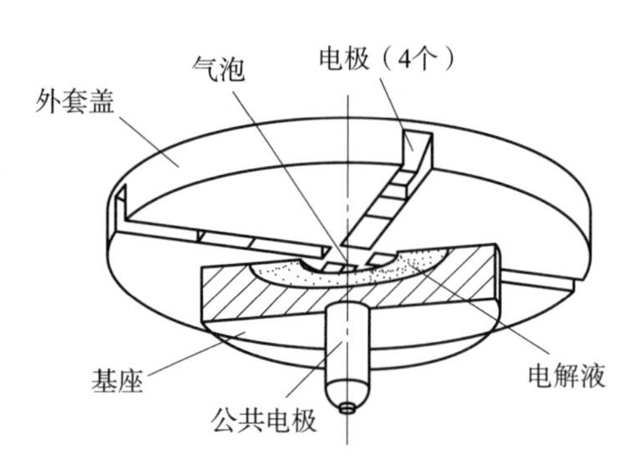

图 7－11　双向电阻式水准器

目视式和电阻式水准器，其基本工作原理都是要液面自动保持水平。在动基座条件下，液面将因产生晃动而难以正常工作，因此都只能用于静态测量。

有关经纬仪的技术指标、检定方法及其原理见参考文献［4］。

7.1.4　动态测量功能

经纬仪是静态测角仪器，原则上不能用于动态测量。但是以经纬仪为基础，采取一定的技术措施，使其具有一定的动态测量功能，仍是可行的，而且进度快，投资少，能满足很多实际需求，具有较高的性能价格比，所采用的技术措施往往也是设计具动态测量功能的经纬仪类仪器的基础。

动态测量可分为动参数、动基座和动态误差三种类型，见本书第 1 章。对经纬仪而言，要具有动态测量功能，在望远镜、轴系、测角装置等三方面，都需采取相应的措施。

（1）望远镜

最简单的方法是把普通望远镜改装成光电准直望远镜，即在图 7－2 目视式准直望远镜的基础上，再增加一块分光棱镜，把一部分反回光反射至位于物镜焦面上的光电转换元件，将其转变为电信号。当无强烈的环境光干扰时，光电转换元件宜用线阵 CCD。光电灵敏度高、响应速度快，适应方位角的动态测量。改造经纬仪望远镜并配置自调平工作台后，普通经纬仪即具有一定的动态测量功能，能用于动态误差测量及变化较缓慢的动参数测量。光电准直望远镜的基本结构，同样适用于动态测量经纬仪类仪器的的设计，仅按需要可增加半导体激光投射器等装置，当环境光干扰强烈或需双轴自动跟踪时，光电转换元件宜采用双轴 PSD。

（2）轴系

经纬仪的轴系、特别是“半运动式”竖轴，不能适应较强烈的动态环境条件。例如：震动及较大的晃动会引起经纬仪照准部的上、下串动；但是更改轴系，需相应更改测角装置，经纬仪结构需大改，因此轴系主要用于新型动态经纬仪类仪器的设计。动态测量对经纬仪轴系的基本要求是“无活动间隙”。常用无活动间隙的滚动摩擦轴承有：密珠轴承、薄壁交叉滚子轴承和角接触球轴承等三种。密珠轴承[2]装有很多具过盈量的钢球，无活动间隙，具有一定误差平均作用，曾为某些专用经纬仪类仪器所采用。但其钢球是“点”接触，即使由于过盈变形后，也只是接近于“点”的很小接触面，因此易磨损，刚度也不够高，钢球的数量多且接触面小，转动时易产生噪音。密珠轴承尚未标准化、系列化，很难购到成品件，往往需自制，增大了研制工作量，因此宜采用无间隙的成品滚珠轴承，主要为薄壁交叉滚子轴承与角接触球轴承。薄壁交叉滚子轴承见图 7－12 所示，其滚动件为圆柱形滚子，由于滚子具过盈量，因此无活动间隙。过盈量由轴承制造时确定，可以选购过盈等级，但使用时不能调节。由于以滚子代替钢球，因此承载能力大、刚度高。轴承可承受径向负荷、双向推力负荷及倾覆力矩，但摩擦力矩较大。由于滚动件为“线”接触，而“线”可看作是由无穷多个“点”组成的，因此不易磨损，使用寿命长，由于一个轴承上滚子数量不多，因此转动时不易产生噪音。由于这种轴承具较大的径向尺寸，而对于消减轴系的角回转误差而言，常用的方法是以两个轴承增加定位长度；但也可只用一个轴承，而增大端面定位直径的方法解决，两者是等效的。因此用一个交叉滚子轴承足以支撑经纬仪的照准部，并保证所需的轴系回转准确度。用作经纬仪竖轴时，可减短经纬仪的高度尺寸，但径向尺寸会增大。

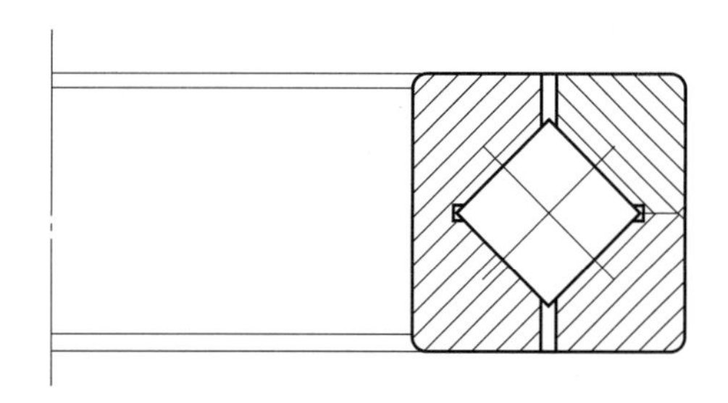

图 7－12　薄壁交叉滚子轴承

另一种无间隙的成品轴承是角接触球轴承，这是一种应用非常广泛的轴承，品种多，便于选用，其滚动件为钢球，且为“线”接触，因此转动灵活，摩擦力矩小，噪音低，寿命长。其结构型式有三种：外圈制有锥度（锁口），内圈制有锥度，外圈和内圈都有锥度，见图 7－13 所示。图中的 α 角称为接触角。接触角是在轴承的主截面通过钢球中心与钢球

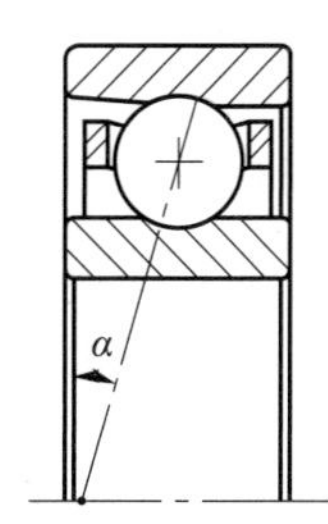

（a）型式7，外圈有锥度

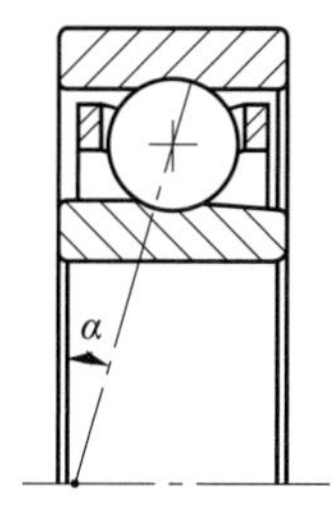

（b）型式B7，内圈有锥度

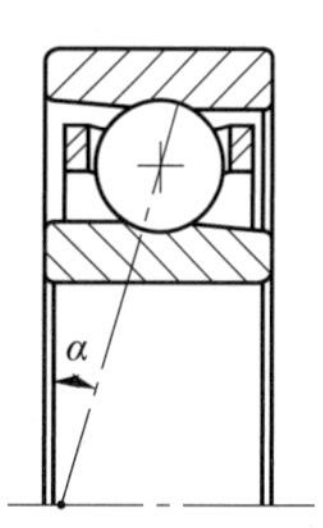

（c）型式H7，内、外圈都有锥度

图 7－13　角接触球轴承结构

和内、外圈两接触点连线对轴承端面的夹角。接触角越大则轴承的轴向承载能力也越大，7，B7，H7 系列轴承的接触角有 15°与 25°两种。角接触轴承都是采用把外圈加热的方法，把钢球装入轴承。

单个角接触轴承是不能工作的，没有定位准确度可言，必须有两个或二个以上轴承才能准确定位。其基本的安装方式有两种：分立式和成对贴合式。分立式是在轴的两端各装一个轴承，其特点是具有较大的定位长度。定位长度能大于两轴承的间距，而且轴承钢球的过盈量是可调的。在进行相关结构设计时，首先需注意轴承的结构型式及安装方向。其次是确定加预紧力的部位。轴承的内、外圈都可加预紧力，当预紧力加于内圈时，至少一个轴承的内圈端面对轴端面需有大于过盈量的间隙，即具一定的活动裕量，外圈则应完全固定。反之，当预紧力加于外圈时，外圈应有裕量，内圈应固定。然后是确定加预紧力的方向。原则是预紧力应能使钢球产生过盈。图 7－14 是一个例子，使用外圈具锥度的“7”系列角接触球，采取外圈固定的方法，在内圈上加预紧力，可以如图示的两端都能加预紧力，也可将一端的轴承内圈端面和轴端面靠住，即该端不能加预紧力，而另一端轴承内圈端面和轴端面留有间隙，以加预紧力。由图还可看出：起定位作用的有效工作间距是两端轴承接触线的交点，两端交点组成的有效工作间距可以大于轴承的实际安装间距，因此角接触球轴承具有增大定位长度的作用。图 7－14 只是举例，不同型式的轴承、不同加预紧力方式，可按此类推。分立式安装时预紧力是可调的，调节时需注意调至预紧力不过小、轴系尚未完全消除活动间隙、又不过大而致轴系转动紧涩。一般预紧力产生的钢球的直径过盈量为微米级。

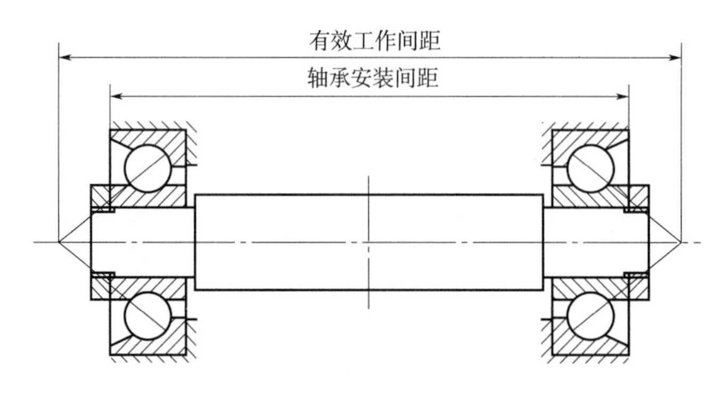

图 7－14　角接触球轴承分立式安装示例图

当角接触球轴承成对使用时，即两个轴承紧贴着安装，过盈量由轴承制造时外圈端面对内圈端面的凸出量（微米级）决定，不能调节。这种安装方式具有薄壁交叉滚子轴承的特点，一对紧贴着的轴承即可承受双向推力负载，完成定位作用，而且具有较高的刚度与准确度。紧贴与加预紧力的方向，同样应按轴承的结构型式确定，预紧力应能使钢球产生过盈。图 7－15 所示是成对紧贴安装的举例，轴承的外圈制有锥度，因此两轴承的安装应是如图示的“背靠背”方式。轴承制造时应保证内圈端面低于外圈端面，安装时两轴承的外圈端面先靠住，两内圈端面具有微米级间隙。轴的端面和一个轴承的内圈端面靠住，另一轴承的内圈端面则通过垫圈和螺母加夹紧力，使两内圈端面由具间隙变成靠紧，从而产生过盈。夹紧前的间隙量就是轴承钢球的总过盈量，夹紧后轴承副成为一个刚体，具有相当高的承载能力与刚度。由图还可看出：轴承的有效工作间距是两接触线交点的距离，大于两轴承宽度之和。因此这种安装方式，同样能增大定位长度。其他结构型式的角接触球轴承成对安装时的安装与加力方向，可按此例类推。

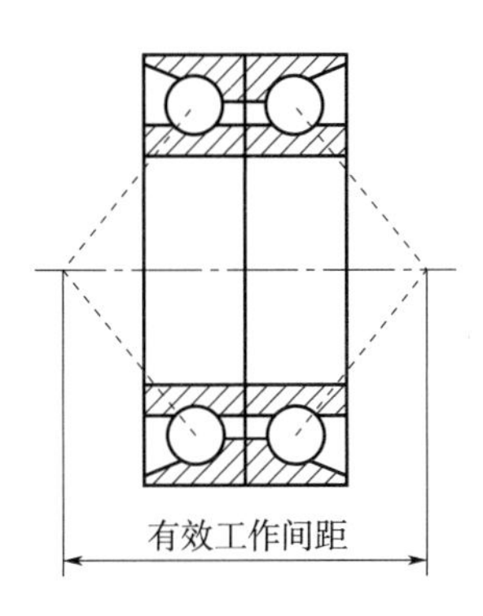

图7-15　角接触球轴承成对紧贴安装举例

成对紧贴安装的角接触球轴承副，可以单独使用，也可与分立式安装组合使用。常用的方法是一端用成对轴承副，此端往往是负载较大、要求刚度或准确度较高的部位。用成对轴承副后，已经具有定位轴线，为防止轴的长度较长，一端定位难以准确支撑而引起误差，因此往往在轴的另一端再装一个角接触球轴承，作为辅助支撑。当负载很大，要求刚度很高时，也可把三个或四个角接触球轴承紧贴安装，即成对紧贴安装方式，不限于只装两个轴承，也可安装多个轴承，但其基本原理及安装准则不变。

（3）测角装置

经纬仪的测角装置一般动态性能较差，往往只适用于静态测量，而且测角装置是以分立元件直接安装在经纬仪的轴系和结构件上的，以减小经纬仪的体积。动态测量的要求和轴系的改动必然会影响测角装置，原有的测角元件很难再继续使用，仿效分立元件的结构型式工作量又太大，等于研制一种新型号的经纬仪；解决的办法是采用能购买到的组装式光电编码器作为测角装置，这种编码器组件国内外都已有商品供应，具有较高的动态响应能力和测角准确度。编码器装有内置轴承，连接结构可适择为轴或孔，配有含细分的电箱，有“增量式”和“绝对值式”两种型式可以选用。但正因为已经构成了完整的组件，体积较大，即采用成品编码器虽然方便，能适应动态测量要求，但由此会使仪器体积增大。

经纬仪对水平角和垂直角的测角准确度要求基本是相同的。但专用动态经纬仪对水平角和垂直角的测角准确度要求是不等的，由于其用途为传递方位角，因此主要的要求是水平角的测角准确度和动态响应能力，垂直角一般只需测量粗略值，但需以大地铅垂线或水平线作为零位，因此垂直角测角装置宜选用位数较少的绝对值式编码器，以在适应需求的前提下，减小体积、节省经费。而水平角测角装置宜选用位数较多。准确度高、动态性能好的“增量式”编码器。

采用组装式编码器需注意编码器和经纬仪的连接。为保证测角准确度，经纬仪轴系和编码器轴系需严格同心，否则会引起很大的测角误差，这在实际工作中是很难实现的。解决的方法是采用弹性联轴节，由于联轴节具有一定弹性，因此对两轴系的同心度要求可降低至 0.01 mm 级。但并不是采用弹性联轴节后，可以不要求同心度。如果同心偏差超出弹性的调节范围，同样会引起严重的测角误差，弹性联轴节有两种结构型式：外装式和内置式，外装式是用联轴节连接两轴系，安装方便，但会增大轴向尺寸。图 7 - 16 是两种外装式弹性联轴节的结构图，平行四边形弹性联轴节用于连接直径较大的轴，圆形小型弹性联轴节用于连接小直径轴。内置式弹性联轴节是编码器内的定子装有弹性片，因此称为“内置式联轴节”，它是德国编码器的一种结构型式，因为编码器和经纬仪的连接方式是编码器的轴，以其外圆或内孔与经纬仪的轴连接，而编码器的定子（壳体）安装在经纬仪的结构件上，两者只要有一个是浮动结构，就可以达到弹性连接的目的。外装式的轴连接是浮动的，内置式的定子对编码器内部的测角装置是浮动的，两种方式都具有弹性连接的功能。

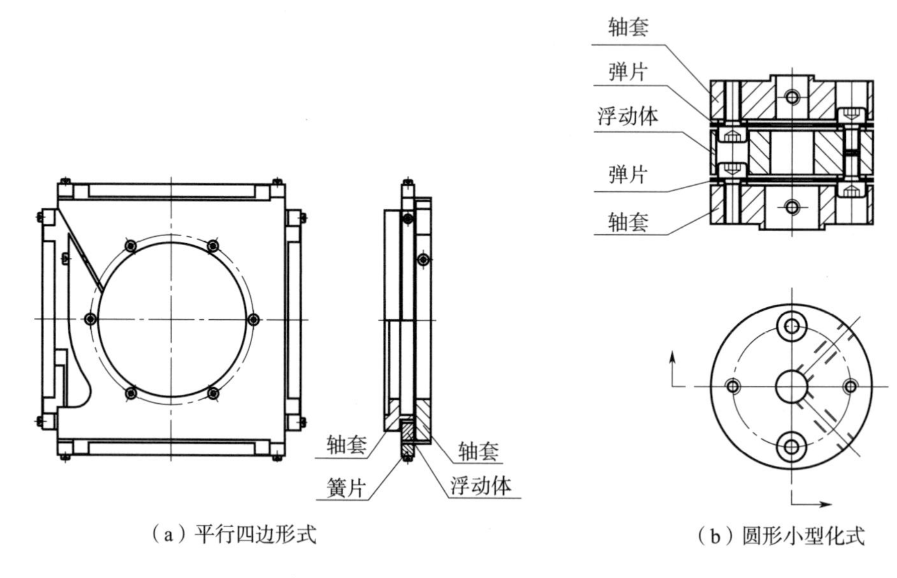

（a）平行四边形式　　（b）圆形小型化式

图 7 - 16　外装式弹性联轴节结构图

7.2　附件化的测量器具

以经纬仪或经纬仪类仪器作为方位角的基本传递设备，增加各种附件化的测量器具，可以扩展使用范围、改善性能，具有较高的性能价格比。附件化的测量器具是指使用时装于经纬仪上的测量器具，经纬仪上有三处能安装测量器具：望远镜物镜装防尘罩的外圆处、望远镜装目镜处、照准器支架上端面装提手处。这三处安装上所需的测量器具后，有的测量器具事先已调好，装上后即可使用；有的则需调整几何关系后才能使用。用毕后拆下这三处安装的测量器具，经纬仪或经纬仪类仪器即可恢复原状态。

7.2.1　装于物镜防尘罩处的测量器具

装于物镜防尘罩处的测量器具有以下几种。

7.2.1.1　投射套

投射套用于发散光投射法测量，套的内孔和物镜装防尘罩外圆的尺寸配合采用滑合，使具 0.01 mm 级的小间隙，因此装拆投射套后，光源位置的变化很小，对远于十五米的测量距离，不会引起显著误差。投射套一次调好后即可使用，不必每次使用都进行调整，但放置较长时间后，用前应进行复查。装拆时为防止配合间隙小而产生卡住现象，装前可用脱脂棉滴几滴稀仪表油，抹在物镜机械件外圆处，并注意用毕后把油擦净，以防流入光学系统。

投射套上装有发光器件，近距离测量时用功率较小、发散角较大的发光二极管(LED)，远距离测量时用功率较大、发散角较小的半导体激光器。光源的发光面需事先调至与望远镜光学轴线重合。调整方法有直接观察法和自准直法二种。直接观察法是用另一台经纬仪，观察装套经纬仪目镜分划板的非无穷像（调焦至非无穷远位置，因调至无穷远时，出射平行光，只敏感角度，不敏感重合），以及光源发光面的像，观察并调整两者的重合度。直接观察法的灵敏度较低，又需两名操作手协同操作，比较麻烦，因此常用自准直法。当双向同时调整时，采用平面镜作为反光器件，当双向分别调整、或只需调整单向时，可用三棱镜。经纬仪和反光器件的距离不小于 10 m，以发散光投射法和反光器件自准直，调焦至两倍距离、获得清晰的发光点像。把望远镜目镜分划板刻线和反回的发光器件光点像对准，然后把投射套转 180°。如发现光点像偏离刻线，则应调整投射套上的发光器件位置，使光点像的偏离量减小二分之一。反复调整，直至投射套转 180°后，光点像仍然对准，分辨不出偏离。

当发光器件采用半导体激光器，因调整时的距离较近，因此需特别注意安全，保护操作手的眼睛。常用的防护方法有以下几种：减小激光器电流，使刚能发光；在通过目镜观察光点像时，加一片衰减片（低透射率的镀膜片）或不同颜色的滤光片，例如半导体激光器光点像为红色时，通过一块绿色玻璃片观察；此外，还可在进入物镜通光口径前加描图纸。

装有投射套的经纬仪见图 7－17 所示，由于该附件用于较近距离测量，因此光源为 ϕ5 mm发光二极管（LED），这是一种注入式电子发光器件，发出的是非相干光，有红、绿、黄……等多种出射光颜色可供选择。发光管前端为制成一体的半球面聚光镜，出射光束的发散角较大，约为 15°，因此近距离时也能形成较大的光斑，而光斑尺寸越大，越易捕捉目标，但反射光的能量越低。

7.2.1.2　三棱镜

在经纬仪望远镜物镜端、装防尘罩处安装三棱镜，可以显示三棱镜的双向角位置。当把三棱镜制成宽度尺寸较狭以减小对物镜的挡光面积后，可保留两经纬仪的对瞄功能。当把三棱镜制成长度尺寸较长且大于物镜通光口径时，这等效于扩大了物镜的通光口径。三棱镜可以棱线垂直状态安装，以测量垂直角，也可水平状态安装，以测量水平角。由于其具有单向敏感的特性和具容易捕捉目标的特点，三棱镜附件常用于测量及测量设备的调试。图 7 - 18 是装于物镜端、棱线垂直状态安装的三棱镜。

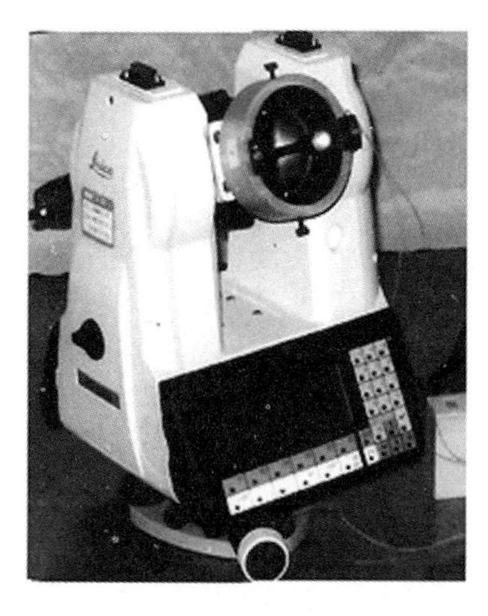

图 7 - 17　装有投射套的经纬仪

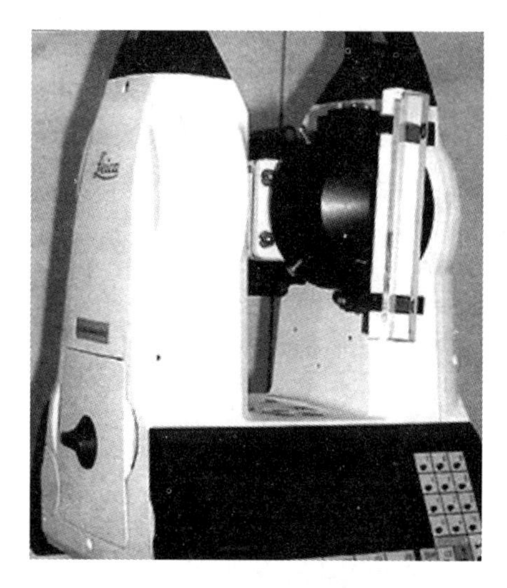

图 7 - 18　装棱线垂直状态三棱镜的经纬仪图

三棱镜附件于每次使用前需进行调试，用毕时需进行复检，以证明使用中调试项目未变，测量数据可靠。调试与复检项目共两项：经纬仪望远镜光轴与三棱镜棱线的垂直度；三棱镜棱线的铅垂度（棱线垂直状态安装时）或水平度（棱线水平状态安装时）。调试光轴与棱线垂直度的方法有：用另一台调试用经纬仪，与棱镜经纬仪以平行光对瞄，并与三棱镜自准直，调试经纬仪望远镜中能同时看到两个像：对瞄的棱镜经纬仪准直分划板像和三棱镜自准直像。在要用的垂直角或水平角方向两像应严格重合，当不重合时，可用三棱镜附件上的调整机构调整；棱线水平度需用两台调试用经纬仪测量，方法见本书第 2 章。棱线铅垂度也需用两台测量经纬仪，方法也基本相同，只需把两经纬仪的俯仰角差改为水平角差，对准水平角改为对准垂直角即可。棱线的水平度或铅垂度可以通过在经纬仪望远镜上转动三棱镜安装套的方法进行调整，这两项要求需反复调整，直至都符合要求。

7.2.2　装于目镜端的测量器具

当在经纬仪望远镜目镜端安装测量器具时，需把原目镜拆下，安装具相同机械接口的测量器具，用毕后恢复，装于目镜端的测量器具如下。

7.2.2.1　高倍率准直目镜

全站仪、普通经纬仪等光学仪器，不具有自准直功能，不能与平面镜、三棱镜等反光器件进行准直测量，从而限制了这些仪器的应用范围，特别对工业部门的使用，造成很大不便。解决的办法有两种：改装仪器与增加附件。改装仪器是把原仪器的普通望远镜改装成准直望远镜，这种方法不仅比较复杂，还需经审批，而且还会改变仪器的原有性能，例如：增加准直装置需增加分光棱镜，如果分光棱镜的反射率和透射率之比为 1∶1，则望远镜的亮度将下降一半。增加附件的办法就是增加一个具相同机械接口的准直目镜，作为仪器附件，不需改装仪器即能具有自准直功能，原仪器性能可保持不变，因此往往是首选的方法。

有的国外经纬仪有准直目镜可作为特殊附件订货。但是这种准直目镜的结构是在目镜和目镜分划板之间，增加一块分光片，以把照明光束通过分光片反射，照亮目镜分划板，并通过分光片透射，使目镜能观察到目镜分划板刻线及反回光形成的自准直像。由于分光片具有一定体积，为安装分光片就需增长目镜的焦距，而目镜焦距的增长就意味着放大倍数下降，因此这种准直目镜的主要缺点是放大倍数较低，从而对线误差增大，仪器的使用准确度下降。

附件化、高倍率准直目镜[5]既能作为附件，又能保持望远镜的原放大倍数不下降，见图 7－19 所示。

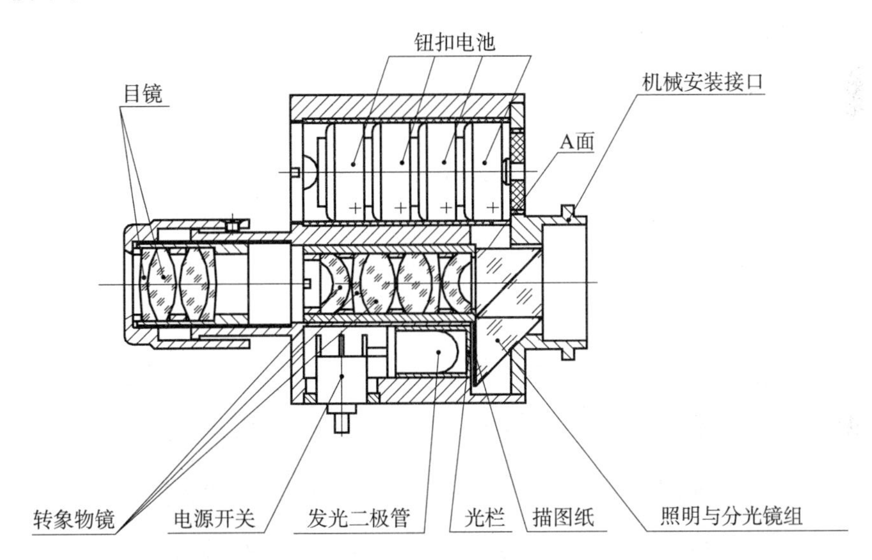

图 7－19　附件化、高倍率准直目镜

附件化、高倍率准直目镜是用由四块镜片组成的转像物镜，把目镜分划板刻线及反回光形成的自准直像转至目镜的观察面，由于物镜具有一定的物距，因此有足够的空间安装分光棱镜。由于视场角较大，因此物镜中设有两块弯月透镜以平视场。转像物镜按放大率为 1∶1设计，但调整物距也可使放大率略大于 $1^{\times}$ 或略小于 $1^{\times}$。目镜按原仪器放大率，一般为 $30^{\times}$，但也可采用大于或小于 30× 的目镜。照明用发光二极管，可选用不同颜色的照明光，光源可用图示的钮扣电池串电阻供电，也可引出二根电源线用干电池供电。

准直目镜的工作原理如下：照亮目镜分划板，由于该分划板的刻线位于物镜焦面上，因此经物镜后成平行光出射，由反光器件反回。反回光由物镜成目镜分划板刻线的自准直像于同一刻划面上。因此通过目镜可同时看到两个像：目镜分划板的刻线实物像和刻线本身的自准直像。当经纬仪的望远镜或照准部转动时，在反光器件的敏感方向上，这两个像产生相对移动，当移动至两像重合时，就是准直状态。这种工作方式的特点是只有一块分划板，以分划板的刻线实物和其本身的自准直象对准，从而打破了一般准直望远镜具有目镜分划板和准直分划板两块分划板的结构型式，消除了两分划板的重合误差。由于目镜分划板系装于望远镜上，准直目镜上没有分划板，因此又称为无分划板式准直目镜，其优点是便于实现附件化。因为准直目镜和望远镜的机械接口难免有间隙，准直目镜上无分划板，就不会由于间隙而引起两分划板重合度的变化。因此准直目镜完全是功能性的附件，每次装拆不会引起误差，从而也不需进行校准。

由于经纬仪望远镜目镜分划板上的刻线很细，为微米级，其结构又是亮视场、黑线，准直目镜上分光棱镜的两透射面、目镜分划板的两透射面都会反射照明光，直接进入目镜，形成背景光，因此即使未接收到反光器件的反射光，目镜视场内就已经很亮，从而很难分辨细线自准直象。为此需降低背景光，提高对比度。方法有：分光棱镜两透光面需镀与使用光的波长相应的增透膜；棱镜的非工作面如图中的 A 面需磨毛并涂黑；目镜分划板的两透光面也应镀有增透膜；准直目镜的照明棱镜处需加描图纸或毛玻璃，使视场均匀，毛玻璃后面可增设十字形光栏，以减小照明面积，从而也减小了光学件直接反射的面积，有效地降低了背景光。

7.2.2.2　CCD 目镜

经纬仪的操作手一般在望远镜目镜端操作，用目镜观察及对准。但在特殊情况下，目镜端有障碍物，只允许安装一台经纬仪，没有操作手的站立空间，此时可采用 CCD 目镜，把望远镜目镜分划板刻线以及目标像或准直望远镜的自准直像一起显示在显示屏上，用显示屏进行观察与对准，见图 7－20 所示。

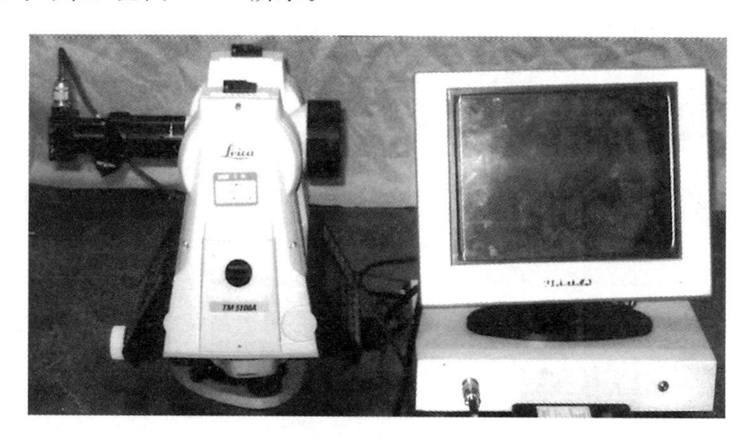

图 7－20　CCD 目镜及显示屏

目镜采用面阵 CCD 作为图像转换器件，用转像物镜把物镜焦面上的目镜分划板刻线像、目标象或自准直像，一起转至 CCD 的光敏面上，从而可用显示屏进行观察与对准，所用的转像物镜和准直目镜的转像物镜相同，见图 7－19 所示。

7.2.3　装于照准部支架上端面、装提手处的测量器具

拆下经纬仪的提手，在装提手的照准部支架上端面，可以安装如下测量器具。

7.2.3.1　GPS 天线

在装提手处，安装圆盘形的 GPS 大地测量天线，用百分表或另一台调试用经纬仪，把天线的基准外圆和经纬仪竖轴找同心，使天线中心和经纬仪中心相重合，就构成 GPS 经纬仪，这是一种定向和传递相衔接的设备，可以减少传递环节，便于传递测量，见图7－21 所示。

图 7－21　GPS 经纬仪

7.2.3.2　标杆、标柱和标灯

在照准部上端面、原装提手处，安装标杆，并用百分表或另一台调试用经纬仪，把标杆外圆和经纬仪竖轴找同心，标杆中心就和经纬仪的竖轴中心以及和竖轴同心的光学对中器重合，这样就具有标杆仪的功能。当把光学对中器和地面标石上的刻线对准时，标杆中心就代表了地面标石点。与标杆仪的不同点是这种构造还具有测角功能，可以说是一台具测角功能的标杆仪，或装有测量标杆的经纬仪。当测量距离增远时，为了能看清标杆，进行对准，标杆的直径需予以增大，这样“杆”就逐渐成为“柱”，因此标柱实质上是为了适应远距离而采用直径较大的“标杆”。

当测量距离远至千米级时，标柱直径将足够大，需进行土建工程，标柱也将成为固定设备。为了既能适应千米级远距离的测量，能看清并对准目标，又能装于经纬仪上与测角相结合，采用的方法是“以灯代标”，使标柱成为体积很小的“标灯”。用另一台调试用经纬仪，调至标灯的发光点和经纬仪望远镜光轴方位方向重合后，即可用于方位角的传递。

标杆、标柱和标灯见图 7－22 所示。

7.2.3.3　三棱镜

在照准部上端面、装提手处安装于棱线水平状态的三棱镜，用于测量水平角。与装于

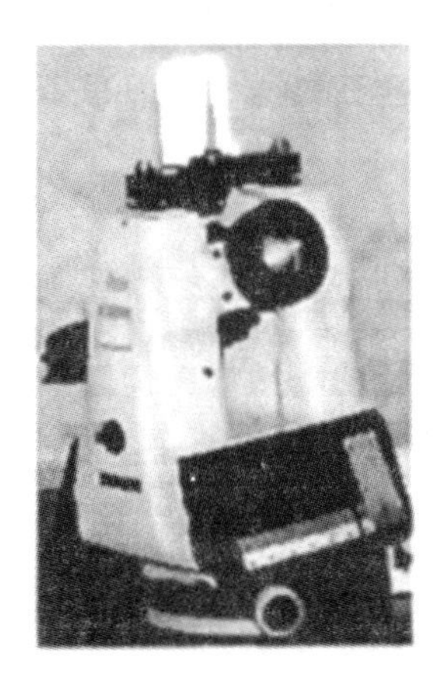

(a) 标杆

(b) 标柱

(c) 标灯

图 7－22 装有标杆、标柱和标灯的经纬仪

望远镜物镜端的三棱镜不同，不能用于测量垂直角，也不能改变三棱镜的俯仰角，见图 7－23 所示。

三棱镜需用另一台调试用经纬仪，调至棱线和望远镜光轴垂直；用二台调试用经纬仪，调至当经纬仪安平后，三棱镜的棱线水平，由于和光轴垂直是用三棱镜安装坐固定螺栓的间隙进行调整的，拆下后调整状态不能保持，因此每次使用均需调整。如附件和主机具有固定配套关系、结构又能保证装拆变化不大时，棱线水平度可不必每次使用时都进行调整。

图 7－23 装有三棱镜的经纬仪

图 7－24 装有小型平行光管的经纬仪

7.2.3.4 小型平行光管

图 7－24 为装有小型平行光管的经纬仪，光管以半导体激光器为光源，通过物镜成平

行光出射，以作为千米级远距离测量时的目标。光管可作俯仰方向微动，以便与测量仪器对准。使用前需用另一台调试用经纬仪，调至小型平行光管的光轴和经纬仪望远镜光轴平行。用调试经纬仪时，需注意操作手眼睛的安全。激光器只通阈值电流，调试经纬仪的目镜前加与激光不同颜色的玻璃片或衰减片进行观察。在第一次装调或与主机非固定配套关联时，还需调整小型平行光管倾斜轴的水平，使光管俯仰时，光轴的轨迹是铅垂面。方法可在两个不同距离，用调试经纬仪测量两光轴的平行度，以使光管改变俯仰角，当第一个距离调平行后，第二个距离测量时，即光管俯仰后如发生偏离，则应通过调光管安装坐的倾斜，使光管的倾斜轴水平，从而达到两光轴平行。

7.3　配套测量器具

有些测量器具不装在经纬仪上，但又是测量时所必需的，是测量系统的组成单元，其结构又相对比较简单，尚不能构成完整的仪器设备，这些测量器具称为配套测量器具，常用的配套测量器具介绍如下。

7.3.1　GPS 标灯、标柱

差分 GPS 定向得到的是自测量点 GPS 天线中心至目标点 GPS 天线中心的大地方位角。为了便于往后续环节传递，测量点采用 GPS 经纬仪，而目标点则不需装经纬仪，按测量距离的不同，可选用 GPS 标灯、GPS 标柱和 GPS 角锥棱镜等，即在方位方向、同心安装 GPS 天线的标灯、标柱和角锥棱镜。图 7 - 25 是 GPS 标灯，常用红色或绿色发光二极管作为光源，功率一般为 1 W。光源前不再增加聚光镜，使其具有较大的发散光斑，以便于捕捉目标。用经纬仪望远镜观察时，可在远至 3 千米距离内得到便于对线、清晰的光点像。标灯用电池供电，当装于不便经常接触处时，可用图示的遥控电源开关。天线需要安平，要求水平度为 8′，因此 GPS 标灯应装在具两个水准器的可调底坐上。

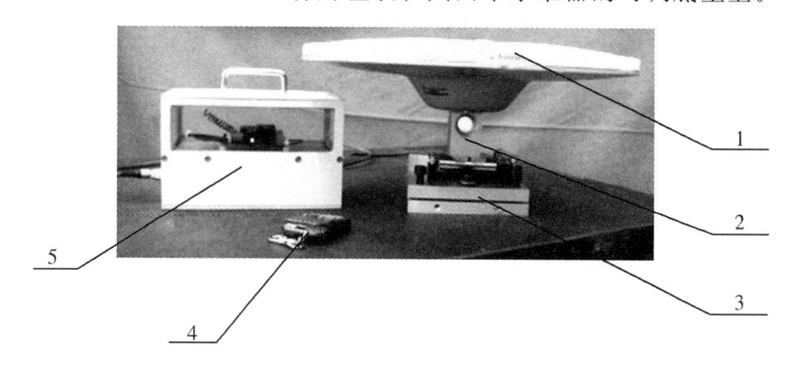

图 7 - 25　GPS 灯标

1—GPS 天线；2—灯标；3—可调底座；4—遥控器；5—遥控电箱

图 7 - 26 是 10 千米级远距离 GPS 标灯。这种标灯由于增大了光源功率，并加装了反射灯罩，因此能达到 10 千米级的远距离。光源用 12 V，60 W 白炽灯，也可用 35 W 氙气

填充、弧光放电的高强度气体放电灯。气体放电灯的亮度比同功率的白炽灯高，但电流却较小，从而能减小发热量。经试验：用 12 V，60 W 白炽灯，作用距离为 17 km 时，用经纬仪 $30^{\times}$ 望远镜能看到清晰的光点像，对线误差为标准偏差 0.83″。

图 7 - 26　10 km 级远距离 GPS 标灯

图 7 - 27 是 GPS 标柱，用作数十米至百米级距离测量时的目标。标柱用红色有机玻璃管制成，内装红光发光二极管照明，以用于夜间测量。标柱装在光学对中器上，以连接三脚架、调整水平度，必要时还可与地面标石对准。

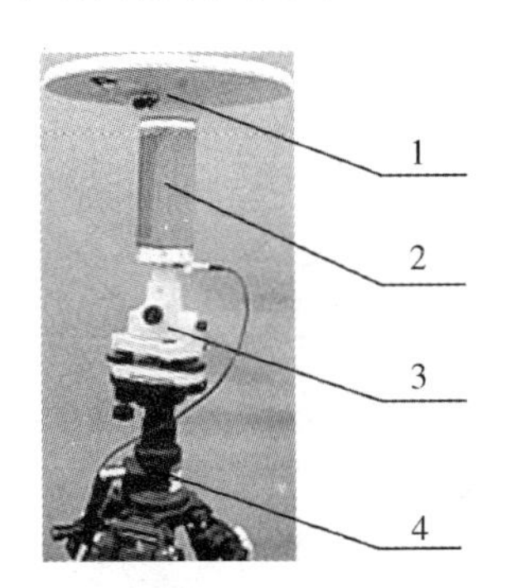

图 7 - 27　GPS 标柱

1—GPS 天线；2—标柱；3—光学对中器；4—三脚架

7.3.2　五棱镜

7.3.2.1　分体式五棱镜

五棱镜分为整体式和分体式两种，整体式五棱镜用整块光学玻璃制成，因为有五根棱，所以称为五棱镜。分体式只装两块反光镜，通光介质全为空气，不再存在棱线，严格地讲已不再是五棱镜，而应称为定角反射器。

整体式五棱镜具有较好的稳定性，但也存在以下缺点：

1）在玻璃中的光程长，由于玻璃的吸收，光能损耗大，因此整体式五棱镜的通光口径一般在 30 mm 以下，难以制成大通光口径。

2）反射面的工艺难度大，因为一个反射面在研磨时，要同时达到平面度、对另一反射面的夹角以及与底基面的垂直度等三项要求，从而限制了整体式五棱镜准确度的进一步提高。

由于五棱镜的工作面是两个反射面，因此只要按一定几何要求安装两块反光镜，就可实现五棱镜的功能，从而把整体式结构改为分体式，即分体式空心五棱镜[6]，其结构见图 7－28。

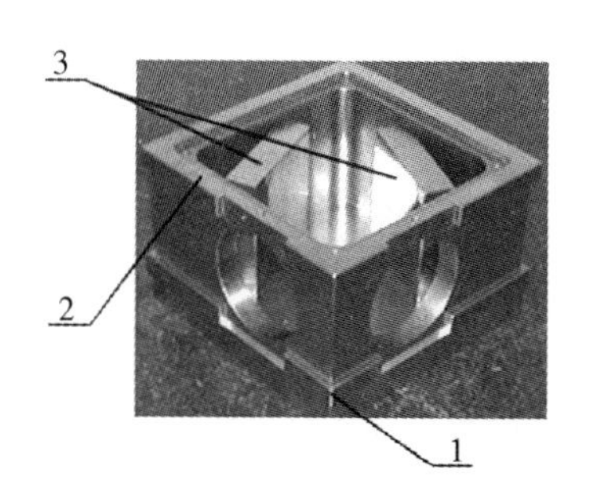

图 7－28　分体式空心五棱镜

1—底坐；2—壳体；3—反射镜

两块反射镜 3 可以用光学玻璃制造，也可用淬火钢制造。当用钢制造时，安装螺孔直接制在反光镜的侧面上。当用光学玻璃制造时，可在侧面制盲孔，再把带螺孔的金属套胶合在孔中。反射镜的反光面需经精密研磨，保证高平面度，并真空镀全反射膜及保护膜。两块反射镜以侧面的安装螺孔固定在底坐 1 上。底坐上的安装孔和螺钉间应有一定间隙，以保证在反射镜安装时，能用调整的方法保证两反射面夹角。壳体 2 用于连接底坐及上盖（图中未表示），上盖的结构和底坐基本相同，但不制反射镜的安装孔。全部金属件用 $9C_r18$ 马氏体不锈钢制造，淬火硬度 HR_C60-64，经液氮低温处理等人工时效，全部结合面都需经精密研磨，以降低安装应力，提高稳定性，保证几何要求。底坐底面和上盖顶面需严格平行，使该两面都能作为基面使用。按不同的使用状态，两基面中任一个都可作为安装基面，另一则作为电子水平仪调水平时的测量基面。

分体式结构解决了整体式的缺点，光路介质全部为空气，消除了长光程时玻璃的吸收消耗，从而能制成较大的通光口径。整体式结构在反射面加工时，需同时达到的三项要求，分散成由三道独立工序完成，即：反射面的平面度由零件加工保证；反射面对底坐底基面的垂直度由研磨反射镜带安装螺孔的侧面保证，而且可以检测在连接螺钉拧紧状态的垂直度；两反射面的夹角在装配时用多齿分度台测量，以调整的方法保证。这样不仅降低了反射面的工艺难度，还有效地改善了五棱镜的性能，提高了准确度。例如：两反射面对底基面垂直度的保证，可提高五棱镜的以下性能：

1）当底基面水平安装时，五棱镜的转折角是水平角。在垂直平面上，入射光和出射光的平行度是不作要求的。但分体式结构，由于保证了反射面对底基面的垂直度，因此还能保证入射光和出射光在垂直平面上的平行度。

2）当五棱镜的底基面贴住平板摆动时，虽然原理上转折角不应变化，但由于存在工艺误差，实际仍会有所变化。有的整体式五棱镜变化还较大，而反射面对底基面垂直度的保证，能有效地减小这种变化量。

分体式结构的稳定性通过结构设计时保证零件刚性、时效处理消除应力等措施保证。

7.3.2.2　五棱镜应用的扩展

五棱镜除了用于转折光束的单向角外，还可拓宽应用范围，制成多种适应特殊需求的测量器具。

当需把一束平行光转变为互相准确垂直的两束平行光时，则可采用二向直角头，其整体式结构见图 7－29 所示。

五棱镜的第一个反射面镀分光膜，并与楔镜胶合。入射平行光由分光膜分成透射与反射两束光，透射光保持原方向出射，反射光经第二反射面折转 90°出射，从而获得准确垂直的两束平行光。整体式二向直角头由于以整体式五棱镜为基础，因此存在上述同样的缺点和问题。

图 7－30 是以分体式五棱镜为基础制成的分体式二向直角头[7]。入射平行光在第一个反射面上，一部份光束经通孔直接出射，保持原方向；另一部份则反射至第二反射面，折转 90°后出射。这样就获得准确垂直的两束平行光。由于其原理是以分体式五棱镜为基础的，从而保留了分体式的诸多优点。

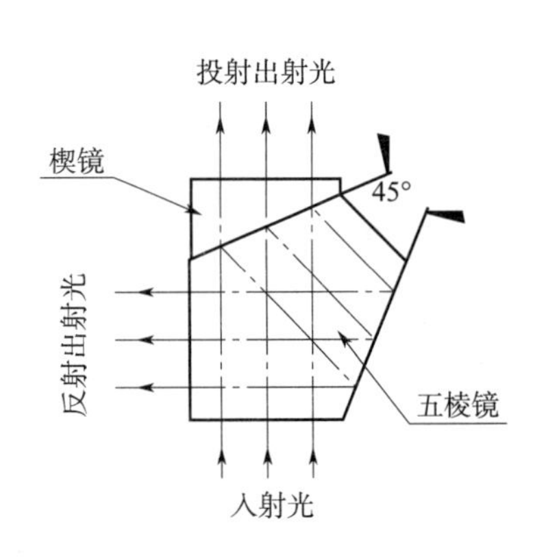

图 7－29　整体式二向直角头

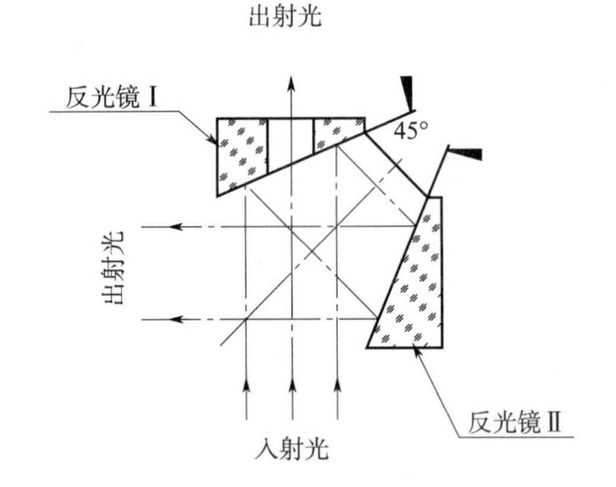

图 7－30　空气介质分体式二向直角头

图 7－31 是分体式三向直角头[8]的结构示意图。

直角头由上、下两个分体式五棱镜构成，两五棱镜的出射光方向成 180°。两五棱镜的中间是一条直接通光的长条形间隙，入射的圆形光斑平行光通过直角头后成为三束出射平行光：中间为长条形光斑、直接出射的平行光；其上为经上五棱镜折转 90°、圆弧朝上、接近半圆形的光斑；向右出射的平行光，下面为经下五棱镜折转 90°、圆弧朝下、接近半圆形光斑；向左出射的平行光，从而一束入射光成为三束出射光。这种直角头的结构，以分体式五棱镜作为基础，从而保留了分体式的优点。但是三束出射光是靠切割入射光的不同部位而形成的，因此具有不同的光斑形状：中间为长条形，左、右出射光是不完整、接近半圆形的光班，而且光斑中心对光轴具有线位移，两出射光的位移方向还相反，因此只有这些特点为使用条件所允许时才能应用。

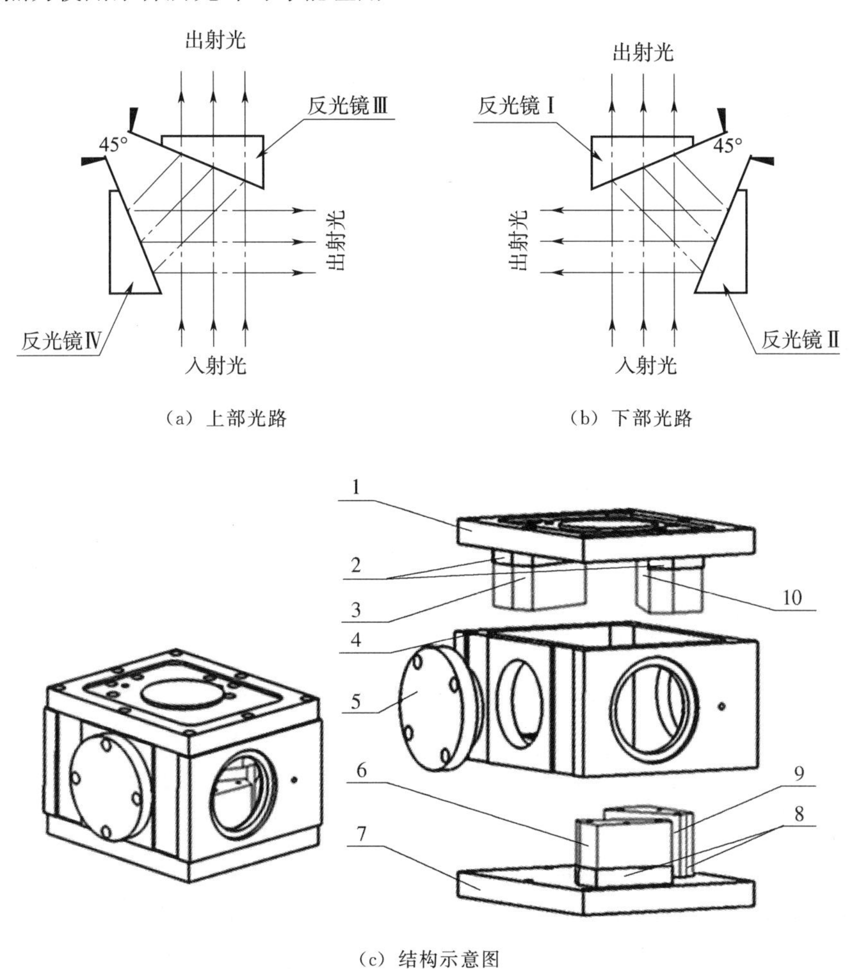

（a）上部光路　　（b）下部光路

（c）结构示意图

图 7－31　分体式三向直角头

1—上基座；2—反光镜座；3—反光镜Ⅳ；4—壳体；5—找正平面镜；6—反光镜Ⅱ
7—下基座；8—反光镜座；9—反光镜Ⅰ；10—反光镜Ⅲ

7.3.2.3　五棱镜转折角误差的检定

转折角误差是五棱镜最重要的技术指标，绝大多数五棱镜的转折角为 90°，个别特殊情况也可制成其他角度，但需注意不要超出预定检定设备的测量能力，以免引起检定困难，使检定误差增大。

检定五棱镜转折角误差的设备是多齿分度台，它是一对以端面齿啮合的齿盘，以两齿盘相对转过整数齿而实现圆分度。由于齿数多、而且在分度过程中，全部齿都参与啮合，具有误差平均的作用，因此分度准确度高，可达极限误差不大于峰峰值 0.2″，是检定五棱镜转折角的理想设备。检定方法见图 7－32 所示，在齿盘啮合状态，先不装五棱镜，在多齿分度台台面上固定一块平面反光镜，用一台光电自准直仪直接与平面镜自准直，记下读数值，然后把多齿分度台转 90°至平面镜处虚线所示位置，把五棱镜放台面上，自准直仪通过五棱镜和平面镜自准直，自准直仪读数值的变化量就是五棱镜转折角的误差。

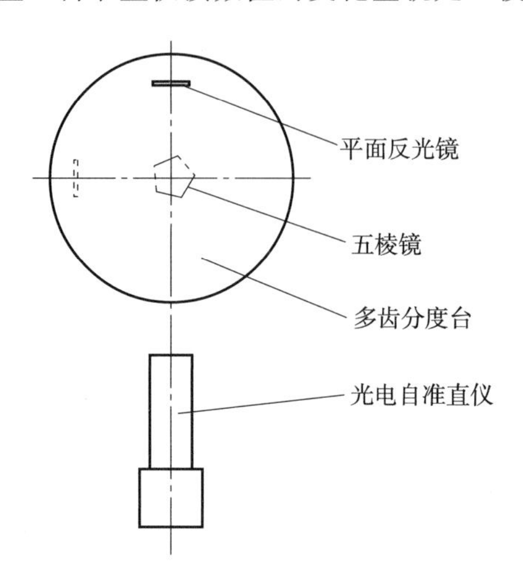

图 7-32　五棱镜转折角检定方法图

7.3.3　角锥棱镜

角锥棱镜是一种在测试计量技术和精密仪器中常用的反光器件和测量器具。在大尺寸测量方面，角锥棱镜常用作激光跟踪仪、全站仪、测距仪和双频激光等设备的反光器件，常称为“靶镜”；在角度测量方面，用作把转角变成差动线位移量，如正弦臂式小角度测量仪臂上的两反光镜，在方位角传递方面，角锥棱镜和 GPS 天线装成一体，并在方位方向调至角锥棱镜顶点和天线中心重合，用于千米级远距离以准平行光、重合法的对准与测量，称为 GPS 角锥棱镜。

7.3.3.1　角锥棱镜的结构

角锥棱镜同样可分为整体式和分体式两大类。分体式角锥棱镜光路的介质全部为空气，消除了介质变化的影响，因此是发展方向。国外作为全站仪、激光跟踪仪配套附件的“靶球”上装的角锥棱镜已经由整体式逐渐改为分体式，即空心角锥棱镜。

分体式角锥棱镜的结构，可分为板式和柱式两种。板式结构是指反光面制成三角形板状，装在调整夹具上，用夹具上的调整机构可调整相邻反光面的垂直度。当调好垂直度后，用光学结构胶把相邻反光板的端面、加相同玻璃材料的三角形连接条连成一体。光学结构胶是一种低应力、低蠕变、低线胀系数的双组元强力结构胶，在常温环境的固化时间较长，约需 72 小时，这个特性对可调式测量器具是非常重要的。因为在胶固化时，难免会使可调式结构产生变化，缓慢固化不仅可减小变化量，而且在产生变化后可及时进行补充调整。如果固化速度很快，一旦发生变化，这个角锥棱镜就将成为废品。如果需要缩短固化时间，则可把角锥棱镜放入温度箱中进行加温。当胶上连接条、胶彻底固化后，如角锥棱镜的三个相邻面的垂直度数据都符合要求，这个角锥棱镜即具有比较稳定的结构与较高的准确度。角锥棱镜可以从调整夹具上取下，也可带着调整夹具一起使用。带着夹具使用会增大角锥棱镜的体积，但可避免从夹具上取下时可能产生的变形。图 7－33 是板式角锥棱镜图，图 7－33（a）所示的角锥棱镜的通光口径为 ϕ85 mm；图 7－33（b）为 ϕ16 mm。

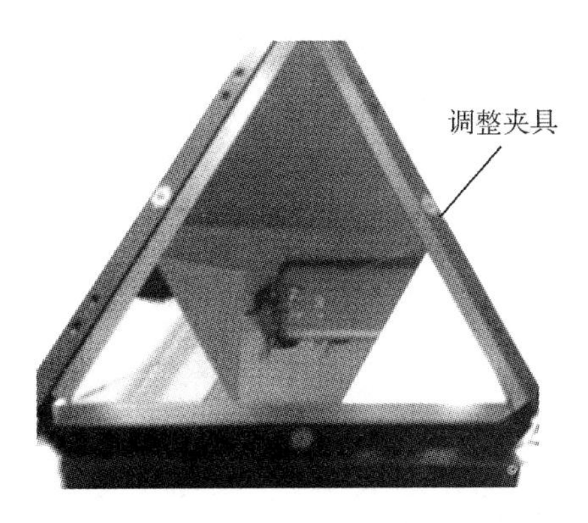

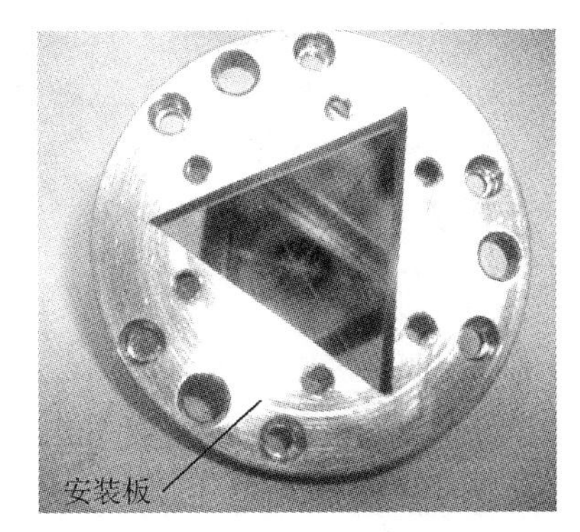

（a）通光口径为 ϕ85 mm 的角锥棱镜　（b）通光口径为 ϕ16 mm 的角锥棱镜

图 7－33　板式角锥棱镜图

板式角锥棱镜的特点是可调，但是三角形的三个角是非工作区，有效工作区是三角形内切圆的外切六边形，见图 6－31 所示。不参与工作的三个角非工作区，会显著增大角锥棱镜的外形尺寸，因此把三个角去掉，从圆和三角形边的切点开始，至两反光面的有效交点（工作区的初始交点）止，按有效的反射范围制成曲线过渡，这就成了柱式结构。由于去掉了三个角，留下了整个有效工作区，因此减小了体积，但工艺难度增大。图 7－34 是国外仪器的配套附件—靶球，分体式角锥棱镜装在球中，角锥棱镜的顶点（三反光面的交点）和球心重合，重合度为微米级。

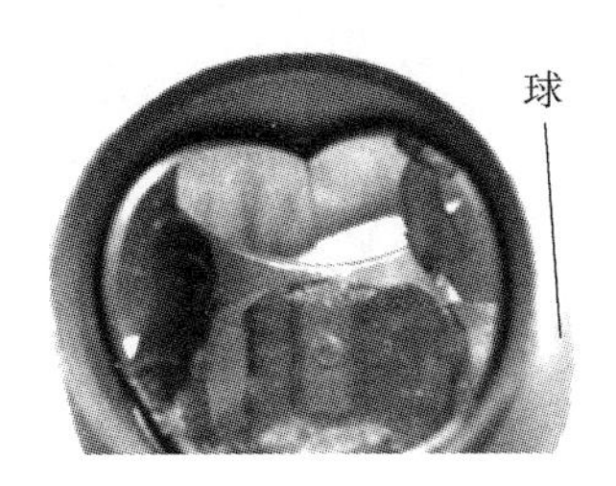

图 7－34　柱式结构角锥棱镜球

角锥棱镜零件加工的主要技术要求是三个反光面的平面度，平面度影响成像的清晰度，是相邻面垂直度的保证。在近距离局部入射时，还直接影响出射光对入射光的平行度，因此在加工时要保证反射面的高平面度。在结构设计时，反光面需有足够的刚度，以免反光面变形而影响平面度。

角锥棱镜成品的主要技术要求是，保证出射光与入射光的平行度。角锥棱镜共有六个工作区（见图 6－31），这六个工作区可分为三对：$a-a'$；$b-b'$，$c-c'$。在每对工作区中，入射光与出射光的关系是共轭的，例如从 a 入射的光束，由 a'出射，由 a'入射的光束，从 a 出射。因此角锥棱镜有两种工作方式：局部入射式与全口径入射式。局部入射式的入射光束较细，远小于角锥棱镜的通光口径。角锥棱镜的三个反射面仅每个面的局部区域参与工作，出射光是与入射光有一定线偏离量的细光束。出射光对入射光的平行度是指该对工作区、入射与出射光束的平行度，常发生于较近距离测量情况下。全口径入射是入射光束的直径大于或等于角锥棱镜的通光口径，角锥棱镜的三个反射面的全部区域都参予工作。出射光是与有效入射光的光束直径相同、两者具制造引起的较小平行偏差且基本重合的平行光。出射光束对入射光束的平行度是六个工作区出射光平行偏差按三角函数关系综合的结果，常发生于远距离测量情况下。

7.3.3.2　角锥棱镜的检测

检测角锥棱镜出射光对入射光的平行度，常用的方法有当量平面度法与自准直像线宽法两种，现分别介绍如下。

（1）当量平面度法

当量平面度法是用平面度干涉仪来检测角锥棱镜出射光对入射光的平行度的方法。平面度干涉仪又称为斐索干涉仪，是一种共光路干涉系统。当角锥棱镜的出射光与入射光完全平行时，相当于被测平面的平面度没有误差，不形成干涉条纹，或调整后形成间距较大的干涉条纹是直的、不弯曲；当反射光与入射光不平行时，相当于被测平面具有平面度偏差，这将产生干涉条纹，依据干涉条纹的数目、所用的光波波长以及角锥棱镜的通光口径，可以算出角锥棱镜反射光与入射光的平行度，进一步还可依据测出的出射光与入射光的平行度，推算出三个反射面相邻面的垂直度。此外，用泰曼干涉仪也可测量角锥棱镜出射光与入射光的平行度，见第 6 章参考文献［9］。干涉法的测量准确度高，而且当前的数字式激光平面干涉仪都装有标准光学平面，作为参考面，因此测量效率高，使用方便，可同时测出角锥棱镜六个工作区出射光的平行偏差，但干涉法对环境条件的要求较高，如有轻微的震动就会引起干涉条纹的跳动，使测量误差增大。角锥棱镜出射光与入射光的平行度的测量误差，还与角锥棱镜的通光口径有关，因为干涉仪的测量准确度是指测量干涉条纹的误差，是以线值表达的，要换算成角度，需引入角锥棱镜的通光口径。当通光口径较小时，同样线值误差引起的角度误差将增大，因此用干涉法测量角锥棱镜出射光与入射光平行度时，对测量误差的估算与角锥棱镜的通光口径有关，口径越小则越难测准。

（2）自准直像线宽法

自准直像线宽法是指用 CCD 自准直仪以测量自准直像刻线宽度变化的方法，测量角锥棱镜出射光与入射光的平行度。在每对工作区中，如 $a-a'$，从 a 出射的光束和从 a' 出射的光束对入射光的平行偏差按式 6－28 有：$\alpha_a=-\alpha_{a'}$；$\alpha_b=\alpha_{b'}$，$\alpha_c=-\alpha_{c'}$。如当入射光同时从 a 与 a' 入射时，从 a 与 a' 出射的光束对入射光的平行偏差的角度大小相等、方向相反。这两束反射光同时为自准直仪所接收，并形成各自的自准直像。当两束出射光平行时，所形成的两自准直像重合。当两束出射光具有平行偏差时，两自准直像将产生偏离。当平行偏差较大、超过自准直仪准直分划板的刻线宽度时，两像完全分开，从自准直仪目镜中可以看到由 a 及 a' 出射的两个分离的自准直像，由目视即可发现。但绝大多数情况下，平行度偏离往往还不致使两像完全分开，偏离只是形成自准直像的刻线变粗，因此测量自准直像刻线的增粗值，就可以求得出射光对入射光的平行度。为求出刻线的增粗值，需先测出以CCD像元数表达的自准直仪准直分划板刻线宽度的标准值。为此需用标准平面镜标定，把自准直仪与平面度不大于0.03 μm的标准平面镜自准直，用线宽法测量软件测出以CCD像元数表达的刻线宽度，作为标准值，予以存储。测量角锥棱镜时，减去标准值，就是出射光对入射光平行度引起的线宽的增粗值。线宽法测量时可以采用全口径入射，得到全口径反射光束平行偏差的综合值；也可采用局部入射，得到某一对工作区出射光的平行偏差。局部入射的方法是在角锥棱镜与自准直仪之间，增加一个光栏，见图7-35所示，光栏可以转动，以选择不同的工作区。

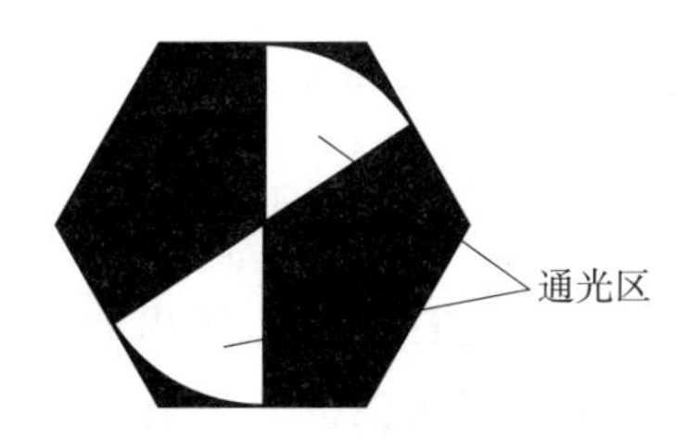

图7-35　局部入射光栏图

无论是采用局部入射或全口径入射，线宽法都需分别进行 x，y 的双轴测量，再予合成。因此需用双轴自准直仪，其准直分划板为暗视场、亮线，刻线为0.2 mm×0.2 mm方形或 ϕ0.3 mm圆形。CCD需用能进行双轴测量的面阵CCD。

线宽法和以面心法进行CCD信号的细分不同，面心法求的是CCD信号含细分的一个中心位置，而线宽法是要测量信号的两边缘位置，以确定线宽，因此两者是不同的处理方法。测量自准直像线宽的数据处理方法[9]介绍如下。

a）消减由于光学系统内部反射引起的零点残余电平。

$$\begin{cases}U_0=\dfrac{(\sum_{i=1}^{3}U'_i+\sum_{i=n-2}^{n}U'_i)}{6}\\U_i=U'_i-U_0\end{cases}\tag{7-4}$$

式中　U_0——代表零点残余电平的浮动电平；

$i=1，2，3，\cdots，n$——CCD的像元序号；

U'_i——CCD第 i 个像元的实测电平值；

U_i——测量范围内第 i 个像元参与运算的电平值。

b）确定自准直像的中心位置。

$$n_c=\frac{\sum_{i=n_1}^{n_2}i\times U_i}{\sum_{i=n_1}^{n_2}U_i}，\ i=1，2，3，\cdots，n\tag{7-5}$$

式中　n 为象元序号，n_c 为自准直像中心像元，n_1，n_2 为电平值大于阈值的首个和末个象元。

c）确定自准直像中心位置的平均电平。

取 $n_c\pm5$ 个像元，共11个像元电平的平均值 $\overline{U}_c$，作为自准直像中心位置的平均电平

$$\overline{U}_c=\frac{\sum_{i=n_c-5}^{n_c+5}U_i}{11} \tag{7-6}$$

$\overline{U}_c$ 参与运算，予以显示，并作为调整光源亮度的依据。

d）确定自准直象线宽所占的 CCD 像元数。

$$N=(N_2-N_1)+\frac{U_{N_1-1}}{U_{N1}}+\frac{U_{N_2+1}}{U_{N2}};$$

$$U_{N_1},\ \cdots,\ U_{N_2}\geqslant\frac{\overline{U}_c}{2}\times 0.707 \tag{7-7}$$

式中　N——自准直像线宽所占的 CCD 像元数，像元数带有小数，即具一定的细分功能；

N_2-N_1——整像元数。

式中除以 2 是由于中心位置附近，象元电平是双象叠加的结果，当两象错开至只有一个象照射时仍是整象元。

0.707 是一个常用的计算截止带的系数，其正确性通过用同一角锥棱镜，分别用线宽法及数字式激光平面度干涉仪测量，进行比对，经用通光口径为 ϕ33.5 mm；ϕ40 mm，ϕ85 mm 共 9 块角锥棱镜试验结果，两种方法的差值最大为 1.1″，最小为 0″，标准偏差为 0.7″。用线宽法测量细分值时，两端都只有整数位外的一个像元参与，因此这种细分是不完善的，为了进行弥补，保证测量准确度，自准直仪需有较长的焦距，CCD 需有较细的像元。

e）把线宽所占的像元数换算成平行度。

$$\begin{cases}\Delta_x=(N_x-N_{0x})\times K_x/2\\ \Delta_y=(N_y-N_{0y})\times K_y/2\\ \Delta=\sqrt{\Delta_x^2+\Delta_y^2}\end{cases} \tag{7-8}$$

式中　Δ——角锥棱镜出射光对入射光的平行度；

Δ_x——自准直仪测得的 X 向平行度分量；

Δ_y——自准直仪测得的 Y 向平行度分量，单位均为（″）；

N——角锥棱镜自准直像所占的 CCD 像元数；

N_x——X 向的像元数；

N_y——Y 向的像元数，像元数均带有小数；

N_0——以标准平面定标得到的自准直仪准直分划板的刻线宽度；

N_{0x}——自准直仪 X 向的刻线宽度；

N_{0y}——Y 向的刻线宽度，均以像元数表达；

K——自准直仪像元数对角度的转换系数，由对自准直仪测角关系的综合定标得到，单位为（″）/像元；

K_x——自准直仪 X 向的转换系数；

K_y——Y 向的转换系数。

式中除以 2 是由于测得的是两出射光的平行度，而要求是出射光对入射光的平行度。

自准直像线宽法的设备简单，操作方便，能满足工程测量的准确度要求，因温度及震动引起的被测件位移不影响线宽，对环境条件的要求较低，测量过程全部用角度表达，不通过线值换算，因此不因角锥棱镜通光口径的减小而增大测量误差。仪器体积小、质量轻，属便携式设备，可以进行现场测量，能用于安装后不宜再拆下的场合。自准直像线宽法不仅可用于测量角锥棱镜出射光对入射光的平行度，凡能产生双像的光学器件都可使用，如：180°反射式三棱镜在两反射面 90°夹角方向也会产生双像。在两反射面已涂保护漆的情况下，或安装后不宜再拆下的情况下，可测量 90°角的偏差。具两平行光学平面的舱口盖等光学器件，两光学面的平行度也会产生双像，因此可用线宽法测量舱口盖安装后的平行度，以确定是否存在安装变形，以及安装后的实际平行度。这些应用只要对软件中最后的数据处理方法稍作修改，即可应用。但是线宽法只能测出平行偏差的大小，不能确定极性，因此只适用于角锥棱镜的成品件装配后及使用中的测量，不宜用于加工过程。

7.3.4　折转光管

7.3.4.1　折转光管的结构

保证折转光管性能和准确度的关键是两反光面的平行度，保证两反光面的平行度的注意事项如下。

（1）反光面需有高平面度

折转光管反光面的平面度的要求约为 0.05 μm，平面度不仅影响成像的清晰度，也是平行度的基础与保障条件。

（2）制有反光面的光学件需有较高的刚度，并采用合理的固定方法

图 7 - 36 是曾试用过的结构型式，反光光学件为板状，厚度为 8 mm，板上制有四个通孔，用螺钉把反光板固定在光管的结构件上。试验结果表明，这种结构设计存在严重的缺陷，主要是：光学件本身的刚度较小，与反光面贴合的结构件面，即使经过研磨，也难以达到或接近反光面的平面度；背面用螺钉压紧后，反光面必然产生变形而破坏平面度。这种固定方法主要用于光栅式仪器的光栅盘固定，其必要的条件是：反光板需有较大的厚度，用作压紧的反光面的背面不能为非工作面，应具接近反光面的平面度，并与反光面平行，结构件与垫圈都需用淬火钢制造，并研磨至结构件的贴合面与垫圈的两端面接近反光面的平面度。这些要求对折转光管是很难实现的，因此这种结构设计不宜用于折转光管。

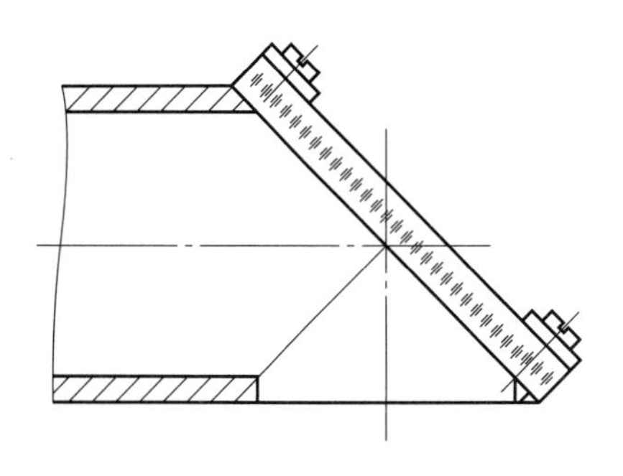

图 7 - 36　板状反光板结构

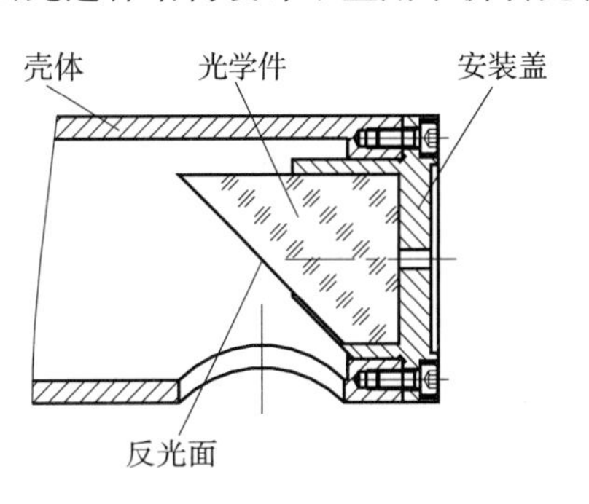

图 7 - 37　折转光管结构图

图 7 - 37 是适用于折转光管的结构图，反光光学件为圆柱形，制有斜面反光面，光学件以其外圆为胶合面，用光学结构胶和安装盖的内孔胶合，用修研安装盖与壳体贴合面的方法，达到两反光面的平行度要求，并用螺钉把安装盖固定在壳体端面上。这种结构设计的特点是：提高了光学件本身的刚度；不以反光面及与反光面平行的背面作为胶合面，以免胶合力影响反光面的平面度，螺钉拧合力不直接作用在反光面及其背面上，而是通过安装盖过渡，从而有效地减小了螺钉力的影响，经试验：这种结构能保持反光面的平面度，对调好的两反光面平行度具有良好的稳定性。

(3) 折转光管的壳体需有足够的刚度

折转光管的壳体需有足够的刚度，以免使用中发生变形而影响两反光面的平行度。较短的折转光管可制成圆管形，但对长度为米级或接近米级的折转光管，壳体不宜制成圆管形，而应采用铸铝件，以铸造的加强筋提高刚度，减轻自重，图 7 - 38 是折转光管的外形图。

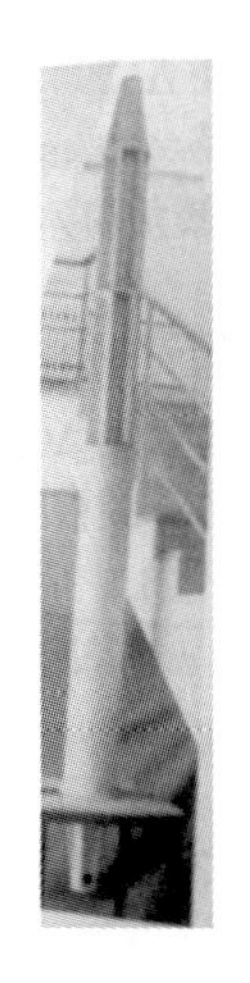

(a) 铸铝壳体折转光管，长 3 360 mm

(b) 圆管形折转光管，长 373 mm

图 7 - 38　折转光管外形图

(4) 两反光面要保持双向平行度

对传递方位角，水平折转光管和垂直折转光管都是单向工作的，但不能认为传递方向的 90°方向，可以不要求平行度，因为该方向的平行偏差会产生传递方向的误差分量，因此两反光面应保持双向平行度，仅传递的 90°方向，平行度要求可稍放宽。

7.3.4.2　折转光管的检测

折转光管的检测要求是方位角的传递误差，即出射光对入射光的平行度。检测时需注意保持检测状态和使用状态一致。检测水平折转光管时折转光管需安装成水平状态，检测垂直折转光管时折转光管需安装成垂直状态，而且折转光管的固定方式也需和使用状态一致。

传递距离较小（约数十毫米）的折转光管，用足够大的标准平面反光镜即可进行检测，而且具有相当高的检测准确度。方法是用一台光电自准直仪直接与平面镜的某一部位自准直，然后，自准直仪和平面镜不动，再通过折转光管和平面镜的另一部位自准直，两次读数值之差，就是折转光管的传递误差，检测时需挡去有效通光区以外的光线。

对传递距离较长的折转光管，常用两台准直经纬仪进行检测[10]，以方位方向的对瞄值作为标准。采用的方法有准直法和对瞄法两种，可用于检测水平折转光管或垂直折转光管。

准直法以经纬仪和折转光管反光面自准直的方法进行检测，图 7 - 39 是检测传递距离较长的垂直折转光管的实例。两准直经纬仪的安装位置要求为：基本等高，接近折转光管长度的中心，分别能与各自的反光面自准直。调好安装位置后，把折转光管移开，两准直经纬仪对瞄。对瞄时不仅要准确对准方位，还要以观察对方望远镜物镜实物象并平移经纬仪的方法，使两望远镜的光轴基本重合。然后移入折转光管，两经纬仪中的一台（经纬仪Ⅰ或Ⅱ）方位不能动，只能动俯仰，并以转动折转光管的方法，使该经纬仪与反光面自准直。而另一台经纬仪则可用俯仰与方位运动和反光面自准直，该经纬仪与反光面准直时的方位读数值与对瞄时的方位读数值之差，就是折转光管的方位传递误差。

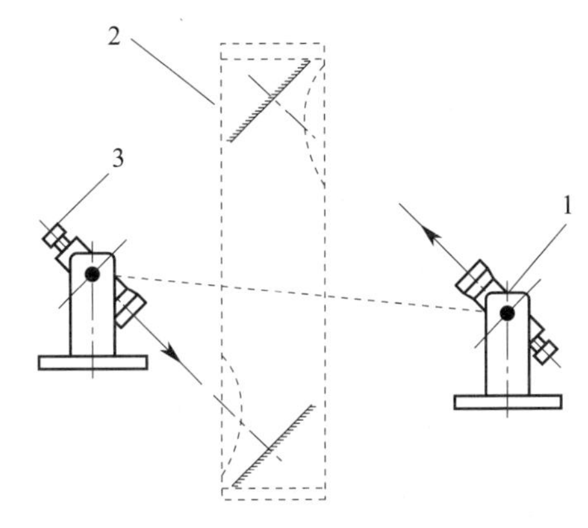

图 7 - 39　折转光管传递误差的检测

1—准直经纬仪Ⅰ；2—垂直折转光管；3—准直经纬仪Ⅱ

对瞄法是以两台经纬仪直接对瞄、与通过折转光管对瞄并进行比较的方法。仍以图 7 - 39的折转光管为例，说明其工作原理。一台经纬仪需架设在与折转光管的上反光面中心等高处，另一台则架设在与下反光面中心等高处。两经纬仪的望远镜光轴基本水平。通过折转光管，自一台经纬仪望远镜中，可看到另一台经纬仪望远镜的准直分划板像，即两经纬仪通过折转光管对瞄，记下读数值，然后移开折转光管，两经纬仪改变俯仰角直接对瞄。对瞄时一台经纬仪只动俯仰，不动方位，另一台则不仅用俯仰实施对瞄，并转方位准确对准，该台经纬仪两状态方位读数值之差，即为折转光管的方位传递误差。

从两种方法检测同一垂直折转光管可以看出：使用对瞄法时，一台经纬仪需架在高处，另一台则架在低处。而准直法中的两经纬仪都架在折转光管高度的中间位置，既不过高，又不过低，操作方便。因此准直法适用于长度较长、达米级的垂直折转光管；对水平折转光管及传递距离不是很长的垂直折转光管，两种方法均可使用。由于折转光管传递误差的检测为静态测量，因此应采用经纬仪“正”、“倒”镜测量取平均值，以及多次测量取平均值等方法提高测量准确度。

7.4　垂直传递装置

垂直传递装置有整体式和分离式两种结构型式。分离式垂直传递装置有偏振光垂直传递和线状激光投射、差动输出垂直传递两种，这两种传递原理的垂直传递装置都是只传递零位、不测角。

7.4.1　整体式垂直传递装置

图 7-40 是一种整体式垂直传递装置的结构示意图，中间是一个绝对值式、码盘与读数头都能旋转的双头旋转式光电编码器。编码器的上、下两输出轴通过弹性联轴节和上、下两传动轴相连接。两传动轴以角接触轴承为支撑，传动轴的上、下输出端，各装一台自调平三棱镜，以自动保持三棱镜的棱线水平度。当编码器显示值为 0°0′0″时，两三棱镜的棱线平行，方位角相等。因此在零位状态下，当经纬仪与上三棱镜自准直时，指向下三棱镜法线的方位角，等于经纬仪望远镜光轴的方位角，从而实现了垂直传递。当下三棱镜对零位具有转角时，转角值由编码器显示，指向下三棱镜法线的方位角等于上三棱镜法线方位角和编码器显示值之和，因此这种垂直传递装置具有传递方位与测角功能。

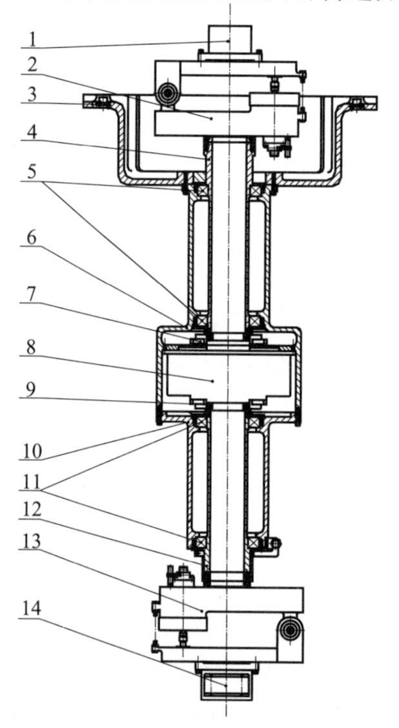

图 7-40　一种整体式垂直传递装置的结构

1—上三棱镜；2—上单向自调平工作台；3—法兰盘；4—上轴；5—上轴承；6—上外套管；7—上弹性联轴节；8—光电编码器；9—下弹性联轴节；10—下套管；11—下轴承；12—下轴；13—下单向自调平工作台；14—下三棱镜

一种双头旋转式光电编码器的结构见图 7 - 41 所示。

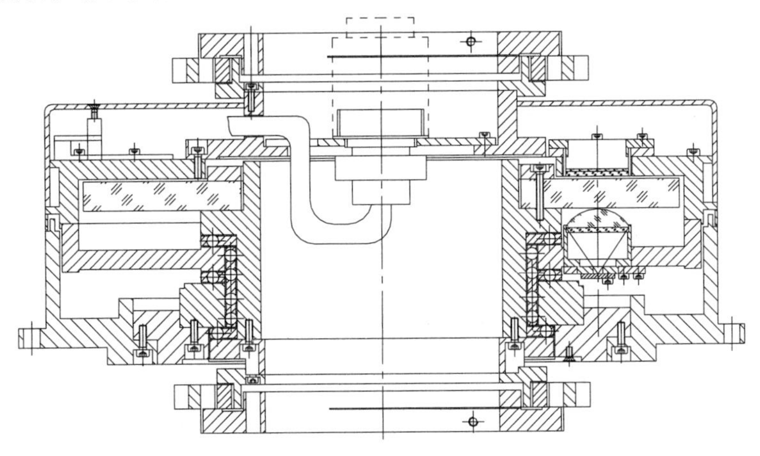

图 7 - 41　双头旋转式光电编码器

一般光电编码器的码盘和读数头中，有一个是固定的，另一个是可旋转的。但这种通常的结构不适用于垂直传递，因为这意味着有一个三棱镜需要固定。传递装置的安装要使固定三棱镜正好处于方位角传递的测量线上，做到这点是很困难的。而采用双头旋转式编码器，传递装置可以安装在任意角位置，转动上三棱镜与传递方向经纬仪自准直后，只要下三棱镜转至编码器显示值为零，两三棱镜即为平行状态。如果零位时，下三棱镜与其传递方向差得太远，不能准直，可任意转动下三棱镜直至可以准直的位置。两三棱镜的夹角由编码器实时显示。因此双头旋转式光电编码器的特点是：显示两三棱镜的相对夹角，编码器显示值为零时两三棱镜平行；两三棱镜在任意角位置平行时，编码器显示值也必然为零。因此这种垂直传递装置不仅可以测角，还可在 360°任意传递方向上准直，对装置的安装位置可以不作要求，这对使用是很方便的。

随着所传递垂直距离的增大，整体式垂直传递装置的高度将增大，从而引起制造、运输和使用的不便。一种整体式垂直传递装置的最佳传递距离，原则上只有一个。为适应传递距离的变化，要依靠改变经纬仪望远镜对三棱镜的俯仰角，距离变化越大，则俯仰角越大，从而测量误差增大，而且测量地形条件往往对俯仰角具有一定限制。在动基座环境条件下，难以对体积和质量较大的传递装置安装整体式自调平机构，从而会产生动态误差，只能在 0°或 180°附近的小角度范围内使用，这就造成使用不便。有关动态误差的估算，同式（6 - 11）、式（6 - 12）和式（6 - 13），因此整体式垂直传递装置主要适用于静态传递以及传递垂直距离较小的情况。

7.4.2　偏振光垂直传递装置

偏振光传递是一种重要的传递方法，俄罗斯的白杨系列导弹、美国的民兵导弹都采用了偏振光传递技术。偏振光垂直传递装置采用调制偏振光进行垂直传递，装置采用发送和接收两大部件的分离式结构布局，跟踪至零位的工作方式，具有较高的准确度，较小的体积，较高的自动化功能，装置的框图[11]见图 7 - 42 所示。

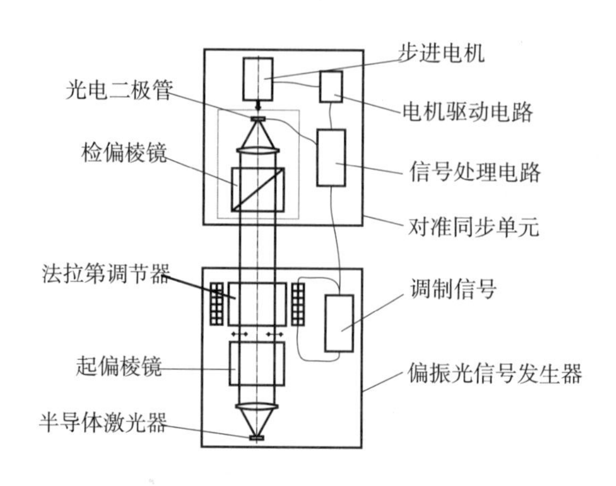

图 7－42　偏振光垂直传递装置框图

装置的发送部件为偏振光信号发生器，接收部件为对准同步单元，两部件之间为不接触式光学连接。光源发出的光束，经物镜成为平行光，由起偏棱镜变为线偏振光，再由法拉第调制器以磁光效应调制，成为调制偏振光，出射至对准同步单元后，由检偏棱镜检测，其输出光由聚光镜会聚，以光电二极管转变为电信号，通过选频放大、相关双采样、相关函数等方法测定其基频信号分量。当存在基频信号时，由信号处理电路、电机驱动电路驱动步进电机转动，改变检偏棱镜和起偏棱镜的光轴夹角，直至两光轴垂直。检偏棱镜的输出信号中只有两倍频信号，没有基频分量，从而实现了垂直传递。有关磁光调制原理以及输出信号分析，见本书第 6 章。

当两棱镜的光轴不为 90°时，调制偏振光传递法在原理上可以测出对 90°偏差角。但工程上由于受材料维尔德常数、调制磁场强度、选频放大网络性能等因素的影响，很难保持贝塞耳函数的稳定性，从而影响偏差角的测量准确度。因此装置不采用测量偏差角的方法，而采用同步跟踪至零位的工作模式。

偏振光垂直传递装置用于火箭、导弹初始对准系统的方位角垂直传递时，尚需增加相应的平面镜、三棱镜等器件，建立传递链中对前、后传递环节的几何关系。

7.4.3　线状激光投射、差动输出垂直传递装置

线状激光投射、差动输出垂直传递装置采用上、下两部件的分离式结构布局，以适应垂直距离的变化。采用只传递零位、不测角的工作方式，以避免测角误差的影响，并适应动基座环境条件。装置的上、下部件上，都装有传递器具和衔接器具。传递器具包括具发散角的线状激光发生器，具差动 PSD 输出的接收器，以进行方位角的垂直传递。衔接器具包括平面镜、三棱镜等反光器件、准直望远镜等光学部件、以及在动基座条件使用时配套的双向或单向自调平工作台，以和方位角传递链的前、后环节相衔接。传递环节基本是通用的，有关线状激光的发生、差动输出的特性见本书第 6 章。而衔接器具往往具有多种型式，应按需要选用，不同的衔接器具构成了不同的传递装置，举例如下。

图 7－43 是衔接器具为经纬仪照准部与三棱镜的垂直传递装置[12]。经纬仪照准部装有准直望远镜，能作俯仰运动，以便于对瞄及与反光器件自准直。横轴装有较粗的绝对值式光电编码器，以指示垂直角，例如 12 位编码器，显示至 0.087 9°，能满足大部份方位角传递时测量垂直角的准确度要求，而且体积较小。照准部实质上只是个照准部支架，不装水平角测角装置。因只传递零位、不测角，轴系用薄壁交叉滚子轴承。照准部可作 360°转动，由半导体激光器、聚光镜和柱面镜组成的线状激光发生器与照准部固定在一起。照准部旋转时，线状激光随之旋转。当转至望远镜光轴和前一传递环节的测量器具准直时，上部件的照准部的位置固定，不再转动；以手动及机械微动机构转动下部件的差动臂，直至两 PSD 的差动输出为零。下部件上的传递器具为三棱镜，当差动输出为零时。上部件的望远镜光轴和下部件三棱镜的棱线法线平行，方位角相等，下部件的三棱镜即可用于对后一传递环节的传递。

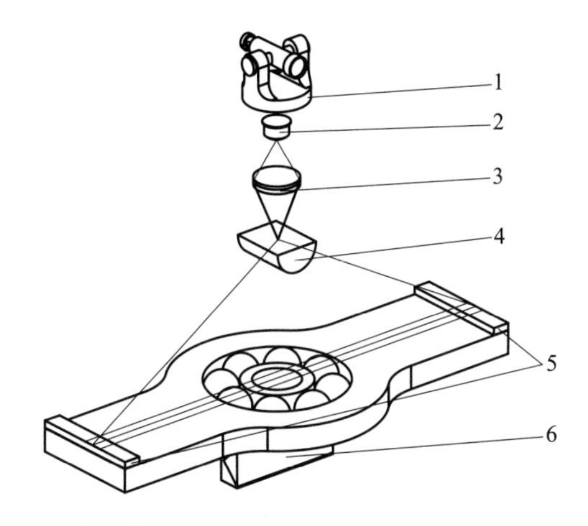

图 7－43　衔接器具为经纬仪照准部与三棱镜的垂直传递装置

1—准直经纬仪照准部；2—半导体激光器；3—聚光镜；4—柱面镜；5—PSD 光电位置探测器；6—三棱镜

图 7－44 为衔接器具为平面镜的垂直传递装置，上、下部件的衔接器具均为平面镜，其特点是有良好的像质，在动基座条件下、当传递角为 0°或 180°时，不产生动态误差（如用三棱镜则在动基座时，会由于棱线水平度而产生动态误差，需装单向自调平工作台），当两 PSD 差动输出为零时，两平面镜的法线平行。

垂直传递装置采用 PSD 作为光电转换元件，是为了减小环境光干扰的影响，特别是在野外环境条件时环境光的干扰，PSD 的光电灵敏度较低，因此环境光往往还不足以使其饱和而不能工作，但仍然要采取加挡光罩等措施，而且要加大功率光源。如果工作环境光的干扰不严重，则可采用光电灵敏感度高得多的 CCD，不仅可提高分辨力和测量准确度，而且可降低光源功率，减小发热量。

7.4.4　垂直传递装置的检测

垂直传递装置采用综合检测的方法，主要检测当两 PSD 差动输出为零时，上、下部件的两衔接器具的平行度。检测的难点是：为了保持检测状态和使用状态一致，传递装置的上、下部件之间的高度距离应等于或至少应接近所传递的最大垂直距离。这对传递距离

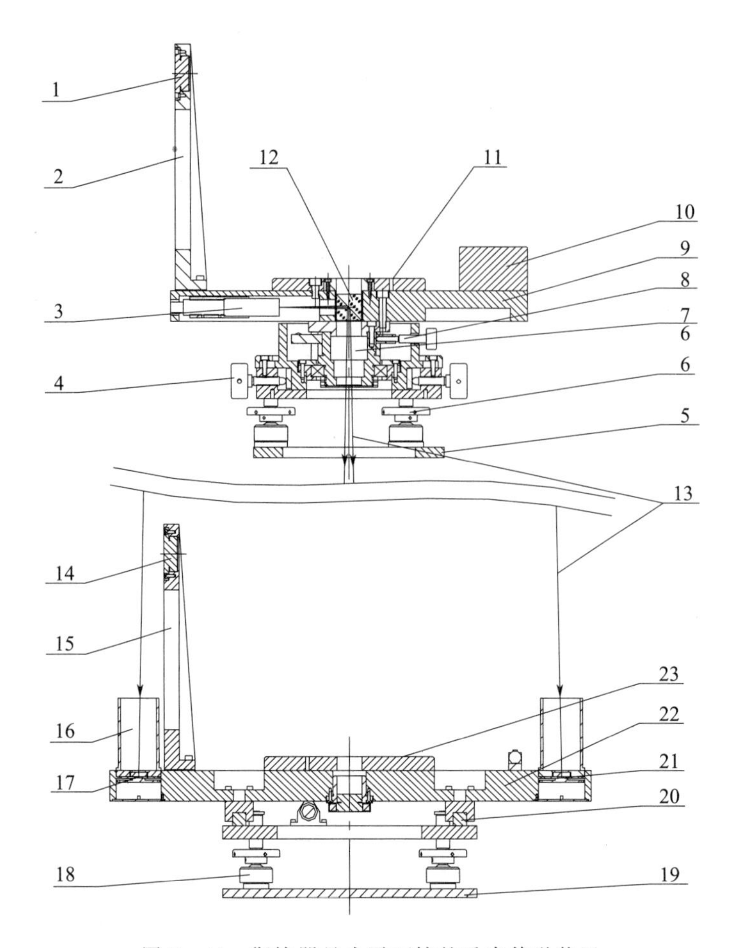

图 7 - 44　衔接器具为平面镜的垂直传递装置

1—上基准镜；2—上基准安装臂；3—光源发射组件；4—调整中心螺栓；5—上部件安装板；6—上部件水平调整机构；7—回转轴系；8—轴系回转微动机构；9—上回转臂；10—配重；11—上工作台面；12—分光棱镜；13—激光亮线；14—下基准镜；15—下基准安装臂；16—遮光罩；17—PSD 1；18—下部件水平调整机构；19—下部件安装板；20—平移导轨；21—PSD 2；22—接收臂；23—下工作台面

较大的装置是很困难的。对传递最大垂直距离为 5 米左右的垂直传递装置，可采用架高工装的方法，即用架高工装把装置的上、下部件架设至要求的垂直距离，见图 7 - 45 所示。用架高工装的方法是相对比较简单的办法，但仍有相当的实施难度，需在高跨厂房中进行，要配置高空工作台，并进行高空作业。

对最大传递距离达十余米的垂直传递装置，检测时需有特殊的建筑物，建筑物中需有贯通相应垂直距离的通光孔，装置的上、下部件及检测用的经纬仪需有安装部位，并需有上、下经纬仪进行对瞄的通光空间。

在解决装置的安装问题后，用准直经纬仪进行检测。对图 7 - 43 所示的衔接器具为经纬仪照准部与三棱镜的垂直传递装置，用一台经纬仪即可进行检测。经纬仪架设时，对装置的距离不能太近，以尽量减小检测时经纬仪望远镜的俯仰角。先把装置的 PSD 差动输

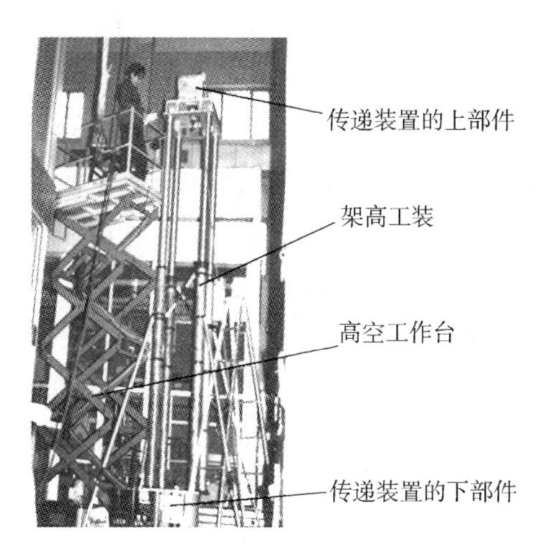

图 7－45　垂直传递装置用架高工装的检测状态

出调为零，再将检测经纬仪和装置上部件照准部的准直望远镜对瞄，然后与下部件的三棱镜自准直，就可得到两者的平行度。由于属静态检测，因此可用经纬仪正、倒镜测量取平均值。以及多次测量取平均值等方法提高测量准确度。完成一测回检测后，装置还应拆下，重新安装与调整，进行下一测回的检测，使检测数据能充分反映安装、调整误差及装置的重复性。按多测回实测数据，可计算出装置传递误差的标准偏差，在相隔一段时间后，应进行复测，考核装置的稳定性。

对图 7－44 所示的衔接器具为平面镜的垂直传递装置，则应用两台经纬仪进行检测，各以一台经纬仪与上、下部件的平面镜自准直，以两台经纬仪对瞄时的读数值作为标准值，测出两平面镜的平行度，见图 7－46 所示。检测时同样应采用正、倒镜平均及多次测

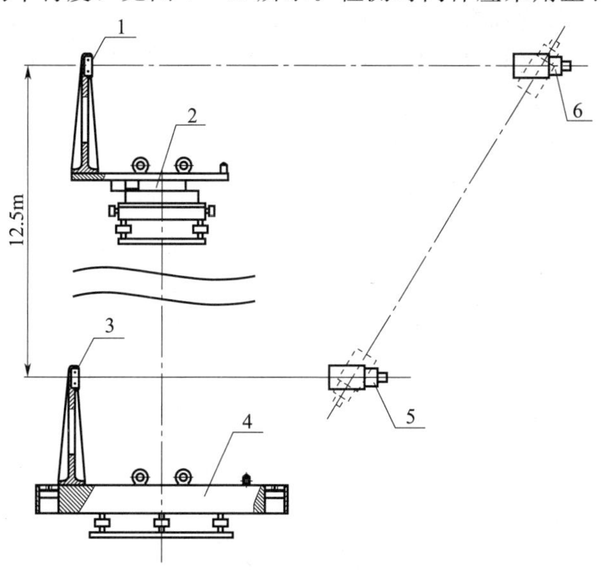

图 7－46　平面镜垂直传递装置的检测

1—上平面镜；2—上（发射）部件；3—下平面镜；4—下（接收）部件；5—下经纬仪；6—上经纬仪

量平均等提高测量准确度的方法。每测回都要重新安装与调整，并采用不同时间段检测等考核稳定性的措施。

垂直传递装置调试与检测时的测量方法相同，但顺序相反，要求不同。调试时是先调至两衔接器具平行，再以装置的调零电路，调至 PSD 差动输出为零。检测时是先转装置的机械结构，使 PSD 的差动输出为零，再测量两衔接器具的平行度。多测回和不同时间段的检测，均以不重新调整装置的电路为前提，如果因平行度超差而重新调整了装置的调零电路，则全部检测与考核应重新进行。

7.5 自准直仪的种类

自准直仪是应用平行光自准直原理的小角度测量仪器，具有高分辨力、高准确度、在近距离使用时不增大误差等特点。例如：旋转光栅式经纬仪的测角标准偏差为 0.5″。如置信因子取 3，则极限误差为 1.5″，这是当前国内外电子经纬仪的最高准确度。但是当前常用的自准直仪，其示值极限误差即达 0.2″，分辨力达 0.01″，比经纬仪高得多。当然，这样的比较是不“等价”、不合理的，因为两者属不同类型的测角仪器。经纬仪是圆分度测量仪器，可测 360°内任意角，而且是野外测量仪器，能适应野外环境条件；自准直仪是小角度测量仪器，只能测规定测量范围内小角度，而且是实验室仪器，在恒温实验室内尚会由于气流而“跳字”，由于温度变化而产生示值漂移，对环境光敏感，很难用于野外测量。但是当只需测量小角度，要求高准确度，又在实验室或条件相对较好的室内或舱内使用时，则自准直仪仍是首选的仪器。在定向和方位角传递中，自准直仪主要的用途为：用作角度标准器或用于测量三棱镜等角度标准器，作为检测设备或检测配套设备、检测五棱镜等高准确度测量器具或经纬仪类测量仪器，以及用于近距离时的高准确度工程测量。因此自准直仪同样属于方位角的传递设备，需掌握有关自准直仪的基础知识。

光学自准直仪在 20 世纪 30 年代中期就开始用于角度测量，到了 20 世纪 40 年代末期，这种准确度为 1 秒的仪器才被承认。到 20 世纪 50 年代，虽然光学自准直仪的设计原理仍未改变，但在光电检测取代肉眼观察之后，其准确度提高了一个数量级以上。在 20 世纪 60 年代，美国、英国及德国制造商已生产了多种光电式的商用自准直仪。之后数十年来，自准直仪得到了飞速的发展。自准直仪经历了目视式、光电指零式和数字式三个发展阶段。当前主要使用数字式自准直仪。目视式自准直仪虽然是目视、手动操作，准确度也不高，但工作可靠；携带方便，价格低廉，因此至今尚在使用中。而光电指零式自准直仪由于仍用目视、手动操作，仅以肉眼观察电表代替肉眼观察自准直像，其性能并无实质性的提高，因此当前已被淘汰，只作为自准直仪由目视式至数字式、由光机式向光电式发展过程中的一个过渡阶段。

在定向和方位角传递中，通用自准直仪只能满足部分测量需求。为适应特殊需求，出现了大口径自准直仪和动态自准直仪等特殊的非标自准直仪，这些专用仪器都属于数显式自准直仪的范畴，是自准直仪功能的扩展与发展，是自准直技术应用的推广。

7.5.1　目视式自准直仪

目视式自准直仪的光路有高斯型、阿贝型和综合型三种，常用的是综合型光学系统，如图 7－47 所示。在物镜的焦面上装有带十字线的准直分划板和目镜分划板，目镜分划板以带刻度盘的精密丝杠驱动，可在精密导轨上作线位移，以对准自准直像，用测量自准直像线位移的方法，测量反射镜对自准直仪光轴倾斜角的变化量。这种系统的优点是：光路对称性好，采用中心光束工作，易保证像质，目镜倍率高。缺点是：分光棱镜的光能损失大。由于通用自准直仪不设固定零位，因此有的使用情况需标定两分划板重合时的测微鼓读数值。

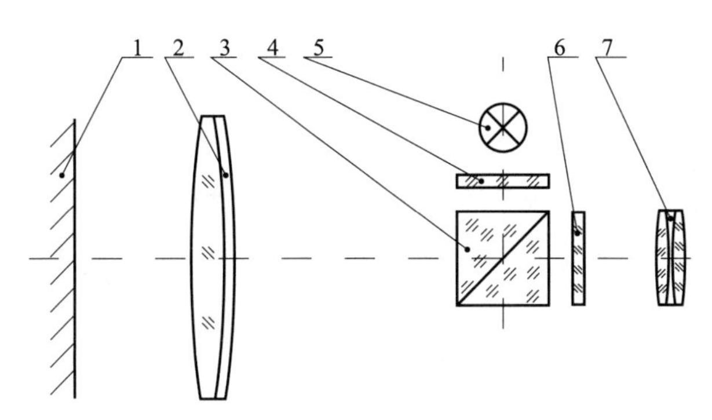

图 7－47　综合型光学系统目视式自准直仪

1—反射镜；2—物镜；3—分光棱镜；4—准直分划板；5—光源；6—目镜分划板；7—目镜

典型的目视式自准直仪为平面度检查仪，用测角的方法即可测量直线度和平面度，也可用于测角。图 7－48 是平面度检查仪的外形图，为了减小仪器长度，光路中采用了两块反光镜反射的折叠式光路。由于仪器的底面为铸铁铲花基面，可贴住测量平板摆动，对有的测量工作，如测量惯性组合的三棱镜、惯性平台的三棱镜组件等，平面度检查仪是很方便的工具。

图 7－48　平面度检查仪

这种仪器的典型数据为：物镜口径 $\Phi40$ mm，物镜焦距 400 mm，格值为 1 μm/200 mm（1.03″），测量范围±500 格，示值误差 100 格内为±（$1.5+0.01n$），n 为格数，500 格内为±（$1.5+0.015n$），工作距离＜5 m。

7.5.2　光电指零式自准直仪

为了解决目视对线误差较大的缺点，出现了用电表指零的光电指零式自准直仪，这种仪器采用了“振动子”调制法。振动子结构见图 7-49 所示，永久磁铁 2 产生固定磁场，如图中右端为 N，左端为 S。由于两弹簧片 4 是用导磁材料制成，因此右端的弹簧片也是 N，左端的弹簧片也是 S。当线圈 3 中通以正弦波信号时，产生交变磁场，当通过正半周电流时，按电磁学中的右手螺旋法则，如上端为 N，下端为 S，因此用导磁材料制成的衔铁 5 的四边都是 N。图中右端衔铁是 N，弹簧片也是 N，因此产生相斥力，把弹簧片向右推。左端弹簧片是 S，衔铁是 N，产生相吸力，把弹簧片向右拉，因此铜框 6 连同狭缝板向右运动。当正弦波的负半周到来时，线圈 3 中电流方向相反，磁极方向也相反，线圈 3 上端变成 S，右边弹簧片是 N，产生向左运动的相吸力；左边弹簧片是 S，衔铁也是 S，产生向左运动的相斥力，推动铜框向左运动。带有狭缝刻线的薄玻璃片 7，用胶粘在振动子的框上，当振动子线圈 3 中加以频率为 f 的正弦波时，狭缝就做频率为 f 的正弦振动。

狭缝装在自准直仪接收光路的物镜焦面上，和准直分划板的自准直像在同一面上。准直分划板的十字线以亮视场黑线为例，黑线像对振动狭缝起挡光作用，通过狭缝的光能由光敏电阻转变为电信号，输出信号是频率为 $2f$ 的等幅半波，频率为 $2f$ 的原因是振动的正半周和负半周的挡光作用是一样的，即从频率不能辨向。虽然频率仍是 $2f$，但幅值不相等，按黑线像偏离的方向，振动正半周的输出信号幅值大于负半周信号，或振动负半周信号的输出信号幅值大于正半周信号，两者的相位差为 180°，经过相敏整流就能检出黑线像偏离的方向。

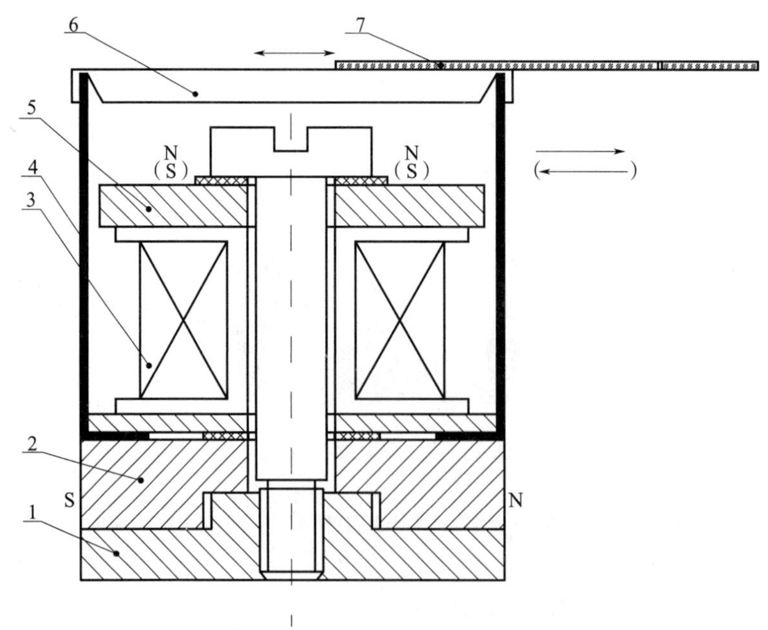

图 7-49　光电对零振子结构图

1—底座；2—永久磁铁；3—线圈；4—导磁片簧；5—衔铁；6—铜框；7—狭缝刻线薄玻璃片

光电指零式自准直仪的典型参数为：物镜口径 Φ40 mm，物镜焦距 859.43 mm，分度值 0.1″，测量范围 10′，工作距离 6 m（10′时），光电对准准确度 0.1″，示值误差 10′范围内为 2″，视场中心 4′～6′内任意 1′范围内为 0.5″。可见采用光电对线后，仪器准确度并未显著提高，这是由于用振子调制、电表指零来代替目视对线，虽减小了对线误差，但仍需用手工转动测微鼓。通过丝杠、移动分划板对零，并从测微鼓读数，仍为手动方式，有关测微鼓、丝杠的误差并未有效减少，电表指零还需区别有信号时的“真零”，和无信号时的“假零”，这就增加了工作量，气流还会使电表的表针来回摆动，影响准确对零。因此指零式仪是自准直仪发展中的一个过渡阶段，已基本处于被淘汰状态。曾出现过自动扫描的指零式自准直仪，但只解决寻找自准直像容易的问题，仪器性能并未有效提高。而对测量人员而言，捕获自准直像并不困难，因此自动扫瞄这一改进措施并未切中自准直仪的性能要害，加之电路复杂、故障多、价格大幅度提高等因素，因此这类仪器并未得到推广应用。

7.5.3 数字式自准直仪

数字式自准直仪的出现使自准直仪的性能有了质的飞跃，仪器准确度由 1″级提高至 0.1″级，最小显示值由 0.1″级提高至 0.01″级，甚至更高。数字式自准直仪使用时避免了转动测微鼓、读数等人工操作，避免了对线、读数的主观误差，测量数据便于记录、储存，运算与传输，准确度高，使用方便，从而成为当前自准直仪的主流。数字式自准直仪的光电转换元件可采用 CCD、PSD、光电池、光敏电阻、光电管等多种类型，但使用较广泛的商用自准直仪主要有振子式和 CCD 两种。

7.5.3.1 振子式数字自准直仪

最早的数字式自准直仪是振子式，由英国首制，于 1980 年投放市场，1989 年停产，曾畅销国际市场，外形见图 7－50 所示。典型参数为：物镜直径 Φ44.5 mm，物镜焦距 874 mm，测量范围±20″，工作距离 6 m，分辨力 0.1″，示值极限误差±0.2″。

图 7－50　振子式数字自准直仪

振子式数字自准直仪虽然也采用振子，但其振子和指零式的振子有质的区别：指零式振子的衔铁与弹簧片之间的间隙不能太大，振子的工作范围小，振动中心不能改变，线性差，只能用于光电对零，不能用于光电读数。数字式自准直仪用的振子为动圈式振动子，因为其线圈是运动的，其结构见图 7－51 所示。永久磁铁 6 的 N 极通过与之接触的磁靴 3，使其半圆形的内孔表面为N极；永久磁铁的S极通过与之接触的基座8，传至磁靴轴2，使磁靴轴2的外圆为S极，因此磁靴3的内表面和磁靴轴2的外表面组成的间隙为磁场。线圈4放于此间隙中，以胶粘于框架1上，框架1用两片弹簧片5支撑。当线圈中通过正弦波电流的正半周时，磁场中线圈通过电流，因此产生力推动线圈移动。电流负半周时运动方向相反。当加正弦波电流时框架就作正弦振动，狭缝板粘于框架1上，随之作正弦运动。当加直流电平时，线圈按直流电平的正、负极相应地向一个方向移动。当线圈中加的是具有一定直流电平的正弦波电流时，则线圈既作振动又作线位移，即其振动中心随所加的直流电平而改变，振动中心移动的方向由直流电平的正、负确定，移动的线值按直流电平的幅值改变。引线绝缘体7既用于引线，又用于把永久磁铁挤紧。这种振子由于线圈是运动的，因此称为动圈式振子，具有工作范围较大、线性好、振动中心能改变、便于实现"闭环"控制、效率高、启动电压低等优点。但由于振动是靠电磁力引起的机械振动，受机械惰性影响，频率响应较低，线圈中加的交流电频率为38 Hz，由此制成的数字自准直仪只能用于静态和准静态测量。

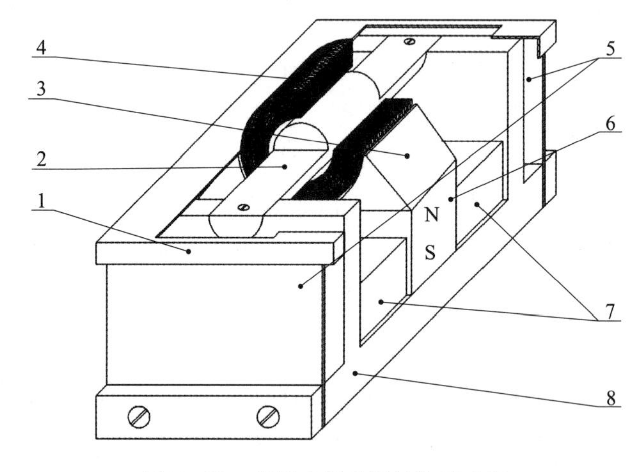

图7-51　动圈式振动子结构示意图

1—框架；2—磁靴轴；3—磁靴；4—线圈；5—弹簧片；6—永久磁铁；7—引线绝缘体；8—基座

图7-52是装有动圈式振子的数字式自准直仪光学系统和电路方框图。光源8发出的光线经过聚光镜9照亮准直十字线分划板10，光束通过分光棱镜5反射后，再经过物镜7成平行光射到反射镜6上，反射回来的光线透过分光棱镜5，经分光棱镜4反射到狭缝3。振子11以38Hz的频率作周期性振动。反射镜反射光成准直分划板十字线像在振动狭缝上。当十字线正好处于振动狭缝中心时，在光电元件上输出一个无相移、频率为$2f$的等幅信号，这时相敏检波输出为零。当反射回来的十字线像偏右或偏左时，光敏元件上输出的信号为$2f$与f的叠加信号，通过相敏检波后，可以检出反映十字线偏移量的直流电平信号。这个直流电平信号通过振子的驱动放大器，叠加在振荡器产生的38 Hz正弦波上。因此驱动放大器输出的是具有一定直流电平的正弦波信号。此信号输出至振子的线圈，正弦波电流使振子做正弦振动，而直流电平改变振子的振动中心，恢复至自准直分划板像与狭缝振动中心对准的状态。光敏电阻输出信号又恢复为$2f$频率的等幅半波，此直流电平

滤波后，经模数转换，由显示器显示角度值。因此这是一种闭环控制设计，而闭环控制电路往往具有较高的稳定性，振子式数字自准直仪的主要缺点是测量范围小，虽已停产，但其动圈式振子结构、闭环控制电路的设计思路仍具有学术意义。

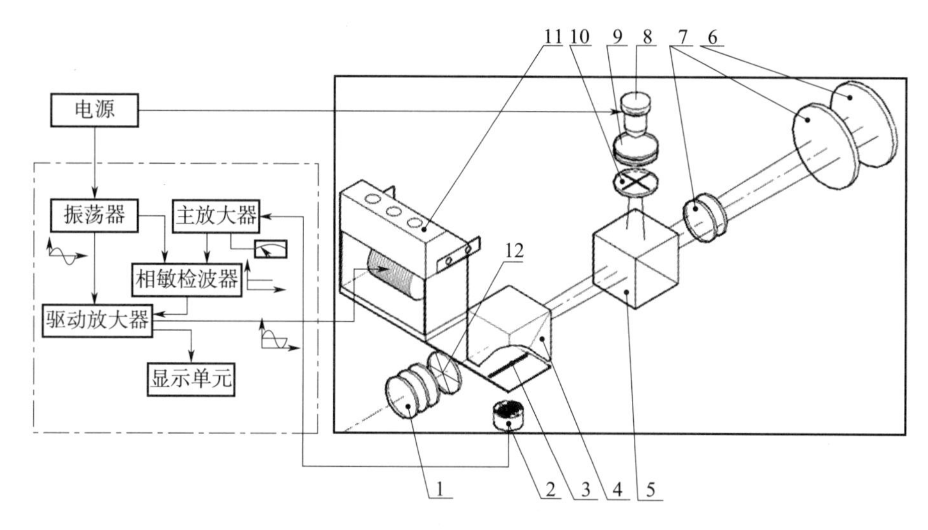

图 7-52　动圈式振子数字自准直仪

1—目镜；2—光敏电阻；3—狭缝；4、5—分光棱镜；6—反射镜；7—物镜；
8—光源；9—聚光镜；10—准直十字线分划板；11—振子；12—目镜分划板

7.5.3.2　CCD 式数字式自准直仪

CCD 式数字式自准直仪的突出优点是测量范围大、准确度高、能进行亚像元细分以提高分辨力、测量距离远、能同时进行双坐标测量，由德国首制，外形见图 7-53 所示。典型参数为：测量范围 ±1 050″，物镜通光孔径 50 mm，焦距 300 mm，使用波长为 660 nm的高功率 LED 作为光源，用两个线阵 CCD 作为探测器，在 2 900″范围内即可找到信号，任意 20″内的示值误差为 ±0.10″，全量程示值误差为 ±0.25″，最小显示值为 0.005″，重复性达 0.05″，最大测量距离为 25 m，可同时测量双轴小角度，因此很快代替振子式自准直仪，占领了国际市场，成为当前应用最广的自准直仪。但由于双轴测量是由电子开关交替照亮两轴的准直分划板完成，而且为保持示值稳定性、减小跳字，采用了剔除粗大值，多个采样值平均等软件措施，因此只能用于静态测量，并要防止杂光的影响，特别是用于室外时。

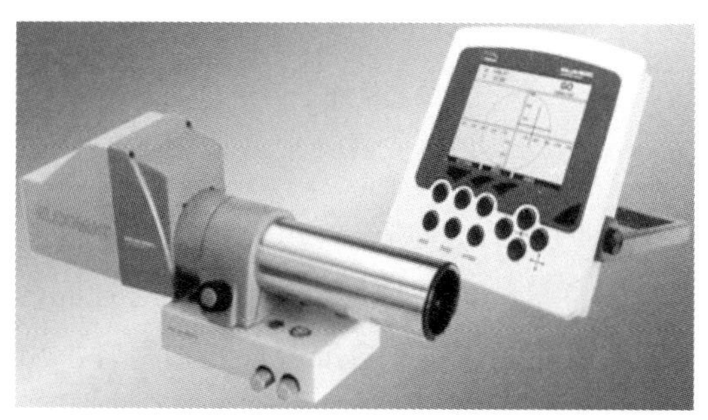

图 7-53　CCD 数字式自准直仪

当前国际上准确度最高的数字式自准直仪为 CCD 式，其主要参数为：物镜焦距 1 100 mm，最小显示值 0.001″，分辨力 0.005″，示值误差在 10″范围内为±0.01″，在 40″范围为±0.02″，在 300″×300″全量程内为±0.03″。

7.5.4　大口径自准直仪

上述的自准直仪都属于通用仪器，而大口径自准直仪属于专用仪器，又称为非标设备。因其通光口径比一般自准直仪要大得多而得名，主要用于动基座试验时，对被测件的角位置及角位置变化量的测量。由于三轴摇摆台的三轴摇摆中心不重合，因此摇摆时除了所需的角位移外，还会产生很大的线位移，而且线位移和角位移混杂在一起。要消减线位移的影响，提取所需的角位移信号，采取的方法[13]是自准直法。因为自准直法原理上只敏感角位移，对线位移不敏感，但需加大自准直仪的通光口径，使具线位移的角位移目标始终在自准直仪的敏区内，或在敏区内有足够测量的滞留时间。加大通光口径后，由于反光器件的尺寸远小于通光口径，线位移使反光器件会处于自准直仪物镜的不同部位，因此需解决在物镜不同部位工作时，测量数据的一致性问题。此外，还需解决自准直仪的出射光斑大、反光器件小而引起的光能损耗巨大问题。

大口径光电自准直仪的光路见图 7 - 54 所示，物镜为三片式结构，通光口径为 Φ300 mm，焦距为 837.76 mm，相对孔径 1∶2.79，球差 $\delta L'$为 0.034 mm，正弦差 SC'为 0.000 02 mm。准直分划板 3 和 CCD6 均严格装于物镜焦面上。准直分划板为暗视场亮线，通光线宽为 0.1 mm，由半导体激光器 5 和聚光镜 4 照明。半导体激光器输出功率 1 W，波长 808 nm±5 nm，出射光的发散角 $\theta_{/\!/}$ 为 8°，$\theta_{\perp}$ 为 35°，阈值电流 350 mA，激光器的工作电流在 0.4～1.5 A 范围内可调。自准直仪的光电转换元件用线阵 CCD，像元数 2 160，像元尺寸 14 μm×14 μm，光谱响应范围 300～1 000 nm，光谱响应峰值波长 550 nm。采用线阵 CCD 是为了有较高的频响，扫瞄一次的时间<1 ms，以测量动态误差。

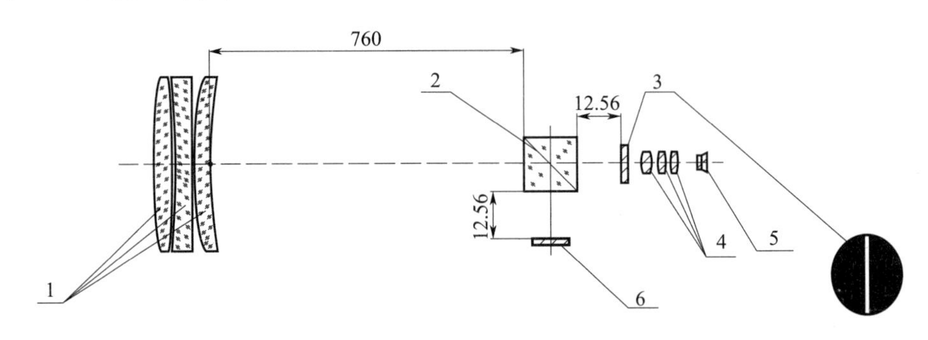

图 7 - 54　大口径光电自准直仪光路图

1—物镜；2—分光棱镜；3—准直分划板；4—光源聚光镜；5—半导体激光器；6—CCD 光电器件

大口径光电自准直仪外形见图 7 - 55 所示，由大口径光电自准直仪和调整机构两大部分组成，质量为 421.6 kg。调整机构的横向移动范围为±251 mm，方位旋转 360°。侧面反光镜和自准直仪连成一体，反光镜法线和自准直仪光轴垂直，用于把自准直仪光轴置于要求方位角位置上。

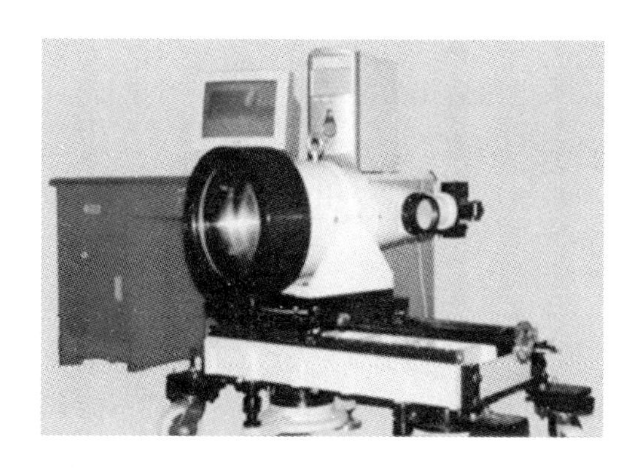

图 7－55　大口径光电自准直仪

由于被测的反光器件往往远小于自准直仪通光口径，光能损耗巨大，为此采用大功率光源 AL808T 半导体激光器，以保证 CCD 正常工作。结构设计上只装一块分光棱镜，以减少光能损耗。不设目镜，而用在计算机屏幕上显示返回信号的波形的方法，监视是否捕获目标。全部光学零件镀对应于 $0.808\mu m$ 波长的红光增透膜。分光棱镜不使用的一个透光面磨毛涂黑，以减少背景光，并选用高灵敏度的 CCD 器件。

由于反光器件小，且有线位移，因此大口径物镜的所有部位都是工作区。为此须严格保证出射光的平行度，措施是：光学设计、加工时控制正弦差 SC' 及球面的局部误差 ΔN ($\Delta N \leqslant 0.2$)。因为正弦差 SC' 是保证轴上点与轴外点像差的一致性，局部误差保证物镜各部位曲率的一致性，自准直分划板要严格调于物镜焦面上，并检测出射光束的平行度引起的示值变化量。

自准直仪需有较好的动态性能。措施为：采用扫描速度较快的线阵 CCD 器件、高速 A/D 转换电路、高速缓存电路；采取先锁存后处理的方法，采集电路采用了双端口 RAM，接受到同步信号时，将数据锁存，然后再进行数据处理，使数据处理不影响仪器的动态性能；并用动态角校准装置对大口径光电自准直仪进行动态检测，使用时采用同步采样信号、以光耦元件有线传输，对大口径光电自准直仪和被测系统同步采样。

大口径自准直仪达到的准确度为：静态示值误差为 $+1.1''$ 至 $-0.7''$，动态示值误差为 $+2.2''$ 至 $-1.8''$，光束平行度引起的示值变化为 $+0.8''$ 至 $-0.2''$，侧面反光镜和光轴垂直度为 $1.7''$，动态数据采集时间为 2.5 ms。

7.6　自调平工作台

经纬仪类仪器以大地水平面作为工作基准，在动基座条件下，没有能保持水平的不动基面，因而使经纬仪类仪器难以应用于动基座条件。解决的办法是，把经纬仪类仪器安装在自调平工作台上，由自调平工作台自动保持台面水平，从而使经纬仪类仪器用于动基座条件成为可能。

自调平工作台以对线加速度不敏感的光纤陀螺提取工作台台面摆动的角速率信号，经控制电路处理后驱动电机，使工作台台面作反向摆动，进行伺服跟踪。用装于台面上的石英摆式加速度计信号，经滤波电路后作为校零信号，定时进行自动校零，从而保持工作台台面的动态水平度，实现自调平功能。

经纬仪类仪器要求双向水平度，因此所用的自调平工作台需具有双向调平功能，即需采用双向自调平工作台。

7.6.1 台体结构

自调平工作台台体结构设计的要点是：全部工作环节都不能有活动间隙，因此需采用具过盈的角接触轴承、滚珠丝杠等器件，其结构型式有转台式和杠杆式两种，现分述如下。

7.6.1.1 转台式自调平工作台

转台式自调平工作台被制成双轴转台型式，其结构见图 7-56（a）所示，外形见图 7-56（b）所示。图示的自调平工作台安装了通光口径为 ϕ130 mm，用面阵 CCD 作为测量元件的光电自准直仪，自准直仪的光轴成铅垂状态，用于测量惯性平台的调平准确度。

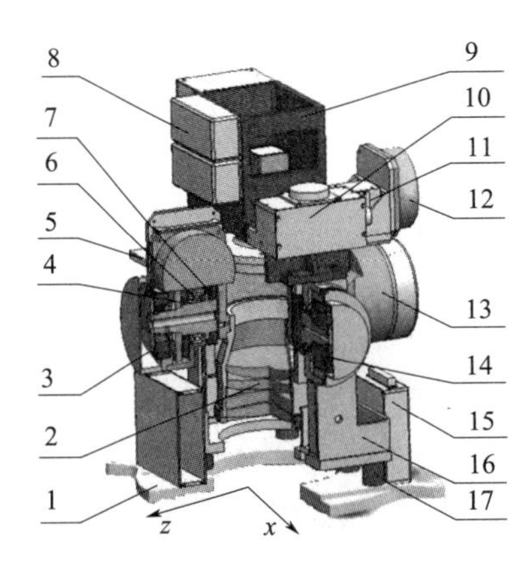

图 7-56 转台式自调平工作台图

1—基座；2—通光口径 130 mm 自准直仪物镜；3—88CYDN01 测速发电机；4—感应同步器；5—上安装板；6—71908 角接触轴承（$\phi40\times\phi62\times12$）；7—内框；8—感应同步器前放盒；9—安装架；10—插坐；11—石英加速度计；12—光纤陀螺；13—中框；14—J85LYX03A 力矩电机；15—感应同步器处理电路盒；16—支架；17—支柱

转台式自调平工作台采用 U-O-O 框架式结构，是一台小型化的双轴转台，内框 7 以其两端的角接触轴承支撑，在中框 13 内摆动，保持绕 Z 轴的水平度。中框 13 以其两端的角接触轴承支撑，在支架 16 内摆动，保持绕 X 轴的水平度。内框 7 的上端面装有上安装板 5。上安装板两端安装敏感绕 X 轴、Z 轴方向水平度的石英加速度计 11，以及敏感绕 X 轴、Z 轴方向摆动角速率的光纤陀螺 12。上安装板的中部安装通光口径 ϕ130 mm 的面阵 CCD 自准直仪 2。X 轴和 Z 轴的轴系结构相同，均分成两端，一端为测量端，另一端为驱动端。测量端装感应同步器 4 和测速发电机 3，产生转角和转动角速率反馈信号，以便于自调平电路的控制。驱动端装有自调平的执行元件——力矩电机 14。支架 16 的上端面，装有安装架 9、安装插座 10 和两个感应同步器的前放盒 8，使前放盒和感应同步器尽量靠近。基座 1 上安装两个感应同步器的处理电路盒，感应同步器采用鉴幅式电路，因此处理电路装于主机上，以减小电磁兼容的影响，感应同步器电路的分辨力为 0.000 1°。

转台式自调平工作台能适应基座较大的摆动幅值。负载（工作台上安装的仪器设备）质心需调至和双向摆动轴线重合，以便摆动平稳。但其体积较大，需安装圆感应同步器等测角元件及其测量与细分电路，采取防电磁兼容措施等，增大了电路的复杂性。当负载的型号变化时，需重新调整负载对轴系的平衡。当负载变动较大时，还可能出现调不到平衡状态的情况，需对自调平工作台的结构作较大的修改。因此，转台式自调平工作台适用于固定负载。

7.6.1.2　杠杆式自调平工作台

杠杆式自调平工作台由一对角接触轴承组成轴系，工作台绕轴系摆动，由距轴系一定距离的力矩电机、滚珠丝杠驱动，把滚珠丝杠的线位移变成工作台的摆动角，形成一付杠杆，因此称为杠杆式自调平工作台，见图 7－57 所示。由于需双向自调平，因此分为纵横板和横摇板两层，各层的结构相同，都有轴系、滚珠丝杠及其驱动电机，光纤陀螺和石英加速度计。在基座 1 上，以纵摇轴系 4 为支点，由滚珠丝杠 3 及其力矩电机驱动，使纵摇板 2 作纵向摆动；光纤陀螺 9 敏感纵向摆动的角速率信号，纵向石英加速度计提供纵向校零信号。在纵摇板 2 上，横摇板 5 以与纵摇板连接的轴系为支撑，由横摇滚珠丝杠 6 及其力矩电机驱动，在纵摇板上作横向摆动。由横摇光纤陀螺 10 提取摆动角速率信号，横摇加速度表计 7 提供横向校零信号，横摇板上固定经纬仪安装座 8，以安装经纬仪或经纬仪类仪器。

图 7－57　杠杆式自调平工作台

1—基座；2—纵摇板；3—纵摇滚珠丝杠；4—纵摇轴系；5—横摇板；6—横摇滚珠丝杠；7—横摇加速度计；8—经纬仪安装座；9—纵摇光纤陀螺；10—横摇光纤陀螺

轴系结构见图 7－58 所示，图 7－58（a）为结构图，图 7－58（b）为外形图。

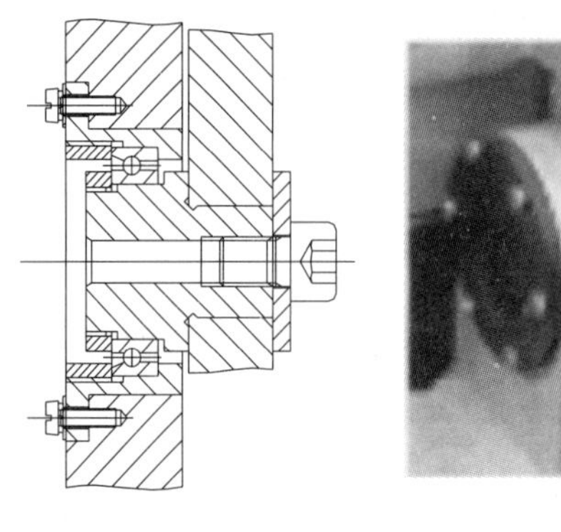

（a）轴系结构图

（b）轴系外形图

图 7－58　自调平工作台轴系图

轴系由一对角接触轴承组成，轴承外圈固定在支撑件上，内圈固定在摆动件上，可以调整予紧力，改变过盈量。纵向以基座为支撑件，纵摇板为摆动件。横向以纵摇板为支撑件，横摇板为摆动件。具过盈的轴系保证了摆动件能作无间隙的灵活摆动。

滚珠丝杠的要点是保证滚珠的循环运行，为此有多种结构，图 7－59 是一种外循环端块式结构。滚珠自返回器出口，进入螺母的滚珠库，即滚珠通道。再沿着该通道，由返向器入口进入丝杠，实现循环运行。图中布满滚珠的螺纹共 5 圈。

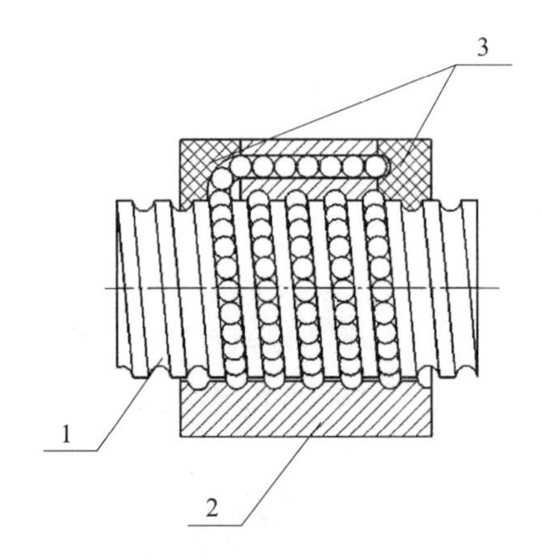

图 7－59　外循环端块式结构滚珠丝杠

1—丝杠；2—螺母；3—端块式或端盖式返回器

滚珠丝杠与螺母的结构与尺寸由承制方确定，订购时需符合承制方的产品系列。但丝杠两端与相关件连接的结构与尺寸，可由使用方在订购时提出要求，按使用方要求生产。自调平工作台所用滚珠丝杠端头组件见图 7－60 所示，以钢球和淬火钢砧座接触是为了耐磨，并保持点接触；用弹簧是为了使两者能始终保持接触状态；弹簧挂在滚轮上是为了适应工作时丝杠对摆动件倾斜状态的变化。

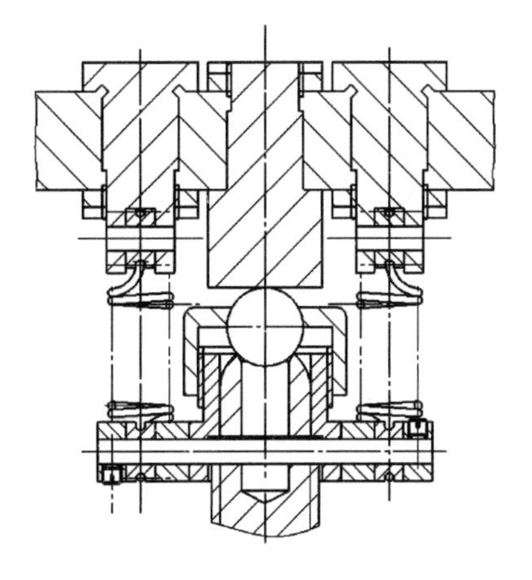

图 7-60　滚珠丝杠端头组件图

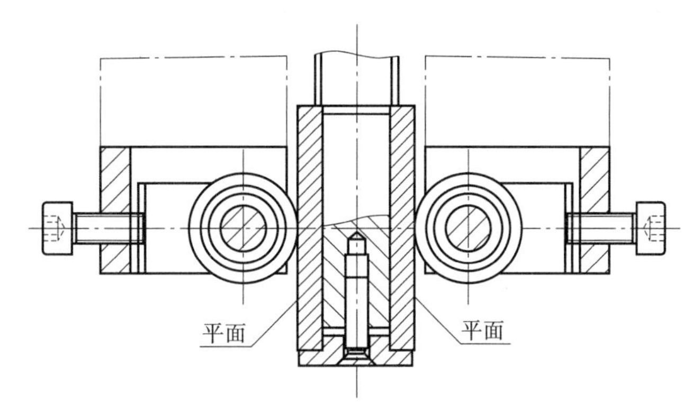

图 7-61　滚珠丝杠尾部组件图

滚珠丝杠需防转，即工作时只能有升降的线位移运动，不能随螺母转动，因此需有防转组件，见图 7-61 所示。在滚珠丝杠尾部固定淬火钢制的尾套，尾套的两平面，用两滚珠轴承挤住，以保持防转并能灵活升降。在尾部组件上，还可安装由永久磁铁和霍耳开关组成的丝杆行程控制机构或安全机构。

杠杆式自调平工作台具有放大作用，把电机转角对工作台转角之比定义为放大倍数 K，则转台式自调平工作台由于用电机直接驱动，因此 $K=1$，不具放大作用；而杠杆式自调平工作台由于通过杠杆驱动，具有放大作用，$K>1$，以下式表达。

$$\left.\begin{aligned} &\text{小角度时} && K = \theta^\circ/\alpha^\circ \\ & && K = \frac{360^\circ \times L}{S \times \rho^\circ} \\ & && \alpha'' = \theta^\circ \times 3\,600/K \\ &\text{大角度时} && \alpha^\circ = \arctan\left(\frac{\theta^\circ \times S}{360^\circ \times L}\right) \end{aligned}\right\} \tag{7-9}$$

式中　K——放大倍数；

θ——力矩电机转角，单位（°）；

α——自调平工作台台面转角，小角度时单位（″），大角度时单位（°）；

S——滚珠丝杠的导程，单位 mm；

L——滚珠丝杠中心线至轴系中心线的距离，单位 mm；

ρ°——弧度对度的转换系数，等于 57.3°。

例如：$S=4$ mm，$L=200$ mm，则放大倍数 $K=314^\times$，力矩电机转动 1°时，工作台面相应的转角为 11.5″。

由于杠杆式自调平工作台具有放大作用，因此可不选用体积较大的感应同步器和测速发电机，而用简化的方法提供角度反馈信号和速度反馈信号。方法是：把组装式 12 位光电编码器的动盘固定在滚珠丝杠力矩电机的转子上，与转子同步旋转，编码器输出的角度信号直接作转角反馈信号；应用编码器输出信号的频率随力矩电机的转速变化，并与转速相对应的特点，用 V/f 转换电路，就可把编码器输出信号的频率转变为电压，代替测速发电机输出的测速反馈信号。这种装置常称为数字式测速机。杠杆式调平台的放大作用简化了设备结构，但是也正因为其放大作用，滚珠丝杠需有较大的位移量。如减短丝杠至轴承的距离，虽可减小丝杠位移，但会降低调平灵敏度，增大调平误差。而增大该距离虽可提高调平灵敏度，但不仅会增大丝杆位移量，还会增大调平台的体积，从而使杠杆式自调平工作台难以适应动基座条件中较大的摆动幅值、又要求较高调平准确度的情况。

经纬仪在调平台上的安装见图 7-62 所示。安装时经纬仪需拆掉具三个脚旋螺丝的调水平底座，把经纬仪刚性固定在调平台的安装座上。经纬仪的水平度由自调平工作台保证，安装后需进行静态检测。当自调平工作台通电并调平后，以旋转经纬仪照准部的方法检查。在相隔 90°的四个方向上，经纬仪水准器的气泡都应居中，否则应调整或修研调平台的经纬仪安装座。

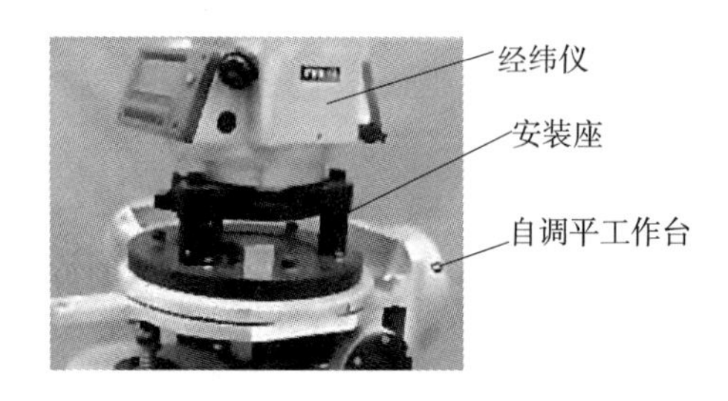

图 7-62　经纬仪在自调平工作台上的安装图

杠杆式自调平工作台的台体结构相对比较简单、体积较小、且承载能力大，对负载变化的适应能力强。负载质量和质心变化时，一般不需重新调整。但当动基座摆动幅值较大、又要求调平准确度较高时，会引起调平台的设计困难。因此杠杆式自调平工作台适用于变动负载、动基座的摆动幅值不是很大或调平准确度的要求不是很高的情况。

7.6.2　控制原理

转台式自调平工作台和杠杆式自调平工作台，两者的控制原理、控制电路基本相同，仅相关参数有所不同，以与台体结构相适应。敏感器件都采用光纤陀螺和石英摆式加速度计。

光纤陀螺是一种光学陀螺，和同属光学陀螺的环形激光陀螺相比，价格较低、体积较小、故障率较低、所需的特殊工艺和特殊材料较少、不存在闭锁问题（当输入角速度的绝对值低于阈值时，输出频差为零，两路信号被闭锁在一起）。和机电转子式陀螺相比，没有机械运动部件，因此对重力加速度和线加速度不敏感，这个特点对自调平工作台尤为重要，因为如果敏感到的原始信号是受到加速度影响的台面摆动信号，就很难用后续电路进行分离，这就给自调平工作台的控制增加了很大困难，且会增大调平误差。此外，光纤陀螺还具有对振动和冲击的承受能力强、测量范围大、可靠性高、结构简单且坚固、能直接输出数字量等特点。

光学陀螺的工作原理是基于萨格奈克（Sagnac）效应：在一个任意几何形状的光学环路中，从任意一点出发，沿相反方向传播的两束光波，绕行一周返回到该点时，如果闭合光路相对惯性空间沿某一方向转动，则两光束的相位将产生变化。两光束相位的变化是由于闭合光路相对惯性空间的转动，使其中一束光要多走一段路程，另一束光则少走同样的路程，从而产生光程差。因此可用测量相位的方法测量闭合光路的转动，如干涉法，把干涉条纹的移动，用光电元件转变为电信号。当闭合光路用光纤构成时为光纤陀螺。用环形激光构成时则为激光陀螺，依据萨格奈克效应，光学陀螺敏感的是角速率，光学陀螺的安装位置要求其敏感轴和需测量的角速率的矢量方向平行。

石英摆式加速度计的一般工作原理为：用线胀系数很小的石英玻璃制成摆片，摆片一端制成两狭条；用化学腐蚀的方法，把两狭条局部腐蚀得很薄，使具有弹性；以该两狭条作为支点，就成为弹性摆片；在线加速度作用下，摆片产生摆动；摆动端装有电感式或电容式位移传感器，摆片因摆动而偏离零位时，传感器输出相应信号，驱动力矩器把摆片拉回到零位；力矩器线圈中所加的电流大小和所作用的线加速度的大小相对应，把力矩器的电流转变为电压或脉冲数，作为输出信号，定标后即可按输出信号测得线加速度。因此这是一种闭环控制测量线加速度的器件，灵敏度与准确度高，动态性能好、体积小、质量轻、得到了广泛的应用。

石英摆式加速度计主要用于测量火箭、导弹飞行过程中的线加速度，但是通过测量重力加速度的分量，也可用作水平仪，测量水平度。在自调平工作台中，用于测量对大地水平面的水平度。但是加速度计的输出信号是水平度信号与动基座引起的线加速度信号混淆在一起的，因此需采用滤波等方法，消减动基座的线加速度影响，得到水平度信号，以作为自调平工作台的定时自动校零信号。由于自调平工作台中加速度计仅用于校正零位，因此可不要求对加速度的测量准确度，但应严格控制零位稳定性。为此需进行专门的检测与筛选，方法是：在实验室内，用不低于“0”级的花岗岩平板，以电子水平仪把平板调水平。实验过程中如平板水平度变化，则应重新调平，即整个实验过程平板需始终为严格水平状态。加速度计固定在经研磨的精密基面上，基面贴住平板安放，一次放好后不要再移动，以免引入基面和平板的接触误差。加速度计每天连续通电 8 h，并测量其输出信号，试验 10 天。加速度计输出的变化量、折转成角度的变化量不大于 5″。

自调平工作台控制系统原理框图见图 7－63 所示，控制系统的基本功能是实现“伺服跟踪，自动校零”。控制系统由跟踪回路、速度回路、等效前馈回路、漂移修正回路和水平修正回路等组成。

光纤陀螺敏感的自调平工作台台面摆动的角速率信号，经漂移修正后，由积分器积分成为角位置信号，然后用经过二次积分的加速度计信号，即角位置信号进行水平修正。修正后信号分为两路：一路经校正网络作为控制误差量，另一路为不经校正网络的角位置信号，和测角元件的位置反馈信号叠加，等效成外界角位置输入，经数据处理算出等效的外界角速度和角加速度信息，进行前馈控制；经位置校正环节的台面摆动的角位置信号和前

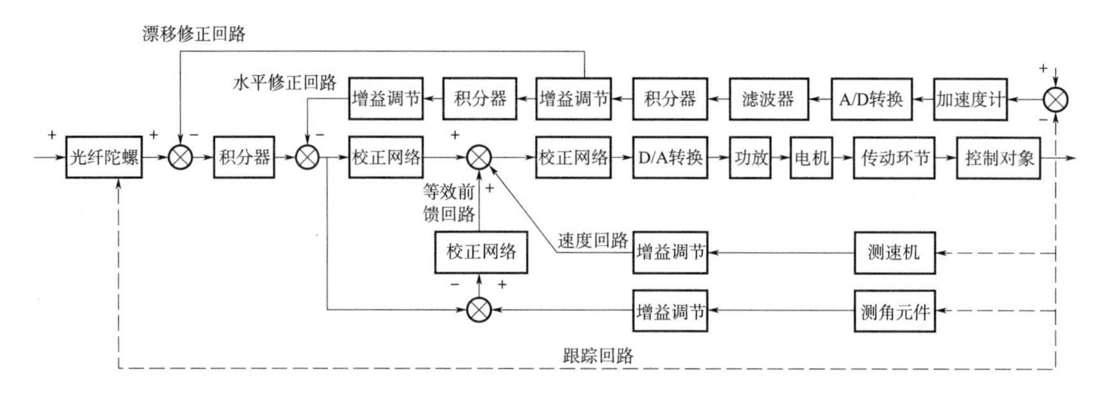

图 7-63　控制系统原理框图

馈控制信号构成复合控制，以提高系统的动态响应能力。在复合控制的两信号交汇处，再加入由测速机信号经增益调节的速度反馈信号，其输出信号经校正网络、D/A 转换、功放电路后，驱动电机进行伺服跟踪。

安装在台面上的加速度计采用电流输出，经采样电阻转换成电压，由 A/D 转换成数字量，由大时间常数数字滤波环节滤除动基座的有害加速度。滤波周期一般为动基座周期的五倍以上，然后经一次积分成为速度信号，经校正环节后，对光纤陀螺敏感的角速度信号进行修正，即进行漂移修正；经二次积分后成为角位置信号，经校正环节后，对台面摆动的角位置进行修正，即进行定时自动校零。

7.6.3　动态试验

自调平工作台的主要技术指标是动态水平度，即在动基座条件下，自调平后的调平面对大地水平面的偏差角。试验方法有两种：实验室摇摆台试验与装船出海试验。实验室试验是基础，自调平工作台的控制系统需在动基座条件下进行仔细的调试，合格后才能进行装船出海试验，以进行进一步的试验。实验室试验时以单轴或双轴摇摆台模拟动基座条件，自调平工作台台面上固定一块反光镜，以动态自准直仪与反光镜自准直，并处敏感垂直角状态。调好零位后，启动摇摆台，用动态自准直仪采集反光镜的实时垂直角数据，并计算水平度的标准偏差。动态水平度的实测曲线见图 7-64 所示，由图可以看出：动态误差和静态误差具有不同的概念，动态误差不可能像静态误差那样稳定在某一固定值，而是在一定范围内来回变动。可以大量采样点（实验室试验时常取 100～1 000点）的实测值，按贝塞耳公式计算标准偏差，按需要还可计算平均值，查出最正值与最负值。

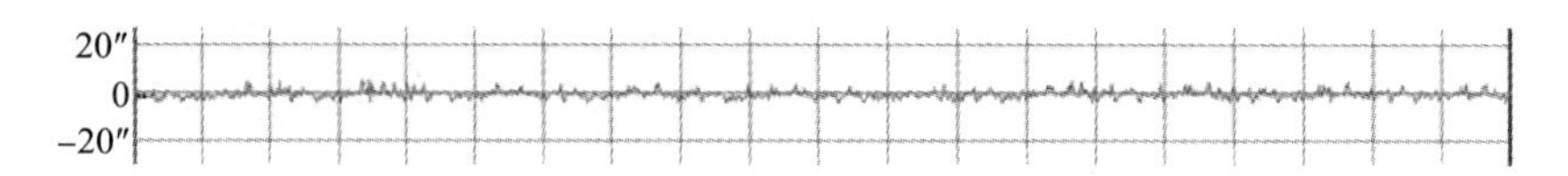

图 7-64　摇摆台试验，自调平工作台动态水平度的实测曲线

摇摆台试验实施方便，但其运动比较机械，和实际海态的复杂运动往往有较大差距，因此完成实验室调试后，需装船出海试验，在船舶摇摆并航行状态下，检测自调平工作台的动态水平度。

测量海态水平度采用岸、船对瞄、几何学内错角相等则两直线平行的原理进行，见图 7-65 所示。

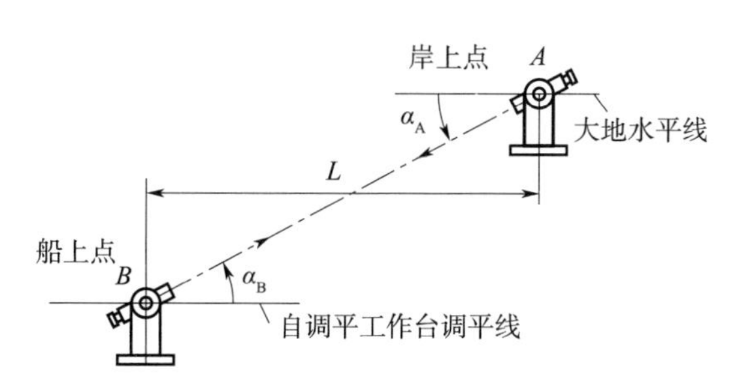

图 7-65　自调平工作台动态水平度 海态试验原理图

A 为岸上点，最好架设在山坡上，视野开阔，便于对瞄。B 为船上点。两点各架设一台经纬仪进行对瞄。AB 为 A 和 B 的对瞄准线，由于岸上经纬仪可以精确调平。因此 α_A 为 AB 对 A 点大地水平线的夹角。船上经纬仪装在自调平工作台上，已拆去调平底座，因此其水平度是由自调平工作台确定的，是被测值。α_B 为 AB 对被测调平线的夹角，如无地球曲率影响，则 $|\alpha_A| = |\alpha_B|$ 时，工作台调平线与大地水平线平行，即水平度误差为零。但是试验时，地球曲率的影响是不能忽视的，必需予以修正。

地球在千米级距离时，可近似看作为球体，在不同位置点上的水平面垂直于该点铅垂线，因此不同位置的水平面相互间有个夹角，并不严格平行。如地球是半径为 R 的规则圆球，图中 A，B 点都是水平时，两点的水平线夹角为 α，见图 7-66 所示。

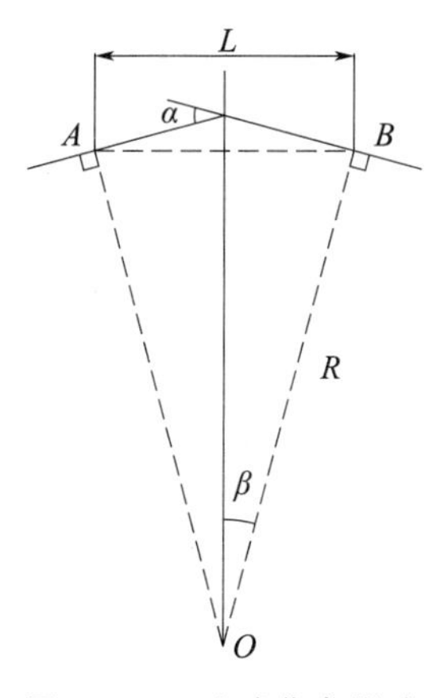

图 7-66　地球曲率影响

$$\sin\beta = \frac{L}{2 \cdot R}$$

$$\alpha = 2\arcsin\left(\frac{L}{2R}\right) \times 3\,600 \tag{7-10}$$

式中 α—— 两点水平线的夹角,即地球曲率的影响,单位为角秒;

L—— 两点的水平距离,单位 km;

R—— 地球的半径,单位为 km,取平均半径 6 370 km

当修正地球曲率影响时,水平度误差为

$$\Delta = |\alpha_B| + 2\arcsin\left(\frac{L}{2R}\right) - |\alpha_A| \tag{7-11}$$

式中 L—— A,B 两点的水平距离,单位 km,由于船、岸具有高度差,因此用测距仪测出斜距后,需按经纬仪测出的俯仰角,换算成水平距离;

R—— 地球的平均半径,单位 km,取 6 370 km。

由于 L,R 都为"+"值,修正量恒为"+"值,因此 α_A,α_B 需取绝对值。

岸、船经纬仪的物镜端,都装有 30 mW 的半导体激光器,对瞄是观察对方经纬仪物镜中心的激光器光点,在距离 1.5 km 以内,白天强阳光下,能看到清晰的光点像。当前对瞄以目视对准、手动跟踪进行。采用这种俯仰角相等的方法检测动态水平度,能适应海态的环境条件,无论潮涨潮落,A 和 B 两点都能进行对瞄。为避免距离太远而引起对瞄困难,采用船舶往返航行的方法,最远距离 1.5 km。

动态测量的关键是同步采样,在实验室内试验时,用电缆传输统一的采样脉冲,即可实现测量系统和被测系统在同一时刻采取实时值。但在海态试验时,特别是采用岸、船对瞄方法的情况下,实现同步采样是很困难的。有人曾试过用光学自动同步采样的方法,但由于船舶的摆动,环境光的干扰等因素影响,没有成功。因此实际试验时,采用的是光学目视同步的方法。山上设备布置见图 7-67 所示。

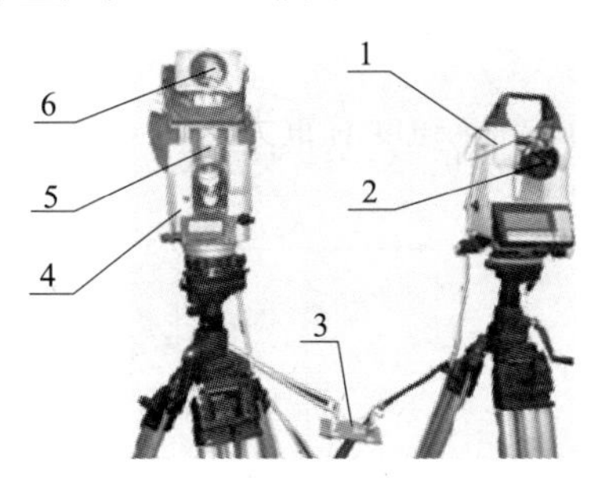

图 7-67 山上测量设备

1—对瞄经纬仪;2—30 mW 半导体红光激光投射器;3—发同步信号开关;
4—同步、测距经纬仪;5—0.3 W 同步信号激光发送光管;6—测距仪

在对瞄经纬仪 1 的旁边,再架设一台同步测距经纬仪 4,上装两个 0.3 W 同步信号激光发送光管 5 与测距仪 6。装两个光管并加大功率是为了与对瞄光点相区别。船上经纬仪在与山上经纬仪对瞄时,望远镜视野中,除了能看到中心一个较暗的对瞄光点外,同时还能看到偏离中心的两个亮得多的同步光点。由于山上的对瞄经纬仪为无极限位置式微动机构,能作 360°微动旋转,其结构是微动旋钮与一小光栅盘相连接,转动旋钮时光栅盘发出正弦波信号。驱动电机使经纬仪的照准部或望远镜旋转,当旋钮转得越快时,光栅盘信号的频率越高,电机转得也越快。当不转旋钮时,光栅盘不发信号,驱动

电机不转。因此山上设备发出同步信号的方法是采用发同步信号开关 3，当把该开关拨向“发同步信号位置”时，通过连接电缆，同时实现两个动作，这就是使同步经纬仪 1 的微动机构光栅盘断电，断电后即使再转微动旋钮也不再起微动作用，从而使山上经纬仪保留了发同步信号时的垂直角读数值；同时，又使同步测距经纬仪 4 的两个同步信号激光发送光管的激光器熄灭。船上经纬仪需配置技术熟练、反应速度快的操作手，因为不仅要跟踪、对准中心亮点，同时要注意观察边上两个同步亮点。当同步亮点熄灭时，要立即停止跟踪，使船上经纬仪的垂直角尽量接近发同步信号时的实时值。

海态动态水平度试验，每次试验按山、船两经纬仪的垂直角，以及测距仪测出的距离，得到一个动态水平度的实测值，试验次数应不少于 20 次，共得到不少于 20 个动态水平度的实测值，然后计算动态水平度的标准偏差 σ。出海试验的结果为：当前自调平工作台动态水平度的标准偏差（1σ）为 7.4″。

7.6.4　改进意见

自调平技术在惯性设备中具有重要的作用，导弹、火箭上的惯性平台，船舶上的惯性导航系统，在工作时首先要进行自调平，然后才能实现其主要功能，如提供实时的三向线加速度、姿态角、航向角等重要参数，自调平是实现这些功能的基础与保障，是整体功能中的一个环节。提取惯性设备的“自调平”单项技术，增大承载能力，降低成本，制成一种新型的测量设备，使经纬仪类仪器能用于动基座条件，这就是自调平工作台的设计思想。实践证明这条途径是可行的。但正因为是新的尝试，必然存在缺点与问题，需要进一步改进与发展，使自调平工作台能成为具有良好性能的新型测量设备，为此特提出改进意见如下。

（1）采用舒勒调谐原理，消减线加速度的影响

动基座条件的线加速度对调平准确度有重大影响，如果有 0.001 g 的残余线加速度没有得到消除，那么造成的角度误差为 3′26″。加速度分量与角度的关系见图 7－68 所示。

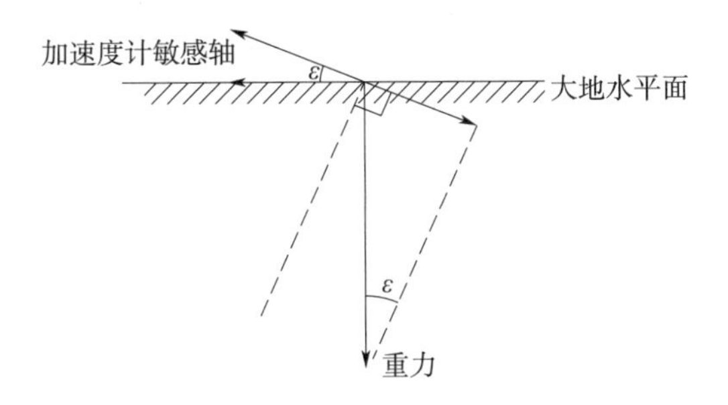

图 7－68　加速度分量与角度的关系图

当加速度计敏感轴和大地水平面平行，也即和重力方向垂直时，加速度计敏感到的重力分量为零。当加速度计敏感轴对大地水平面具有 ε 倾斜角时，则加速度计将敏感到重力分量 Δg，关系如下

$$\Delta g = \sin\varepsilon \times g, \qquad \varepsilon = \arcsin\left(\frac{\Delta g}{g}\right) \tag{7-12}$$

式中　ε—— 加速度计敏感轴对大地水平面的倾斜角；

Δg—— 加速度计敏感到的加速度值；

g—— 重力加速度。

当 $\Delta g = 0.001g$ 时，则 $\varepsilon = 3'26''$，即当加速度计敏感到 0.001 g 时，就认为有 $3'26''$的水平偏差。但实际上这 0.001 g 不是由于台面不水平引起的，而是由于动基座的线加速度消减得不彻底而残留的。加速度计和控制系统都不能区分这两种不同的原因，从而发出错误指令而导致调平误差增大。

采用滤波的方法消减动基座线加速度的影响是不彻底的，仅适用于动基座的线加速度较小、规律性较强的状态，难以适用于较普遍、较严重的动基座条件。解决的办法是采用舒拉调谐原理，使自调平工作台的系统设计自摆周期为 84.4 min，原理上可以消除任何线加速度的影响。

（2）扩展自调平工作台能适应的动基座条件和负载种类

当前杠杆式自调平工作台能适应的摇摆幅值较小，只能用于一定的动基座条件。转台式自调平工作台又对负载的变化太敏感，而且体积较大，台体结构较复杂，因此杠杆式自调平工作台应扩展能适应的动基座条件。而转台式自调平工作台则应扩展能适应的负载种类，以扩展自调平工作台的应用范畴。

（3）改进出海试验时动态水平度的测量方法

当前自调平工作台出海试验时，动态水平度采用了船、岸对瞄的测量方法。这是一种尝试，虽然取得了数据，但存在不少缺点。主要是对瞄时的目视对准、手动跟踪、双向同步读数等，不仅测量误差大，而且测量效率低，数据量小。改进设想是：山上取消经纬仪，改设 GPS 灯标，船上设置 GPS 经纬仪，用差分 GPS 测量山、船两点的高程差与水平距离，算得标准俯仰角，与船上经纬仪对准山上灯标时的俯仰角比较，得到水平偏差。此法的改进点是把双向对瞄改为单向对准，全部测量数据都在船上采集，从而可以取消船、岸对瞄，也取消了船、岸的同步采样，以提高测量准确度，便于操作。

7.7　动态角校准装置

7.7.1　测量器具动态准确度的试验方法

在动态环境条件下进行定向和方位角传递时，不仅需要有具动态测量功能的测量器具、仪器、设备或系统，更重要的是这些器具、仪器、设备、系统的动态准确度应能检测或试验。当前的计量器具的国家计量检定规程基本上是静态检定，不能静态检定、动态使用。动态性能检测也不能像静态检定那样逐级建立计量标准，如果那样，需投入极大的人力、财力和时间，而且动态测量的应用毕竟没有静态测量那样广泛，因此需寻求相对简单的解决办法。本书介绍两种方法：动、静态比较法和动态角校准装置法。而为了解决动态角校准装置、以及能作 360°转动的其他设备，本身动态准确度的检测或试验，提出了陪检工具验证法。

动、静态比较法是以已经建成的静态测量标准，或者以国家计量检定规程检定合格的静态测量仪器为依据，采取相应措施，使在动态条件下能采集静态标准的数据，或能和静态测量标准或仪器相联系，得到动态测量值，并和静态标准值比较后得到动态误差的方法。动、静态比较也可采用两步合成的方法：先用静态测量标准进行静态检定，得到被检器具的静态误差值，然后采取相应措施，对同一点进行静态测量和动态测量，得到动、静态测量的差值，再和静态误差合成，得到动态测量的总误差。两步合成法的动、静态差值可以是不具标准值的任意点，不需在静态标准上进行动态测量，因而实施方便。其缺点是得出的测量结果是误差限，而不是实测值。因为合成的方法总是使静态误差增大，不可能减小，而采用和静态标准比较的方法，动态变化量既可能使静态误差增大，也可能减小，因此更符合客观情况。

本书中已经介绍了二项动、静态比较法的应用实例。一项是以一等天文测量点作为标准，以电动导轨产生往复线运动，用永久磁铁和霍耳开关产生对中脉冲，试验 GPS 动态测定方位角的准确度，见本书第 5 章 5.3.4.11。如果在一等天文点上只进行静态检定，在非天文点的任意位置，用同样方法测量动、静态的差值，再进行合成，这就是动、静态比较法的两步合成法。另一项是本章 7.6.3 中以经计量检定合格的电子经纬仪的水平度作为标准，通过船、岸对瞄的方法，试验自调平工作台出海状态的动态水平度。

陪检工具验证法实质上也是一种动、静态比较，不同点是不直接进行测量器具或设备的动、静态比较，而是通过陪检工具进行过渡，以陪检工具的动、静态比较，简接验证动态测量的准确性。

动、静态比较法的试验设备，装置及方法，往往是针对某一测量器具的特性而设计的，其应用范围比较狭窄，缺乏普遍性。而测量器具比较普遍的要求是动态角的测量准确度。如经纬仪类仪器望远镜上加装 CCD、PSD 等光电测量元件后，往往需试验其动态准确度，大口径光电自准直仪等需进行动态测量的仪器，需试验其动态准确度；光栅传感器、光电编码器、感应同步器等测角器件，当用于动态测量时，也需试验其动态性能。动态角的校准有比较普遍的需求，因此有必要构成一台应用较广泛、使用较方便的校准设备，这就是动态角校准装置。这种装置本身需有良好的动态性能，更关键的是要检测装置本身动态准确度，为此需采用动态指零设备以及陪检工具验证的方法。这样使用时就可将校准装置和被测器具进行动态比较。对用 CCD、PSD 等元件的小角度测量器具，装置台面上固定反光镜，作往复摆动，由被测器具测量反光镜的摆动；对编码器、感应同步器等圆分度器具，被测器具的转子和装置的工作台一起转动，定子则固定不动，装置作匀速或变速旋转。校准时以统一的采样脉冲，采集装置和被校器具的实时值，即可校准被测器具的动态准确度。

7.7.2　动态角校准装置

动态角校准装置是一台单轴转台，以光栅盘作为角度传感器，可提供静态角度输出、转动时的动态角度输出，给出标准正弦运动、稳速运动和恒角加速度运动。测角分辨率为0.05″，测角不确定度为±0.5″，最大角速度为1000（°）/s，当角振动频率为0.2～20 Hz时，峰值角加速度为300（°）/s^2，波形失真度2%，频率在20～100 Hz时，峰值角加速度为5 000（°）/s^2，波形失真度10%，恒角加速度为±0.1（°）/s^2～±100（°）/s^2，其外形见图7-69所示。

图7-69　动态角校准装置外形图

动态角校准装置的机械台体结构图见图7-70所示。

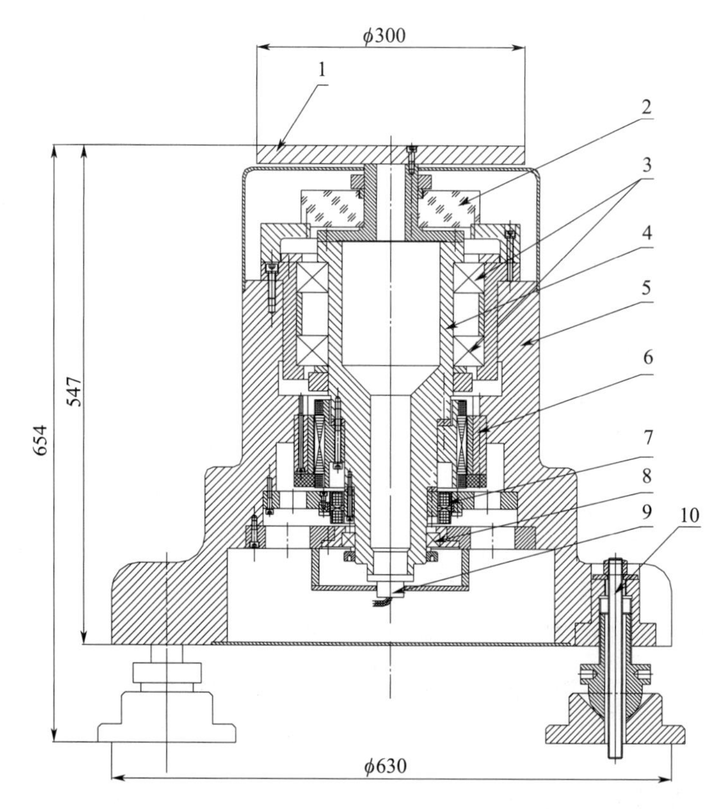

图7-70　动态角校准装置机械台体结构图

1—工作台；2—光栅盘；3—主支撑；4—主轴；5—壳体；6—力矩电机；7—测速机；8—辅助支撑；9—滑环；10—调平机构

主轴轴系由三个精密角接触轴承组成，上端两个轴承组成主支撑，以下依次为直流力矩电机和测速电机，直流电机提供转动力矩，测速电机提供速度反馈信号。由于轴系较长，增加一辅助支撑，就构成单轴惯导测试台的基本结构。在主支撑上部安装光栅盘，光栅盘为 36 000 对线，含电路的分辨力 0.036″，极限误差±1″，光栅盘电信号送入控制柜进行处理，为了被试件的信号引出，在主轴上装有导电滑环。

动态角校准装置控制系统的结构框图见图 7－71 所示，原理图见图 7－72 所示。

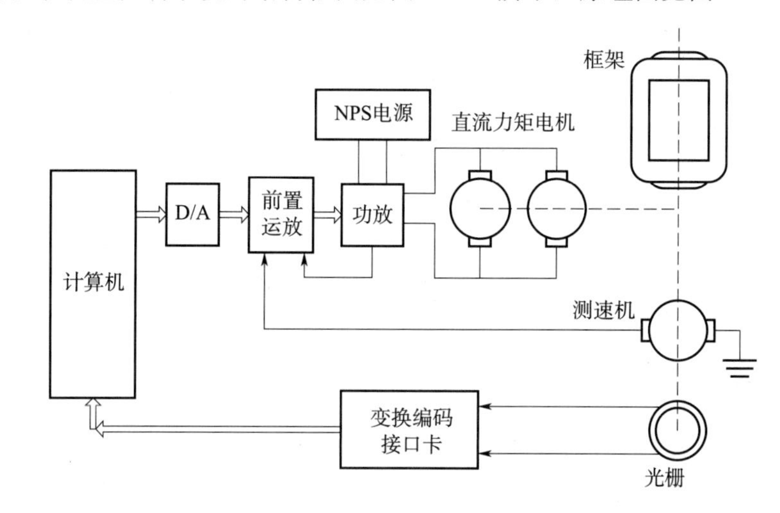

图 7－71　动态角校准装置控制系统结构框图

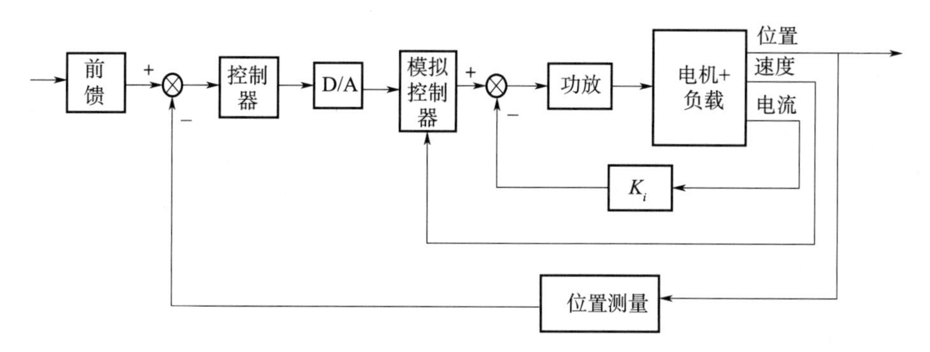

图 7－72　动态角校准装置控制系统原理图

在转台控制中，不确定性有两个主要来源：一是摩擦，它包括静摩擦、库仑摩擦和粘性摩擦；二是由于负载惯量变化导致系统参数的变化。影响系统频带提高的主要因素是转轴上的扭转变形及机械谐振。为解决好上述问题，使系统运行平稳、线性度好，采用的控制方法如下：

1）速度回路为模拟控制回路，主要考虑机械谐振的抑制和对转动惯量等参数变化的鲁棒性问题。采用凹形滤波器来抑制机械谐振、拓宽频带，采用干扰观测器来克服转动惯量变化对系统性能的影响，使负载在预定范围内变化时，系统的稳定性及跟踪性能满足指标要求。

2）位置环为数字式控制回路，主要考虑系统稳定性及位置静态误差。对位置反馈量采取了有效的逻辑滤波措施，去除误码、错码的影响。采用非线性分离式积分控制，有效地消除极限环振荡，将位置静差减小到测角组件的分辨率范围内。采用零相差前馈设计方法来提高系统的跟踪性能，采用自适应摩擦补偿环节对摩擦力矩进行补偿，以提高系统的低速性能。

对存在于伺服系统中的摩擦环节，用库仑摩擦模型来描述，采用递推辨识技术，对摩擦力矩实时辨识，然后在控制力矩中加入此辨识值，从而消减摩擦力矩的影响。在控制中加入自适应摩擦辨识与补偿环节，以减小动态跟踪误差，提高小信号跟踪能力。

对于运动控制的鲁棒性问题，目前成熟的设计方法是基于二自由度的（TDOF）鲁棒设计方法和基于干扰观测器的设计方法，这两种方法同属鲁棒控制范畴。通过在实验室内的单轴转台对不同控制方法的实验，采用了基于干扰观测器的设计方法。这是一种频域设计方法，其基本思想是在速度环中，引入干扰信号的观测器，将对象和名义模型输出之差等价到输入端，视为干扰，进行补偿，使得系统在一定带宽下对扰动和转动惯量、摩擦力矩的变化具有良好的鲁棒性。

7.7.3 动态指零

检测动态角校准装置的动态准确度时，必需有动态指零装置。当动态角校准装置转至指零装置的零位时，能发出指零脉冲，以采集动态角校准装置的实时角度值。动态指零装置的类型，应按检测时所用的陪检工具选择。当陪检工具为光学度盘、光栅盘等线角度器具时，光学度盘需用动态光电显微镜指零、光栅盘需用读数头指零。当陪检工具采用正多面棱体等面角度器具时，需用动态自准直仪类仪器指零。常用正多面棱体作为陪检工具，所用的动态指零自准直仪类设备有应用物理光学原理的干涉法和应用几何光学原理的成象法两种。干涉法指零自准直仪[15,16]的光路图见图 7－73 所示。

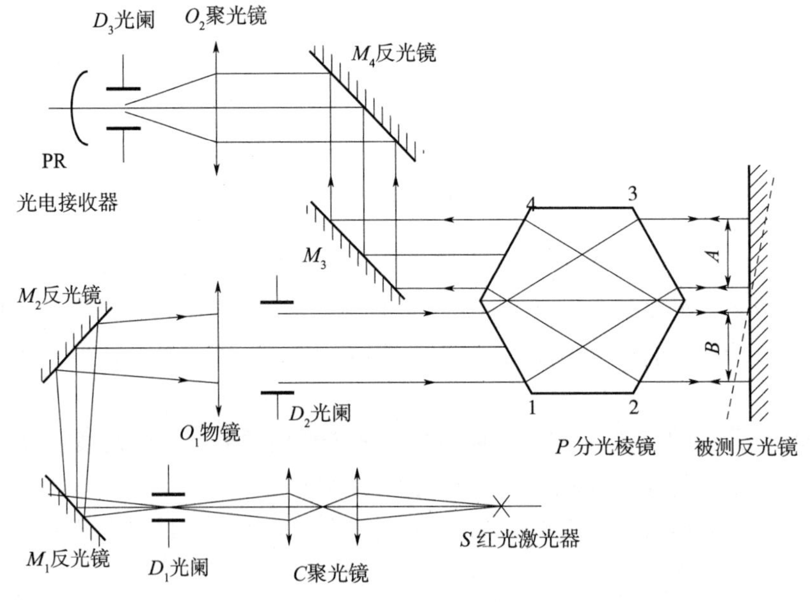

图 7－73　干涉法指零自准直仪光路图

物镜为 O_1 的平行光管发出的平行光，经分光棱镜分成两束，由被测反光镜反回，经分光棱镜会合，产生干涉，由 O_2 会聚后，由光电接收器转变成电信号。即用同一反光镜反射两束平行光 A 与 B，敏感的是这两束光的光程差。如被测反光镜自图示的虚线位置反时针旋转，初始阶段 A 光束的光程大于 B 光束的光程。当光束与反光镜的垂直偏差较大时，反射光不能进入分光棱镜，从而不能收到信号，随着反光镜的转动，垂直偏差逐渐减小，光电接收器开始有信号输出。但光程差仍较大，干涉引起的亮、暗变化的光信号的对比度很差。光电接收器输出的主要是背景光引起的直流电平信号，直至转至光束与反光镜垂直时，A、B 两束光的光程相等，反射光全部能进入棱镜，信号最强，对比度最高，能得到明显的跳变波形。在中心位置附近，也还能看到幅值较小的波形。转过中心位置后，B 光束的光程大于 A 光束，光程差反向增大，对比度变坏，又输出反映背景光的直流电平信号，直至收不到信号，光电信号的波形见图 7－74 所示。

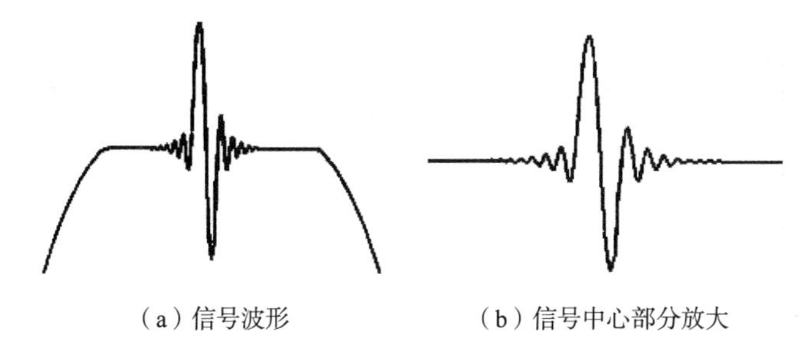

（a）信号波形　（b）信号中心部分放大

图 7－74　干涉法光电信号波形图

光电信号通过微分电路找出峰值点，成为窄脉冲，以用于动态采样。光电信号还用于产生选通逻辑信号及光源亮度的自动调节。选通是对光电信号微分形成的正、负脉冲而言，只允许正脉冲通过；亮度调节是使在对准的时间段内为大光强，其余时间段均为弱光强，以延长激光器寿命，信号处理框图见图 7－75 所示。

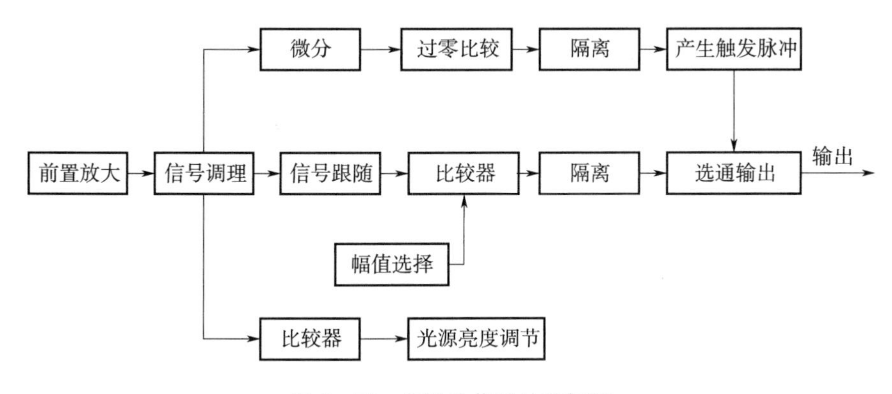

图 7－75　干涉法信号处理框图

干涉法由于应用了干涉原理，因此分辨力高，动态响应快。但由于分光棱镜装在平行光管光路以外，被测反光镜要反射具一定的直径的两束光，棱镜和反光镜的体积又不能太大，因此，两束光的中心距离取得较小。这对测角是很不利的，会增大测角误差，减小干涉法测线值准确度高的优势。干涉法指零自准直仪在国外达到的准确度为：在距离不大于 0.2 m 时，定位误差的随机分量（1σ）为 0.03″，系统分量为 0.1″；国内的准确度为：测量重复性 0.13″，合成标准不确定度 0.25″，由于同样原因，被测反光镜和自准直仪的测量距离也较近，最远为 1.5 m。此外，两光束中心距离较小还会提高对反光镜平面度的要求，特别是用于正多面棱体等多反光面的状态，各反光面平面度的差异会引起附加误差。干涉法指零自准直仪能适应的角速度范围，国外为 10（°）/s～1 000（°）/s，国产设备的角速度一般不超过 100（°）/s。超过该范围后光电信号就会减弱变形，电路不能捕捉到信号正确的尖峰值，从而会增大误差。总的来说，干涉法动态指零适用于角速度较高的情况，动态角校准装置由于具有高速率功能，因此采用干涉法指零自准直仪。

对大多数动态测量需求而言，角速度都并不高，因此并不需采用干涉法指零，而且干涉法指零自准直仪在低速率时定位误差增大，适用方法是应用几何光学原理的成像法，即通用的光电自准直仪，用软件或硬件发出零位采样脉冲。

7.7.4 排列互比法

检测动态角校准装置的动态准确度时，常采用角度计量用的排列互比法，以消减陪检工具误差。其原理和方法与通用的排列互比法是一样的，不同点仅为需进行动态检测，用指零脉冲采集实时值。

排列互比法又名全组合法，适用于不具备高一等的计量标准，从而不能直接进行量值传递的情况。它是一种误差分离技术，通过被检设备和陪检工具的多次转位测量，依据圆分度误差闭合的特点，可得到消减了陪检工具误差后的被检设备的分度误差，以及消减了被检设备误差后的陪检工具的分度误差。现简要说明其基本原理和方法。被检设备（动态角校准装置）简称转台，陪检工具为正多面棱体，简称棱体。棱体为六面体（$n=6$），转台和棱体的刻度方向相同，每圈测量以转台的 0°为固定起始点，而棱体则通过转位、改变其起始点的角位置。转台分度误差以 Δ_j 表示，棱体分度误差以 Δ_i 表示。第一圈测量时，以转台 0°和棱体（0°）对准作为起始点，测量数据记入第（1）横行。第二圈的起始点：转台为 0°不变，棱体则转至（60°），数据记入第（2）横行。依此类推，读数值是由转台误差 Δ_j、棱体误差 $\Delta_{(i)}$ 和横行平均值 $C_{(i)}$ 等三项组成的，所代表的角度关系如表 7－1 所示。

转台误差之和为

$$A=\sum_{j=1}^{n}\Delta_j=\Delta_1+\Delta_2+\Delta_3+\Delta_4+\Delta_5+\Delta_6$$

棱体误差之和为

$$B=\sum_{i=(1)}^{(n)}\Delta_{(i)}=\Delta_{(1)}+\Delta_{(2)}+\Delta_{(3)}+\Delta_{(4)}+\Delta_{(5)}+\Delta_{(6)}$$

横行平均值之和为

$$C=\sum_{i=(1)}^{(n)} C_{(i)}=C_{(1)}+C_{(2)}+C_{(3)}+C_{(4)}+C_{(5)}+C_{(6)}$$

按表 7－1 求竖列和，并分别代入转台误差之和、棱体误差之和，横行平均值之和，得到表 7－2。

表 7－1　读数值代表的角度关系

转台 \ 棱体	$j=1$	$j=2$	$j=3$	$j=4$	$j=5$	$j=6$	横行平均 $C_{(i)}$
	0°	60°	120°	180°	240°	300°	
$i=(1)$ (0°)	$\Delta_1+\Delta_{(1)}+C_{(1)}$	$\Delta_2+\Delta_{(2)}+C_{(1)}$	$\Delta_3+\Delta_{(3)}+C_{(1)}$	$\Delta_4+\Delta_{(4)}+C_{(1)}$	$\Delta_5+\Delta_{(5)}+C_{(1)}$	$\Delta_6+\Delta_{(6)}+C_{(1)}$	$C_{(1)}$
$i=(2)$ (60°)	$\Delta_1+\Delta_{(2)}+C_{(2)}$	$\Delta_2+\Delta_{(3)}+C_{(2)}$	$\Delta_3+\Delta_{(4)}+C_{(2)}$	$\Delta_4+\Delta_{(5)}+C_{(2)}$	$\Delta_5+\Delta_{(6)}+C_{(2)}$	$\Delta_6+\Delta_{(1)}+C_{(2)}$	$C_{(2)}$
$i=(3)$ (120°)	$\Delta_1+\Delta_{(3)}+C_{(3)}$	$\Delta_2+\Delta_{(4)}+C_{(3)}$	$\Delta_3+\Delta_{(5)}+C_{(3)}$	$\Delta_4+\Delta_{(6)}+C_{(3)}$	$\Delta_5+\Delta_{(1)}+C_{(3)}$	$\Delta_6+\Delta_{(2)}+C_{(3)}$	$C_{(3)}$
$i=(4)$ (180°)	$\Delta_1+\Delta_{(4)}+C_{(4)}$	$\Delta_2+\Delta_{(5)}+C_{(4)}$	$\Delta_3+\Delta_{(6)}+C_{(4)}$	$\Delta_4+\Delta_{(1)}+C_{(4)}$	$\Delta_5+\Delta_{(2)}+C_{(4)}$	$\Delta_6+\Delta_{(3)}+C_{(4)}$	$C_{(4)}$
$i=(5)$ (240°)	$\Delta_1+\Delta_{(5)}+C_{(5)}$	$\Delta_2+\Delta_{(6)}+C_{(5)}$	$\Delta_3+\Delta_{(1)}+C_{(5)}$	$\Delta_4+\Delta_{(2)}+C_{(5)}$	$\Delta_5+\Delta_{(3)}+C_{(5)}$	$\Delta_6+\Delta_{(4)}+C_{(5)}$	$C_{(5)}$
$i=(6)$ (300°)	$\Delta_1+\Delta_{(6)}+C_{(6)}$	$\Delta_2+\Delta_{(1)}+C_{(6)}$	$\Delta_3+\Delta_{(2)}+C_{(6)}$	$\Delta_4+\Delta_{(3)}+C_{(6)}$	$\Delta_5+\Delta_{(4)}+C_{(6)}$	$\Delta_6+\Delta_{(5)}+C_{(6)}$	$C_{(6)}$

表 7－2　竖列和角度关系表

转台	$j=1$ 0°	$j=2$ 60°	$j=3$ 120°	$j=4$ 180°	$j=5$ 240°	$j=6$ 300°
竖列和 S_j	$6\Delta_1+B+C$	$6\Delta_2+B+C$	$6\Delta_3+B+C$	$6\Delta_4+B+C$	$6\Delta_5+B+C$	$6\Delta_6+B+C$
对 $j=1$ 竖列和归零，再除以 n ($n=6$)	$\Delta_1=0$	Δ_2	Δ_3	Δ_4	Δ_5	Δ_6

由于是测零起误差，因此各列的竖列之和需对第一列（$j=1$）的竖列之和归零。而每个竖列和中，包含了相同的棱体误差之和 B 与横行平均值之和 C，因此归零时得到消除，即消除了棱体误差的影响。由于每一竖列都是以转台的同一角位置和棱体全部 n 个角位置比较，因此转台误差得到保留，而且取了 n 次的平均值，其测量误差减小了$\sqrt{n}$倍。按竖列求转台零起分度误差的关系式如下

$$\Delta_j=(S_j-S_{j=1})/n,\ j=1,\ 2,\ 3,\ \cdots,\ n \tag{7-13}$$

式中　Δ_j——固定起始点的被检设备的零起分度误差；

S_j——第 j 竖列的读数值之和；

n——测量的点（角位置）数，用棱体作为陪检工具时，等于棱体的面数。

按表 7-1 的斜行求陪检工具的分度误差，首先要找出同一根线上有 n 个包含棱体同一面数据的斜线，此线代表的棱体角位置 $\Delta_{(i)}=\Delta_{(n)}$，即棱体的最后一面的角位置。而其他角位置、棱体同一面的 n 个数据都分布在两根斜线上，当 $n=6$ 时，可画出 11 条斜线，即斜线数为 $2n-1$，由表 7-1 得到其角度关系见图 7-76 所示。

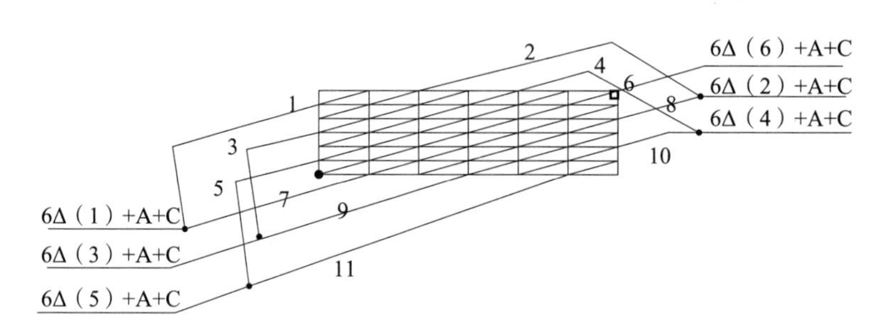

图 7-76　斜行角度关系

把棱体同一面的一斜行或两斜行称为合成斜行，以 $V_{(j)}$ 表示合成斜行之和，下标为棱体的面号。11 根斜线编号如图 7-76 所示。合成斜行 $V_{(1)}$ 是第 1，7 两斜线上 6 个数据之和，为 $6\Delta_{(1)}+A+C$，$V_{(2)}$ 是第 2，8 两斜线上 6 个数据之和，为 $6\Delta_{(2)}+A+C$。依此类推至最后一面 $V_{(6)}$ 是第 6 根斜线上 6 个数据之和，为 $6\Delta_{(6)}+A+C$。同样，棱体是零起误差，归零后消去了转台误差 A 的影响。因为是以棱体同一面和转台闭合的 6 个角位置比较的结果，而且棱体的测量误差也减小了$\sqrt{6}$倍，棱体分度误差的计算式为

$$\Delta_{(i)}=[V_{(i)}-V_{(i=1)}]/n \qquad i=1,2.3,\cdots,n \tag{7-14}$$

式中　$\Delta_{(i)}$——陪检工具第 i 面的零起分度误差；

$V_{(i)}$——陪检工具第 i 面合成斜行之和；

i——陪检工具的面号，共 n 面。

一条斜线上数据齐全，即有 n 个数据的斜线，可画出两条，一条左斜，另一条右斜。判别方法是象表 7-1 那样，列出两个以上棱体的面号（i），面号相同的是正确的斜线，如果斜线方向画错，将导致处理结果全错。

以下举例说明计算方法，见表 7-3 所示，首先需画出数据齐全的一条斜线，为（6）面的斜线，紧挨着的是（1）面斜线、（2）面斜线……只有一个数的是（5）面的斜线；当列表后，斜行之和的方格的对角线和斜线是对准的，斜线上所缺的数如（2）面斜线只有 4 个数，则需在（6）面斜线的另侧，找有 2 个数的斜线；然后把两斜线上共 6 个数据加在一起，作为（2）面的斜行和。

表 7-4　计算举例

棱体＼转台	$j=1$ 0°	$j=2$ 60°	$j=3$ 120°	$j=4$ 180°	$j=5$ 240°	$j=6$ 300°	斜行和 $V_{(i)}$	棱体误差 $\Delta_{(i)}$
(i) =1 (0°)	0.5″	3.7″	3.7″	3.9″	4.0″	3.1″	12.3″	0″
(i) =2 (60°)	0.2″	3.4″	3.7″	3.9″	2.8″	2.6″	17″	0.78″
(i) =3 (120°)	0.1″	3.5″	3.7″	2.7″	2.3″	3.4″	16.8″	0.75″
(i) =4 (180°)	0″	3.6″	2.6″	2.3″	3.2″	3.2″	17.8″	0.92″
(i) =5 (240°)	0.5″	3.1″	2.8″	3.7″	3.7″	3.9″	18.9″	1.1″
(i) =6 (300°)	−0.4″	1.8	2.8″	2.7″	2.8″	3.2″	13.9″	0.27″
竖列和 S_j	0.9″	19.1″	19.3″	19.2″	18.8″	19.4″		
转台误差 Δ_j	0″	3.03″	3.07″	3.05″	2.98″	3.08″		

以上的排列互比法，采用了每圈（每一横行）读数值不按起始点归零的方法，和每圈按起始点归零的方法[17]相比，可以减小零点对准误差与零点漂移的影响。但由于角度关系改变，陪检工具误差只能由斜行求得，不能再用横行和斜行分别求出陪检工具误差后再平均。

参考文献

[1] 唐务浩，陈敬芬．大地测量仪器学［M］．北京：测绘出版社，1987.

[2] 孙方金，陈世杰．精密轴系回转精度测试［M］．哈尔滨：哈尔滨工业大学出版社，1997.

[3] 孙方金．精密测角转台［J］．计量学报，1986，7（4）：291－295.

[4] 国防科工委科技与质量司组织编写．几何量计量［M］．北京：原子能出版社，2002.

[5] 北京航天计量测试技术研究所．附件化、高倍率准直目镜：中国，ZL 2008 1 0179147.6［P］. 2012－01－25.

[6] 北京航天计量测试技术研究所．分体式空心五棱镜：中国，ZL2011 2 0408374.9［P］.2012－07－04.

[7] 北京航天计量测试技术研究所．空气介质分体式二向直角头：中国，ZL2012 2 0442282.7［P］. 2012－08－31.

[8] 北京航天计量测试技术研究所．空气介质分体式三向直角头：中国，ZL 2012 2 0442140.0［P］. 2012－08－31.

[9] 张俊杰，王震，李政阳，等．光学平行度的自准直象线宽测量法［J］．红外与激光工程，2009，38（增刊）：197－200.

[10] 李永刚，商秋芳，赵功伟，张忠武，周玉堂．折转光管误差检测方法的研究［J］. 宇航计测技术，2012，32（4）：1－5.

[11] 吴易明，高立民，陈良益．基于偏振光的精密角度测量及传递技术［J］．红外与激光工程，2008，37（3）：525－529.

[12] 李永刚，王震，商秋芳，张忠武．方位角垂直传递检测新技术［J］．宇航计测技术，2011，31（4），11－13.

[13] 北京航天计量测试技术研究所．一种自准直法测量角位移时消减线位移影响的方法：中国，ZL200610055273.1［P］. 2010－06－23.

[14] 张忠武，李政阳，李永刚，高扬．基于经纬仪的自调平台海态水平度的测量［J］. 红外与激光工程，2008，37（增刊）：166－168.

[15] 孙方金．角度量的动态测量［J］．红外与激光工程，2008，37（增刊）：6－10.

[16] 何英，李俊强，李华丰．一种新型的动态瞄准装置［J］．航空计测技术，2003，23（4），20－22.

[17] 孙方金．角度计量测试技术-排列互比法［J］．中国计量，1997，（25）：49－51.